自动化技术综合应用实训教程

金浙良　郑红峰　主编

ZHEJIANG UNIVERSITY PRESS
浙江大学出版社

图书在版编目(CIP)数据

自动化技术综合应用实训教程 / 金浙良,郑红峰主编. —杭州:浙江大学出版社,2015.11
ISBN 978-7-308-15341-6

Ⅰ.①自… Ⅱ.①金… ②郑… Ⅲ.①自动化技术—教材 Ⅳ.①TP2

中国版本图书馆 CIP 数据核字(2015)第 278373 号

自动化技术综合应用实训教程

金浙良 郑红峰 主编

责任编辑 赵黎丽
责任校对 陈静毅
封面设计 杭州林智广告有限公司
出版发行 浙江大学出版社
(杭州市天目山路 148 号 邮政编码 310007)
(网址:http://www.zjupress.com)
排　　版 浙江时代出版服务有限公司
印　　刷 富阳市育才印刷有限公司
开　　本 787mm×1092mm 1/16
印　　张 18.25
字　　数 444 千
版 印 次 2015 年 11 月第 1 版 2015 年 11 月第 1 次印刷
书　　号 ISBN 978-7-308-15341-6
定　　价 38.00 元

浙江大学出版社发行部联系方式 (0571)88925591;http://zjdxcbs.tmall.com

前 言

自动生产线是将PLC技术、传感器技术、计算机信息技术、机械制造和系统工程知识有机地结合起来的一种技术复杂、高度自动化的系统，是当前机械制造业适应市场动态需求及产品不断迅速更新的主要手段，是先进制造技术的基础。

本书以天煌THMSZC-1B型机电一体化柔性生产线系统为载体，以PLC与MCGS组态知识的综合应用为主线，针对典型的工作岗位需求，开展面向基于工作过程和任务引领的课程内容，使学生学以致用。在教学过程中，采用“边学边练、学做结合”的教学模式，以提高学生的实际应用能力和动手能力。本书共设计了10个任务驱动训练项目，每个项目分设若干个子任务，每个子任务设置了任务描述、任务分析、任务实施、任务评价等栏目；通过基于一个完整的环形生产线系统的“教、学、做”一体化训练后，可以切实提高学生的操作技能水平和综合应用能力。

本书具有以下特色：

(1)采用“项目教学、任务驱动”的方式开发课题

每个课题由任务目标、任务内容、知识链接、拓展训练等部分构成。学生通过多个任务的实践，学会自动化生产线控制系统的设计方法，学会PLC程序的设计与调试，学会用MCGS控制PLC系统的运行，从而培养学生的工程设计与实践能力。

(2)坚持“理实一体化”的原则编写教材

本书将PLC技术、传感器技术、气动技术、MCGS组态技术的相关核心知识点有机地融入10个典型的工作任务中，使学生在完成任务的过程中，实现核心知识与技能的掌握，理论与实践的统一，目标与能力的统一。

(3)构建职业鉴定式的教学评价体系

有重点地对专业能力进行训练和检测，突出构建职业能力及职业素养的评价标准，并有机地融入人力资源和社会保障部职业技能鉴定中心的可编程控制系统设计师和维修电工职业技能鉴定的评价体系，坚持“以生为本”，关注学生的可持续发展。

(4)坚持“工学结合、校企合作”的原则

注重基于高职教材与课程建设的紧密结合、学校与行业企业的紧密结合来开发教材，突出教材的先进性，较多地编入了新技术、新设备、新材料、新工艺的内容，以缩短学

校教育与企业要求的距离，更好地满足企业的用人需求。

在本书的编写过程中，得到了浙江工业职业技术学院韩承江教授的指导和帮助，获得了浙江天煌科技实业有限公司的大力支持，对此表示深深的感谢！同时，本书的编写参考了许多相关图书和论文资料，在此向这些文献资料的作者致以真挚的谢意！

由于编者水平有限，本书中若有不当之处，敬请指正！

编　者

2015 年 5 月

目 录

任务一　系统的认知与知识准备

➢任务目标

1.了解系统的整体结构，明确系统中各个部分的作用。
2.明确系统要实现的总体工作目标。
3.了解系统的设计方法、思路及注意事项。
4.储备相关知识，为后续任务做准备。

子任务 1　系统的总体认识

自动化生产线是将微电子学、计算机信息技术、控制技术、机械制造和系统工程有机地结合起来的一种技术复杂、高度自动化的系统，是当前机械制造业适应市场动态需求及产品不断迅速更新的主要手段，是先进制造技术的基础。

图 1-1　环形自动化生产线

自动化生产线不仅要求流水线上的各种机械加工装置能自动地完成预定的各道工序和工艺过程，从而使产品合格，而且要求工件在各道工序间输送、辨别、分拣、入库等操作能自动进行，按照规定的程序进行自动工作。简单地说，自动化生产线就是由工件传送系统和控制系统将一组自动机床和辅助设备按照工艺顺序连接起来，自动完成产品全部或部分制造过程的生产系统、检测自动线。天煌 THMSZC-1B 型机电一体化柔性生产线系统如图 1-1 所示。

天煌 THMSZC-1B 型机电一体化柔性生产线系统可以分为 8 个功能单元，包括：上料落料单元、加盖单元、穿销单元、喷涂烘干单元、检测单元、分拣单元、物流仓储单元、行车机械手单元。生产线分布如图 1-2 所示，由于 8 个功能单元组成一个环形，所以也被称为环形生产线。8 个单元不但每个单元都是一个独立的机电一体化设备，能够实现独立的功能，而且它们之间还可以通过网络连接，实现同步控制、联机操作。

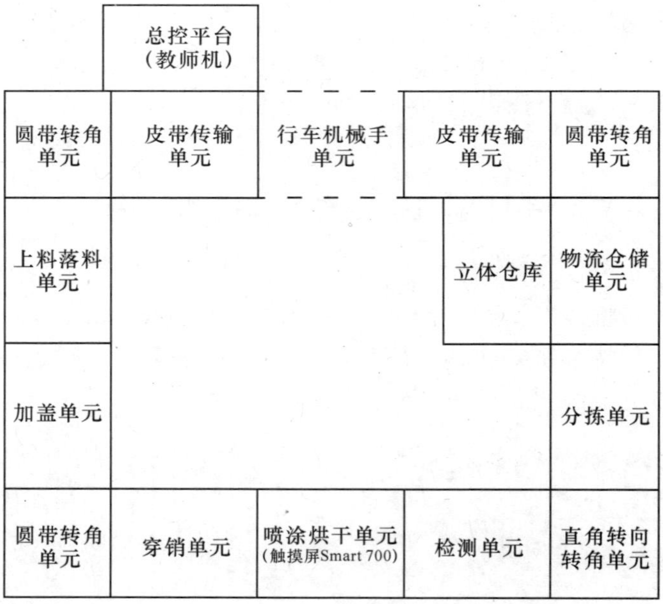

总控平台（教师机）
圆带转角单元
皮带传输单元
行车机械手单元
皮带传输单元
圆带转角单元
上料落料单元
立体仓库
物流仓储单元
加盖单元
分拣单元
圆带转角单元
穿销单元
喷涂烘干单元（触摸屏Smart 700）
检测单元
直角转向转角单元

图 1-2　环形生产线分布

生产线中 8 个单元主要由三菱 FX_{2N}-48MR 的 PLC 进行控制，由三菱 CC-Link 进行联机操作，由减速直流电机带动物流进行传输。物料的工作过程主要有上料落料、加盖、穿销、喷涂烘干、检测颜色、分拣、入库等动作。

1. 天煌环形生产线的各单元介绍

(1)上料落料单元。上料落料单元是环形生产线的第一个单元，上料和落料动作配合使用。上料单元由井式下料槽、顶料气缸、落料气缸组成。落料单元由四槽轮、锁止弧、直齿轮、锥形齿轮、同步轮带、推料转盘、落料平台、滑道、光电传感器、电感传感器、阻挡气缸、直流减速电机、安装支架等组成。上料落料单元如图 1-3 所示。

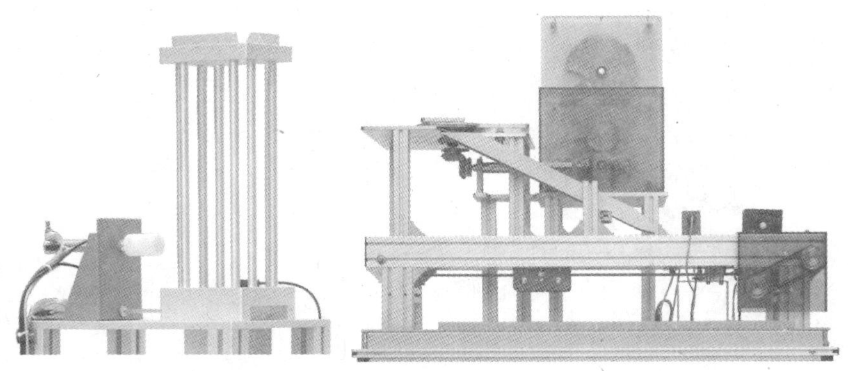

图 1-3　上料落料单元

(2)加盖单元。加盖单元由滑道式工件架(或立体仓库式货架)、蜗轮蜗杆减速机、摇臂、同步轮带、直流减速电机、挡料气缸、托料气缸(或液压升降缸)、伸缩气缸、真空吸盘、光电传感器、电感传感器、行程开关、磁性传感器、电控阀、安装支架等组成,主要完成对工件的加盖装配工作。加盖单元如图 1-4 所示。

图 1-4　加盖单元

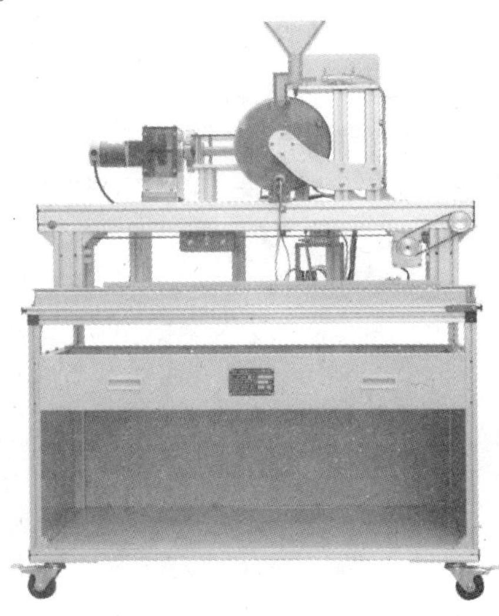

图 1-5　穿销单元

(3)穿销单元。穿销单元由料斗、槽形下料机构、不完全齿轮传动机构、直流减速电机、挡料气缸、落料气缸、顶销气缸、光电传感器、光纤传感器、霍尔传感器、电感传感器、磁性传感器、电控阀、安装支架等组成,主要完成对工件的穿销动作。穿销单元如图 1-5 所示。

(4)喷涂烘干单元。喷涂烘干单元由喷涂室、加热装置、温度传感器、喷枪、冷却风扇、交流调压模块、触摸屏、连杆机构、光电传感器、电感传感器、阻挡气缸、直流减速电机等组成。喷枪在喷涂过程中由连杆机构带动,实现来回移动喷涂。喷涂烘干单元如图 1-6 所示。

(5)检测单元。检测单元主要完成对工件的检测,由触摸屏、直流减速电机、挡料气缸、检测气缸、光电传感器、光纤传感器、对射传感器、色标传感器、电感传感器、磁性传感器、电磁阀、安装支架等组成，用升降气缸带动检测支架升降，可同时对工件进行多面检测。检测单元如图 1-7 所示。

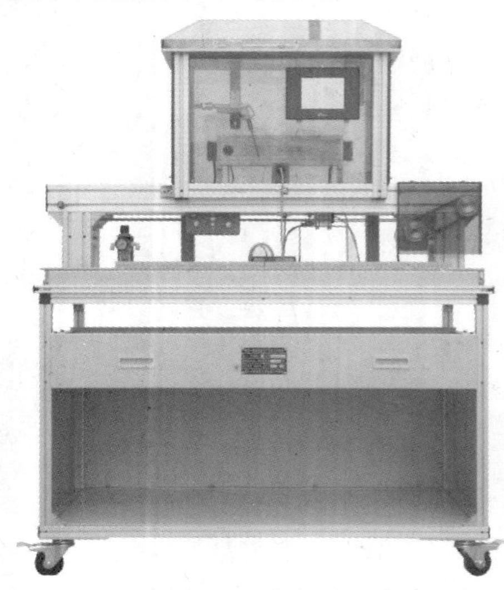

图 1-6　喷涂烘干单元

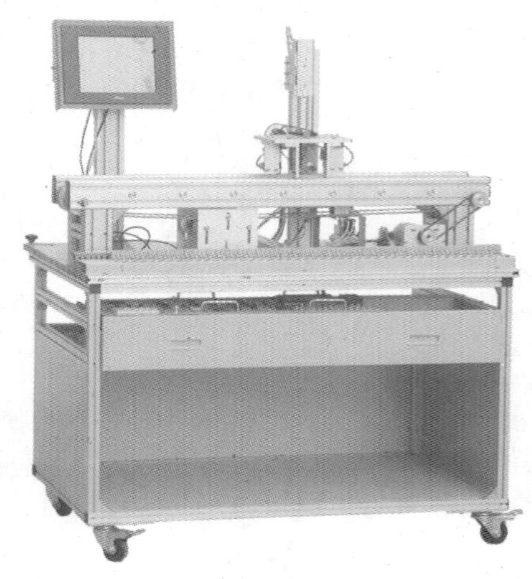

图 1-7　检测单元

（6）分拣单元。分拣单元主要用于对上一站过来的工件进行分拣，由直线无杆气缸、导杆薄型气缸、阻挡气缸、摆动气缸、气夹、磁性传感器、光电传感器、电感传感器、电磁阀、同步带轮、直流减速电机、工件传输装置、废品回收装置等组成。分拣单元如图 1-8 所示。

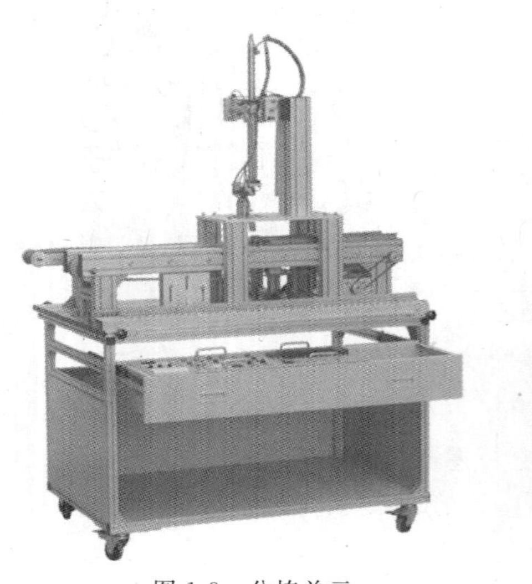

图 1-8　分拣单元

图 1-9　物流仓储单元

（7）物流仓储单元。物流仓储单元由步进电机、交流伺服电机、直流减速电机、直线无杆气缸、摆动气缸、平行机械夹、阻挡气缸、同步带轮、磁性传感器、光电传感器、电磁阀、同步皮带传输线、立体库架、直齿圆柱齿轮、滚珠丝杆、蜗轮蜗杆减速箱等组成，主要完成对成品工件分类入库、依次出库。物流仓储单元如图 1-9 所示。

（8）行车机械手单元。行车机械手单元由平行气夹、长程导杆气缸、交流减速电机、直流减速电机、齿轮齿条机构、安全光幕、主动式红外传感器、镜面漫射传感器、光电对射传感器、霍尔传感器、电感传感器、定位装置、紧急按钮盒等组成，主要完成将托盘从环形生产线的结束工位搬运到起始工位的工作。行车机械手单元如图 1-10 所示。

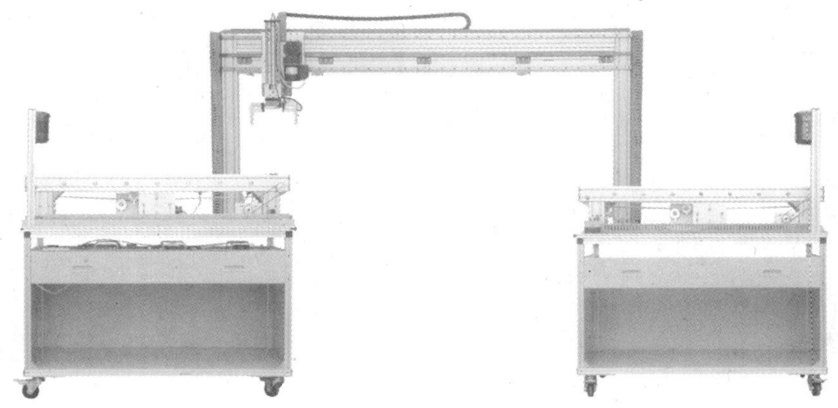

图 1-10　行车机械手单元

2. 天煌环形生产线的电气控制系统

(1)供电电源。环形生产线提供的电源是三相五线制 AC 380V/220V，如图 1-11 所示。PLC、伺服电机的供电电源为 AC 220V，变频器的供电电源为 AC 380V。

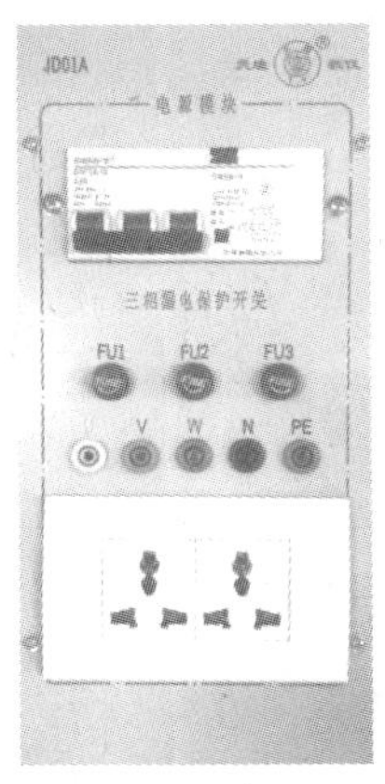

图 1-11　电源模块

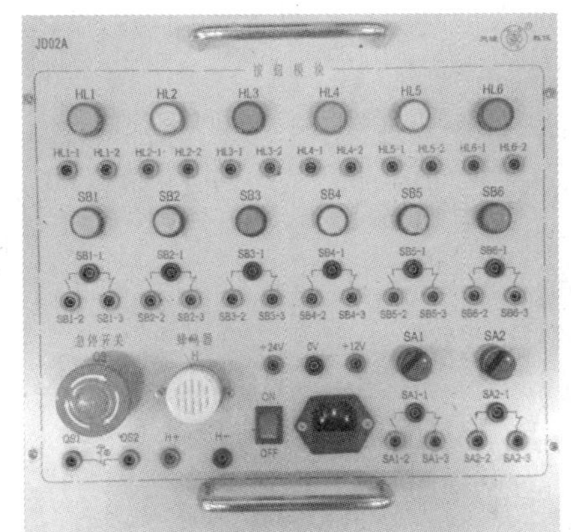

图 1-12　按钮模块

(2)按钮模块。环形生产线的按钮模块提供系统的指示灯显示、按钮输入、急停按钮输入、转换开关输入、蜂鸣器、+24V 直流电源等功能，如图 1-12 所示。

(3)三菱 PLC 模块。环形生产线提供的三菱 PLC 模块采用三菱 FX_{2N}-48MR 系列 PLC 和 FX_{2N}-32CCL 通信模块，如图 1-13 所示。

(4)三菱变频器模块。环形生产线提供的三菱变频器模块采用三菱 FR-E740 变频器。变频器模块上 L1、L2、L3 为变频器三相电源的输入端，U、V、W 为变频器的输出端，接三相异步电动机，如图 1-14 所示。注意 U、V、W 不能直接接电源。

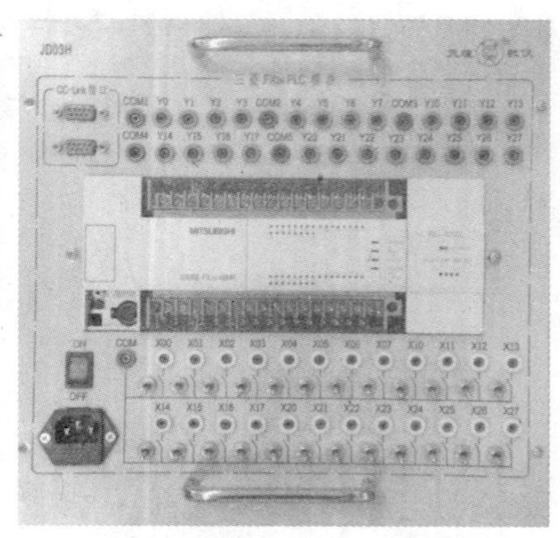

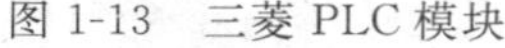

图 1-13　三菱 PLC 模块

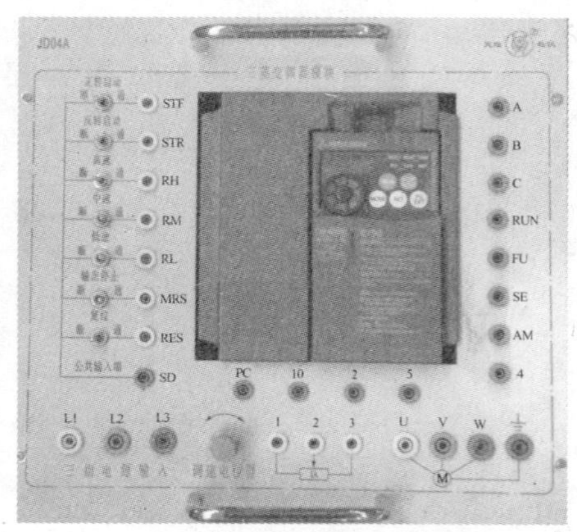

图 1-14　三菱变频器模块

(5)设备接线端子。设备接线端子的功能是实现机械装置和电气控制部分的相对分离。每一个设备端子都安装在设备平台上。如图 1-15 所示,插口端子编号为 1～72 号,对应接线端子 1～72 号,其中 70～72 号为电源端子。

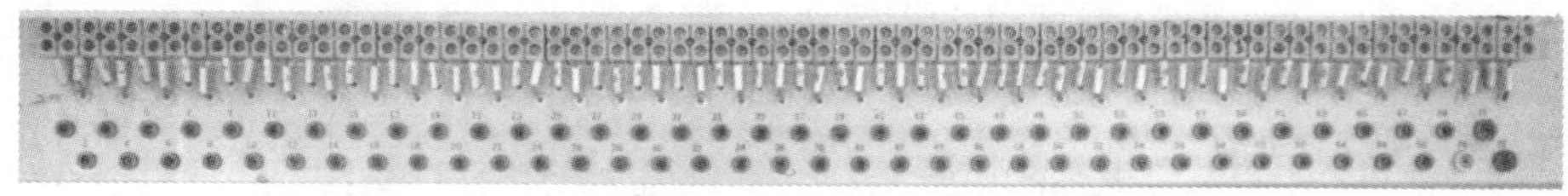

图 1-15　设备接线端子

子任务 2　三菱 PLC 程序设计方法

一、现场经验法

PLC 在控制系统的应用中,外部硬件接线部分较为简单,对被控对象的控制作用都体现在 PLC 的程序上。因此,PLC 程序设计的质量直接影响控制系统的性能。

现场经验法是根据被控对象对控制系统的要求,利用经验直接设计出梯形图,再进行必要的化简和校验,在调试过程中进行必要的修改。这种设计方法较灵活,设计出的梯形图一般不是唯一的。程序设计的经验不能一朝一夕获得,但熟悉典型的基本控制程序是设计一个较复杂系统的控制程序的基础。

现场经验法实际上是沿用了传统继电器系统电气原理图的设计方法,即在一些典型单元电路的基础上,根据被控对象对控制系统的具体要求,不断地修改和完善梯形图。有时需要多次反复调试和修改梯形图,增加很多辅助触点和中间编程元件,最后才能得到一个较为满意的结果。这种设计方法没有规律可遵循,具有很大的试探性和随意性,最后的结果因人而异,不是唯一的。设计所用的时间和设计质量与设计者的经验有很大关系,所以称之为现场经验法。现场经验法要求设计者对电气控制流程和原理比较清楚,这是对复杂控制系统进行编程、设计的基础,在 PLC 程序设计过程中占有举足轻重的作用。应用现场经验法进行小车两处卸料的自动控制梯形图的设计，小车在X003处装料，并在X005和X004处轮流卸料，控制流程如图1-16所示。PLC的I/O口分配见表1-1。

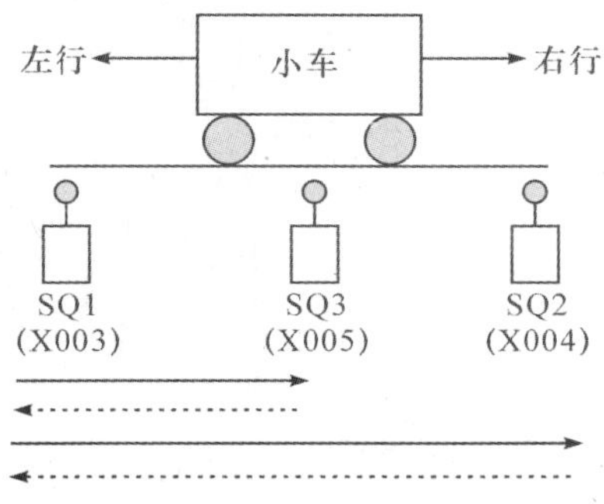

图1-16　小车两处卸料的来回循环

表1-1　PLC的I/O口分配

开关量输入信号				开关量输出信号			
序号	地址	代号	作用	序号	地址	代号	作用
1	X0	SB1	右行启动	1	Y0	KM1	右行
2	X1	SB2	左行启动	2	Y1	KM2	左行
3	X2	SB3	停止	3	Y2	KM3	装料
4	X3	SQ1	左限位开关	4	Y3	KM4	卸料
5	X4	SQ2	右限位开关				
6	X5	SQ3	中间位置开关				

小车在一次循环中的两次右行都要碰到X005，第一次碰到它时停下卸料，第二次碰到它时继续前进，因此应设置一个具有记忆功能的编程元件，以区分是第一次还是第二次碰到X005。

小车在第一次碰到X005和X004时都应停止右行，所以将它们的常开触点串接在Y000的线圈电路中。其中X005的触点并联了中间环节M10的触点，使X005停止右行的作用受到M10的约束，M10的作用是记忆X005在第几次被碰到，它只在小车第二次右行经过X005时起作用。为了利用PLC已有的输入信号，用起保停电路来控制M10，它的启动和停止条件分别是X005和X003为接通(ON)状态，即M10在图1-16中虚线所示的行程内接通，在这段时间内它的常开触点将Y000控制电路中X005的触点短接，因此小车第二次经过X005时不会停止右行。

为实现两处卸料，将X004和X005的触点并联后驱动Y003和T11，程序设计如图1-17所示。

调试时发现小车从X003开始左行，经过X005时M10也被接通，使小车下一次右行到达X005时无法停止运行，因此在M10的启动电路中串入Y001的触点。另外，还发现小车往返经过 X005 时，虽然不会停止运动，但是出现了短暂的卸料动作，这时只要将 Y000 和 Y001 的触点串入 Y003 的线圈电路，就能解决这个问题。

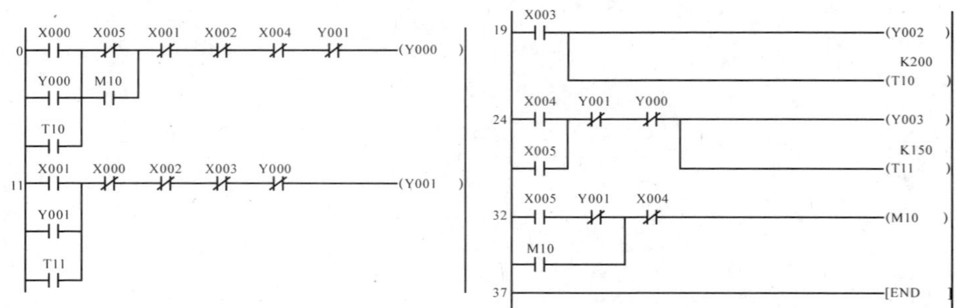

图 1-17　控制小车两处卸料的梯形图

二、顺序功能图法

很多设备的动作都具有一定的顺序，如流水线、物件的搬运等，都是一步接着一步进行的，针对这些类似工序步进动作的控制，可以用顺序功能图来解决，在 PLC 软件中有专门的顺序功能图(Sequence Function Chart，简称 SFC)和步进指令。

顺序功能图最基本的思想是将系统的一个工作周期划分为若干个顺序相连的阶段，并用编程元件(例如内部辅助继电器 M、步进软元件 S)来代表各步。步是根据输出量的状态变化来划分的。

顺序功能图又称为流程图，是描述控制系统的控制过程、功能和特性的一种图形。顺序功能图并不涉及所描述的控制功能的具体技术，它是一种通用的技术语言。顺序功能图中转换实现的基本规则如下。

(1)顺序功能图中转换的实现

①该转换的前级步必须是“活动步”；

②相应的转换条件得到满足。

(2)实现转换应完成的操作

①使所有由有向连线与相应转换条件相连的后续步都变为活动步；

②使所有由有向连线与相应转换条件相连的前级步都变为不活动步；

③绘制顺序功能图时的注意事项。

(3)转换条件与转换条件之间也不能直接相连，必须用一个步将它们隔开；顺序功能图中的初始步一般对应系统等待启动的初始状态，这一步可能没有输出，只是做好预备状态。

(4)自动控制系统应能多次重复执行同一工艺过程，因此在顺序功能图中一般应有由步和有向连线组成的闭环，应从最后一步退回初始步，系统停止在初始状态。

(5)在顺序功能图中，必须用初始化脉冲 M8002 的常开触点作为转换条件，将初始步预置为活动步，否则若顺序功能图中没有活动步，系统将无法工作。

三、顺序功能图举例

首先，还是来分析一下电动机循环正反转控制的例子。其控制要求为：电动机正转3s，暂停2s，反转3s，暂停2s，如此循环5个周期，然后自动停止电动机循环；运行中，可按停止按钮停止，热继电器动作也应停止。

1. 根据控制要求画出动作流程图

由上述的控制要求可知，电动机循环正反转控制实际上是一个顺序控制。整个控制过程可分为如下6个工序（也叫阶段）：复位、正转、暂停、反转、暂停、计数。每个阶段又分别完成如下的工作（也叫动作）：初始复位、停止复位、热保护复位，正转、延时，暂停、延时，反转、延时，暂停、延时，计数。因此，可以很容易地画出电动机循环正反转控制的工作流程图，如图1-18所示。

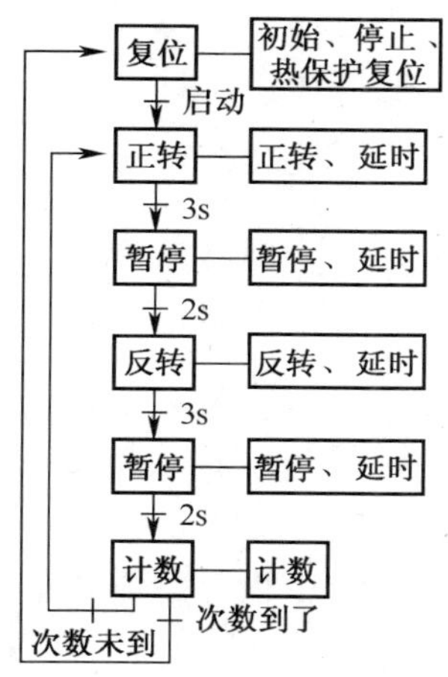

图1-18　电动机循环工作流程

2. 把电动机循环工作流程图转换为顺序功能图

(1)将流程图中每一个工序（或阶段）用PLC的一个状态继电器(S)来替代；

(2)将流程图中需完成的工作（或动作）用PLC的线圈指令或功能指令来替代；

(3)将流程图中各个阶段之间的转移条件用PLC的触点或电路块来替代；

(4)流程图中的箭头方向就是PLC状态转移图中的转移方向。

3. 设计顺序功能图的方法和步骤

(1)将整个控制过程按任务要求分解，其中的每一个工序都对应一个状态（即步），并分配状态继电器。电动机循环正反转控制的状态继电器的分配如下：

复位→S0，正转→S20，暂停→S21，反转→S22，暂停→S23，计数→S24。

(2)搞清楚每个状态的功能和作用。状态的功能是通过PLC驱动各种负载来实现的，负载可由状态元件直接驱动，也可由其他软触点的逻辑组合驱动。

(3)找出每个状态的转移条件和方向，即在什么条件下能将下一个状态“激活”。状态的转移条件可以是单一触点，也可以是多个触点的串、并联电路的组合。

(4)根据控制要求或工艺要求，画出状态转移图。根据要求可以画出如图 1-19 所示的状态转移图。

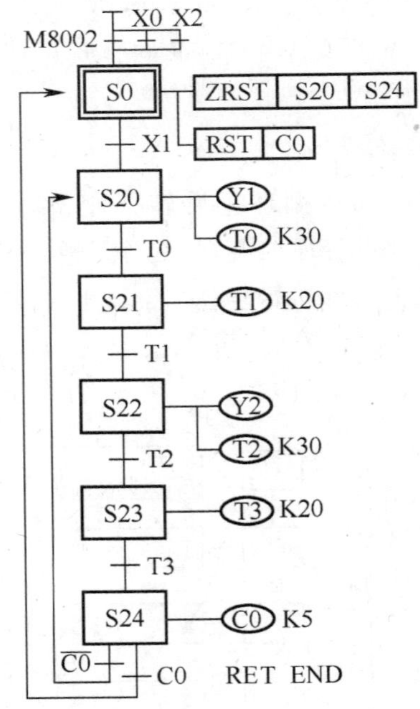

图 1-19 电动机循环正反转控制的状态转移

4. 顺序功能图的特点

(1)可以将复杂的控制任务或控制过程分解成若干个状态。

(2)相对于某一个具体状态来说，控制任务简单了，这给局部程序的编制带来了方便。

(3)整体程序是局部程序的综合，只要搞清楚各状态需要完成的动作、状态转移的条件和转移的方向，就可以进行状态转移图的设计。

(4)这种图形很容易理解，可读性很强，能清楚地反映全部控制的工艺过程。

四、三菱 PLC 顺序功能图说明

在三菱 PLC 中，顺序功能图用状态继电器 S 表示，状态继电器用来记录系统运行中的状态，是编制顺序控制程序的重要元件，与步进指令 STL 配合使用。

1. 编程元件——状态继电器(S)

FX_{2N}系列 PLC 共有 1000 个状态继电器，其编号及用途见表 1-2。

表 1-2　FX_{2N}系列 PLC 的状态继电器

类　别	元件编号	个数	用途及特点
初始状态	S0～S9	10	用作 SFC 的初始状态
返回状态	S10～S19	10	多运行模式控制中,用作返回原点的状态
一般状态	S20～S499	480	用作 SFC 的中间状态
掉电保持状态	S500～S899	400	具有停电保持功能
信号报警状态	S900～S999	100	用作报警元件

说明:①状态的编号必须在规定的范围内选用。②各状态元件的触点,在 PLC 内部可以无数次使用。③不使用步进指令时,状态元件可以作为辅助继电器使用。④通过参数设置,可以改变一般状态元件和掉电保持状态元件的地址分配。

2. 步进指令 STL 和步进返回指令 RET

三菱 FX_{2N}系列 PLC 的步进顺控指令有两条:一条是步进(Step Ladder)指令 STL,一条是步进返回(也叫步进结束)指令 RET。

(1)STL 指令。STL 步进指令用于"激活"某个状态,其梯形图符号为—[ ]—。

(2)RET 指令。RET 指令用于返回主母线,其梯形图符号为—[RET]。

3. 顺序功能图的编制方法

(1)状态的三要素。状态转移图中的状态有驱动负载、指定转移目标和指定转移条件三个要素,如图 1-20 所示。图中 Y5 表示驱动的负载,S21 表示转移目标,X3 表示转移条件。

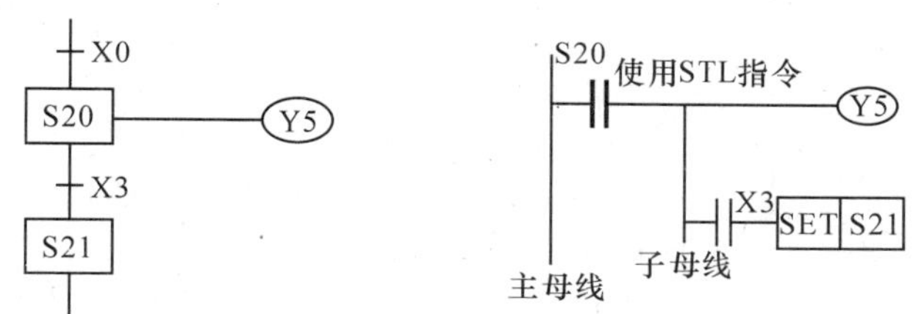

图 1-20　状态的三要素

(2)顺序功能图的指令表。步进顺控的编程原则是先进行负载驱动处理,然后进行状态转移处理。

STL	S20	使用 STL 指令
OUT	Y5	负载驱动处理
LD	X3	转移条件
SET	S21	转移处理

(3)注意事项如下:

①程序执行完某一步要进入下一步时,要用 SET 指令进行状态转移,激活下一步,并把前一步复位。

②状态不连续转移时，用 OUT 指令，图 1-21 为非连续状态流程图。

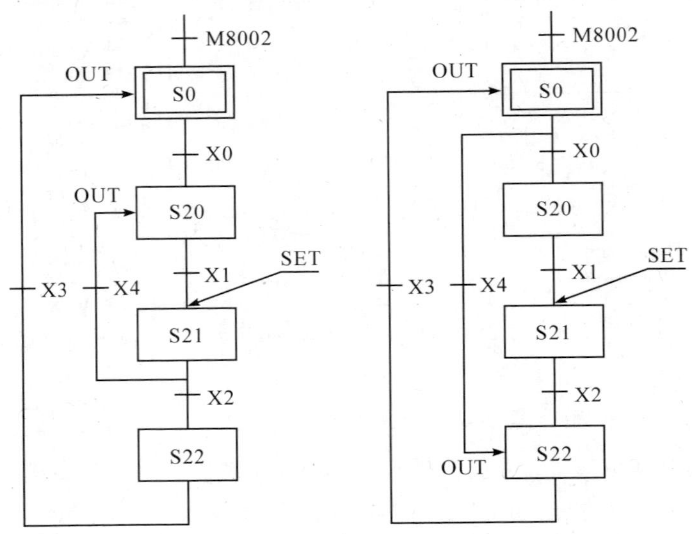

图 1-21　非连续状态流程

4. 顺序功能图分支结构

选择性分支结构：从多个流程中按条件选择执行其中的一个流程。并行性分支结构：多个流程分支同时执行，其分支流程称为并行性分支。

(1)选择性分支结构

从多个流程顺序中选择执行一个流程，该流程称为选择性分支。图 1-22 就是一个选择性分支的状态转移图。

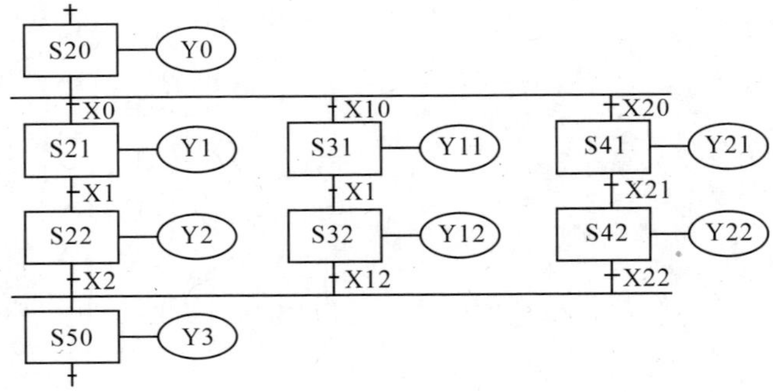

图 1-22　选择性分支状态转移

该状态转移图有三个流程，其中 S20 为分支状态，根据不同的条件(X0、X10、X20)选择执行其中一个满足条件的流程。

当 X0 为 ON 时执行第一个流程，当 X10 为 ON 时执行第二个流程，当 X20 为 ON 时执行第三个流程。X0、X10、X20 不能同时为 ON。

S50 为汇合状态，可由 S22、S32、S42 中任一状态驱动。

选择性分支结构的编程原则是先集中处理分支状态，然后再集中处理汇合状态，步进指令如图 1-23 所示。

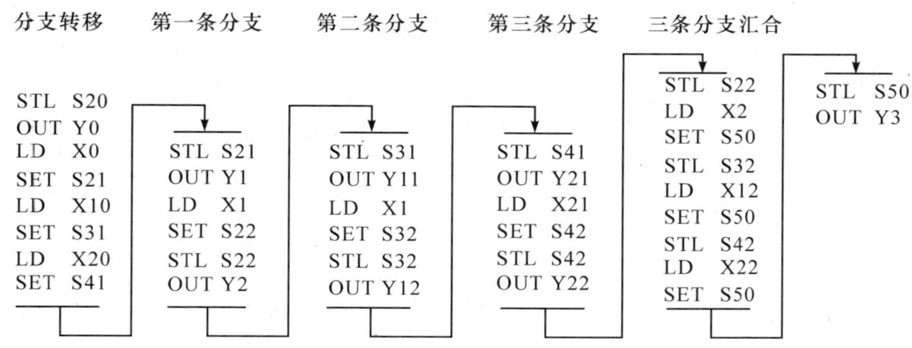

图 1-23　选择性分支结构步进指令

(2)并行性分支结构

多个流程分支同时执行的分支流程称为并行性分支,图 1-24 就是一个并行性分支的状态转移图。

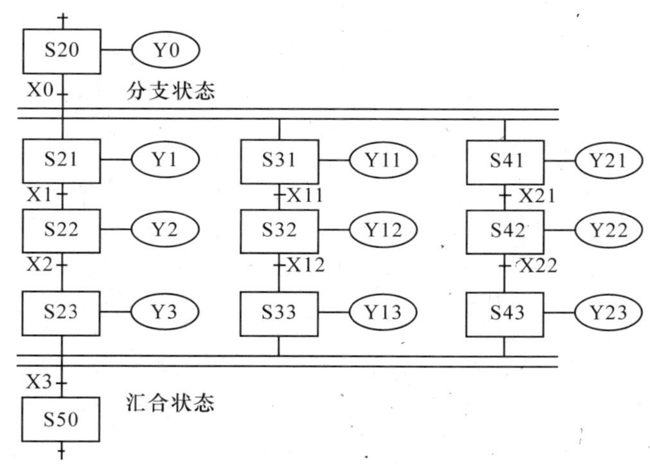

图 1-24　并行性分支状态转移

并行性分支结构的编程原则是先集中进行并行性分支的状态转移处理,然后处理每条分支的内容,最后再集中进行汇合处理。步进指令如图 1-25 所示。

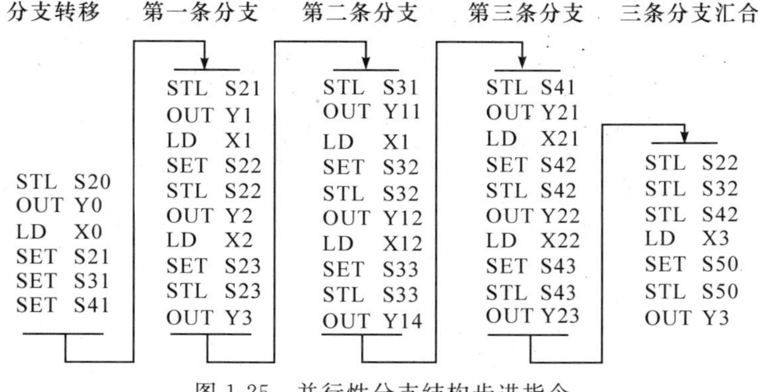

图 1-25　并行性分支结构步进指令

子任务3　三菱PLC顺序功能图(SFC)编程应用

在三菱PLC编程软件中,画出顺序功能图的方法有两种:

(1)梯形图。先根据工程控制功能要求画出顺序功能图,然后按顺序功能图编写出相应的梯形图,再输入PLC进行调试运行。适合非常简单的顺序功能图。

(2)SFC编程。直接用编程软件中的SFC功能进行编程。适合常用的顺序功能图。

一、SFC编程说明

用GX Developer编程软件中的SFC功能编辑顺序功能图的步骤如下:

(1)打开编程软件。

(2)点击[工程]/[创建新工程]。

(3)点击[创建新工程]后,在程序类型栏中选中[SFC],在[设置工程名]前打钩,在[工程名]的空格中填写为工程取的名称。

(4)出现一份有关块信息的表格。在进行SFC编程时,块分两种类型,一种是梯形图块,另一种是SFC块。所谓梯形图块,是指不属于步状态、游离在整个步结构之外的梯形图部分,如起始、结束、单独关停及其他有专门要求的内容,这些内容无法编到SFC块中,只能单独处理。而SFC块指的是步与步相连的顺序功能图。一个完整的顺序功能图至少由两个部分组成,即梯形图块和SFC块。块的数量根据程序具体情况而定,每个块分别编写。编写前要对每一个块进行定义,编写完成后要对每一个块进行转换。转换后的块自动组合成一个完整的程序。

二、GX Developer编程软件中的SFC编程示范

下面以图1-26所示的简单顺序功能图为例,说明块的定义与具体的编写过程。

1. 定义梯形图块

要将图1-26所示的顺序功能图进行SFC软件编辑,第一步必须有一条梯形图语句,如图1-27所示。它是梯形图块,不属于SFC,所以要单独作为一个块来处理。

如图1-28所示,双击[No]/[0]后出现一个对话框;在对话框内写入块名称,如“起始步”;然后选中[梯形图块],再点击[执行],会出现如图1-29所示的界面。

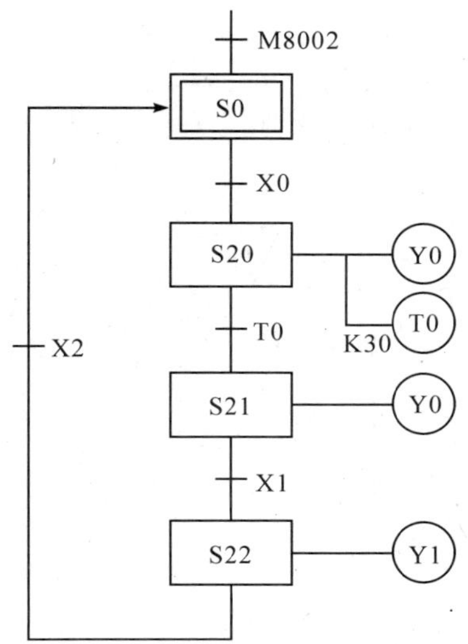

图 1-26　SFC 编程示范

M8002
0 ─┤├─ [SET　S0]

图 1-27　起始语句

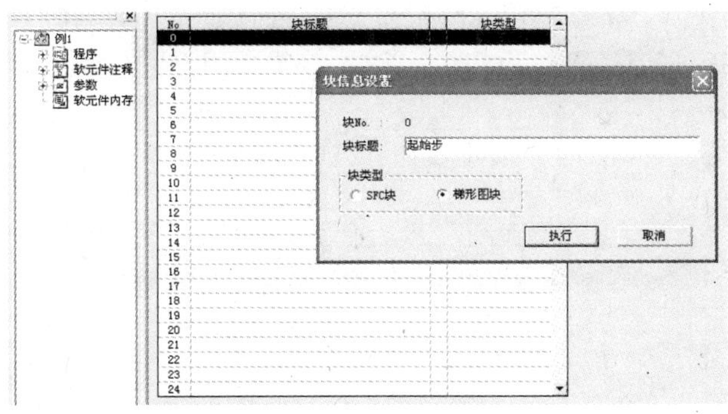

图 1-28　设置梯形图块

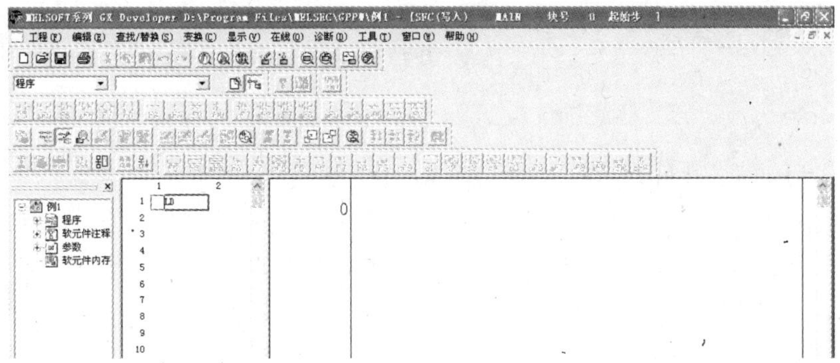

图 1-29　梯形图块编辑界面

按梯形图的画法，在右框处写入语句，如图 1-30 所示。

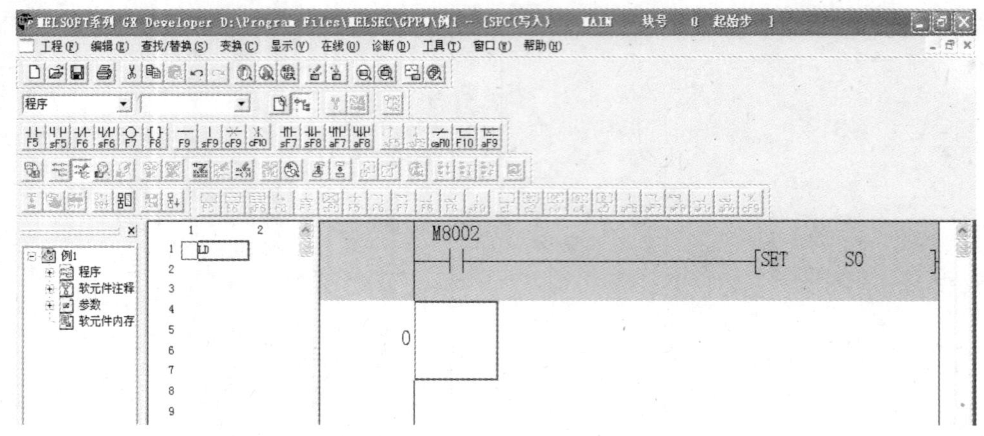

图 1-30　写入语句

点击工具栏上的[转换]，回到如图 1-31 所示的块信息列表。如回不来，点击左框内的[程序]/[MAIN]即可。[梯形图块]前面的"—"表示已转换。如是"＊"，则表示未转换，要再点击[转换]，使"＊"变成"—"。

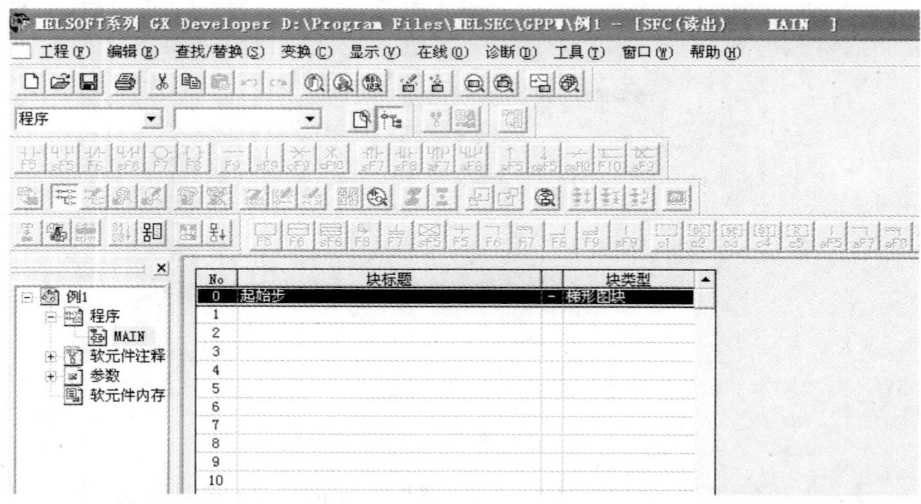

图 1-31　块信息列表

2. 定义 SFC 块

把鼠标移到下一栏[No]/[1]，然后双击，出现如图 1-32 所示的对话框。

在 [块标题]的空格内可填写"主程序"或其他名称，然后选中[SFC]，点击[执行]。

连续按回车键，一直到与框图 1-26 基本一致，然后选中[JUMP]，把"12"改成"0"，如图 1-33 所示。点击[确定]后，出现如图 1-34 所示的框图。

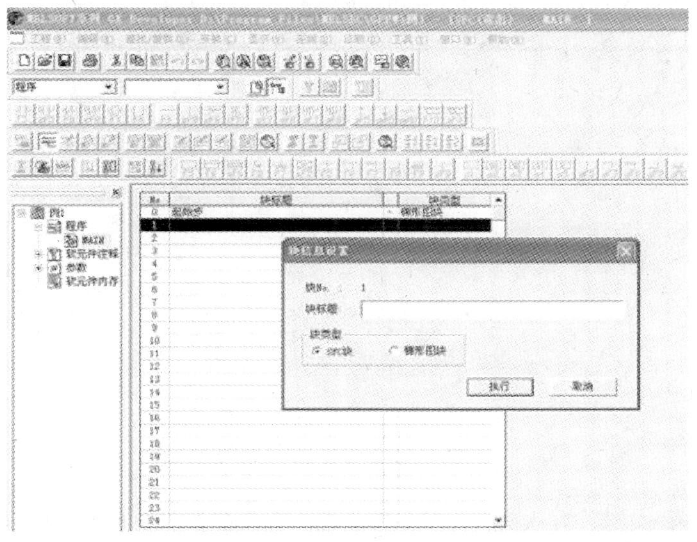

图 1-32　块设置对话框

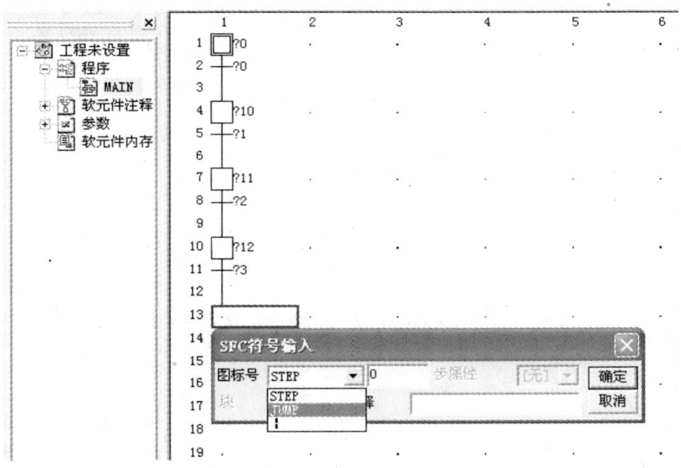

图 1-33　操作方法

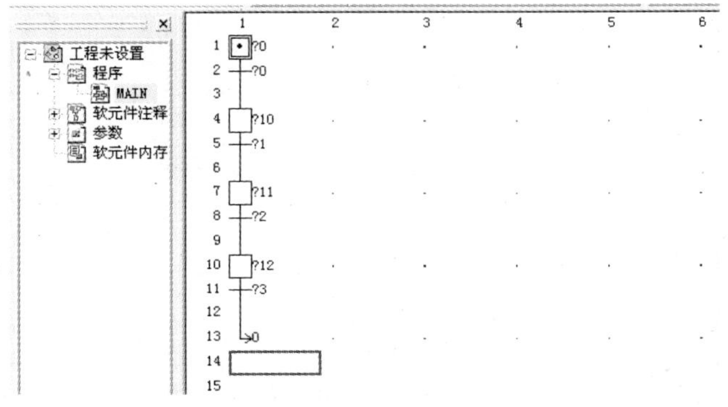

图 1-34　基本框图

把光标移到条件[? 0]处，在右框内填写“X0”，如图 1-35 所示。每一个转移条件后，都要加一个“TRAN”。这个“TRAN”可以像指令一样用字符写入，也可以用快捷键 F8 来完成。然后进行程序转换。

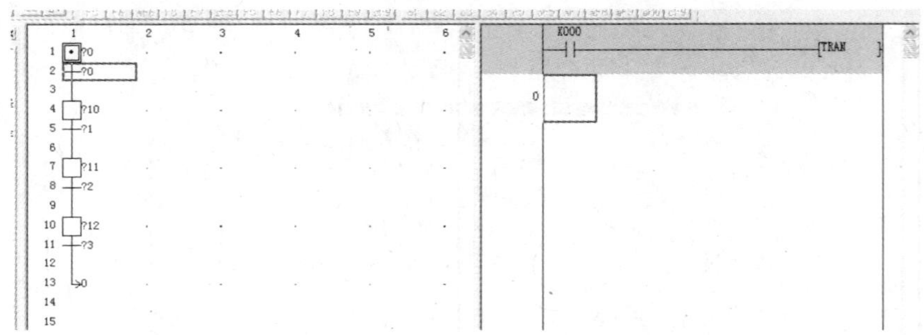

图 1-35　转移条件的写入方法

把光标放到第 10 步，写入第 10 步的输出内容，如图 1-36 所示。

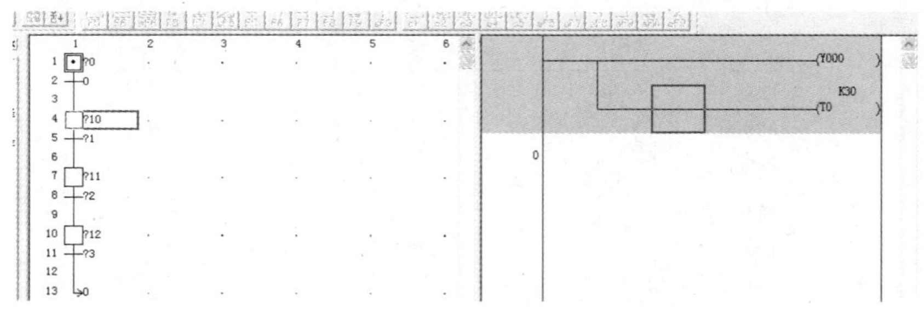

图 1-36　写入第 10 步的输出内容

写入后进行转换，然后把光标移到下一个转移条件，写入“T0”和“TRAN”(或者按 F8 快捷键)，如图 1-37 所示。

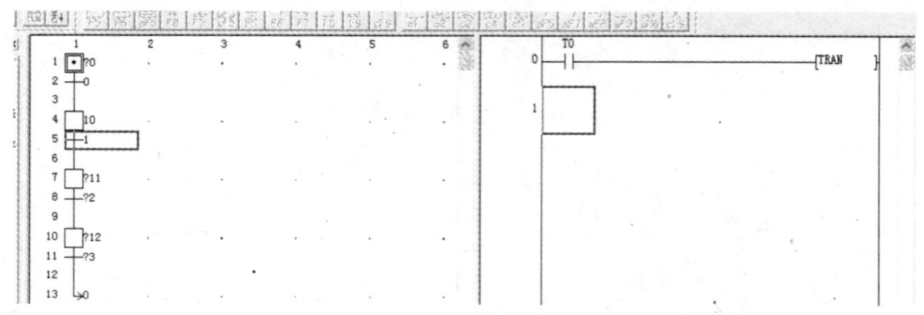

图 1-37　写入转换条件 T0

按同样的步骤，完成第 11 步。

写入后进行转换，然后把光标移到下一个转移条件。

用同样的方法再把第 12 步和下一个转移条件输入并转换。

转换后，如果想直接把刚才编写的 SFC 变成梯形图，解决办法是：点击左框中的[程序]/[MAIN]，则出现如图 1-31 所示的表格，[SFC]前的“ * ”表示未转换；选中后点击

[变换]，“＊”变成“—”，表示转换完成。转换的另一种方式是回到 SFC 编程界面，点击[转换]或按 F4 快捷键。

把 SFC 转换成梯形图的方法：整个 SFC 块转换完成后，才能把 SFC 转换成梯形图；点击[工程]/[编辑数据]/[改变程序类型]。

把梯形图转换成 SFC 的方法：点击[工程]/[编辑数据]/[改变程序类型]，在对话框中选中[SFC]；点击[确定]，梯形图就转换成 SFC 了。

注意：步进梯形图中的 RET 指令从 SFC 块的末端自动写入梯形图块的连接部分，因此不能将 RET 指令输入 SFC 块或梯形图块，RET 指令也不会出现在界面中。

分析与总结

1. 了解环形生产线的整体结构，明确系统中各个部分的作用。

2. 运用 SFC 进行编程，可以明晰编程思路，在顺序功能很明确的程序设计中常常采用 SFC 进行编程。

3. 储备相关知识，为后续任务做准备。

思考与练习

1. 找出每个单元中的传感器，复习传感器的相关知识，了解传感器的电气接线。

2. 找出每个单元中的继电器和电磁阀，了解继电器和电磁阀的接线与作用。

3. 观看视频，了解每个单元的动作。

任务二 上料落料单元控制系统实训

➢任务目标

1. 掌握气缸及电磁阀的工作原理，掌握气动元件的功能、特性。

2. 掌握光电传感器、电感传感器的结构、特点和电气接口特性，并进行安装和调试。

3. 掌握直流减速电机原理、使用方法和电气接线。

4. 能在规定的时间内完成上料落料单元控制程序的编写，并解决在调试过程中出现的常见问题。

子任务1 认识上料落料单元

一、任务描述

上料落料的动作视频详见资源库：上料落料单元动作视频.AVI。

上料落料单元是环形生产线的起始端，为整个生产线提供托盘和工件，由上料单元和落料单元构成。其中，上料单元由井式下料槽、顶料气缸、落料气缸组成，落料单元由直流电机模块、同步轮带、推料转盘、落料平台、滑道、光电传感器、电感传感器、挡料气缸、直流减速电机、安装支架等组成。上料落料单元的机械结构如图2-1所示。

当系统运行、托盘到位后，传输线停止运行。光电传感器检测工位有无工件。若无，则PLC向总控台告警，总控台缺料指示灯亮。若有，则直流减速电机工作，带动锁止弧转动一周，锁止弧上的拨销轴承拨动四槽轮转动90°到下一个槽轮，同时带动同轴的圆柱齿轮转动90°，圆柱齿轮则带动与其啮合的圆柱齿轮和圆锥齿轮转动90°，圆锥齿轮带动同轴的圆锥齿轮转动90°，另一圆锥齿轮同轴转动90°，推料转盘随之转动90°，工件降落料到平台落料口，料落下到滑道上，滑至托盘，落料完成；挡料气缸缩回，传输线运行，托盘和工件一起被传输到下一站。

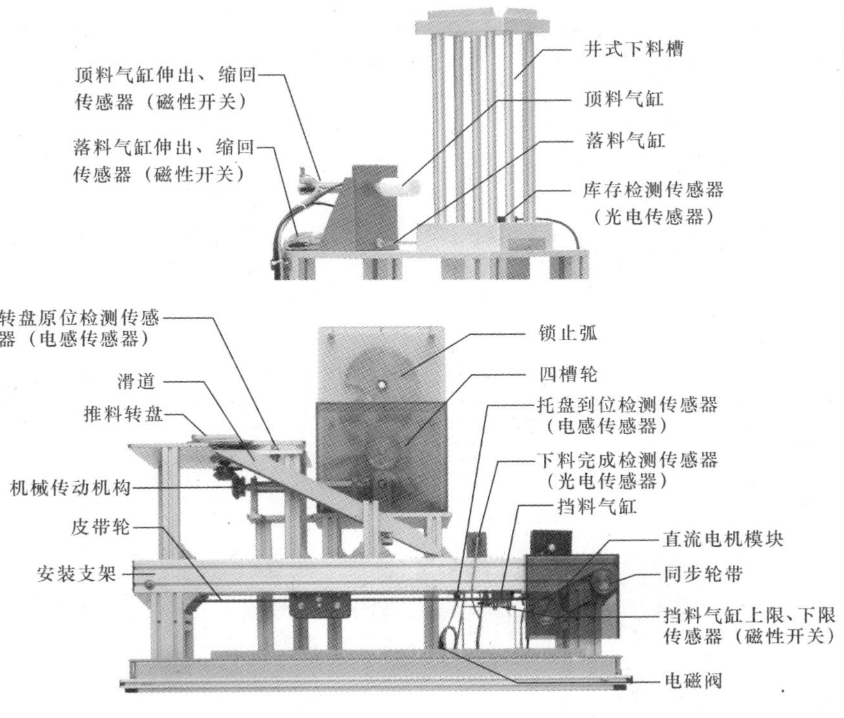

图 2-1 上料落料单元

二、任务分析

上料落料单元是环形生产线的第一个工作单元，主要用于工件的自动落料。本单元用三菱 FX_{2N}-48MR PLC 作为系统控制器，用三菱 FX_{2N}-32CCL 模块作为 CC-Link 通

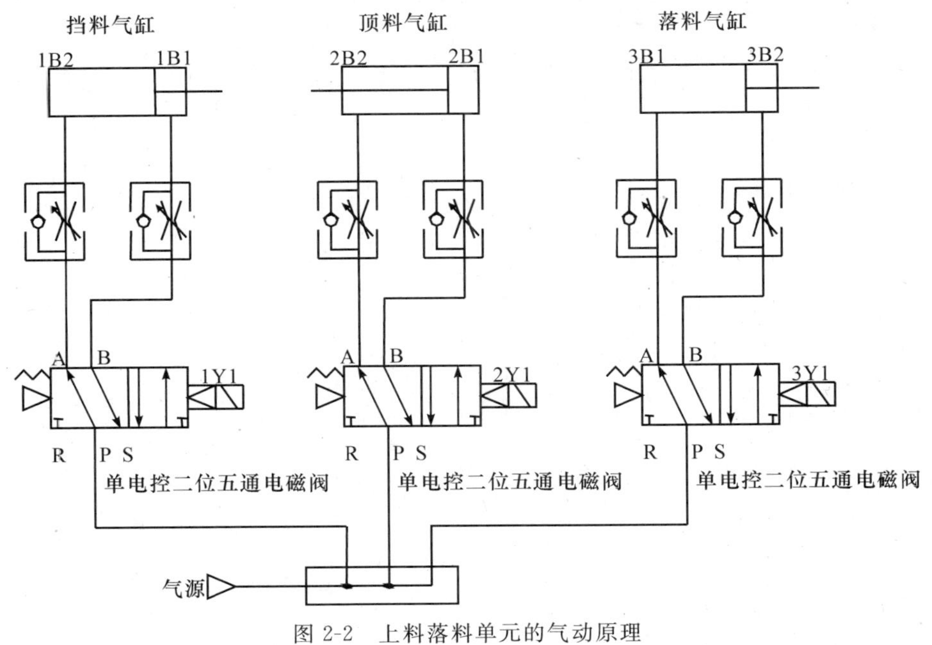

图 2-2 上料落料单元的气动原理

信接口，用三个单相电磁阀分别控制挡料气缸、顶料气缸、落料气缸的动作，用两个继电器分别控制传输带直流电机、落料盘直流电机的启动与停止。

上料落料单元的气动原理如图 2-2 所示。

三、任务实施

(1)观看上料落料单元动作视频，在表 2-1 中画出上料落料单元的动作流程图(只要求写出运行流程图，不包括复位状态)。上料落料的动作视频详见网络教学平台：上料落料单元动作视频.AVI。

表 2-1　上料落料单元动作流程图

	动作流程图	SFC 图
上料落料单元		

(2)设备端子如图 2-3 所示，熟悉上料落料单元的设备端子功能、传感器接线、气缸和电磁阀接线。根据实际传感器的接线特性仔细填写表 2-2，根据气缸和电磁阀的接线状态仔细填写表 2-3。

表 2-2　上料落料单元各传感器状态及接线端子

序号	功能	何种传感器	0V		+24V		信号线	
			颜色	端子号	颜色	端子号	颜色	端子号
1	托盘到位检测							
2	工件有无检测							
3	下料完成检测							
4	转盘原位检测							
5	挡料气缸下限检测							
6	挡料气缸上限检测							
7	库存检测							
8	顶料气缸伸出检测							
9	顶料气缸缩回检测							
10	落料气缸伸出检测							
11	落料气缸缩回检测							

端子号	1	2	3	4	5	6	7	8	9	10	11	12
名称	+24V	+24V	+24V	0V	0V	0V	托盘到位检测传感器正	托盘到位检测传感器负	托盘到位检测传感器输出	工件有无检测传感器正	工件有无检测传感器负	工件有无检测传感器输出

端子号	13	14	15	16	17	18	19	20	21	22	23	24
名称	下料完成检测传感器正	下料完成检测传感器负	下料完成检测传感器输出	转盘原位检测传感器正	转盘原位检测传感器负	转盘原位检测传感器输出	挡料气缸上限位传感器输出	挡料气缸上限位传感器负	挡料气缸下限位传感器输出	挡料气缸下限位传感器负	库存检测传感器正	库存检测传感器负

端子号	25	26	27	28	29	30	31	32	33	34	35	36
名称	库存检测传感器输出	顶料缩回检测传感器输出	顶料缩回检测传感器负	顶料伸出检测传感器输出	顶料伸出检测传感器负	落料缩回检测传感器输出	落料缩回检测传感器负	落料伸出检测传感器输出	落料伸出检测传感器负			

端子号	37	38	39	40	41	42	43	44	45	46	47	48
名称	挡料电磁阀正	挡料电磁阀控制	落料盘旋转控制	托盘传输控制	顶料电磁阀正	顶料电磁阀控制	落料电磁阀正	落料电磁阀控制				

端子号	49	50	51	52	53	54	55	56	57	58	59	60
名称												

端子号	61	62	63	64	65	66	67	68	85	86	87	88
名称												

备注：1. 磁性传感器引出线：蓝色线为“负”，接“0V”；棕色线为“输出”，接PLC输入端。

2. 电容、电感传感器及光电开关引出线：蓝色线为“负”，接“0V”；棕色线为“正”，接“+24V”；黑色线为“输出”，接PLC输入端。

3. 电磁阀引出线：黑色线为“控制”端，接PLC输出端；红色线为“正”，接“+24V”。

图 2-3　上料落料单元设备端子

表 2-3　上料落料单元各电机和气缸状态

序号	功能	由何种器件进行控制（电磁阀 OR 继电器）	正		负	
			颜色	端子号	颜色	端子号
1	挡料气缸					
2	顶料气缸					
3	落料气缸					
4	托盘传输					
5	落料盘传输					

填写表 2-1～2-3，填写完后由指导老师检查确定。检查无误后，请以电子稿作业形式上交到网络教学平台。

四、任务评价

完成子任务 1，专业能力评价如表 2-4 所示。

表 2-4　专业能力评价

序号	训练内容	考核要求	评分标准	配分	学生自评	教师评分
1	准备工作	1. 有工作计划； 2. 有工作分工	1. 没有工作计划，扣 5 分； 2. 没有工作分工，扣 5 分	10		
2	流程图和 SFC	1. 正确书写流程图； 2. 正确写出 SFC	1. 流程写错，每步扣 5 分； 2. SFC 写错，每步扣 5 分	40		
3	传感器、继电器和电磁阀状态	1. 正确认识传感器的接线； 2. 正确认识继电器和电磁阀	1. 传感器端子错误，每个扣 5 分； 2. 传感器颜色错误，每个扣 5 分； 3. 气缸端子错误，每个扣 5 分； 4. 气缸颜色错误，每个扣 5 分	50		
4	职业素养与安全意识	1. 安全文明操作； 2. 6S 管理	1. 违反安全文明生产规程，损坏元器件，扣 5～30 分，并赔偿损坏的元器件； 2. 工位凌乱，不整理，扣 10 分	倒扣		
备注	各项内容最高分不得超过额定配分		合计	100		
时间	开始时间	结束时间	考评员签字		年　月　日	

子任务 2　上料落料单元 PLC 系统设计与调试

一、任务描述

在完成子任务 1 的熟悉系统的基础上，完成上料落料单元单站运行控制系统的设计与调试，要求完成功能如下。

(1)复位：按下黄色复位按钮，挡料气缸缩回，传输带电机启动运行 3s 后停止，同时落料盘电机转动，带动四槽轮机构运行，推料转盘旋转，直至转盘原位检测到位、落料盘旋转后停止动作，确保各工位定位准确，落料台上没有工件，复位完成。

(2)运行：按下绿色运行按钮，挡料气缸伸出，传输带电机启动运行，等待托盘到位；当托盘到位后，传输带电机停止运行；等待一段时间后，顶料气缸伸出，顶料气缸伸出到位后落料气缸缩回，井式下落料槽向下落料；工件检测传感器检测到工件，落料气缸伸出，落料气缸伸出到位后，顶料气缸缩回；顶料气缸缩回到位后，落料盘电机工作，带动锁止弧转动一周，锁止弧上的拨销轴承拨动四槽轮转动 90°到下一个槽轮，同时带动同轴的圆柱齿轮转动 90°，圆柱齿轮带动与其啮合的一系列圆柱齿轮、圆锥齿轮同步转动 90°，则推料转盘随之转动 90°，推动工件滑动至落料平台落料口，工件落下到滑道上并滑至托盘；下料完成传感器检测到工件信号后，落料完成，挡料气缸缩回，传输带电机动作运行，托盘工件前往下一站，一个工作周期完成。

(3)停止:按下红色停止按钮,当前一个工作周期完成后,本单元停止工作。

(4)急停:当按下急停按钮后,系统马上停止;急停复位后,继续前面的工作。

(5)指示灯显示:当系统的传感器不在初始位置时或进行复位操作时,指示灯 Y27 以 1Hz 频率闪烁;复位完成,系统状态准备完成,Y27 常亮。当按下启动按钮,系统在运行状态下,Y26 常亮;在运行过程中,按下停止按钮,Y26 以 1Hz 频率闪烁;当系统停下时,Y26 灭。当系统在急停状态下,Y25 以 1Hz 频率闪烁;退出急停状态,Y25 灭。

二、任务分析

本子任务主要包含 4 种动作状态:复位状态、运行状态、停止状态、急停状态。系统的运行状态是一条顺序流程图,所以在 PLC 程序设计中,可以用 SFC 进行编程。在编程中,把系统的复位、启动、停止、急停按钮放在 SFC 的第一块主控单元梯形图中,以便于程序调试;第二块单元动作流程用 SFC 块编程,简单方便;第三块梯形图是其他功能,包括指示灯程序和急停程序。

三、任务实施

根据子任务 2 的控制要求,用 PLC 实现单元控制系统的设计与调试,主要完成 PLC 的 I/O 口地址分配、PLC 的外部接线图设计与连线、PLC 程序设计、系统调试。任务实施步骤如下。

1. PLC 的 I/O 口地址分配

在上料落料单元中,需要的 PLC 输入量为 15 个,PLC 输出量为 5 个。PLC 的 I/O 口地址分配见表 2-5。

表 2-5　PLC 的 I/O 口地址分配

序号	PLC 地址	设备端子	功能说明	序号	PLC 地址	设备端子	功能说明
1	X0		复位按钮	12	X13	26	顶料气缸缩回传感器
2	X1		启动按钮	13	X14	28	顶料气缸伸出传感器
3	X2		停止按钮	14	X15	30	落料缩回传感器
4	X3		急停按钮	15	X16	32	落料伸出传感器
5	X4	9	托盘到位检测传感器	16	Y0	38	挡料气缸
6	X5	12	工件有无检测传感器	17	Y1	39	落料盘转动
7	X6	15	下料完成检测传感器	18	Y2	40	托盘输送
8	X7	18	转盘原位检测传感器	19	Y4	42	顶料气缸
9	X10	19	挡料气缸上限位传感器	20	Y5	44	落料气缸
10	X11	21	挡料气缸下限位传感器	21			
11	X12	25	库存检测传感器	22			

2. PLC 的外部接线图设计与连线

根据 PLC 的 I/O 口地址分配表，设计 PLC 的外部接线图，并完成设备的电气接线。PLC 的外部接线如图 2-4 所示。

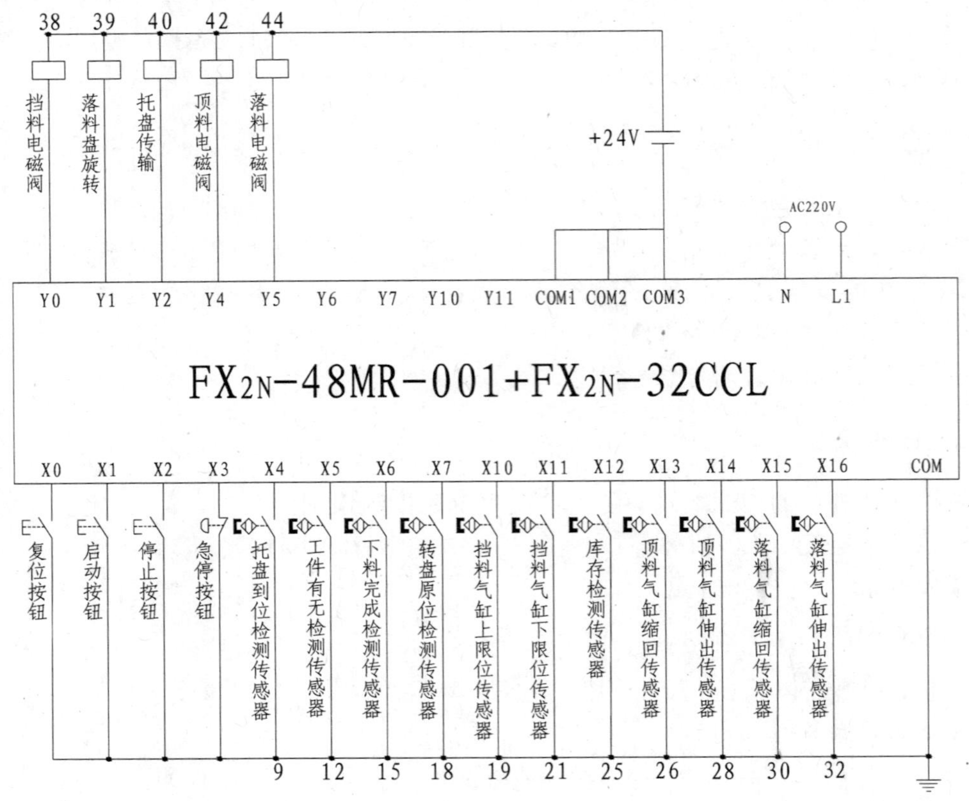

图 2-4　上料落料单元的 PLC 外部接线

3. PLC 程序设计

本子任务的 PLC 程序在三菱 GX Developer 8 的 SFC 编程中实现。程序包括三个块程序：主控程序、上料落料单元流程程序、其他子程序。各块程序的块类型如图 2-5 所示。

SFC(读出)　MAIN

No	块标题		块类型
0	主控程序	-	梯形图块
1	上料落料单元动作流程	-	SFC块
2	其他子程序	-	梯形图块
3			

图 2-5　上料落料单元的三个块程序

(1) 主控程序由梯形图设计，包括上电复位程序、复位功能程序、设备状态检测程序、启动停止程序、访问指示灯子程序、跳转急停子程序六个部分。

①上电复位程序。通过 M8002 将系统复位至初始状态，按下复位按钮也能进行状态复位。程序设计如图 2-6 所示。

M8002
0
ZRST M0 M49
X000
复位按钮
RST S0
SFC
ZRST S10 S14
ZRST Y000 Y005
挡料气缸 落料气缸

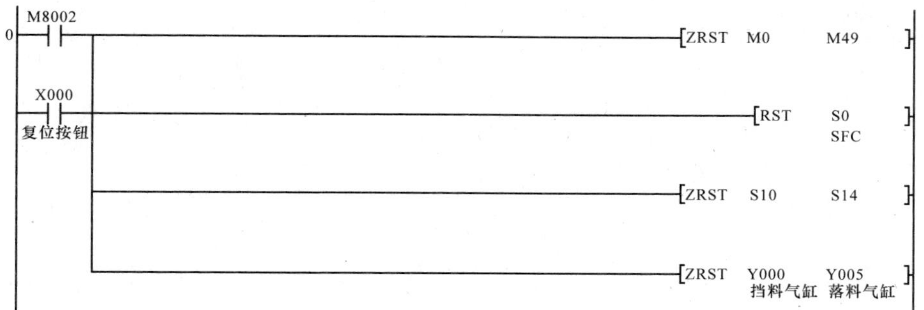

图 2-6　上电复位程序

②复位功能程序。按下复位按钮，复位状态 M30 置 1。复位过程包括两个内容：传输带复位、落料机构复位。两个过程都复位完成后，M30 清零，M31 置 1。

传输带复位：在复位状态下，挡料气缸 Y0 缩回，传输带 Y2 运行，带动传输带上的托盘到尾部，运行 3s 后停止。传输带复位程序如图 2-7 所示。

X000
9
复位按钮
SET M30
复位状态
M30
21
复位状态
K30
T0
T0
SET Y000
挡料气缸
SET Y002
托盘输送
T0
RST Y000
挡料气缸
RST Y002
托盘输送

图 2-7　传输带复位程序

落料机构复位：在复位状态下，落料盘转动两个周期（C0 计数 3 次），把落料台上的所有工件清空，落料盘回到原位，复位完成。落料机构复位程序如图 2-8 所示。

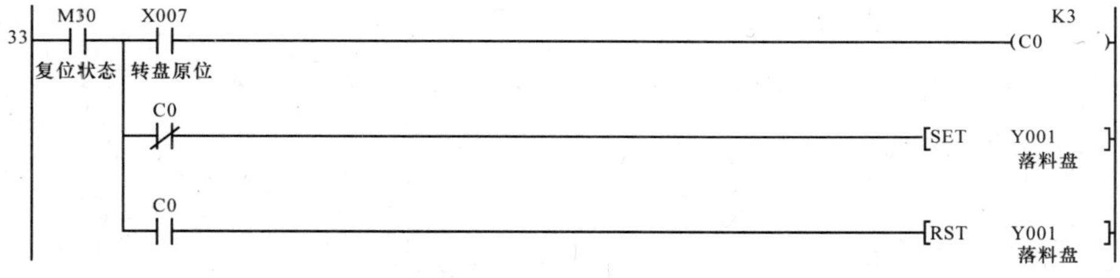

M30 X007
33
复位状态 转盘原位
K3
C0
C0
SET Y001
落料盘
C0
RST Y001
落料盘

图 2-8　落料机构复位程序

在复位状态下，两个过程都复位完成后，复位状态 M30 清零，复位完成状态 M31 置 1。同时把 C0 清空，以便下一次复位。复位完成程序如图 2-9 所示。

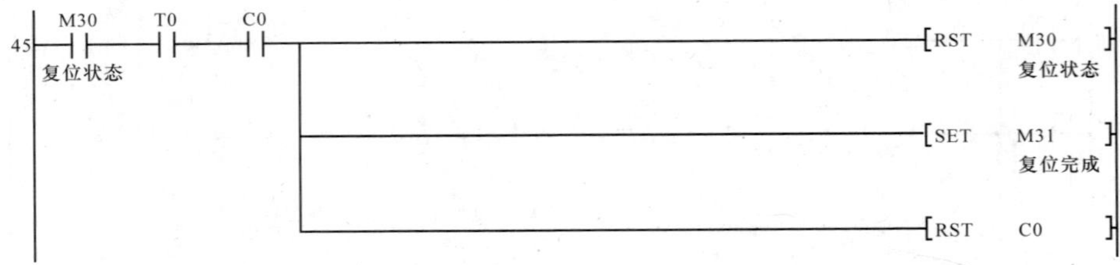

图 2-9 复位完成程序

③设备状态检测程序。当所有的状态符合要求时，准备状态辅助继电器 M20 为 1，否则为 0；当系统已经复位完成（M31＝1）且准备状态完成（M20＝1）时，设备准备状态检测完成，M21 置 1。初始态检测程序设计如图 2-10 所示。

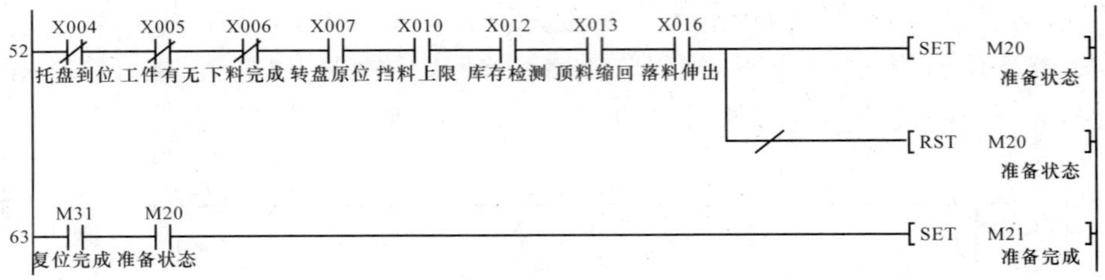

52
X004 托盘到位
X005 工件有无
X006 下料完成
X007 转盘原位
X010 挡料上限
X012 库存检测
X013 顶料缩回
X016 落料伸出
SET M20 准备状态
RST M20 准备状态
63
M31 复位完成
M20 准备状态
SET M21 准备完成

图 2-10 初始态检测程序

④启动停止程序。在系统准备好且系统还没运行时，按下启动按钮，使得运行状态辅助继电器 M10 为 1，并将 S0 置 1，准备开始上料落料流程操作。在系统运行过程中按下停止按钮，使辅助继电器 M11 为 1；当上料落料单元控制流程走完一个过程回到 S0 后，把 M10 复位，系统停止。启动停止状态程序设计如图 2-11 所示。

图 2-11 启动停止状态程序

⑤访问指示灯子程序。当 PLC 在运行状态下，永远访问指示灯子程序 P1。访问指示灯子程序如图 2-12 所示。

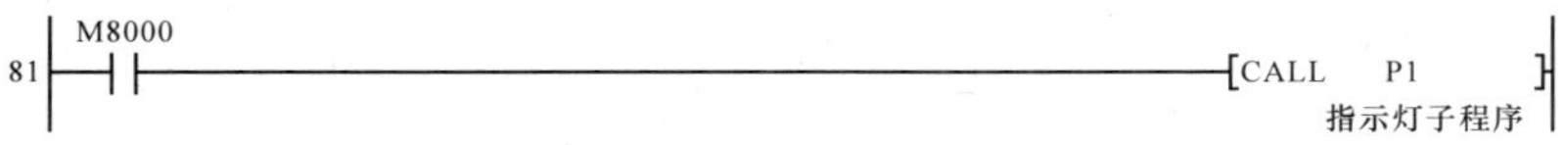

图 2-12　访问指示灯子程序

⑥跳转急停子程序。急停按钮为常闭开关。当按下急停按钮时，急停按钮 X3 常闭接通，常开断开，PLC 程序跳过上料落料单元 SFC 流程，直接运行急停子程序 P0，同时急停状态 M40 为 1。当急停按钮旋开复位后，X3 常闭断开，常开接通，上料落料单元继续运行。跳转急停子程序如图 2-13 所示。

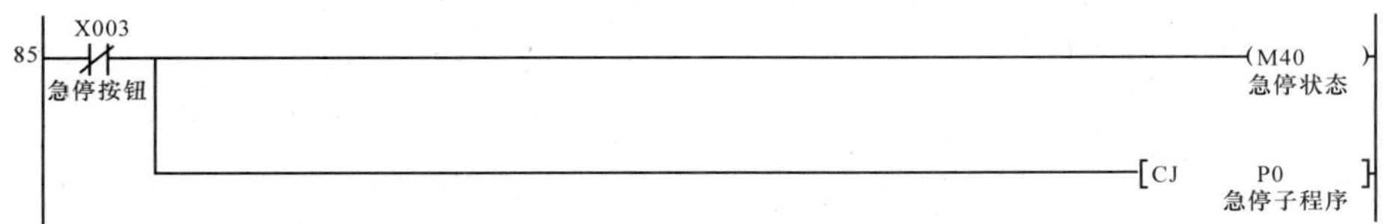

图 2-13　跳转急停子程序

(2)上料落料单元流程程序由顺序流程图(SFC)进行编程。根据子任务 1 已经画出动作流程图和顺序流程图，请根据实际情况编写程序。上料落料单元各步的状态说明如表 2-6 所示，参考运行流程如图 2-14 所示。

表 2-6　上料落料单元 SFC 各步状态说明

序号	步号	状态名称	功能说明
1	S0	初始步	检测是否在运行状态
2	S10	托盘传输步	传输带动作，托盘到位后停止
3	S11	上料机构动作步	顶料气缸伸出，顶料气缸到位后落料气缸缩回
4	S12	上料机构复位步	落料气缸伸出，落料气缸到位后顶料气缸缩回
5	S13	落料机构动作步	落料盘转动 2 圈后停止
6	S14	落料完成步	传输带动作，挡料气缸下降，3s 后复位

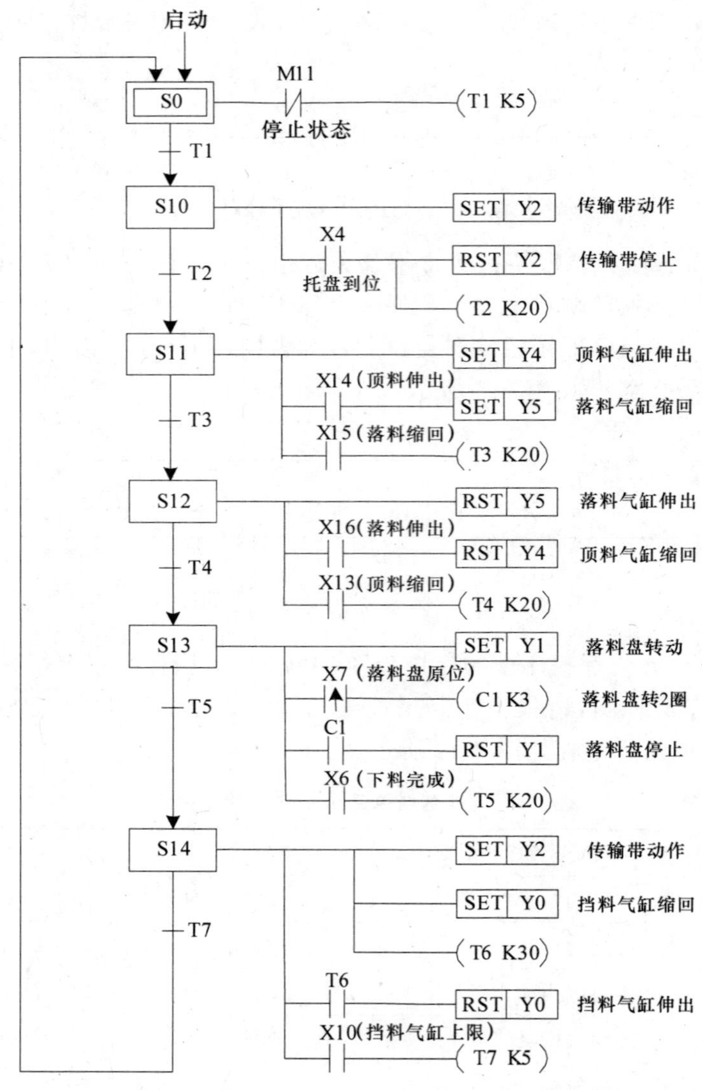

图 2-14　上料落料单元顺序流程

(3)其他子程序，包括主程序结束、指示灯子程序、急停控制子程序三个部分，各部分功能说明如下。

①主程序结束。程序设计如图 2-15 所示。

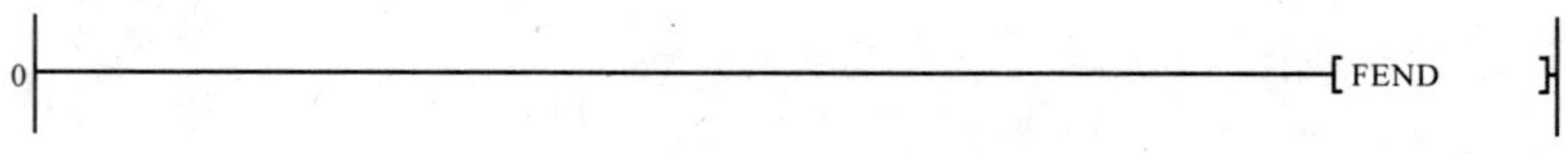

图 2-15　主程序结束

②指示灯子程序。如果复位完成后设备准备完成，Y27 常亮，否则以 1Hz 频率闪烁。如果设备正常运行，Y26 常亮；在运行过程中按下停止按钮，Y26 以 1Hz 频率闪烁；设备完全停止，Y26 灭。在急停状态下，Y25 以 1Hz 频率闪烁。指示灯子程序如图 2-16 所示。

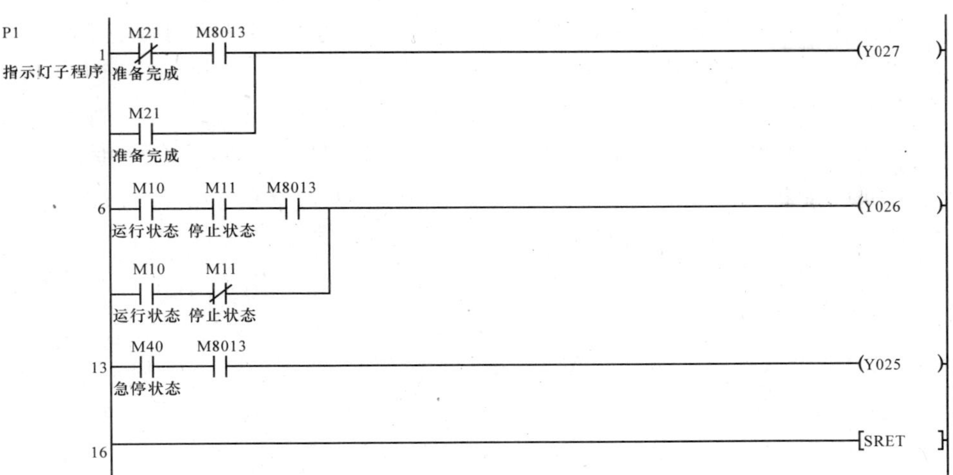

图 2-16　指示灯子程序

③急停控制子程序。急停时利用 M8000 使传输带和落料盘电机停止。M8000 的 PLC 在 RUN 情况下为 ON 状态(恒 1),在 STOP 情况下为 OFF 状态;M8001 的 PLC 在 RUN 情况下为 OFF 状态(恒 0),在 STOP 情况下为 ON 状态(恒 1)。急停控制子程序如图 2-17 所示。

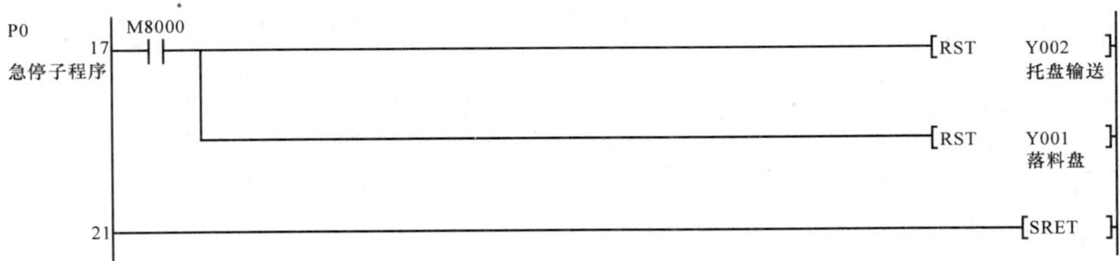

图 2-17　急停控制子程序

4. 系统调试

(1)旋开急停按钮,确保急停按钮在接通状态。

(2)按下黄色复位按钮,系统执行复位操作,Y27 指示灯以 1Hz 频率闪烁。传输带运行 3s 后停止,落料盘转动 2 圈后停止,清除落料台上的工件,复位完成,Y27 指示灯常亮。若不能执行复位操作,请按表 2-7 进行故障排除。

表 2-7　不能执行复位操作时故障排除办法

序号	错误现象	处理办法
1	传输带不能复位	检查程序图 2-7
2	落料机构不能复位	检查程序图 2-8
3	复位完成后不能再次复位	检查程序图 2-6 和图 2-9
4	Y27 指示灯现象不对	检查程序图 2-10、图 2-12 和图 2-16。若图 2-10 中 M20 为 0,则需要检查设备的传感器是不是在初始状态,直到 M20 为 1 时止

(3)复位按成后,Y27 指示灯常亮。按下绿色启动按钮,传输带开始运行;托盘到位后,传输带停止;等待一段时间后,顶料气缸伸出,顶料气缸伸出到位后,落料气缸缩回,井式下落料槽向下落料;工件检测传感器检测到工件,落料气缸伸出,落料气缸伸出到位后,顶料气缸缩回;顶料气缸缩回到位后,落料盘电机工作,带动锁止弧转动 1 圈,锁止弧上的拨销轴承拨动四槽轮转动 90°到下一个槽轮,同时带动同轴的圆柱齿轮转动 90°,圆柱齿轮则带动与其啮合的一系列圆柱齿轮、圆锥齿轮同步转动 90°,推料转盘随之转动 90°,推动工件滑动至落料平台落料口,工件落下到滑道上滑至托盘;下料完成传感器检测到工件信号后,落料完成,挡料气缸缩回,传输带电机动作运行,托盘工件前往下一站,一个工作周期完成。在运行过程中指示灯 Y26 常亮。若不能执行启动运行操作,请按表 2-8 进行故障排除。

表 2-8　不能执行启动运行操作时故障排除办法

序号	错误现象	处理办法
1	传输带不能运行	检查程序图 2-14 中 S10
2	托盘到位后传输带不停	①检查 X4 传感器是否接通; ②检查程序图 2-14 中 S10
3	上料落料单元不能动作,或者动作不对	①检查系统气源是否上气; ②检查程序图 2-14 中 S11 和 S12; ③检查 PLC 的输出 Y4、Y5 是否接线错误,是否接电源
4	落料盘转动超过 2 圈	①检查 X7 传感器是否安装到位; ②检查程序图 2-14 中 S13
5	工件落下后传输带没有重新启动	检查程序图 2-14 中 S14
6	指示灯 Y26 没有常亮	检查程序图 2-12 和图 2-16

(4)在运行过程中按下停止按钮,Y26 以 1Hz 的频率闪烁,系统执行完当前工作周期后停止工作,即工件落下后由托盘带至下一个工作单元,停止后 Y26 指示灯灭。若不能执行停止操作,请按表 2-9 进行故障排除。

表 2-9　不能执行停止操作时故障排除办法

序号	错误现象	处理办法
1	不能停止	检查程序图 2-11、图 2-14 中 S0
2	Y26 指示灯现象不对	检查程序图 2-12 和图 2-16

(5)在运行过程中按下急停按钮,设备马上停止工作,Y25 以 1Hz 的频率闪烁;急停复位后,系统继续运行。若不能执行停止操作,请按表 2-10 进行故障排除。

表 2-10　不能执行急停操作时故障排除办法

序号	错误现象	处理办法
1	不能急停	检查程序图 2-13、图 2-17
2	Y26 指示灯现象不对	检查程序图 2-12 和图 2-16

(6)指示灯 Y25～Y27 显示错误,请检查程序图 2-16。

四、任务评价

完成子任务 2,专业能力评价如表 2-11 所示。

表 2-11　专业能力评价

序号	训练内容	考核要求	评分标准	配分	学生自评	教师评分
1	准备工作	1.有工作计划; 2.有工作分工	1.没有工作计划,扣 5 分; 2.没有工作分工,扣 5 分	10		
2	电气线路工艺	1.电气线路连接规范; 2.电路布局规范	1.连线颜色错误,扣 5 分; 2.端子连接不牢靠,每个扣 2 分; 3.电路连接凌乱,没有绑扎,每处扣 2 分; 4.主电路裸露,扣 5 分	20		
3	程序设计与功能	1.PLC 设计符合功能要求; 2.调试方法合理正确; 3.正确处理调试过程中出现的故障情况	1.PLC 输入输出口搞错,每处扣 3 分; 2.缺少功能,每处扣 3 分; 3.不会熟练输入程序,扣 10～20 分; 4.不能熟练调试,扣 10～20 分; 5.PLC 系统报错,扣 5 分	40		
4	通电试车	系统成功运行	1.一次试车不成功,扣 10 分; 2.二次试车不成功,扣 20 分; 3.三次试车不成功,扣 30 分	30		
5	职业素养与安全意识	1.安全文明操作; 2.6S 管理	1.违反安全文明生产规程,损坏元器件,扣 5～30 分,并赔偿损坏的元器件; 2.工位凌乱,不整理,扣 10 分	倒扣		
备注	各项内容最高分不得超过额定配分		合计	100		
时间	开始时间		结束时间		考评员签字	年　月　日

子任务 3　用 MCGS 控制上料单元系统运行

一、任务描述

在子任务 2 的基础上,用 MCGS 组态界面完成对上料落料单元的控制。主要包括定义 MCGS 数据变量、设计 MCGS 组态界面、完成 MCGS 变量与 PLC 通道的连接、修改 PLC 程序、仿真调试五个部分。本子任务的设备动作要求与子任务 2 一样,MCGS 组态界面包括三个界面,分别为:主界面、控制界面、传感器气缸监控界面。

上料落料单元主界面、控制界面设计如图 2-18 所示。传感器气缸监控界面，请自行设计，要求界面美观大方，包含系统所有传感器、气缸、电机的状态。

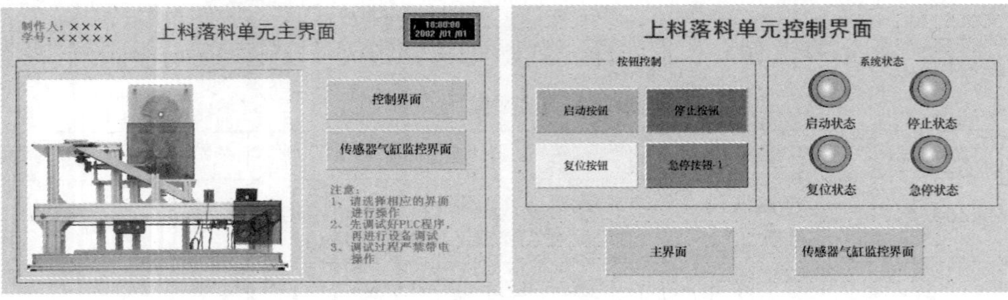

图 2-18　上料落料单元主界面、控制界面设计

二、任务分析

MCGS 组态界面主要用于上料落料单元的控制与监视，是一种可视化、无触点的控制技术。在本子任务中，可以先定义 MCGS 数据变量，完成 MCGS 组态设计，然后再把 MCGS 的变量与 PLC 的 I/O 口通道连接，最后完成联机调试。

这里需要注意的是：组态界面不能控制 PLC 的输入端，所以 MCGS 上的控制按钮不能连接 PLC 的输入继电器 X。一般情况下，需要用辅助继电器 M 来代替输入继电器 X，具体操作可参考“任务实施—修改 PLC 程序”部分。

三、任务实施

根据子任务 3 的控制要求，用 MCGS 组态软件和 PLC 实现控制过程，具体实施步骤如下。

1. 定义 MCGS 数据变量

本子任务需要 24 个变量，如表 2-12 所示。

表 2-12　上料落料单元的变量分配

序号	MCGS 变量名称	类型	初值	注释
1	复位按钮	开关量	0	按 1 松 0
2	启动按钮	开关量	0	按 1 松 0
3	停止按钮	开关量	0	按 1 松 0
4	急停按钮	开关量	0	取反
5	运行状态	开关量	0	显示运行状态
6	停止状态	开关量	0	显示停止状态
7	复位状态	开关量	0	显示复位状态
8	急停状态	开关量	0	显示急停状态
9	托盘到位检测	开关量	0	托盘到位检测传感器
10	工件有无检测	开关量	0	工件有无检测传感器
11	下料完成检测	开关量	0	下料完成检测传感器
12	转盘原位检测	开关量	0	转盘原位检测传感器

续表

序号	MCGS变量名称	类型	初值	注释
13	挡料气缸上限	开关量	0	挡料气缸上限位传感器
14	挡料气缸下限	开关量	0	挡料气缸下限位传感器
15	库存检测	开关量	0	库存检测传感器
16	顶料气缸缩回	开关量	0	顶料气缸缩回传感器
17	顶料气缸伸出	开关量	0	顶料气缸伸出传感器
18	落料气缸缩回	开关量	0	落料缩回传感器
19	落料气缸伸出	开关量	0	落料伸出传感器
20	挡料气缸	开关量	0	挡料气缸伸出
21	落料盘	开关量	0	落料盘转动
22	托盘输送	开关量	0	托盘输送带转动
23	顶料气缸	开关量	0	顶料气缸伸出
24	落料气缸	开关量	0	落料气缸缩回

2. 设计MCGS组态界面

本子任务需要设计三个界面窗口，窗口名称分别为：主界面、控制界面、传感器气缸监控界面。设置主界面为启动窗口，如图2-19所示。

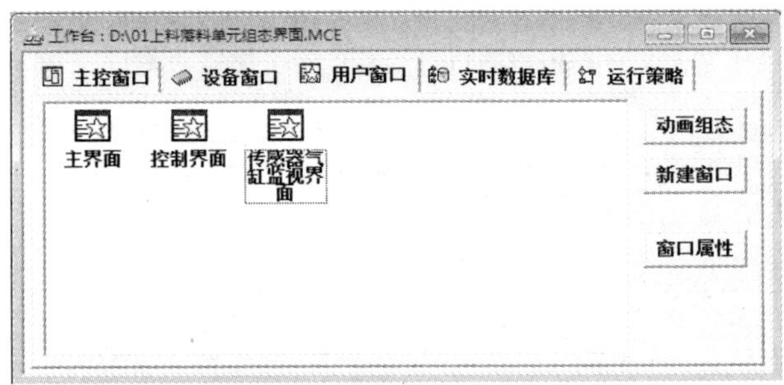

图2-19　上料落料单元组态界面设计

(1)主界面窗口设计如图2-20所示。

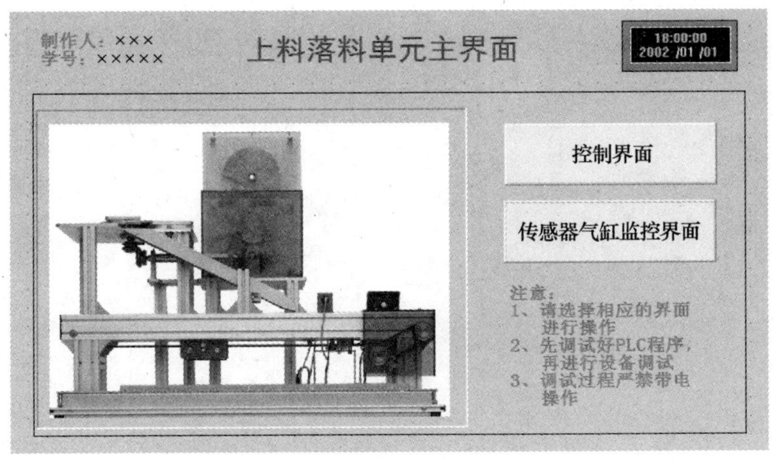

图2-20　上料落料单元主界面设计

主界面窗口包含三个标签、两个按钮、一个矩形框、一个凹槽平面、一张位图、一个时钟元件。具体的属性设置如表 2-13 所示，没有表示出的属性设置采用默认设置。

表 2-13　主界面元件属性

序号	界面元件	属性设置
1	标签 1 （标题）	1. 基本属性。填充颜色：银色；边线颜色：没有边线；字符颜色：蓝色。 2. 字体格式。黑体、常规、小一号。 3. 扩展属性。文本内容：上料落料单元主界面；对齐：水平居中、垂直居中
2	标签 2 （注意）	1. 基本属性。填充颜色：银色；边线颜色：没有边线；字符颜色：红色。 2. 字体格式：宋体、粗体、四号。 3. 扩展属性。文本内容，注意：①请选择相应的界面进行操作；②先调试好 PLC 程序，再进行设备调试；③调试过程严禁带电操作。 4. 对齐。水平靠左、垂直居中
3	标签 3 （姓名）	1. 基本属性。填充颜色：银色；边线颜色：没有边线；字符颜色：红色。 2. 字体格式。宋体、粗体、四号。 3. 扩展属性。文本内容：制作人×××，学号×××××。 4. 对齐。水平靠左、垂直居中
4	按钮 1 （控制界面）	1. 基本属性。文本：控制界面；文本颜色：黑色；背景色：浅蓝色。 2. 字体格式：宋体、常规、三号；水平、垂直对齐：中对齐。 3. 操作属性。打开用户窗口：控制界面；关闭用户窗口：主界面
5	按钮 2 （传感器气缸界面）	1. 基本属性。文本：传感器气缸监控界面；文本颜色：黑色；背景色：浅蓝色。 2. 字体格式。宋体、常规、三号；水平、垂直对齐：中对齐。 3. 操作属性。打开用户窗口：传感器气缸监控界面；关闭用户窗口：主界面
6	矩形	调整至合适大小
7	凹槽平面	调整至合适大小
8	位图	装载位图，调整至合适大小
9	时钟	插入元件：时钟 4，默认

（2）控制界面窗口设计如图 2-21 所示。

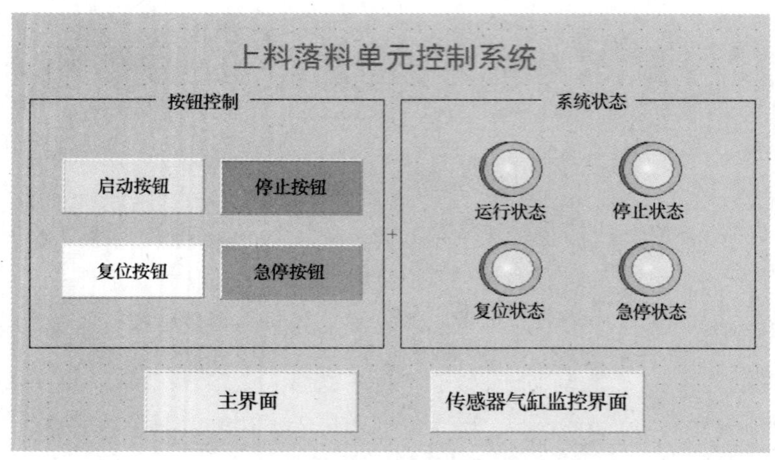

图 2-21　上料落料单元控制界面设计

控制界面窗口包含 7 个标签、6 个按钮、4 个指示灯、2 个矩形框。具体的属性设置如表 2-14 所示，没有表示出的属性设置采用默认设置。

表 2-14　控制界面元件属性

序号	界面元件	属性设置
1	标签 1 （标题）	1. 基本属性。填充颜色：银色；边线颜色：没有边线；字符颜色：蓝色。 2. 字体格式。黑体、常规、小一号。 3. 扩展属性。文本内容：上料落料单元控制系统；对齐：水平居中、垂直居中
2	标签 2～6 （其他文字）	1. 基本属性。填充颜色：银色；边线颜色：没有边线；字符颜色：黑色。 2. 字体格式。宋体、常规、小四号。 3. 扩展属性。文本内容：按钮控制、系统状态、运行状态、停止状态、复位状态、急停状态；对齐：水平靠左、垂直居中
3	按钮 1 （主界面）	1. 基本属性。文本：主界面；文本颜色：黑色；背景色：浅蓝色。 2. 字体格式。宋体、常规、三号；水平、垂直对齐：中对齐。 3. 操作属性。打开用户窗口：主界面；关闭用户窗口：控制界面
4	按钮 2 （传感器气缸界面）	1. 基本属性。文本：传感器气缸监控界面；文本颜色：黑色；背景色：浅蓝色。 2. 字体格式。宋体、常规、三号；水平、垂直对齐：中对齐。 3. 操作属性。打开用户窗口：传感器气缸监控界面；关闭用户窗口：控制界面
5	按钮 3 （启动按钮）	1. 基本属性。文本：启动按钮；文本颜色：黑色；背景色：浅绿色。 2. 字体格式。宋体、常规、小四号；水平、垂直对齐：中对齐。 3. 操作属性。数据对象操作：按 1 松 0、启动按钮
6	按钮 4 （停止按钮）	1. 基本属性。文本：停止按钮；文本颜色：黑色；背景色：红色。 2. 字体格式。宋体、常规、小四号；水平、垂直对齐：中对齐。 3. 操作属性。数据对象操作：按 1 松 0、停止按钮
7	按钮 5 （复位按钮）	1. 基本属性。文本：启动按钮；文本颜色：黑色；背景色：黄色。 2. 字体格式。宋体、常规、小四号；水平、垂直对齐：中对齐。 3. 操作属性。数据对象操作：按 1 松 0、复位按钮
8	按钮 6 （急停按钮）	1. 基本属性。文本：停止按钮；文本颜色：黑色；背景色：紫色。 2. 字体格式。宋体、常规、小四号；水平、垂直对齐：中对齐。 3. 操作属性。数据对象操作：取反、急停按钮
9	指示灯 1 （运行状态）	数据对象。可见度：运行状态
10	指示灯 2 （停止状态）	数据对象。可见度：停止状态
11	指示灯 3 （复位状态）	数据对象。可见度：复位状态
12	指示灯 4 （急停状态）	数据对象。可见度：急停状态
13	矩形框	按要求调整位置

(3)传感器气缸监控界面请自行设计，要求界面美观大方，包含系统所有传感器、气缸、电机的状态。

3. MCGS 与 PLC 的连接

本子任务 MCGS 通过三菱 FX 编程线与 PLC 进行通信，需要进行设备连接。为了能够使 MCGS 和 PLC 连接上，必须把定义好的数据对象和 PLC 内部变量进行连接，具体操作步骤如下。

(1)在[设备窗口]中双击[设备窗口]图标进入。

(2)点击工具条中的[工具箱]图标，打开[设备工具箱]。

(3)在可选设备列表中，双击[通用串口父设备]，然后双击[三菱_FX 系列编程口]，在下方出现[通用串口父设备]/[三菱_FX 系列编程口]，如图 2-22 所示。

(4)双击[通用串口父设备]，进入通用串口父设备的基本属性设置，具体设置如图 2-23所示。

图 2-22　MCGS 组态调试界面

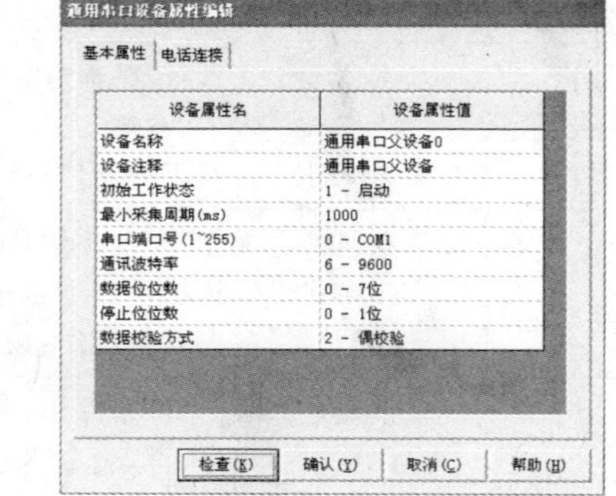

图 2-23　MCGS 组态串口父设备设置界面

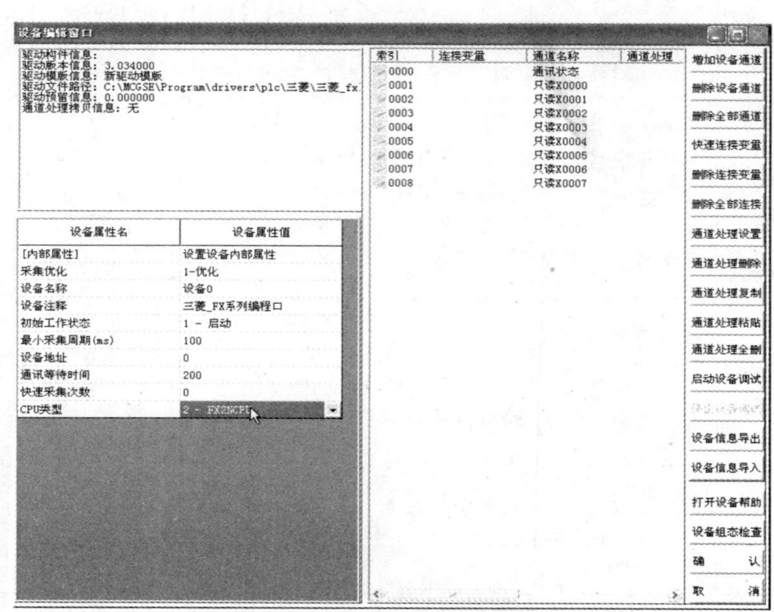

图 2-24　MCGS 组态三菱 FX 编程口设置界面

串口端口号(1～255)设置为 0-COM1;端口号根据实际情况调整,默认为 COM1。

通信波特率设置为 6-9600。数据校验方式设置为 2-偶校验。其他设置为默认。

(5)双击[三菱_FX 系列编程口],进入设备编辑窗口,如图 2-24 所示。左窗口下方 CPU 类型选择为 2-FX_{2N}CPU。右窗口中[通道名称]默认为 X000～X007,可以单击[删除全部通道]按钮进行删除。

连接 MCGS 变量和 PLC 通道,如表 2-15 所示。

表 2-15　MCGS 变量和 PLC 通道的连接

序号	MCGS 变量名称	PLC 通道名称	备注
1	复位按钮	读写 M100	按 1 松 0
2	启动按钮	读写 M101	按 1 松 0
3	停止按钮	读写 M102	按 1 松 0
4	急停按钮	读写 M103	取反
5	运行状态	读写 M10	显示运行状态
6	停止状态	读写 M11	显示停止状态
7	复位状态	读写 M30	显示复位状态
8	急停状态	读写 M40	显示急停状态
9	托盘到位检测	只读 X4	托盘到位检测传感器
10	工件有无检测	只读 X5	工件有无检测传感器
11	下料完成检测	只读 X6	下料完成检测传感器
12	转盘原位检测	只读 X7	转盘原位检测传感器
13	挡料气缸上限	只读 X10	挡料气缸上限位传感器
14	挡料气缸下限	只读 X11	挡料气缸下限位传感器
15	库存检测	只读 X12	库存检测传感器
16	顶料气缸缩回	只读 X13	顶料气缸缩回传感器
17	顶料气缸伸出	只读 X14	顶料气缸伸出传感器
18	落料气缸缩回	只读 X15	落料缩回传感器
19	落料气缸伸出	只读 X16	落料伸出传感器
20	挡料气缸	读写 Y0	挡料气缸伸出
21	落料盘	读写 Y1	落料盘转动
22	托盘输送	读写 Y2	托盘输送带转动
23	顶料气缸	读写 Y4	顶料气缸伸出
24	落料气缸	读写 Y5	落料气缸缩回

注意:PLC 的输入通道 X 只能作为只读信号,不能作为读写信号。

4. PLC 程序修改

MCGS 对 PLC 的 X 元件的属性是只读，MCGS 只能显示 X 元件的状态，不能控制 X 元件动作，所以在 MCGS 中需要用 M 元件代替 X 元件进行控制，M 元件的属性为读写。本子任务需要用 MCGS 和外部按钮同时控制上料落料单元的复位、启动、停止和急停功能，故需要修改 PLC 程序。根据 MCGS 组态设计，控制按钮信号的对应关系如表 2-16 所示。

表 2-16　MCGS 和外部按钮控制系统对应关系

序号	控制功能	外部按钮控制	MCGS 控制
1	复位按钮	X0	M100
2	启动按钮	X1	M101
3	停止按钮	X2	M102
4	急停按钮	X3	M103

复位、启动、停止信号外部接的是按钮的常开触点，故在 PLC 程序中，常开触点 X 并联上一个 MCGS 组态连接的变量的常开触点 M，常闭触点 X 串联上一个 MCGS 组态连接的变量的常闭触点 M，以实现 MCGS 和外部按钮的同时控制。复位、启动、停止按钮的 PLC 程序修改如图 2-25 所示。

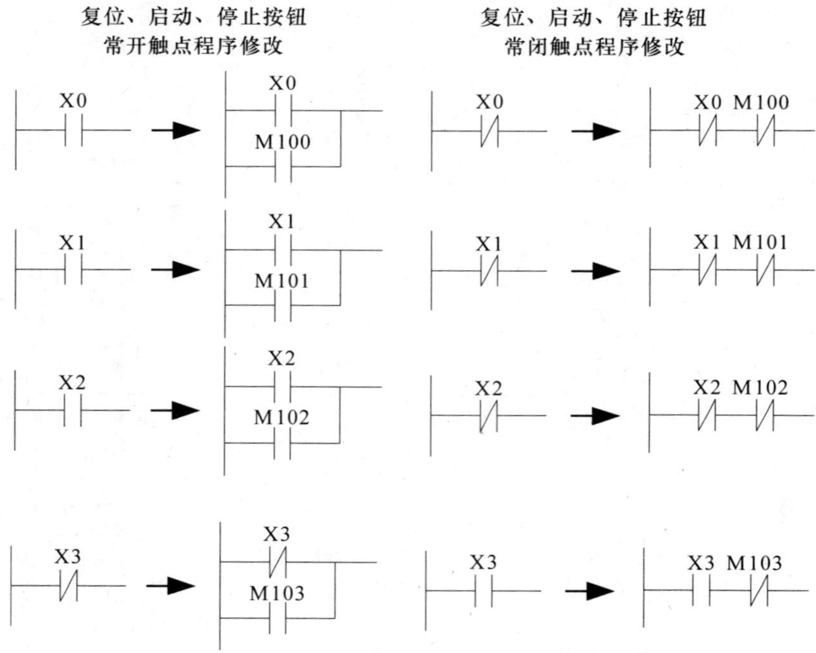

图 2-25　复位、启动、停止按钮的 PLC 程序修改

急停信号外部接的是急停开关的常闭触点，故在 PLC 程序中 X3 的常开常闭情况与其他按钮信号相反。急停按钮的 PLC 程序修改如图 2-26 所示。

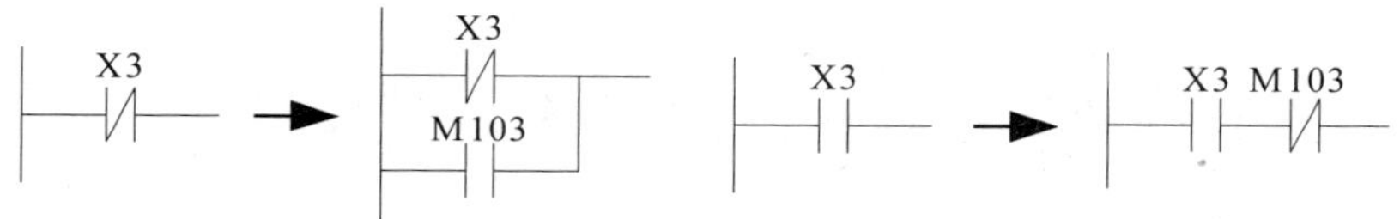

图 2-26　急停按钮的 PLC 程序修改

5. 仿真调试

(1)按下 MCGS 组态界面上的复位按钮，系统复位。

(2)按下 MCGS 组态界面上的启动按钮，系统运行，完成上料落料过程。

(3)按下 MCGS 组态界面上的停止按钮，系统运行完本周期后停止。

(4)按下 MCGS 组态界面上的急停按钮，系统马上停止；再按一次急停按钮，系统继续前面的工作。

(5)启动、停止、复位、急停功能也可以用外部按钮进行控制。

四、任务评价

完成子任务 3，专业能力评价如表 2-17 所示。

表 2-17　专业能力评价

序号	训练内容	考核要求		评分标准	配分	学生自评	教师评分
1	准备工作	1. 有工作计划； 2. 有工作分工		1. 没有工作计划，扣 5 分； 2. 没有工作分工，扣 5 分	10		
2	组态界面设计	1. 组态界面设计合理； 2. 组态界面能与 PLC 通信； 3. 组态界面能控制本单元的动作		1. 组态界面设计不合理，扣 20 分； 2. 缺少显示功能，每处扣 5 分； 3. 缺少控制功能，每处扣 5 分； 4. 组态不能跟 PLC 通信，扣 30 分	50		
3	PLC 程序修改	1. 能按要求修改 PLC 程序； 2. 能实现按钮和组态的同时控制		1. 不会进行程序的修改，扣 20 分； 2. 缺少功能，每处扣 5 分； 3. 不能进行按钮和组态两地控制，扣 10 分	20		
4	系统模拟运行	系统成功模拟运行		1. 一次不成功，扣 10 分； 2. 二次不成功，扣 20 分	20		
5	职业素养与安全意识	1. 安全文明操作； 2. 6S 管理		1. 违反安全文明生产规程，损坏元器件，扣 5～30 分，并赔偿损坏的元器件； 2. 工位凌乱，不整理，扣 10 分	倒扣		
备注	各项内容最高分不得超过额定配分			合计	100		
时间	开始时间		结束时间		考评员签字		年　月　日

知识点1 上料落料单元的气动知识

1. 标准双作用直线气缸

标准气缸是指气缸的功能和规格是普遍使用的、结构容易制造的、制造厂通常作为通用产品供应市场的气缸。

在气缸运动的两个方向上，根据受气压控制的方向个数的不同，可分为单作用气缸和双作用气缸。只有一个方向受气压控制而另一个方向依靠复位弹簧实现复位的气缸称为单作用气缸。两个方向都受气压控制的气缸称为双作用气缸。

在双作用气缸中，活塞的往复运动均由压缩空气来推动。图2-27是标准双作用直线气缸的半剖面图。图中，气缸的两个端盖上都设有进排气通口，从无杆侧端盖气口进气时，推动活塞向前运动；反之，从杆侧端盖气口进气时，推动活塞向后运动。

双作用气缸具有结构简单、输出力稳定、行程可根据需要选择的优点，但由于是利用压缩空气交替作用于活塞上来实现伸缩运动，回缩时压缩空气的有效作用面积较小，所以产生的力要小于伸出时产生的推力。

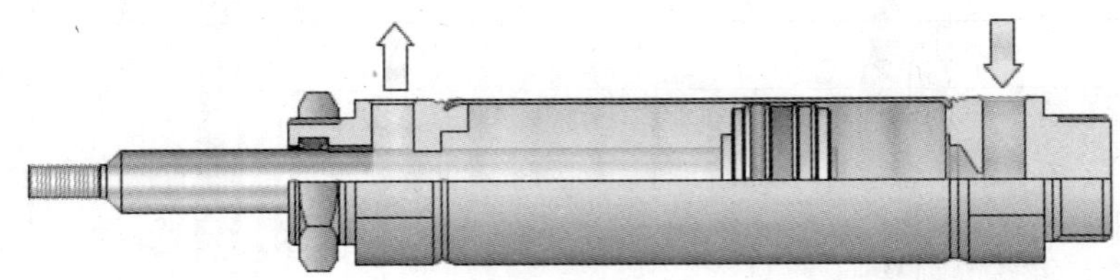

图2-27 双作用气缸工作示意

为了使气缸的动作平稳可靠，应对气缸的运动速度加以控制，常用的方法是使用单向节流阀。

单向节流阀是由单向阀和节流阀并联而成的流量控制阀，常用于控制气缸的运动速度，所以也称为速度控制阀。单向阀的功能是靠单向密封圈来实现的。图2-28是一种单向节流阀的剖面图。当空气从气缸排气口排出时，单向密封圈在封堵状态，单向阀关闭，这时只能通过调节手轮，使节流阀杆上下移动以改变开度，从而达到节流作用。反之，在进气时，单向密封圈被气流冲开，单向阀开启，压缩空气直接通过气缸进气口，节流阀不起作用。因此，这种节流方式被称为排气节流方式。

图2-29是在双作用气缸装上两个排气型单向节流阀的连接示意图。当压缩空气从A端进气、从B端排气时，单向节流阀A的单向阀开启，向气缸无杆腔快速充气。由于单向节流阀B的单向阀关闭，有杆腔内的气体只能经节流阀排出，调节节流阀B的开度便可改变气缸伸出时的运动速度。反之，调节节流阀A的开度可改变气缸缩回时的运动速度。这种控制方式，使活塞运行稳定，是最常用的方式。

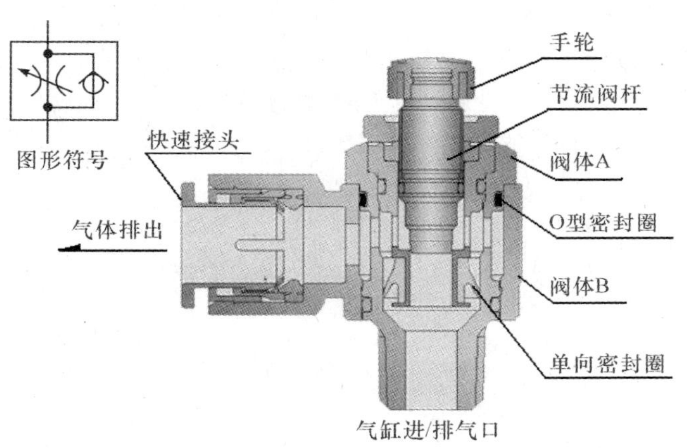

图 2-28 排气节流方式的单向节流阀剖面

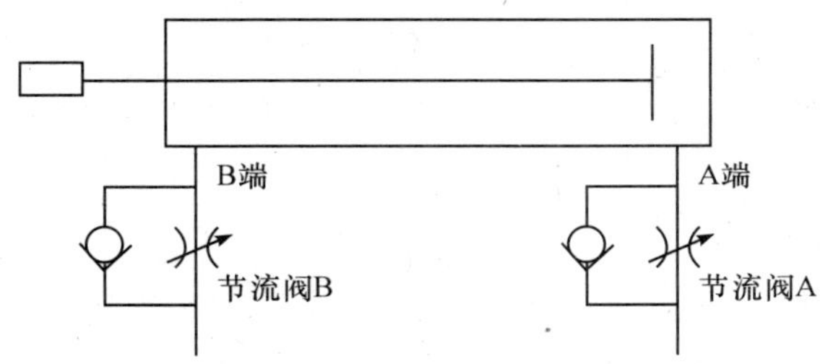

图 2-29 节流阀连接和调整原理示意

节流阀上带有气管的快速接头，只要将合适外径的气管往快速接头上一插就可以将管连接好了，使用时十分方便。图 2-30 所示是安装了带快速接头的限出型气缸节流阀的气缸外观。

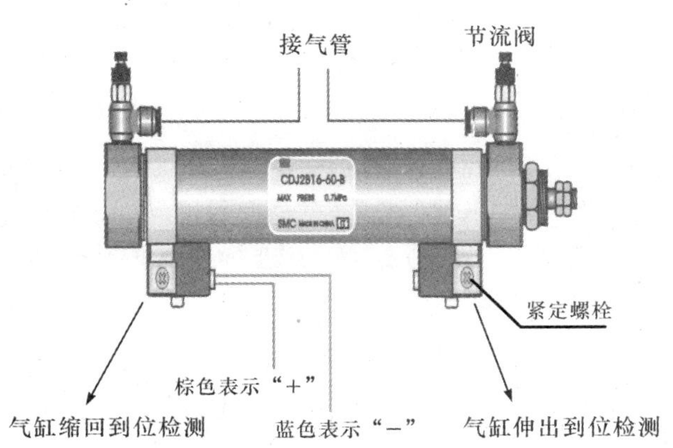

图 2-30 安装上节流阀的气缸

2. 单电控电磁换向阀、电磁阀组

如前所述，顶料或推料气缸，其活塞的运动是依靠向气缸一端进气，并从另一端排气，再反过来，从另一端进气，一端排气来实现的。气体流动方向的改变则由能改变气体流动方向或通断的控制阀(即方向控制阀)加以控制。在自动控制中,方向控制阀常采用电磁控制方式实现方向控制,被称为电磁换向阀。

电磁换向阀是利用其电磁线圈通电时静铁芯对动铁芯产生电磁吸力使阀芯切换,从而达到改变气流方向的目的。图 2-31 所示是一个单电控二位三通电磁换向阀的工作原理。

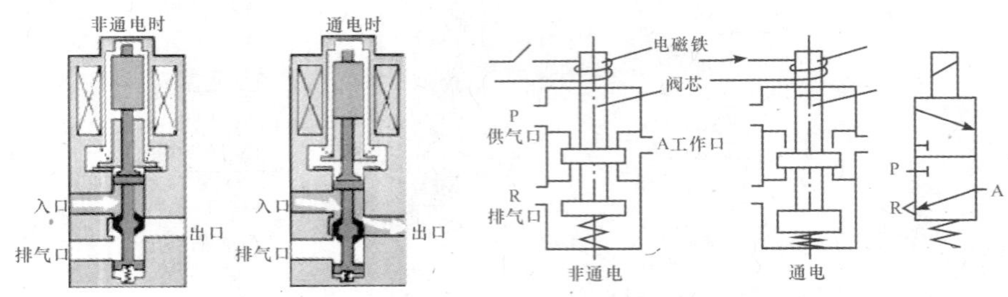

图 2-31　单电控电磁换向阀的工作原理

所谓“位”指的是为了改变气流方向,阀芯相对于阀体所具有的不同的工作位置。“通”的含义则指换向阀与系统相连的通口,有几个通口即为几通。图 2-31 中,只有两个工作位置,具有供气口 P、工作口 A 和排气口 R,故为二位三通阀。

图 2-32 分别是二位三通、二位四通和二位五通单电控电磁换向阀的图形符号,图形中有几个方格就是几位,方格中的“┬”和“┴”符号表示各接口互不相通。

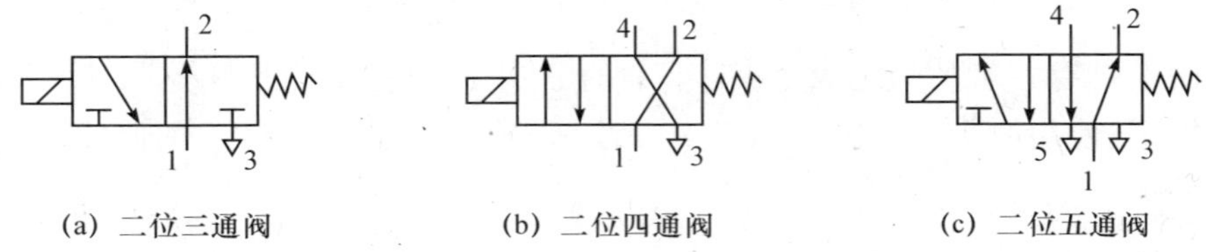

(a) 二位三通阀　(b) 二位四通阀　(c) 二位五通阀

图 2-32　部分单电控电磁换向阀的图形符号

自动线工作单元的执行气缸都是双作用气缸,控制它们工作的电磁阀需要有 2 个工作口、2 个排气口及 1 个供气口,故所使用的电磁阀一般为二位五通电磁阀。电磁阀带有手动换向和加锁钮,有锁定(LOCK)和开启(PUSH)2 个位置。用小螺丝刀把加锁钮旋到 LOCK 位置时,手控开关向下凹进去,不能进行手控操作。只有在 PUSH 位置,可用工具向下按,信号为 1,等同于该侧的电磁信号为 1;常态时,手控开关的信号为 0。在进行设备调试时,可以使用手控开关对阀进行控制,从而实现对相应气路的控制,以改变推料缸等执行机构的控制,从而达到调试的目的。

两个电磁阀是集中安装在汇流板上的。汇流板中的两个排气口末端均连接了消声器,消声器的作用是减少压缩空气向大气排放时的噪声。这种将多个阀与消声器、汇流板等集成在一起构成的一组控制阀称为阀组,而每个阀的功能是彼此独立的。阀组的结构如图 2-33 所示。

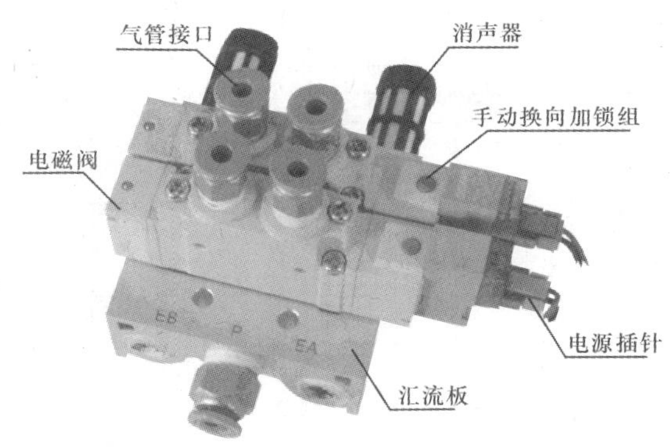

图 2-33　电磁阀组

3. 薄型气缸

薄型气缸属于节省空间气缸类，即气缸的轴向或径向尺寸比标准气缸有较大减小的气缸，具有结构紧凑、重量轻、占用空间小等优点。图 2-34 是薄型气缸的一些实例图。

(a) 薄型气缸实例

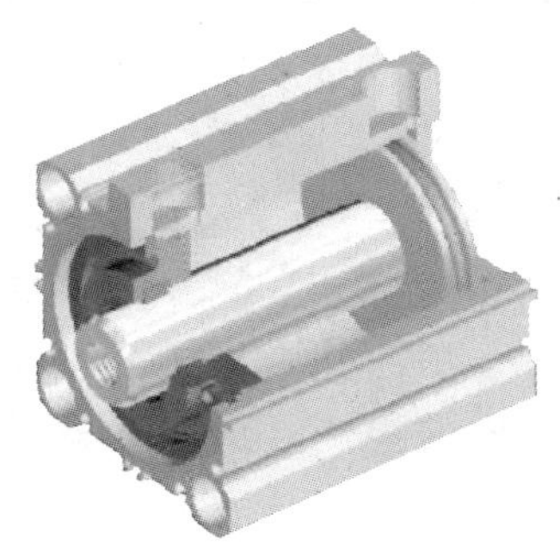

(b) 工作原理剖视

图 2-34　薄型气缸实例

薄型气缸的特点是：缸筒与无杆侧端盖压铸成一体，杆盖用弹性挡圈固定，缸体为方形。这种气缸通常用于固定夹具和搬运中固定工件等。在天煌环形生产线中，薄型气缸用于阻挡托盘的运行，一般被称为挡料气缸。

4. 气动控制回路

气动控制回路是本工作单元的执行机构，该执行机构的控制逻辑、控制功能是由 PLC 实现的。上料落料单元气动控制回路的工作原理如图 2-35 所示。图中 1B1 和 1B2 为安装在挡料气缸的两个极限工作位置的磁感应接近开关，2B1 和 2B2 为安装在顶料气缸的两个极限工作位置的磁感应接近开关，3B1 和 3B2 为安装在落料气缸的两个极限工作位置的磁感应接近开关。1Y1、2Y1 和 3Y1 分别为控制挡料气缸、顶料气缸和落料气缸的电磁阀的电磁控制端。本气动原理图中，挡料气缸和落料气缸设定在伸出状态，顶料气缸设定在缩回状态。

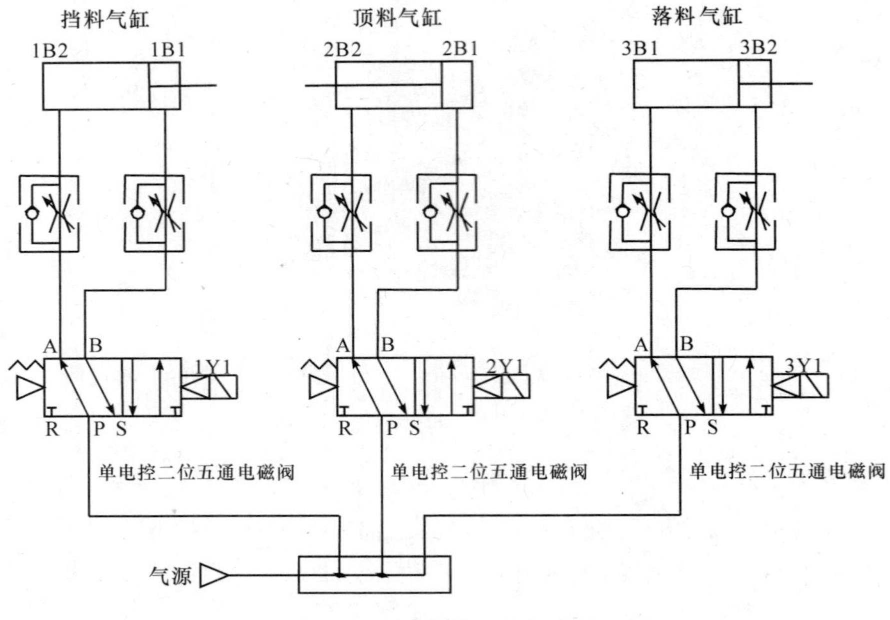

图 2-35 上料落料单元的气动原理

知识点 2　认识有关传感器

凡是利用一定的物性(物理、化学、生物)法则、定理、定律、效应等进行能量转换与信息转换,并且输出与输入严格一一对应的器件和装置均可被称为传感器;传感器又被称为变换器、转换器、检测器等。在各式各样的传感器中,常用的传感器都是接近式传感器,它利用传感器对所接近物体具有敏感特性来识别物体的接近,并输出相应开关信号,因此,接近式传感器通常也被称为接近开关。

接近式传感器有多种检测方式,包含利用电磁感应引起的被检测对象的金属体中产生的涡电流的方式、捕捉检测体的接近所引起的电气信号的容量变化的方式、利用磁石和引导开关的方式、利用光电效应和光电转换器件作为检测元件等。传感器的种类有磁感应式接近开关(或称磁性开关)、电感式接近开关、漫反射式光电开关和光纤型光电传感器等,常用的传感器见表 2-18。

表 2-18　常用的传感器

类型	实物图		作用
磁感应传感器 (磁性开关)			常用于气缸上,用于气缸活塞位置的检测

续表

类型	实物图		作用
光电传感器（光电开关）			常用于检测工件的“有”“无”
光纤传感器			常用于分辨不同的颜色，如分辨“白”“黑”
电感传感器			常用于检测金属工件
旋转编码器			常用于进行位置检测

1. 磁性开关

天煌环形生产线所使用的气缸都是带磁性开关的气缸。这些气缸的缸筒采用导磁性弱、隔磁性强的材料，如硬铝、不锈钢等。在非磁性体的活塞上安装一个用永久磁铁的磁环，就提供了一个反映气缸活塞位置的磁场。而安装在气缸外侧的磁性开关则用来检测气缸活塞位置，即检测活塞的运动行程。

有触点的磁性开关用舌簧开关作磁场检测元件。舌簧开关成型于合成树脂块内，并且一般动作指示灯、过电压保护电路也塑封在内。图 2-36 是带磁性开关的气缸工作原理图。当气缸活塞移动到靠近磁性开关时，舌簧开关的两根簧片被磁化而相互吸引，触点闭合；当气缸活塞离开磁性开关后，簧片失磁，触点断开。触点闭合或断开时发出电控信号，在 PLC 的自动控制中，可以利用该信号判断气缸的运动状态或所在位置，以确定工件是否推出。

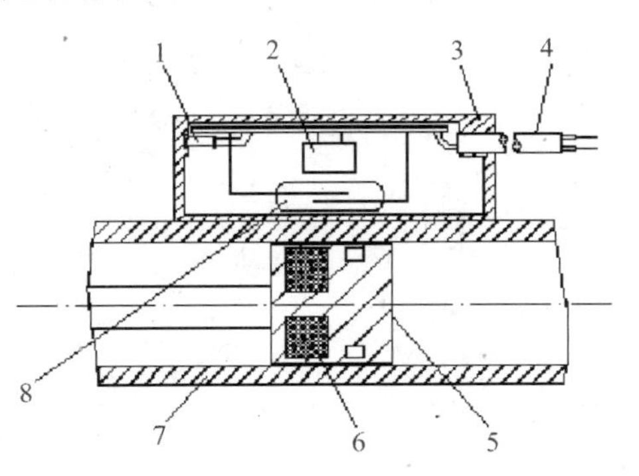

1. 动作指示灯；　2. 保护电路；
3. 开关外壳；　4. 导线；
5. 活塞；　6. 磁环（永久磁铁）；
7. 缸筒；　8. 舌簧开关

图 2-36　带磁性开关的气缸工作原理

在磁性开关上设置的LED显示用于显示其信号状态,以供调试时使用。磁性开关动作时,输出信号1,LED亮;磁性开关不动作时,输出信号0,LED不亮。

磁性开关的安装位置可以调整,调整方法是松开它的紧定螺栓,让磁性开关顺着气缸滑动,到达指定位置后,再旋紧紧定螺栓。

磁性开关有蓝色和棕色2根引出线,使用时蓝色引出线连接到PLC的输入公共端COM,棕色引出线连接到PLC的输入端X。磁性开关的内部电路如图2-37中虚线框内所示。

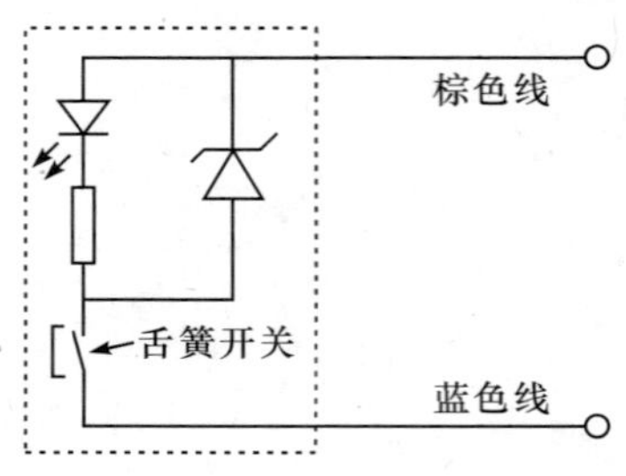

图2-37　磁性开关内部电路

2.漫射式光电接近开关

(1)光电接近开关

光电传感器是利用光的各种性质检测物体有无和表面状态变化等的传感器。其中输出形式为开关量的传感器为光电接近开关。

光电接近开关主要由光发射器和光接收器构成。如果光发射器发射的光线因检测物体不同而被遮掩或反射,则到达光接收器的量将会发生变化。光接收器的敏感元件能检测到这种变化,并将其转换为电气信号进行输出。大多使用可视光(主要为红色,也用绿色、蓝色,来判断颜色)和红外光。按照接收器接收光方式的不同,光电接近开关可分为对射式、反射式和漫射式3种,如图2-38所示。

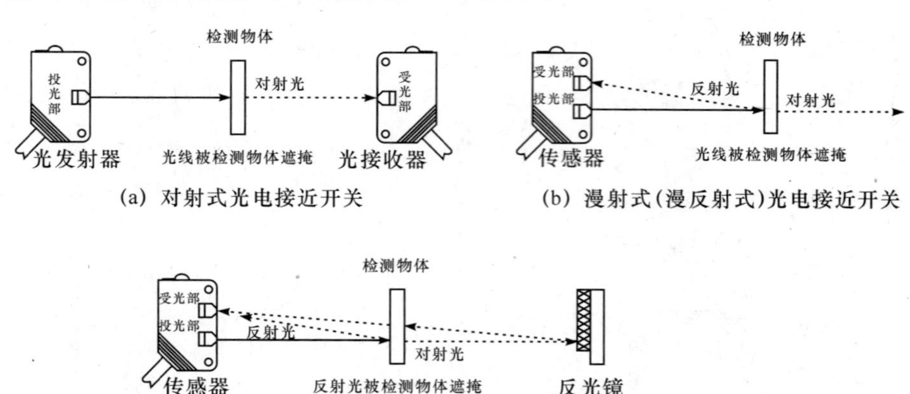

图2-38　光电接近开关

(2)接近开关的图形符号

部分接近开关的图形符号如图 2-39 所示。图中(a)(b)(c)三种情况均使用 NPN 三极管集电极开路输出。如果使用 PNP 型的,正负极性应反过来。

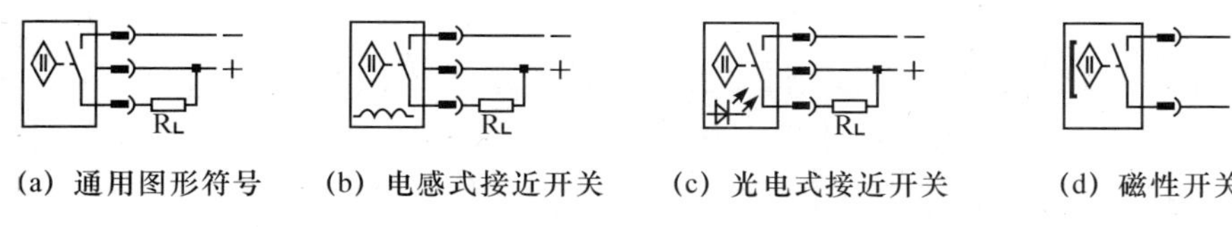

图 2-39　接近开关的图形符号

3. 电感式接近开关

电感式接近开关是利用电涡流效应制造的传感器。电涡流效应是指当金属物体处于一个交变的磁场中时所产生的一种物理效应。如果这个交变的磁场是由一个电感线圈产生的,则这个电感线圈中的电流就会发生变化,用于平衡电涡流效应产生的磁场。

利用这一原理,以高频振荡器(LC 振荡器)中的电感线圈作为检测元件,当被测金属物体接近电感线圈时产生电涡流效应,这引起振荡器振幅或频率的变化,由传感器的信号调理电路(包括检波、放大整形、输出等电路)将该变化转换成开关量输出,从而达到检测目的。电感式接近开关传感器工作原理如图 2-40 所示。

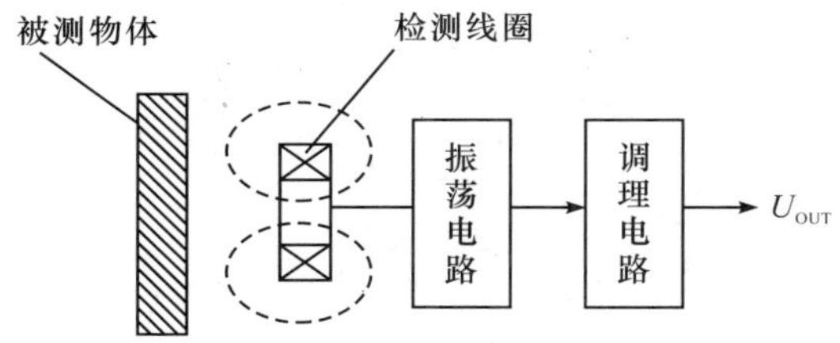

图 2-40　电感式传感器工作原理

在接近开关的选用和安装中必须认真考虑检测距离、设定距离,以保证生产线上的传感器可靠动作。安装距离注意说明如图 2-41 所示。

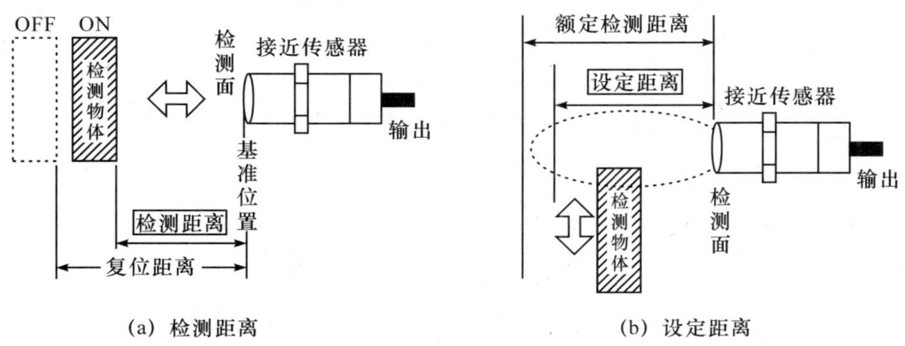

图 2-41　接近传感器安装距离示意

知识点3 各传感器与PLC的连线

在系统上常用的传感器，根据传感器外部接线方式的不同，可以分为两线传感器（外部输出只有两根输出线，如磁感应开关、限位开关等）、三线传感器（外部输出有三根线，如光电传感器、光纤传感器、电感传感器等）。

若是两线传感器，则不需要外部电源，根据传感器输出线颜色：棕色线接 PLC 输入端，蓝色线接 PLC 的 COM 端。

若是三线传感器，则一般需要外部电源，根据传感器输出线颜色：棕色线接电源的正极（+24V），蓝色线接电源的负极（0V，与 PLC 的 COM 端相连），黑色线输出信号，接 PLC 输入端。

1. 磁感应传感器

磁感应传感器是两线传感器，产生的是开关信号，没有电源线，不能直接接到 24V 电源。磁感应传感器的接线：棕色线接 PLC 输入端，蓝色线接 PLC 的 COM 端，如图 2-42所示。

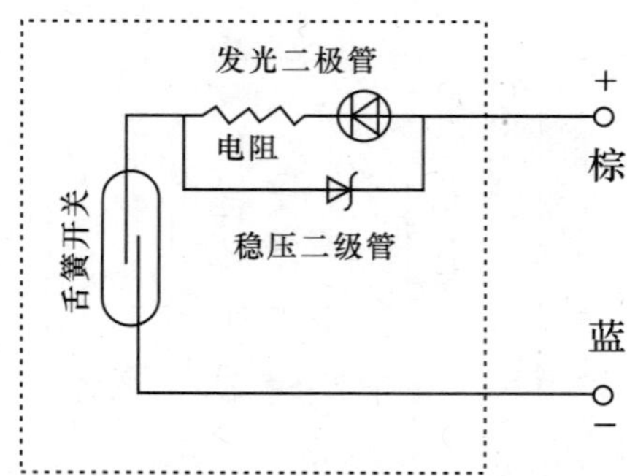

图 2-42 磁感应传感器的接线方式

2. 光电传感器

如图 2-43 所示，光电传感器有三根连接线（棕、蓝、黑）：棕色线接电源的正极（+24V），蓝色线接电源的负极（0V，与 PLC 的 COM 端相连），黑色线输出信号（接 PLC 输入端）。当与挡块接近时输出电平为低电平，否则为高电平。

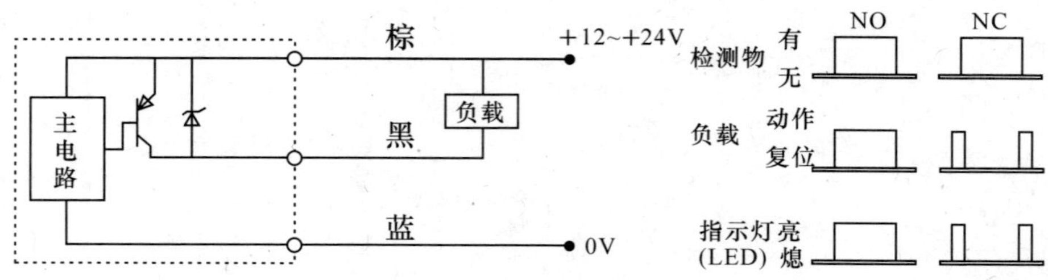

图 2-43 光电传感器的接线方式

3. 光纤传感器

光纤传感器的电路框图如图 2-44 所示，接线时请注意根据导线颜色判断电源极性和信号输出线。棕色线接电源的正极（＋24V），蓝色线接电源的负极（0V，与 PLC 的 COM 端相连），黑色线输出信号（接 PLC 输入端）。

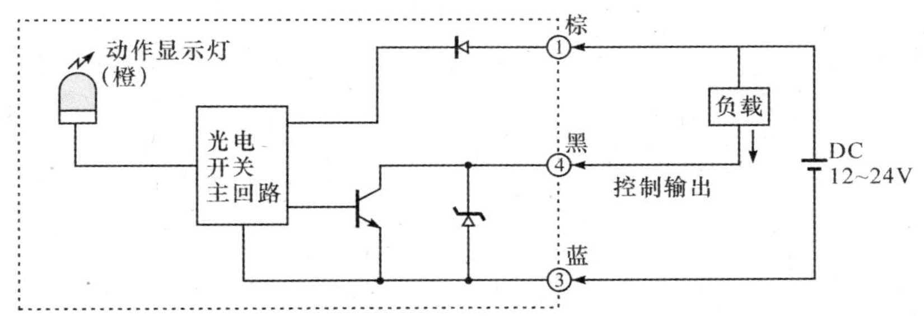

图 2-44　光纤传感器的接线方式

4. 电感传感器

电感传感器检测铁质材料，检测距离为 1～8mm。接线方式：棕色线接电源的正极（＋24V），蓝色线接电源的负极（0V，与 PLC 的 COM 端相连），黑色线输出信号（接 PLC 输入端），如图 2-45 所示。

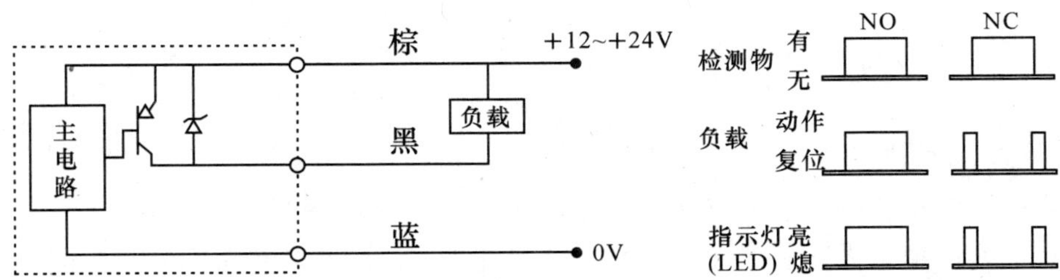

图 2-45　电感传感器的接线方式

拓展训练

1. 总结检查气路连线、传感器接线、I/O 口检测及故障排除方法。

2. 系统运行过程中碰到异常情况，如何处理？

3. 如果设备中只有一个按钮可以使用，试编写程序，使得只用一个按钮即可实现上料落料单元的启动与停止功能。

任务三　加盖单元控制系统实训

➢任务目标

1. 熟悉加盖单元的动作过程，掌握加盖单元 SFC 的编写。

2. 掌握真空吸盘的工作原理，掌握气动元件的功能、特性。

3. 掌握 SFC 选择性分支的编写。

4. 能在规定的时间内完成加盖单元控制程序的编写，并解决在调试过程中出现的常见问题。

子任务 1　认识加盖单元

一、任务描述

加盖单元的动作视频详见资源库：加盖单元动作视频. AVI。

加盖单元由滑道式工件架、蜗轮蜗杆减速机、摇臂、同步轮带、直流减速电机、挡料气缸、托料气缸、伸缩气缸、真空吸盘、光电传感器、电感传感器、行程开关、磁性传感器、电控阀、安装支架等组成，主要完成对工件的加盖装配工作。加盖单元如图 3-1 所示。

当系统运行时，传输线运行，等待托盘到位。当托盘到位后，如果光电传感器没有检测到工件或检测到工件已经加盖，则阻挡气缸缩回，放托盘和工件到下一站，延时 2s，阻挡气缸伸出，等待下一个托盘到位；如果光电传感器检测到工件没有加盖，延时 1s 传输线停止。电机驱动摇臂反向转动，反转到位电感传感器检测到位后，电机停止运行。当滑道式工件架工件台检测到有工件盖时，托料气缸伸出，将工件盖顶起，伸缩气缸伸出，真空吸盘紧贴工件盖。然后伸缩气缸缩回，提起工件盖，蜗轮蜗杆减速机带动摇臂正转，同时托料气缸缩回。当正转到位电感传感器检测到位后，电机停止转动，伸缩气缸伸出，将工件盖装入工件后气缸缩回，加盖完成。然后阻挡气缸缩回，传输线开始运行，托盘和工件被传输到下一站，一个工作周期完成。

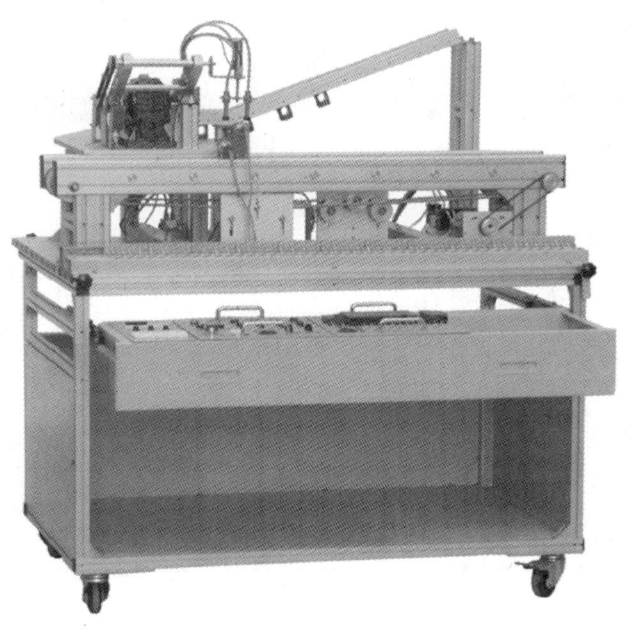

图 3-1　加盖单元

二、任务分析

加盖单元是环形生产线的第二个工作单元，主要进行工件的加盖过程。本单元用三菱 FX_{2N}-48MR PLC 作为系统控制器，用三菱 FX_{2N}-32CCL 模块作为 CC-Link 通信接口，用 3 个单向电磁阀分别控制挡料气缸、托料气缸、升降气缸的动作，用 2 个双向电磁阀分别控制吸盘 1 和吸盘 2 的吸气和放气，用三个继电器分别控制传输带直流电机的运行、加盖电机的正反转。

加盖单元的气动原理如图 3-2 所示。

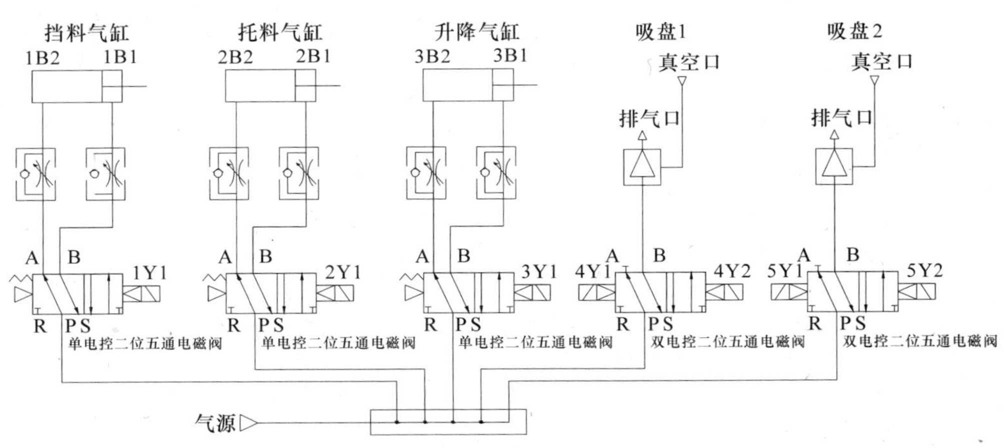

图 3-2　加盖单元的气动原理

三、任务实施

(1)观看加盖单元动作视频，在表 3-1 中画出加盖单元的动作流程图(只要求写出运行流程图，不包括复位状态)。加盖单元的动作视频详见网络教学平台：加盖单元动作视频.AVI。

表 3-1 加盖单元动作流程图

	动作流程图	SFC
加盖单元		

(2)加盖单元设备端子如图 3-3 所示，熟悉加盖单元的设备端子功能、传感器接线、气缸和电磁阀接线。根据实际传感器的接线特性仔细填写表 3-2，根据气缸和电磁阀的接线状态仔细填写表 3-3。

端子	功能
1	+24V
2	+24V
3	0V
4	0V
5	
6	
7	托盘到位检测传感器正
8	托盘到位检测传感器负
9	托盘到位检测传感器输出
10	工件有无检测传感器正
11	工件有无检测传感器负
12	工件有无检测传感器输出
13	工件盖有无检测传感器正
14	工件盖有无检测传感器负
15	工件盖有无检测传感器输出
16	加盖完成检测传感器正
17	加盖完成检测传感器负
18	加盖完成检测传感器输出
19	正转到位检测传感器正
20	正转到位检测传感器负
21	正转到位检测传感器输出
22	反转到位检测传感器正
23	反转到位检测传感器负
24	反转到位检测传感器输出
25	正转极限位传感器输出
26	正转极限位传感器负
27	反转极限位传感器输出
28	反转极限位传感器负
29	挡料气缸上限位传感器输出
30	挡料气缸上限位传感器负
31	挡料气缸下限位传感器输出
32	挡料气缸下限位传感器负
33	托料气缸上限位传感器输出
34	托料气缸上限位传感器负
35	托料气缸下限位传感器输出
36	托料气缸下限位传感器负

端子	功能
37	升降气缸上限位传感器输出
38	升降气缸上限位传感器负
39	升降气缸下限位传感器输出
40	升降气缸下限位传感器负
41	
42	
43	
44	
45	
46	
47	挡料电磁阀正
48	挡料电磁阀控制
49	托料电磁阀正
50	托料电磁阀控制
51	升降电磁阀正
52	升降电磁阀控制
53	吸盘1吸气电磁阀正
54	吸盘1吸气电磁阀控制
55	吸盘1放气电磁阀正
56	吸盘1放气电磁阀控制
57	吸盘2吸气电磁阀正
58	吸盘2吸气电磁阀控制
59	吸盘2放气电磁阀正
60	吸盘2放气电磁阀控制
61	加盖电机正转控制
62	加盖电机反转控制
63	托盘传输控制
64	
65	
66	
67	
68	
69	
70	
71	
72	

备注：1.磁性传感器引出线：蓝色线为“负”，接“0V”；棕色线为“输出”，接PLC输入端。
2.电容、电感传感器及光电开关引出线：蓝色线为“负”，接“0V”；棕色线为“正”，接“+24V”；黑色线为“输出”，接PLC输入端。
3.电磁阀引出线：黑色线为控制端，接PLC输出端；红色线为“正”，接“+24V”。

图 3-3 加盖单元设备端子

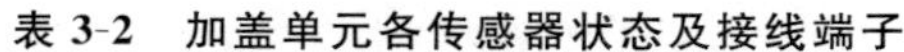
表 3-2　加盖单元各传感器状态及接线端子

序号	功能	何种传感器	0V		+24V		信号线	
			颜色	端子号	颜色	端子号	颜色	端子号
1	托盘到位检测							
2	工件有无检测							
3	工件盖有无检测							
4	加盖完成检测							
5	正转到位检测							
6	反转到位检测							
7	正转极限检测							
8	反转极限检测							
9	挡料气缸上限检测							
10	挡料气缸下限检测							
11	落料气缸缩回检测							
12	托料气缸上限检测							
13	托料气缸下限检测							
14	升降气缸上限检测							
15	升降气缸下限检测							

表 3-3　加盖单元各电机和气缸状态

序号	功能	由何种器件进行控制（电磁阀 OR 继电器）	正		负	
			颜色	端子号	颜色	端子号
1	挡料气缸					
2	托料气缸					
3	升降气缸					
4	吸盘 1 吸气					
5	吸盘 1 放气					
6	吸盘 2 吸气					
7	吸盘 2 放气					
8	加盖电机正转					
9	加盖电机反转					
10	传输电机					

(3)填写完表 3-1～3-3 后，由指导老师检查确定。检查无误后，请以电子稿作业形式上交到网络教学平台。

四、任务评价

完成子任务 1，专业能力评价如表 3-4 所示。

表 3-4　专业能力评价

序号	训练内容	考核要求	评分标准	配分	学生自评	教师评分
1	准备工作	1. 有工作计划； 2. 有工作分工	1. 没有工作计划，扣 5 分； 2. 没有工作分工，扣 5 分	10		
2	流程图和 SFC	1. 正确书写流程图； 2. 正确写出 SFC	1. 流程写错，每步扣 5 分； 2. SFC 写错，每步扣 5 分	40		
3	传感器、继电器和电磁阀状态	1. 正确认识传感器的接线； 2. 正确认识继电器和电磁阀	1. 传感器端子错误，每个扣 5 分； 2. 传感器颜色错误，每个扣 5 分； 3. 气缸端子错误，每个扣 5 分； 4. 气缸颜色错误，每个扣 5 分	50		
4	职业素养与安全意识	1. 安全文明操作； 2. 6S 管理	1. 违反安全文明生产规程，损坏元器件，扣 5～30 分，并赔偿损坏的元器件； 2. 工位凌乱，不整理，扣 10 分	倒扣		
备注	各项内容最高分不得超过额定配分		合计	100		
时间	开始时间		结束时间		考评员签字	年　月　日

子任务 2　加盖单元 PLC 系统设计与调试

一、任务描述

在完成子任务 1、熟悉系统的基础上，完成加盖单元单站运行控制系统的设计与调试，要求完成功能如下。

(1)复位。按下黄色复位按钮，阻挡气缸缩回，输送电机动作带动传输线运行 3s 至无杂物；加盖电机动作带动摇臂转动，使真空吸盘停在输送线的上方，复位完成。

(2)运行。按下绿色运行按钮，传输线开始运行，输送电机动作带动传输线运行，等待托盘到位；托盘到位后，如果工件检测传感器没有检测到工件，或工件检测传感器检测到工件且加盖完成检测传感器检测到有工件盖，则阻挡气缸缩回，放托盘到下一站，延时 3s，阻挡气缸伸出，等待下一个托盘到位。

如果托盘到位并且工件检测传感器检测到有工件，加盖完成检测传感器没有检测到工件盖，传输线停止运行；加盖电机驱动摇臂反向转动，反转到位检测传感器检测到信号后电机停止转动。当工件盖检测传感器检测到有工件盖时，托料气缸伸出，将工件盖顶起，升降气缸伸出，将吸盘紧贴工件盖，吸盘吸气，升降气缸缩回，提起工件盖；加盖电机带动摇臂正转，当正转到位检测传感器检测到位信号后，电机停止转动；升降气缸伸出，将工件盖放入工件后缩回，加盖完成；挡料气缸缩回，输送电机动作带动传输线运行，托盘工件前往下一站，一个工作周期完成。

(3)停止。按下红色停止按钮，当前一个工作周期完成后，本单元停止工作。

(4)急停。当按下急停按钮后，系统马上停止；急停复位后，继续前面的工作。

(5)指示灯显示。当系统的传感器不在初始位置或进行复位操作时，指示灯 Y27 以 1Hz 频率闪烁；复位完成，系统状态准备完成，Y27 常亮。当按下启动按钮，系统在运行状态下，Y26 常亮；在运行过程中，按下停止按钮，Y26 以 1Hz 频率闪烁；当系统停下时，Y26 灭。当系统在急停状态下，Y25 以 1Hz 频率闪烁；退出急停状态，Y25 灭。

二、任务分析

本子任务主要包含 4 种动作状态：复位状态、运行状态、停止状态、急停状态。系统的运行状态是一个顺序流程图，所以在 PLC 程序设计时，可以用 SFC 进行编程。在编程中，把系统的复位、启动、停止、急停按钮放在 SFC 的第一块主控单元梯形图中，以便于程序调试；第二块单元动作流程用 SFC 块编程，简单方便；第三块梯形图是其他功能。

三、任务实施

根据子任务 2 的控制要求，用 PLC 实现单元控制系统的设计与调试，主要完成 PLC 的 I/O 口地址分配、PLC 的外部接线图设计与连线、PLC 程序设计、系统调试。任务实施步骤如下。

1. PLC 的 I/O 口地址分配

在加盖单元中，需要的 PLC 输入量为 18 个，PLC 输出量为 10 个。PLC 的 I/O 口地址分配如表 3-5 所示。

表 3-5　PLC 的 I/O 口地址分配

序号	PLC 地址	设备端子	功能说明	序号	PLC 地址	设备端子	功能说明
1	X0		复位按钮	16	X17	35	托料气缸下限位检测传感器
2	X1		启动按钮	17	X20	37	升降气缸上限位检测传感器
3	X2		停止按钮	18	X21	39	升降气缸下限位检测传感器
4	X3		急停按钮	19	Y0	48	挡料气缸
5	X4	9	托盘到位检测传感器	20	Y1	50	托料气缸
6	X5	12	工件有无检测传感器	21	Y2	52	升降气缸
7	X6	15	工件盖有无检测传感器	22	Y3	54	吸盘 1 吸气
8	X7	18	加盖完成检测传感器	23	Y4	56	吸盘 1 放气
9	X10	21	正转到位检测传感器	24	Y5	58	吸盘 2 吸气
10	X11	24	反转到位检测传感器	25	Y6	60	吸盘 2 放气
11	X12	25	正转极限行程开关	26	Y7	61	加盖电机正转
12	X13	27	反转极限行程开关	27	Y10	62	加盖电机反转
13	X14	29	挡料气缸上限位检测传感器	28	Y11	63	托盘传输

续表

序号	PLC 地址	设备端子	功能说明	序号	PLC 地址	设备端子	功能说明
14	X15	31	挡料气缸下限位检测传感器	29			
15	X16	33	托料气缸上限位检测传感器	30			

2. PLC 的外部接线图设计与连线

根据 PLC 的 I/O 口地址分配表，设计 PLC 的外部接线图，并完成设备的电气接线。PLC 的外部接线如图 3-4 所示。

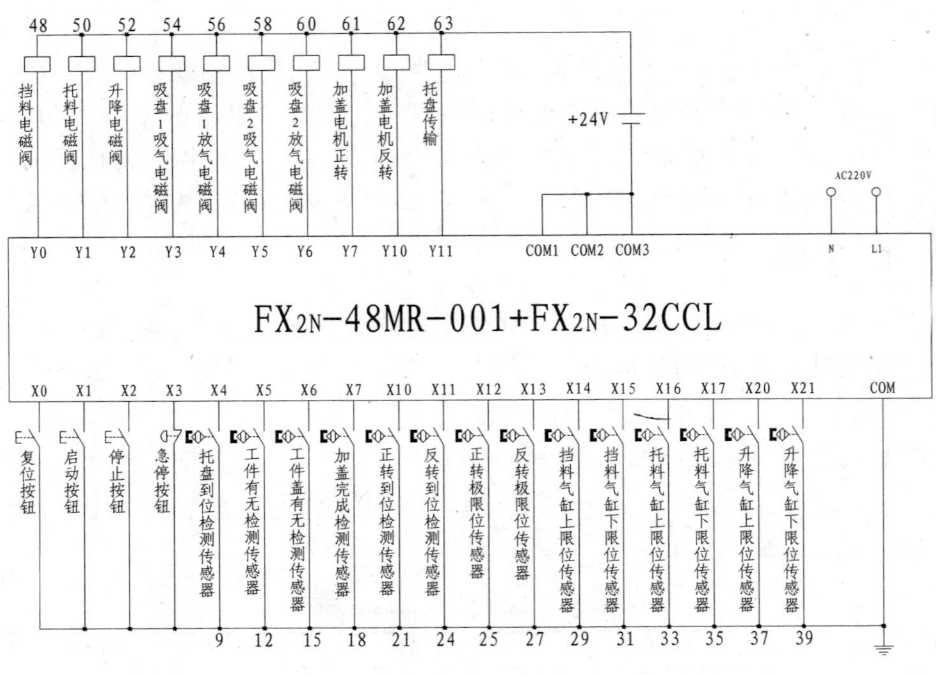

图 3-4　加盖单元的 PLC 外部接线

3. PLC 程序设计

本子任务的 PLC 程序在三菱 GX Developer 8 的 SFC 编程中实现，包括三个块程序：主控程序、加盖单元动作流程程序、其他子程序。各块程序的块类型如图 3-5 所示。

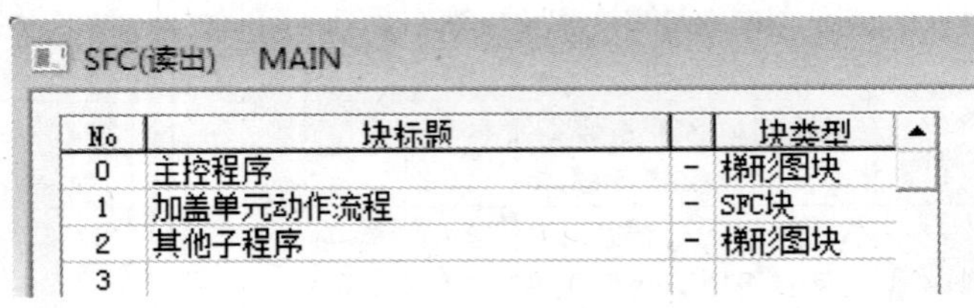
SFC(读出)　MAIN

No	块标题		块类型
0	主控程序	-	梯形图块
1	加盖单元动作流程	-	SFC块
2	其他子程序	-	梯形图块
3			

图 3-5　加盖单元的三个块程序

(1)主控程序用梯形图设计,包括上电复位、复位功能、设备准备状态检测、启动停止状态、访问指示灯、跳转急停子程序六个部分。

①上电复位子程序。通过 M8002 将系统复位至初始状态。程序设计如图 3-6 所示。

图 3-6　上电复位子程序

②复位功能子程序。按下复位按钮,复位状态 M30 置 1。复位过程包括两个内容:传输带复位、加盖机构复位。两个过程都复位完成后,M30 清零,M31 置 1。

传输带复位:在复位状态下,挡料气缸 Y0 缩回,传输带 Y2 运行,带动传输带上的托盘到尾部,运行 3s 后停止。传输带复位子程序如图 3-7 所示。

图 3-7　传输带复位子程序

加盖机构复位:在复位状态下,加盖电机反转,直到反转到位;如果复位过程中吸盘在吸气状态下,则反转到位后,吸气停止,吸盘放气。加盖机构复位子程序如图 3-8 所示。

在复位状态下,两个过程都复位完成后,复位状态 M30 清零,复位完成状态 M31 置 1。复位完成子程序如图 3-9 所示。

图 3-8　加盖机构复位子程序

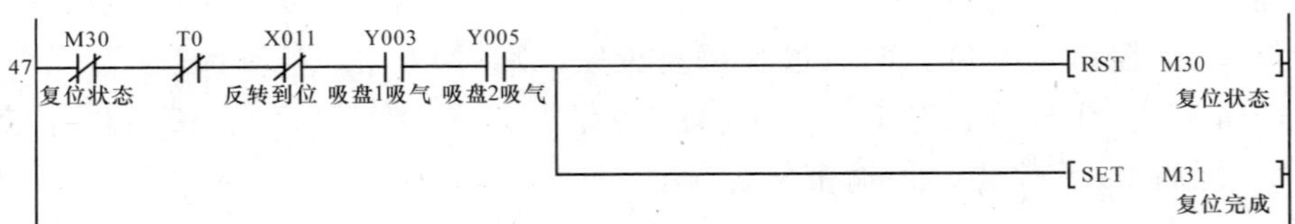

图 3-9　复位完成子程序

③设备准备状态检测。当所有的状态符合要求时，准备状态辅助继电器 M20 为 1，否则为 0；当系统已经复位完成(M30＝1)且准备状态完成(M20＝1)时，设备准备状态检测完成，M21 置 1，同时复位 M31。程序设计如图 3-10 所示。

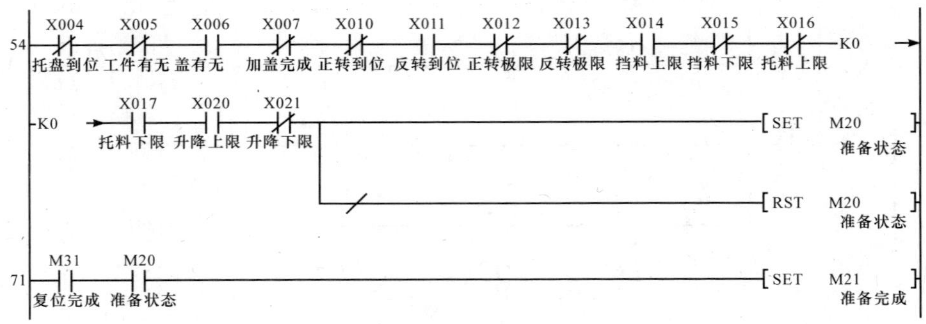

图 3-10　设备准备状态检测子程序

④启动停止状态子程序。在系统准备好，但系统还没运行时，按下启动按钮，则得运行状态辅助继电器 M10 为 1，并将 S0 置 1，准备开始加盖的流程操作。当在系统运行过程中按下停止按钮，使辅助继电器 M11 为 1。当加盖单元控制流程走完一个过程回到 S0 后，把 M10 复位，则系统停止。程序设计如图 3-11 所示。

⑤访问指示灯子程序。PLC 在运行状态下，永远访问指示灯子程序 P1。访问指示

图 3-11　启动停止状态子程序

灯子程序如图 3-12 所示。

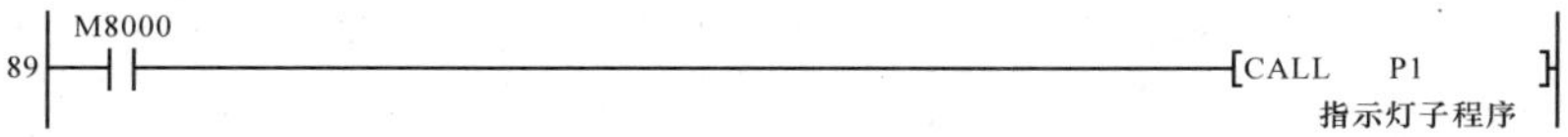

89 M8000 CALL P1
指示灯子程序

图 3-12　访问指示灯子程序

⑥跳转急停子程序。急停按钮为常闭开关。当按下急停按钮时，急停按钮 X3 常闭接通，常开断开，PLC 程序跳过加盖单元 SFC 流程，直接运行急停子程序 P0，同时急停状态 M40 为 1。当急停按钮旋开复位后，X3 常闭断开，常开接通，加盖单元继续运行。跳转急停子程序如图 3-13 所示。

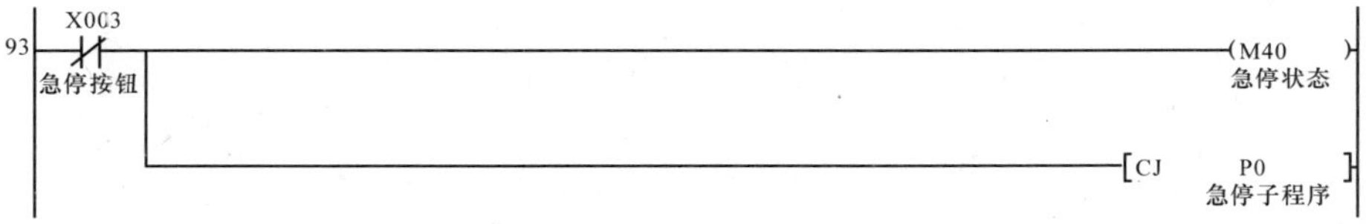

93 X003 急停按钮 M40 急停状态
CJ P0 急停子程序

图 3-13　跳转急停子程序

(2)加盖单元流程由顺序流程图(SFC)进行编程。已经根据子任务 1 画出动作流程图和 SFC，请根据实际情况编写程序。加盖单元 SFC 各步的状态说明如表 3-6 所示，参考运行流程图如图 3-14、图 3-15 所示。

表 3-6　加盖单元 SFC 各步状态说明

序号	步号	状态名称	功能说明
1	S0	初始步	检测是否在运行状态
2	S10	托盘传输步	传输带动作，托盘到位后停止
3	S11	气缸动作步	托料气缸托起工件
4	S12	吸盘动作步	升降气缸下降，下降到位后吸盘吸气
5	S13	气缸复位步	托盘气缸缩回，升降气缸上升
6	S14	电机正转步	加盖电机正转到位

续表

序号	步号	状态名称	功能说明
7	S15	气缸吸盘动作步	升降气缸下降，吸盘放气
8	S16	气缸复位步	升降气缸上升
9	S17	加盖完成步	传输带动作，挡料气缸下降，3s 后复位；同时加盖电机反转到位
10	S20	没有检测到工件步	传输带动作，挡料气缸下降，3s 后复位

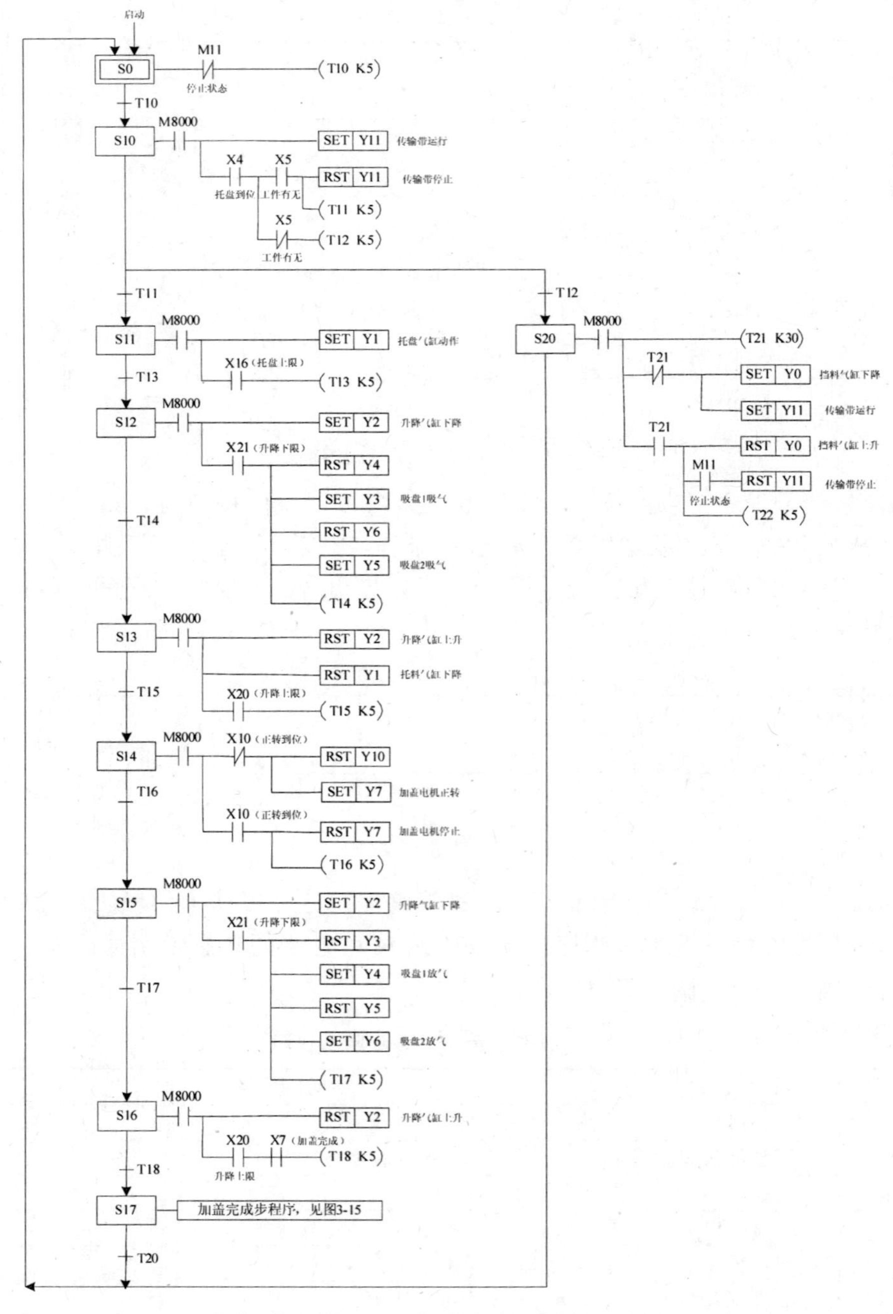

图 3-14　加盖单元顺序流程(1)

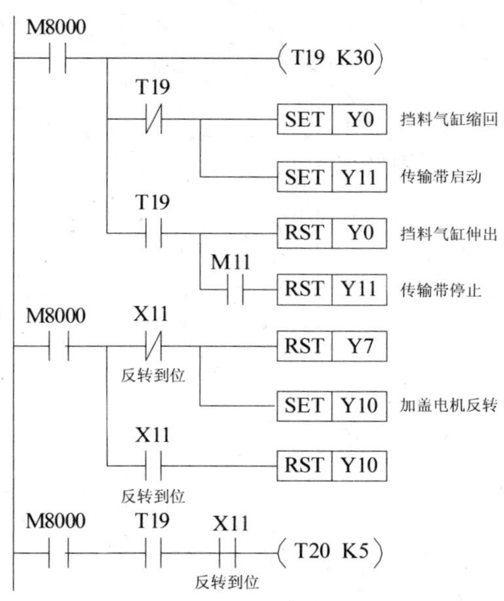

图 3-15　加盖单元顺序流程(2)

(3)其他子程序,包括主程序结束、指示灯子程序、急停子程序三个部分,各部分功能如下。

①主程序结束。程序设计如图 3-16 所示。

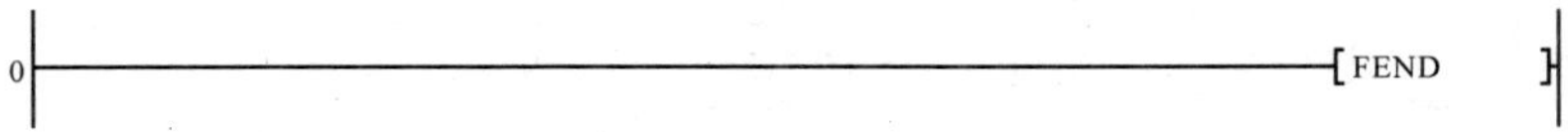

图 3-16　主程序结束

②指示灯子程序。如果复位完成后设备准备完成,Y27 常亮,否则以 1Hz 频率闪烁。如果设备正常运行,Y26 常亮;在运行过程中按下停止按钮,Y26 以 1Hz 频率闪烁;设备完全停止,Y26 灭。在急停状态下,Y25 以 1Hz 频率闪烁。指示灯子程序如图 3-17 所示。

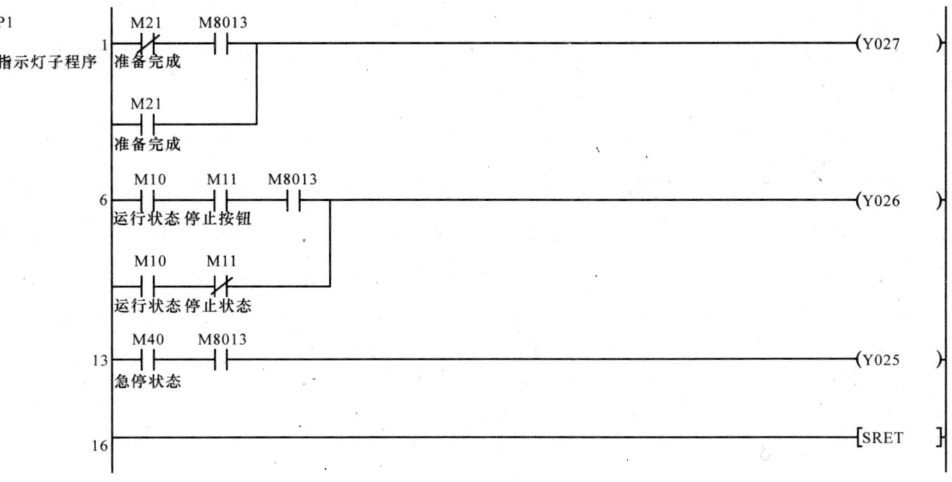

图 3-17　指示灯子程序

③急停子程序。急停时利用 M8000 把传输带和加盖电机停止，M8000 在 PLC 的 RUN 情况下为 ON 状态(恒 1)，在 STOP 情况下为 OFF 状态。急停子程序如图 3-18 所示。

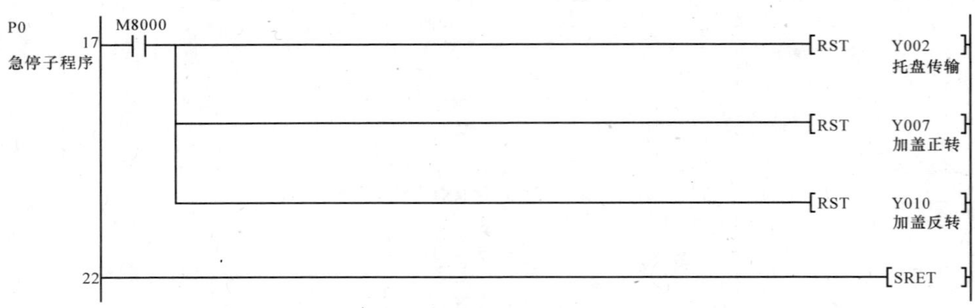

图 3-18 急停子程序

4. 系统调试

(1)旋开急停按钮，确保急停按钮在接通状态。

(2)按下黄色复位按钮，系统执行复位操作，Y27 指示灯以 1Hz 频率闪烁。传输带运行 3s 后停止，加盖电机反转到位后停止，则复位完成，Y27 指示灯常亮。若不能执行复位操作，请按表 3-7 进行故障排除。

表 3-7 不能执行复位操作时故障排除办法

序号	错误现象	处理办法
1	传输带不能复位	检查程序图 3-7
2	加盖电机机构不能复位	检查程序图 3-8
3	复位完成后不能再次复位	检查程序图 3-6 和图 3-9
4	Y27 指示灯现象不对	检查程序图 3-10、图 3-12 和图 3-17。若图 3-10 中 M20 为 0，则需要检查设备的传感器是不是在初始状态，直到 M20 为 1 时止

(3)复位按成后，Y27 指示灯常亮。按下绿色启动按钮，传输带开始运行；托盘到位后，如果工件检测传感器没有检测到工件，或工件检测传感器检测到工件且加盖完成检测传感器检测到工件盖，则阻挡气缸缩回，放托盘到下一站，延时 3s，阻挡气缸伸出，等待下一个托盘到位。

如果托盘到位并且工件检测传感器检测到工件，加盖完成检测传感器没有检测到工件盖，传输线停止运行；加盖电机驱动摇臂反向转动，反转到位检测传感器检测到信号后电机停止转动。当工件盖检测传感器检测到工件盖时，托料气缸伸出并将工件盖顶起，升降气缸伸出并将吸盘紧贴工件盖，吸盘吸气，升降气缸缩回，工件盖被提起；加盖电机带动摇臂正转，当正转到位检测传感器检测到位信号后，电机停止转动；升降气缸伸出，将工件盖放入工件后缩回，加盖完成；挡料气缸缩回，输送电机动作带动传输线运行，托盘工件前往下一站，一个工作周期完成。

若不能执行启动运行操作，请按表 3-8 进行故障排除。

表 3-8　不能执行启动运行操作时故障排除办法

序号	错误现象	处理办法
1	传输带不能运行	检查程序图 3-14 中 S10
2	托盘到位后传输带不停	①检查传感器 X4 是否接通； ②检查程序图 3-14 中 S10
3	加盖机构的吸盘动作不对	①检查系统气源是否上气； ②检查程序图 3-14 中 S11、S12 和 S13； ③检查 PLC 的输出 Y1～Y6 是否接线错误，是否接电源
4	转盘电机不能正转	①检查转盘电机的机械结构； ②检查程序图 3-14 中 S14
5	加盖机构不能放下盖子	检查程序图 3-14 中 S15
6	加盖完成后，传输带不能再次启动	①检查传感器 X7 是否有信号； ②检查程序图 3-14 中 S17
7	指示灯 Y26 没有常亮	检查程序图 3-12 和图 3-17

(4)在运行过程中按下停止按钮，Y26 以 1Hz 的频率闪烁，系统执行完当前工作周期后停止工作，即工件落下后由托盘带至下一个工作单元，系统停止后 Y26 指示灯灭。若不能执行停止操作，请按表 3-9 进行故障排除。

表 3-9　不能执行停止操作时故障排除办法

序号	错误现象	处理办法
1	不能停止	检查程序图 3-11、图 3-14 中 S0
2	Y26 指示灯现象不对	检查程序图 3-12 和图 3-17

(5)在运行过程中按下急停按钮，设备马上停止工作，Y25 以 1Hz 的频率闪烁；急停复位后，系统继续运行。若不能执行停止操作，请按表 3-10 进行故障排除。

表 3-10　不能执行急停操作时故障排除办法

序号	错误现象	处理办法
1	不能急停	检查程序图 3-13、图 3-18
2	Y26 指示灯现象不对	检查程序图 3-12 和图 3-17

(6)指示灯 Y25～Y27 显示错误，请检查程序图 3-17。

四、任务评价

完成子任务 2，专业能力评价如表 3-11 所示。

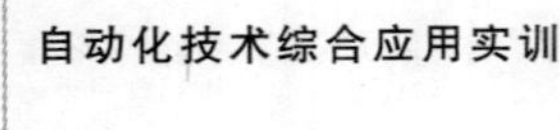

表 3-11　专业能力评价

序号	训练内容	考核要求	评分标准	配分	学生自评	教师评分
1	准备工作	1. 有工作计划； 2. 有工作分工	1. 没有工作计划，扣 5 分； 2. 没有工作分工，扣 5 分	10		
2	电气线路工艺	1. 电气线路连接规范； 2. 电路布局规范	1. 连线颜色错误，扣 5 分； 2. 端子连接不牢靠，每个扣 2 分； 3. 电路连接凌乱，没有绑扎，每处扣 2 分； 4. 主电路裸露，扣 5 分	20		
3	程序设计与功能	1. PLC 设计符合功能要求； 2. 调试方法合理正确； 3. 正确处理调试过程中出现的故障	1. PLC 输入输出口搞错，每处扣 3 分； 2. 缺少功能，每处扣 3 分； 3. 不会熟练输入程序，扣 10～20 分； 4. 不能熟练调试，扣 10～20 分； 5. PLC 系统报错，扣 5 分	40		
4	通电试车	系统成功运行	1. 一次试车不成功，扣 10 分； 2. 二次试车不成功，扣 20 分； 3. 三次试车不成功，扣 30 分	30		
5	职业素养与安全意识	1. 安全文明操作； 2. 6S 管理	1. 违反安全文明生产规程，损坏元器件，扣 5～30 分，并赔偿损坏的元器件； 2. 工位凌乱，不整理，扣 10 分	倒扣		
备注	各项内容最高分不得超过额定配分		合计	100		
时间	开始时间		结束时间		考评员签字	年　月　日

子任务 3　用 MCGS 控制加盖单元系统运行

一、任务描述

在完成子任务 2 的基础上，用 MCGS 组态界面完成对加盖单元的控制。主要包括定义 MCGS 数据变量、设计 MCGS 组态界面、完成 MCGS 变量与 PLC 通道的连接、修改 PLC 程序、仿真调试五个部分。本子任务的设备动作要求与子任务 2 一样，MCGS 组态界面包括三个界面，分别为：主界面、控制界面、传感器气缸监控界面。

主界面、控制界面设计如图 3-19 所示。传感器气缸监控界面请自行设计，要求界面美观大方，包含系统所有传感器、气缸、电机的状态。

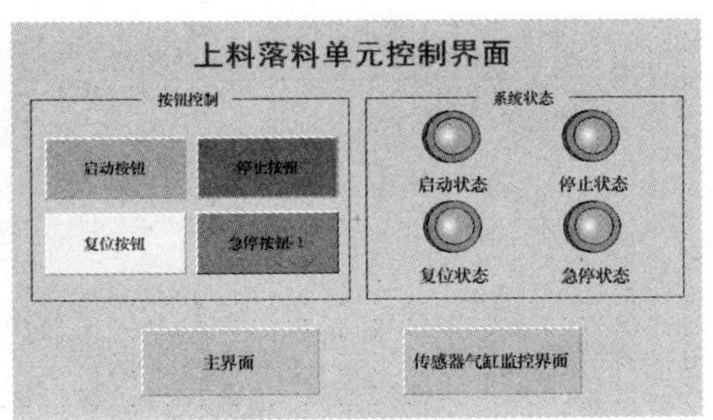

图 3-19　加盖单元主界面、控制界面设计

二、任务分析

参考任务二，先定义 MCGS 数据变量，完成 MCGS 组态设计，然后再把 MCGS 的变量与 PLC 的 I/O 口通道连接，最后完成联机调试。需要注意的是：组态界面不能控制 PLC 的输入端，所以 MCGS 界面上的控制按钮不能连接 PLC 的输入继电器 X。一般情况下，需要用辅助继电器 M 来代替输入继电器 X，具体操作可参考“任务实施—修改 PLC 程序”。

三、任务实施

根据子任务 3 的控制要求，用 MCGS 组态软件和 PLC 实现控制过程，具体实施步骤如下。

1. 定义 MCGS 数据变量

本子任务需要 32 个变量，如表 3-12 所示。

表 3-12　加盖单元的变量分配

序号	MCGS 变量名称	类型	初值	注释
1	复位按钮	开关量	0	按 1 松 0
2	启动按钮	开关量	0	按 1 松 0
3	停止按钮	开关量	0	按 1 松 0
4	急停按钮	开关量	0	取反
5	运行状态	开关量	0	显示运行状态
6	停止状态	开关量	0	显示停止状态
7	复位状态	开关量	0	显示复位状态
8	急停状态	开关量	0	显示急停状态
9	托盘到位检测	开关量	0	托盘到位检测传感器
10	工件有无检测	开关量	0	工件有无检测传感器
11	工件盖有无检测	开关量	0	工件盖有无检测传感器
12	加盖完成检测	开关量	0	加盖完成检测传感器

续表

序号	MCGS 变量名称	类型	初值	注释
13	正转到位检测	开关量	0	正转到位检测传感器
14	反转到位检测	开关量	0	反转到位检测传感器
15	正转极限	开关量	0	正转极限行程开关
16	反转极限	开关量	0	反转极限行程开关
17	挡料气缸上限位检测	开关量	0	挡料气缸上限位检测传感器
18	挡料气缸下限位检测	开关量	0	挡料气缸下限位检测传感器
19	托料气缸上限位检测	开关量	0	托料气缸上限位检测传感器
20	托料气缸下限位检测	开关量	0	托料气缸下限位检测传感器
21	升降气缸上限位检测	开关量	0	升降气缸上限位检测传感器
22	升降气缸下限位检测	开关量	0	升降气缸下限位检测传感器
23	挡料气缸	开关量	0	挡料气缸伸出
24	托料气缸	开关量	0	托料气缸伸出
25	升降气缸	开关量	0	升降气缸伸出
26	吸盘 1 吸气	开关量	0	吸盘 1 吸气
27	吸盘 1 放气	开关量	0	吸盘 1 放气
28	吸盘 2 吸气	开关量	0	吸盘 2 吸气
29	吸盘 2 放气	开关量	0	吸盘 2 放气
30	加盖电机正转	开关量	0	加盖电机正转
31	加盖电机反转	开关量	0	加盖电机反转
32	托盘传输	开关量	0	托盘传输带转动

2. 设计 MCGS 组态界面

如图 3-20 所示，本子任务需要设计三个界面窗口，窗口名称分别为主界面、控制界面、传感器气缸监控界面，设置主界面为启动窗口。

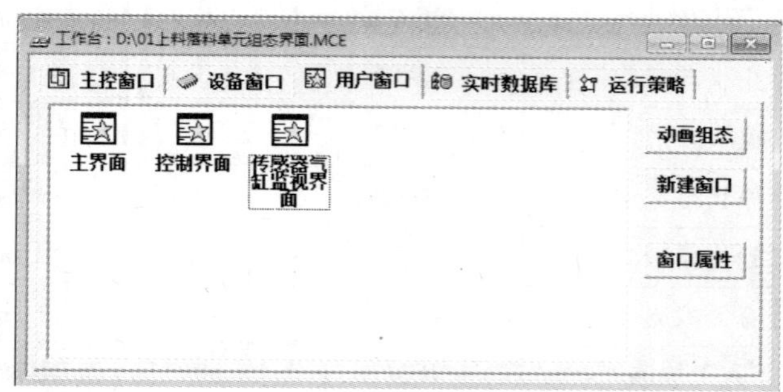

图 3-20　加盖单元组态界面设计

(1)主界面窗口设计如图 3-21 所示。

图 3-21 加盖单元主界面设计

(2)控制界面窗口设计如图 3-22 所示。

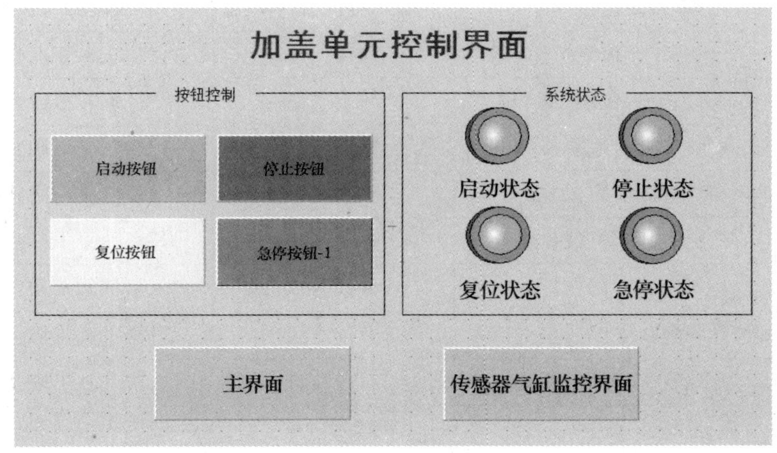

图 3-22 加盖单元控制界面设计

(3)传感器气缸监控界面请自行设计,要求界面美观大方,包含系统所有传感器、气缸、电机的状态。

3. MCGS 变量与 PLC 通道的连接

本子任务中,MCGS 通过三菱 FX 编程线与 PLC 进行通信,需要进行设备连接,以连接 MCGS 变量和 PLC 通道,如表 3-13 所示。

表 3-13 MCGS 变量和 PLC 通道的连接

序号	MCGS 变量名称	PLC 通道名称	备注
1	复位按钮	读写 M100	按 1 松 0
2	启动按钮	读写 M101	按 1 松 0

续表

序号	MCGS 变量名称	PLC 通道名称	备注
3	停止按钮	读写 M102	按 1 松 0
4	急停按钮	读写 M103	取反
5	运行状态	读写 M10	显示运行状态
6	停止状态	读写 M11	显示停止状态
7	复位状态	读写 M30	显示复位状态
8	急停状态	读写 M40	显示急停状态
9	托盘到位检测	只读 X4	托盘到位检测传感器
10	工件有无检测	只读 X5	工件有无检测传感器
11	工件盖有无检测	只读 X6	工件盖有无检测传感器
12	加盖完成检测	只读 X7	加盖完成检测传感器
13	正转到位检测	只读 X10	正转到位检测传感器
14	反转到位检测	只读 X11	反转到位检测传感器
15	正转极限	只读 X12	正转极限行程开关
16	反转极限	只读 X13	反转极限行程开关
17	挡料气缸上限位检测	只读 X14	挡料气缸上限位检测传感器
18	挡料气缸下限位检测	只读 X15	挡料气缸下限位检测传感器
19	托料气缸上限位检测	只读 X16	托料气缸上限位检测传感器
20	托料气缸下限位检测	只读 X17	托料气缸下限位检测传感器
21	升降气缸上限位检测	只读 X20	升降气缸上限位检测传感器
22	升降气缸下限位检测	只读 X21	升降气缸下限位检测传感器
23	挡料气缸	读写 Y0	挡料气缸伸出
24	托料气缸	读写 Y1	托料气缸伸出
25	升降气缸	读写 Y2	升降气缸伸出
26	吸盘 1 吸气	读写 Y3	吸盘 1 吸气
27	吸盘 1 放气	读写 Y4	吸盘 1 放气
28	吸盘 2 吸气	读写 Y5	吸盘 2 吸气
29	吸盘 2 放气	读写 Y6	吸盘 2 放气
30	加盖电机正转	读写 Y7	加盖电机正转
31	加盖电机反转	读写 Y10	加盖电机反转
32	托盘传输	读写 Y11	托盘传输带转动

注意:PLC 输入通道 X 的信号只能作为只读信号,不能作为读写信号。

4. 修改 PLC 程序

MCGS 对 PLC 的元件 X 的属性是只读，MCGS 只能显示元件 X 的状态，不能控制元件 X 的动作，所以在 MCGS 中需要用元件 M 代替元件 X 进行控制，元件 M 的属性为读写。本子任务需要用 MCGS 和外部按钮同时控制加盖单元的复位、启动、停止和急停功能，故需要修改 PLC 程序。根据 MCGS 组态设计，MCGS 与外部按钮控制系统的对应关系如表 3-14 所示。

表 3-14　MCGS 和外部按钮控制系统对应关系

序号	控制功能	外部按钮控制	MCGS 控制
1	复位按钮	X0	M100
2	启动按钮	X1	M101
3	停止按钮	X2	M102
4	急停按钮	X3	M103

复位、启动、停止信号外部接的是按钮的常开触点，故在 PLC 程序中，常开触点 X 并联上一个 MCGS 组态连接的变量的常开触点 M，常闭触点 X 串联上一个 MCGS 组态连接的变量的常闭触点 M，从而实现 MCGS 和外部按钮的同时控制。复位、启动、停止按钮的 PLC 程序修改如图 3-23 所示。

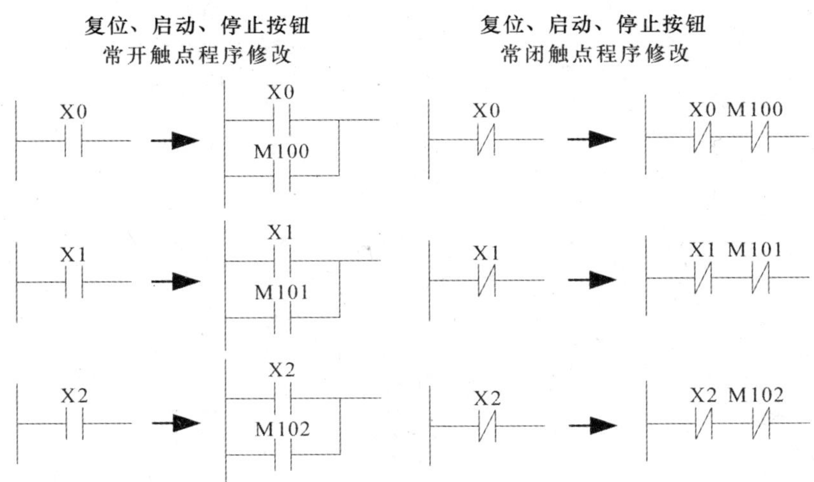

图 3-23　复位、启动、停止按钮的 PLC 程序修改

急停信号外部接的是急停开关的常闭触点，故在 PLC 程序中 X3 的常开常闭情况与其他按钮信号相反。急停按钮的 PLC 程序修改如图 3-24 所示。

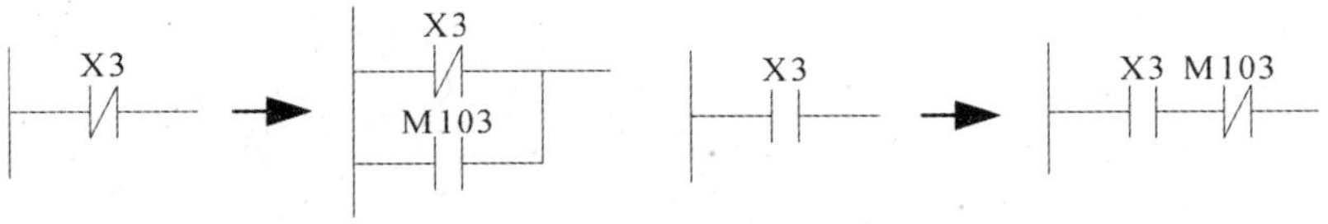

图 3-24　急停按钮的 PLC 程序修改

5. 仿真调试

(1)按下 MCGS 组态界面上的复位按钮,系统复位;

(2)按下 MCGS 组态界面上的启动按钮,系统运行,完成加盖过程;

(3)按下 MCGS 组态界面上的停止按钮,系统运行完本周期后停止;

(4)按下 MCGS 组态界面上的急停按钮,系统马上停止;再按一次急停按钮,系统继续前面的工作;

(5)启动、停止、复位、急停功能也可以用外部按钮进行控制。

四、任务评价

完成子任务 3,专业能力评价如表 3-15 所示。

表 3-15　专业能力评价

序号	训练内容	考核要求	评分标准	配分	学生自评	教师评分
1	准备工作	1. 有工作计划; 2. 有工作分工	1. 没有工作计划,扣 5 分; 2. 没有工作分工,扣 5 分	10		
2	组态界面设计	1. 组态界面设计合理; 2. 组态界面能与 PLC 通信; 3. 组态界面能控制本单元的动作	1. 组态界面设计不合理,扣 20 分; 2. 缺少显示功能,每处扣 5 分; 3. 缺少控制功能,每处扣 5 分; 4. 组态不能跟 PLC 通信,扣 30 分	50		
3	PLC 程序修改	1. 能按要求修改 PLC 程序; 2. 能实现按钮和组态的同时控制	1. 不会进行程序的修改,扣 20 分; 2. 缺少功能,每处扣 5 分; 3. 不能实现按钮和组态两地控制,扣 10 分	20		
4	系统模拟运行	系统成功模拟运行	1. 一次不成功,扣 10 分; 2. 二次不成功,扣 20 分	20		
5	职业素养与安全意识	1. 安全文明操作; 2. 6S 管理	1. 违反安全文明生产规程,损坏元器件,扣 5～30 分,并赔偿损坏的元器件; 2. 工位凌乱,不整理,扣 10 分	倒扣		
备注	各项内容最高分不得超过额定配分		合计	100		
时间	开始时间		结束时间	考评员签字	年　月　日	

知识点 1　加盖单元的气动知识

加盖单元气动控制回路的工作原理如图 3-25 所示。图中 1B1 和 1B2 为安装在挡料气缸的两个极限工作位置的磁感应接近开关，2B1 和 2B2 为安装在托料气缸的两个极限工作位置的磁感应接近开关，3B1 和 3B2 为安装在伸缩气缸的两个极限工作位置的磁感应接近开关。1Y1、2Y1 和 3Y1 分别为控制挡料气缸、托料气缸和伸缩气缸电磁阀的电磁控制端。吸盘 1、吸盘 2 各有两个双向电磁阀控制端。4Y1 和 4Y2 为吸盘 1 的电磁阀的电磁控制端，5Y1 和 5Y2 为吸盘 2 的电磁阀的电磁控制端。双向电磁阀在使用过程中，要注意不能两个电磁阀同时导通，以避免烧坏电磁阀组。在加盖单元的气动原理图中，挡料气缸设定在伸出状态，托料气缸和伸缩气缸设定在缩回状态。

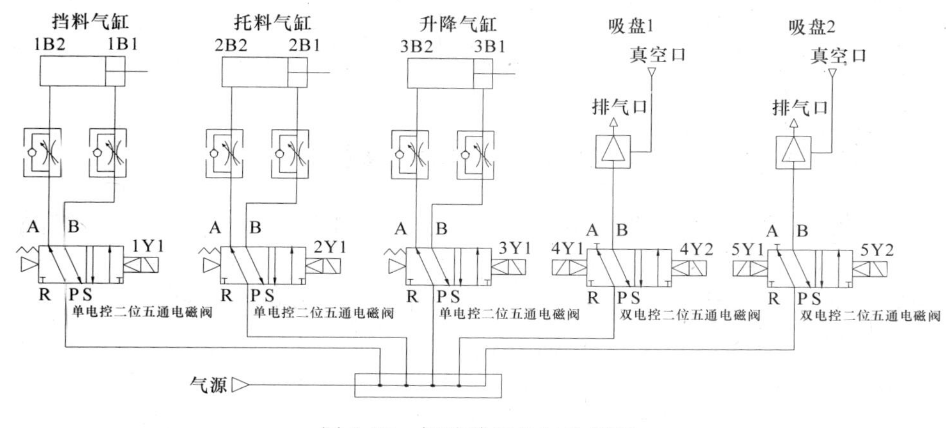

图 3-25　加盖单元的气动原理

知识点 2　三菱 PLC 程序控制功能指令的应用

一、条件跳转指令 CJ(P)

条件跳转指令 CJ(P)的编号为 FNC00，操作数为指针标号 P0～P127，其中 P63 为 END 所在步序，不需标记。指针标号允许用变址寄存器修改。CJ 和 CJP 都占 3 个程序步，指针标号占 1 步。

如图 3-26 所示，当 X20 接通时，由 CJ P9 指令跳转到标号为 P9 的指令处开始执行，从而跳过了程序的一部分，减少了扫描周期。如果 X20 断开，跳转不会执行，则程序按原顺序执行。

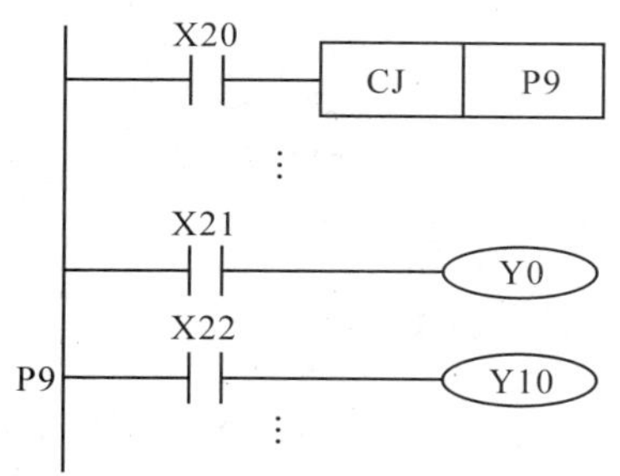

图 3-26　CJ 指令的使用

使用跳转指令时应注意：

(1)CJP 指令表示为脉冲执行方式；

(2)在一个程序中一个标号只能出现一次，否则将出错；

(3)在跳转执行期间，即使被跳过程序的驱动条件改变，其线圈(或结果)仍会保持跳转前的状态，因为跳转期间根本没有执行这段程序。

(4)如果在跳转开始时定时器和计数器已在工作，则在跳转执行期间它们将停止工作，到跳转条件不满足后又继续工作。但对于正在工作的定时器 T192～T199 和高速计数器 C235～C255，则不管有无跳转仍连续工作。

(5)若积算定时器和计数器的复位(RST)指令在跳转区外，即使它们的线圈被跳转，对它们的复位仍然有效。

二、子程序调用与子程序返回指令 CALL、SRET

子程序调用指令 CALL 的编号为 FNC01，操作数为 P0～P127。此指令占用 3 个程序步。

子程序返回指令 SRET 的编号为 FNC02，无操作数，占用 1 个程序步。

如图 3-27 所示，如果 X0 接通，则转到标号 P10 处去执行子程序。当执行 SRET 指令时，返回到 CALL 指令的下一步执行。

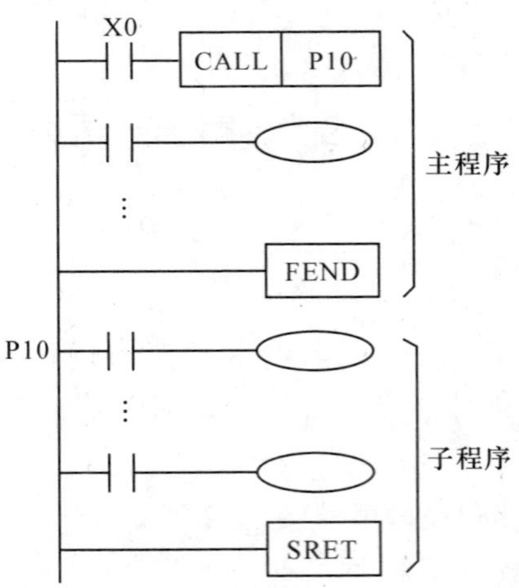

图 3-27　CALL、SRET 指令的使用

使用子程序调用与返回指令时应注意：

(1)转移标号不能重复，也不可与跳转指令的标号重复；

(2)子程序可以嵌套调用，最多可 5 级嵌套。

三、与中断有关的指令 IRET、EI、DI

与中断有关的三条功能指令是：中断返回指令 IRET，编号为 FNCO3；中断允许指令 EI，编号为 FNCO4；中断禁止指令 DI，编号为 FNC05。它们均无操作数，占用 1 个程序步。

PLC通常处于禁止中断状态，由EI和DI指令组成允许中断范围。在执行到该区间时，如有中断源产生中断，CPU将暂停主程序执行，转而执行中断服务程序。当遇到IRET时，返回断点，继续执行主程序。如图3-28所示，允许中断范围中，若中断源X0有一个下降沿，则转入标号为I000的中断服务程序；但X0可否引起中断还受M8050控制，当X20有效时，M8050控制X0无法中断。

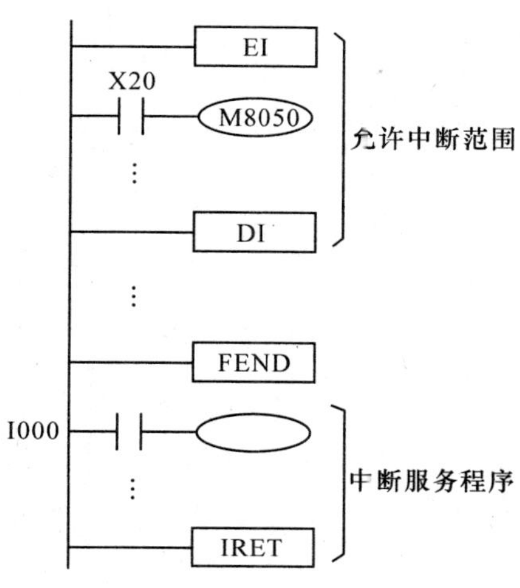

图3-28　中断指令的使用

使用中断相关指令时应注意：

(1)中断的优先级排序如下：如果多个中断依次发生，则以发生先后为序，即发生越早级别越高；如果多个中断源同时发出信号，则中断指针号越小优先级越高。

(2)当M8050～M8058为ON时，禁止执行相应I0□□～I8□□的中断；当M8059为ON时，则禁止所有计数器中断。

(3)无须中断禁止时，可只用EI指令，不必用DI指令。

(4)执行一个中断服务程序时，如果在中断服务程序中有EI和DI，可实现二级中断嵌套，否则禁止其他中断。

四、主程序结束指令FEND

主程序结束指令FEND的编号为FNC06，无操作数，占用1个程序步。FEND表示主程序结束。当执行到FEND时，PLC进行输入/输出处理，监视定时器刷新，完成后返回起始步。

使用FEND指令时应注意：

(1)子程序和中断服务程序应放在FEND之后；

(2)子程序和中断服务程序必须写在FEND和END之间，否则会出错。

五、监视定时器指令WDT

监视定时器指令WDT(P)编号为FNC07，没有操作数，占有1个程序步。WDT指令的功能是对 PLC 的监视定时器进行刷新。

FX 系列 PLC 的监视定时器缺省值为 200ms(可用 D8000 来设定),正常情况下 PLC 扫描周期小于此缺省值。如果由于有外界干扰或程序本身的原因而使扫描周期大于监视定时器的设定值,则 PLC 的 CPU 出错灯亮并停止工作;可通过在适当位置加 WDT 指令复位监视定时器,以使程序能继续执行到 END。

如图 3-29 所示,利用一个 WDT 指令将一个 240ms 的程序一分为二,使每部分都小于 200ms,则不再会出现报警停机。

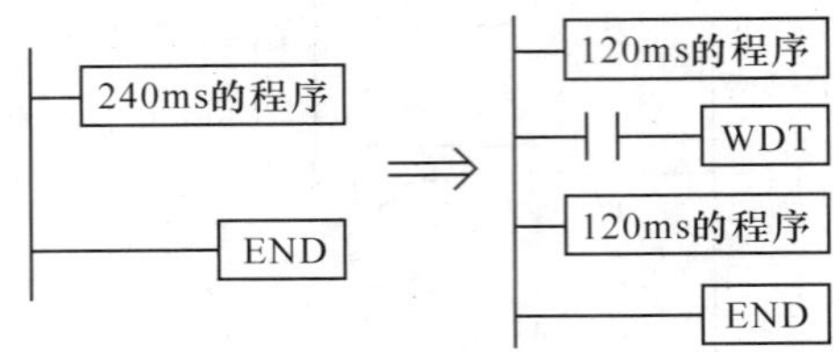

图 3-29 WTD 指令的使用

使用 WDT 指令时应注意:

(1)如果在后续的 FOR-NEXT 循环中,执行时间可能超过监视定时器的定时时间,可将 WDT 插入循环程序中。

(2)当与条件跳转指令 CJ 对应的指针标号在 CJ 指令之前时(即程序往回跳),就有可能连续反复跳步,使它们之间的程序反复执行,从而执行时间超过监控时间;可在 CJ 指令与对应标号之间插入 WDT 指令。

六、循环指令 FOR、NEXT

循环指令共有两条:循环区起点指令 FOR,编号为 FNC08,占 3 个程序步;循环结束指令 NEXT,编号为 FNC09,占用 1 个程序步,无操作数。

在程序运行时,位于 FOR 和 NEXT 之间的程序反复执行 n 次(由操作数决定)后再继续执行后续程序。循环的次数 n 在 1～32 767 区间。如果 n 在 −32 767～0 区间,则当作 $n=1$ 处理。

图 3-30 所示为一个二重嵌套循环,外层执行 5 次。如果 D0Z0 中的数为 6,则外层 A 每执行一次,内层 B 将执行 6 次。

使用循环指令时应注意:

(1)FOR 和 NEXT 必须成对使用;

(2)FX_{2N}系列 PLC 可循环嵌套 5 层;

(3)在循环中,可利用 CJ 指令在循环没结束时跳出循环体;

(4)FOR 应放在 NEXT 之前,NEXT 应在 FEND 和 END 之前,否则均会出错。

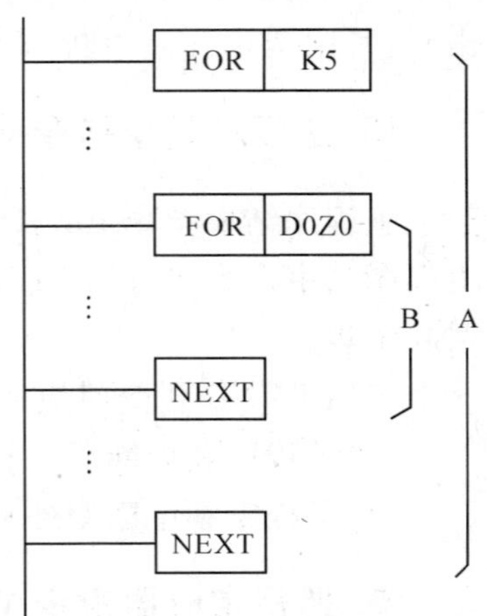

图 3-30 循环指令的使用

知识点 3　急停情况处理 PLC 程序设计

加盖单元工作流程与下料落料单元类似，也是 PLC 上电后应首先进入初始状态检查阶段，确认系统已经准备就绪后，才允许接收启动信号，投入运行。所以在上料落料单元程序的基础上，只要修改其顺序流程图(SFC)即可。

另外在程序中需加急停处理，为了使急停发生后，系统停止工作而状态保持，以便急停复位后能从急停前的断点开始继续运行。可以用两种方法，一是用条件跳转(CJ)指令实现，另一方法是用主控指令实现。这里暂且只讨论用跳转(CJ)指令实现的方法。

用条件跳转指令实现急停信号处理的程序示意如图 3-31 所示。图中，当按下急停按钮时，X014 为 OFF，跳转指令执行条件满足，程序跳转到指令所指定的指针标号 P0 处开始执行。安排在跳转指令后面的步进顺控程序段被跳转而不再执行。

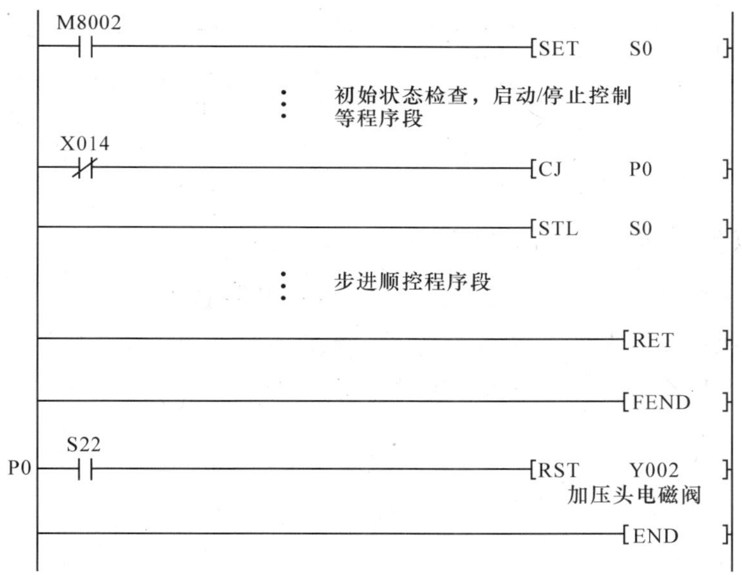

图 3-31　用跳转指令实现急停控制

由于执行 CJ 指令后，被跳转部分程序将不被扫描，这意味着，跳转前的输出状态(执行结果)将被保留，步进顺控程序段的状态将被保持，直到急停按钮复位后又继续工作。但须注意的是，如果急停恰好发生在 S22 步，正值冲压头压下，则程序跳转后，压下状态将会保持下来，因此需要在 FEND 指令与 END 指令之间加上复位冲压头电磁阀的程序段。

急停按钮未按下时，X007 为 ON，程序按顺序执行，直到主程序结束指令 FEND 为止。

用主控指令实现急停信号处理的程序示意如图 3-32 所示。图中，当急停按钮未按下时，X014 为 ON(急停按钮使用常闭触点)，主控块内的步进顺控程序被执行。反之，当急停按钮按下时，X014 为 OFF，主控块内的程序停止执行，但正在活动状态的工步，其元件 S 会保持置位状态。这样，当急停按钮复位后，设备将从急停前的断点开始继续运行。

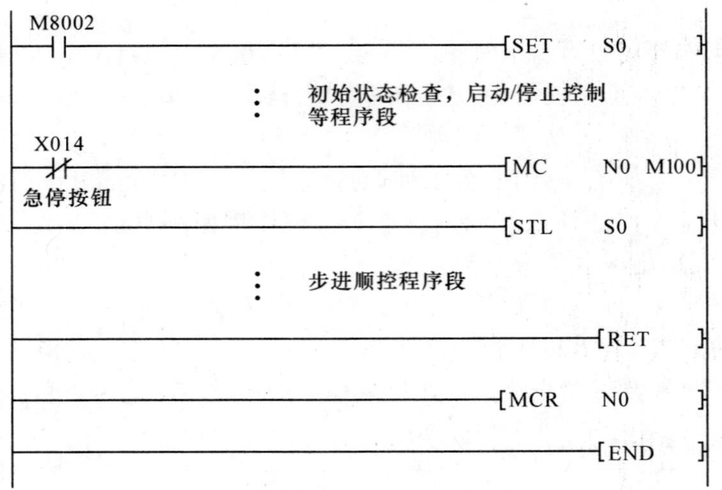

图 3-32 用主控指令实现急停控制

拓展训练

1. 总结检查气动连线、传感器接线、I/O 检测及故障排除方法。
2. 如果在加盖过程中出现意外情况，如何处理？
3. 如何用单按钮控制加盖单元的启动和停止功能。

任务四　穿销单元控制系统实训

➢任务目标

1.掌握穿销单元的结构、特点和电气接口特性，并进行安装和调试。

2.熟悉三菱 PLC 数据处理功能指令的应用。

3.掌握穿销单元销钉传动机构，并进行安装与调试。

4.能在规定的时间内编写穿销单元控制程序，并解决在调试过程中出现的常见问题。

子任务 1　认识穿销单元

一、任务描述

穿销单元的动作视频详见资源库：穿销单元动作视频.AVI。

穿销单元是环形生产线的第三站，为整个生产线提供工件销钉。穿销单元由料斗、槽形下料机构、不完全齿轮传动机构、直流减速电机、挡料气缸、落料气缸、顶销气缸、光电传感器、光纤传感器、霍尔传感器、电感传感器、磁性传感器、电控阀、安装支架等组成，主要完成对工件的穿销动作。穿销单元如图 4-1 所示。

当系统运行时，传输线运行，等待托盘到位。当电感传感器检测到托盘到位后，如果没有检测到工件或检测到工件已经穿销，则阻挡气缸缩回，放托盘和工件到下一站，延时 2s，阻挡气缸伸出，等待下一个托盘到位；如果托盘到位并检测到工件无销子，则延时 1s 传输线停止运行。当槽形下料机构检测到有销子时，落料气缸伸出，将销子推到下料口，电机转动并带动不完全齿轮转动（不完全齿轮主动轮每转 1 圈，槽形落料机构转动 1/6 圈），销子随槽形落料机构转动到顶销气缸处，电机停止转动。顶销气缸将销子顶入工件，顶销气缸缩回，阻挡气缸缩回，传输线运行，托盘和工件被传输到下一站，一个工作周期完成。

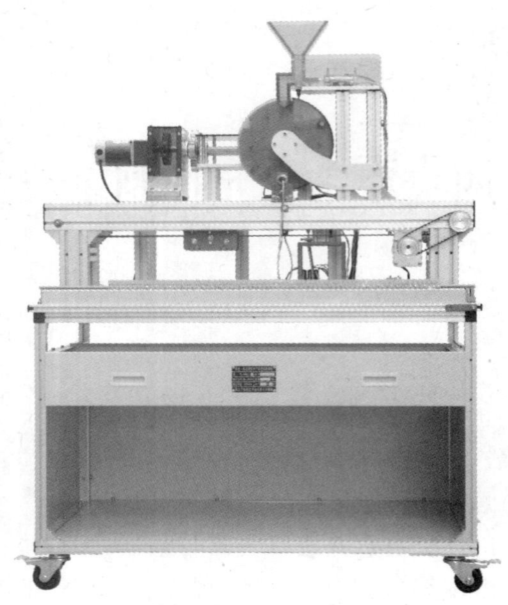

图 4-1　穿销单元

二、任务分析

穿销单元是环形生产线的第三个工作单元，主要用于工件的自动穿销。本单元用三菱 FX_{2N}-48MR PLC 作为系统控制器，用三菱 FX_{2N}-32CCL 模块作为 CC-Link 通信接口，用 3 个单相电磁阀分别控制挡料气缸、落料气缸、顶销气缸的动作，用两个继电器分别控制传输带直流电机、转盘电机的启动与停止。

穿销单元的气动原理如图 4-2 所示。

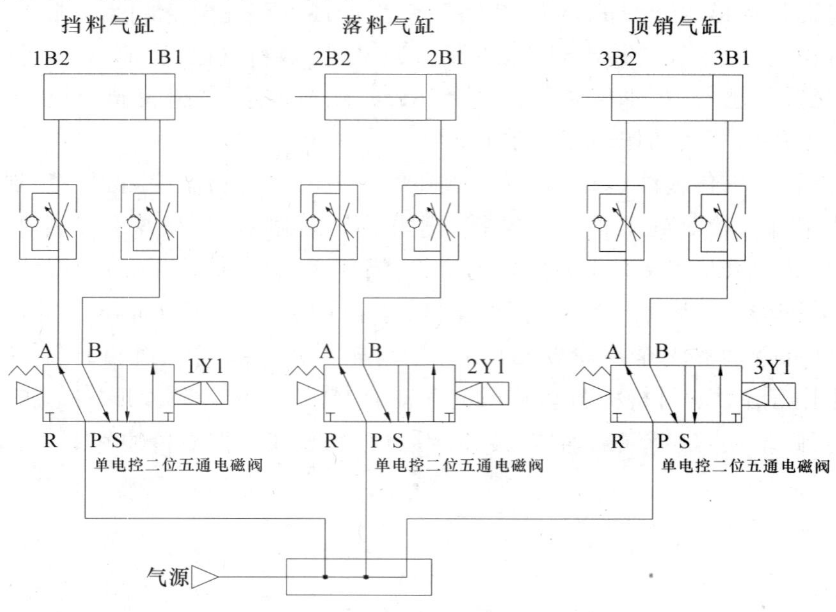

图 4-2　穿销单元的气动原理

三、任务实施

(1)观看穿销单元动作视频，在表 4-1 中画出穿销单元的动作流程图(只要求写出运行流程图，不包括复位状态)。穿销单元的动作视频详见网络教学平台：穿销单元动作视频. AVI。

表 4-1　穿销单元动作流程图

	动作流程图	SFC
穿销单元		

(2)设备端子如图 4-3 所示，熟悉穿销单元的设备端子功能、传感器接线、气缸和电磁阀接线。根据实际传感器的接线特性仔细填写表 4-2，根据气缸和电磁阀的接线状态仔细填写表 4-3。

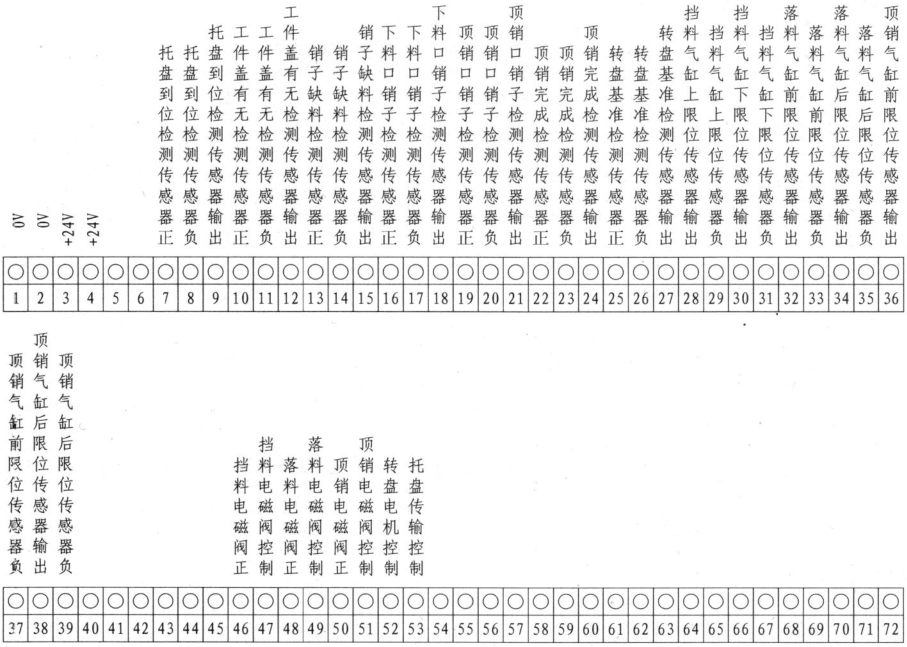

端子	功能
1	0V
2	0V
3	+24V
4	+24V
5	
6	
7	托盘到位检测传感器正
8	托盘到位检测传感器负
9	托盘到位检测传感器输出
10	工件盖有无检测传感器正
11	工件盖有无检测传感器负
12	工件盖有无检测传感器输出
13	销子缺料检测传感器正
14	销子缺料检测传感器负
15	销子缺料检测传感器输出
16	下料口销子检测传感器正
17	下料口销子检测传感器负
18	下料口销子检测传感器输出
19	顶销口销子检测传感器正
20	顶销口销子检测传感器负
21	顶销口销子检测传感器输出
22	顶销完成检测传感器正
23	顶销完成检测传感器负
24	顶销完成检测传感器输出
25	转盘基准检测传感器正
26	转盘基准检测传感器负
27	转盘基准检测传感器输出
28	挡料气缸上限位传感器输出
29	挡料气缸上限位传感器负
30	挡料气缸下限位传感器输出
31	挡料气缸下限位传感器负
32	落料气缸前限位传感器输出
33	落料气缸前限位传感器负
34	落料气缸后限位传感器输出
35	落料气缸后限位传感器负
36	顶销气缸前限位传感器输出
37	顶销气缸前限位传感器负
38	顶销气缸后限位传感器输出
39	顶销气缸后限位传感器负
40	
41	
42	
43	
44	
45	
46	挡料电磁阀正
47	挡料电磁阀控制
48	落料电磁阀正
49	落料电磁阀控制
50	顶销电磁阀正
51	顶销电磁阀控制
52	转盘电机控制
53	托盘传输控制
54	
55	
56	
57	
58	
59	
60	
61	
62	
63	
64	
65	
66	
67	
68	
69	
70	
71	
72	

备注：1. 磁性传感器引出线：蓝色线为“负”　接“0V”；棕色线为“输出”，接PLC输入端。
2. 电容、电感传感器及光电开关引出线：蓝色线为“负”，接“0V”；棕色线为“正”，接“+24V”；黑色线为“输出”，接PLC输入端。
3. 电磁阀引出线：黑色线为控制端，接PLC输出端；红色线为“正”，接“+24V”。

图 4-3　穿销单元设备端子示意

表 4-2　穿销单元各传感器状态及接线端子

序号	功能	何种传感器	0V		+24V		信号线	
			颜色	端子号	颜色	端子号	颜色	端子号
1	托盘到位检测							
2	工件盖有无检测							
3	销钉缺料检测							
4	下料口销子检测							
5	顶销口销子检测							
6	顶销完成检测							
7	转盘基准检测							
8	挡料气缸上限位检测							
9	挡料气缸下限位检测							
10	落料气缸前限位检测							
11	落料气缸后限位检测							
12	顶销气缸前限位检测							
13	顶销气缸后限位检测							

表 4-3　穿销单元各电机和气缸状态

序号	功能	由何种器件进行控制（电磁阀 OR 继电器）	正		负	
			颜色	端子号	颜色	端子号
1	挡料气缸					
2	落料气缸					
3	顶销气缸					
4	转盘电机					
5	托盘传输					

填写表 4-1～4-3，然后由指导老师检查确定。检查无误后请以电子稿作业形式上交到网络教学平台。

四、任务评价

完成子任务 1，专业能力评价如表 4-4 所示。

表 4-4　专业能力评价

序号	训练内容	考核要求	评分标准	配分	学生自评	教师评分
1	准备工作	1. 有工作计划； 2. 有工作分工	1. 没有工作计划，扣 5 分； 2. 没有工作分工，扣 5 分	10		
2	流程图和 SFC	1. 正确书写流程图； 2. 正确写出 SFC	1. 流程写错，每步扣 5 分； 2. SFC 写错，每步扣 5 分	40		
3	传感器、继电器和电磁阀状态	1. 正确认识传感器的接线； 2. 正确认识继电器和电磁阀	1. 传感器端子错误，每个扣 5 分； 2. 传感器颜色错误，每个扣 5 分； 3. 气缸端子错误，每个扣 5 分； 4. 气缸颜色错误，每个扣 5 分	50		
4	职业素养与安全意识	1. 安全文明操作； 2. 6S 管理	1. 违反安全文明生产规程，损坏元器件，扣 5～30 分，并赔偿损坏的元器件； 2. 工位凌乱，不整理，扣 10 分	倒扣		
备注	各项内容最高分不得超过额定配分		合计	100		
时间	开始时间		结束时间		考评员签字	年　月　日

子任务 2　穿销单元 PLC 系统设计与调试

一、任务描述

在完成子任务 1 的熟悉系统的基础上，完成穿销单元的 PLC 系统设计与调试，要求完成功能如下。

(1)复位：按下黄色复位按钮，挡料气缸缩回，传输带电机启动运行 3s 后停止；同时转盘电机转动，带动销钉到顶销口，直至顶销口销子检测传感器检测到位，转盘电机停止转动，复位完成。

(2)运行：按下绿色运行按钮，输送电机动作带动传输线运行，等待托盘到位；托盘到位后，如果工件检测传感器没有检测到工件，或工件检测传感器检测到工件且工件盖检测传感器未检测到工件盖，则阻挡气缸缩回，放托盘到下一站，延时 3s，阻挡气缸伸出，等待下一个托盘到位。

如果托盘到位并且工件检测传感器检测到工件，顶销完成检测传感器未检测到顶销完成，销子检测传感器检测到有销子，则落料气缸伸出，将销子推到下料口，转盘电机旋转并带动不完全齿轮运转(不完全齿轮主动轮每转 1 圈，槽形落料机构转动 1/6 圈)，销子随槽形落料机构转动到顶销气缸处，转盘电机停止运行，顶销气缸伸出，并将销子顶入工件中，顶销完成检测传感器检测到顶销完成，顶销气缸缩回，挡料气缸缩回，延时 3s，挡料气缸输出；输送电机动作带动传输线运行，托盘工件前往下一站，一个工作周期完成。

(3)停止:按下红色停止按钮,当前一个工作周期完成后,本单元停止工作。

(4)急停:按下急停按钮后,系统马上停止;急停复位后,则继续前面的工作。

(5)指示灯显示:当系统的传感器不在初始位置或进行复位操作时,指示灯 Y27 以 1Hz 频率闪烁;复位完成,系统状态准备完成,Y27 常亮。当按下启动按钮,系统在运行状态下,Y26 常亮;在运行过程中,按下停止按钮,Y26 以 1Hz 频率闪烁;当系统停止时,Y26 灭。当系统在急停状态下,Y25 以 1Hz 频率闪烁;退出急停状态,Y25 灭。

二、任务分析

本子任务主要包含 4 种动作状态:复位状态、运行状态、停止状态、急停状态。系统的运行状态是一条顺序流程图,所以在进行 PLC 程序设计时,可以用 SFC 进行编程。在编程中,把系统的复位、启动、停止、急停按钮放在 SFC 的第一块主控单元梯形图中,以便于程序调试;第二块单元动作流程用 SFC 块编程,简单方便;第三块梯形图是其他功能,包括指示灯子程序和急停控制子程序。

三、任务实施

根据子任务 2 的控制要求,用 PLC 实现穿销单元控制系统的设计与调试,主要完成 PLC 的 I/O 口地址分配、PLC 的外部接线图设计与连线、PLC 程序设计、系统调试。具体实施步骤如下。

1. PLC 的 I/O 口地址分配

在穿销单元中,需要的 PLC 输入量为 17 个,PLC 输出量为 5 个。PLC 的 I/O 口地址分配如表 4-5 所示。

表 4-5 PLC 的 I/O 口地址分配

序号	PLC 地址	设备端子	功能说明	序号	PLC 地址	设备端子	功能说明
1	X0		复位按钮	13	X14	30	挡料气缸下限位传感器
2	X1		启动按钮	14	X15	32	落料气缸前限位传感器
3	X2		停止按钮	15	X16	34	落料气缸后限位传感器
4	X3		急停按钮	16	X17	36	顶销气缸前限位传感器
5	X4	9	托盘到位检测传感器	17	X20	38	顶销气缸后限位传感器
6	X5	12	工件盖有无检测传感器	18	Y0	47	挡料电磁阀
7	X6	15	销钉缺料检测传感器	19	Y1	49	落料电磁阀
8	X7	18	下料口销子检测传感器	20	Y2	51	顶销电磁阀
9	X10	21	顶销口销子检测传感器	21	Y3	52	转盘电机
10	X11	24	顶销完成检测传感器	22	Y4	53	托盘传输
11	X12	27	转盘基准检测传感器	23			
12	X13	28	挡料气缸上限位传感器	24			

2. PLC 的外部接线图设计与连线

根据 PLC 的 I/O 口地址分配表，设计 PLC 的外部接线图，并完成设备的电气接线。PLC 的外部接线如图 4-4 所示。

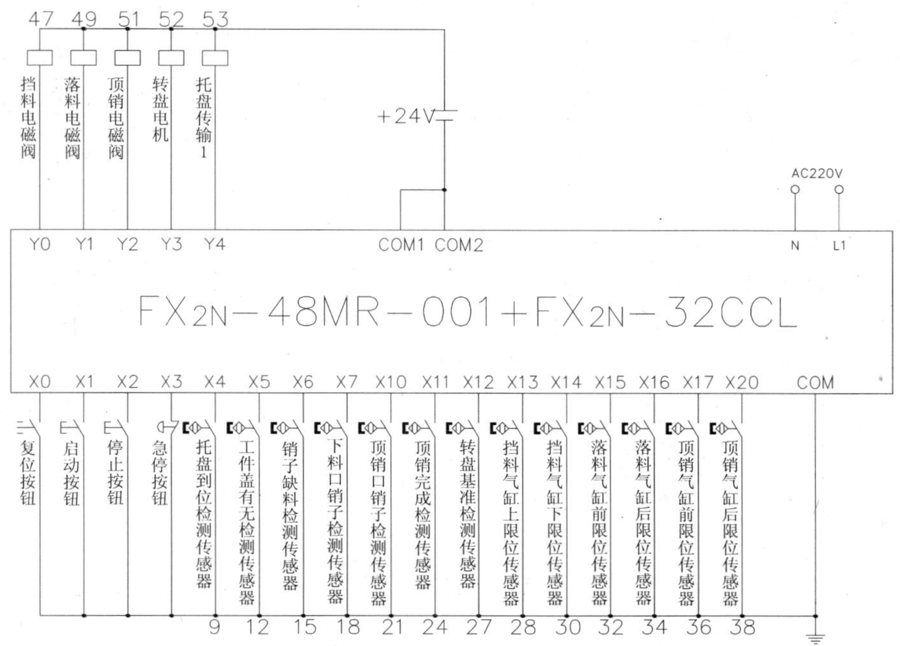

图 4-4　穿销单元的 PLC 外部接线

3. PLC 程序设计

本子任务的 PLC 程序在三菱 GX Developer 8 的 SFC 编程中实现，包括三个块程序：主控程序、穿销单元流程程序、其他子程序。各块程序的块类型如图 4-5 所示。

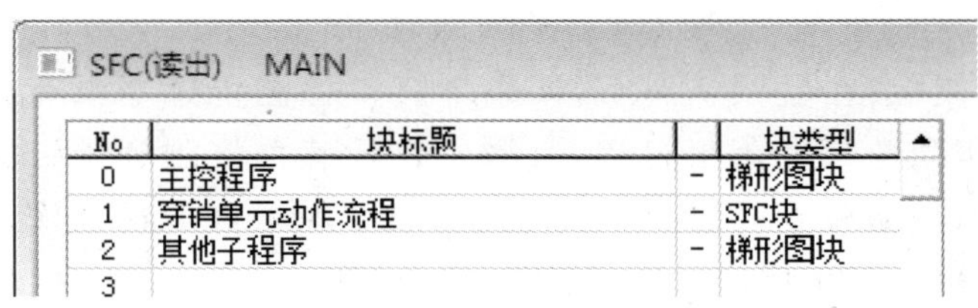

SFC(读出)　MAIN

No	块标题		块类型
0	主控程序	-	梯形图块
1	穿销单元动作流程	-	SFC块
2	其他子程序	-	梯形图块
3			

图 4-5　穿销单元的三个块程序

(1)主控程序用梯形图设计，包括上电复位程序、复位功能程序、设备状态检测程序、启动停止程序、访问指示灯子程序、跳转急停子程序六个部分。

①上电复位程序。通过 M8002 将系统复位至初始状态，按下复位按钮也能进行状态复位。程序设计如图 4-6 所示。

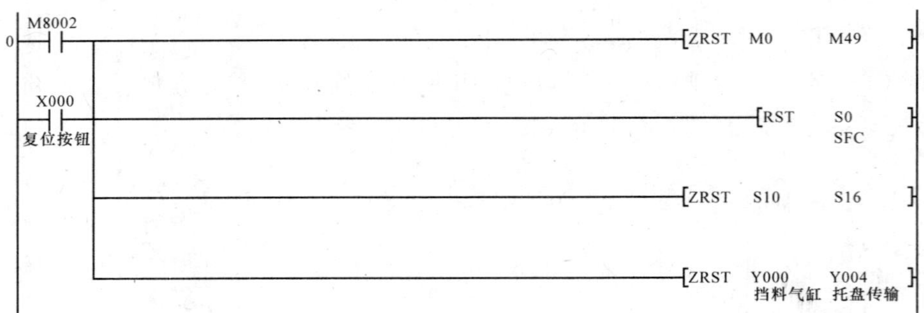

图 4-6 上电复位程序

②复位功能程序。按下复位按钮，复位状态 M30 置 1。复位过程包括两个内容：传输带复位、销钉落料机构复位。两个过程都复位完成后，M30 清零，M31 置 1。

传输带复位：在复位状态下，挡料气缸 Y0 缩回，传输带 Y2 运行，带动传输带上的托盘到尾部，运行 3s 后停止。传输带复位程序如图 4-7 所示。

图 4-7 传输带复位程序

销钉落料机构复位：在复位状态下，如果销钉口检测传感器没有检测到销钉，则销钉转盘电机转动，实现销钉的落料过程，直到销钉传感器检测到销钉为止；在销钉转盘电机转动的过程中，如果碰到转盘基准传感器，则实现销钉下料动作，销钉下料每次执行一次。销钉落料机构复位程序如图 4-8 所示。

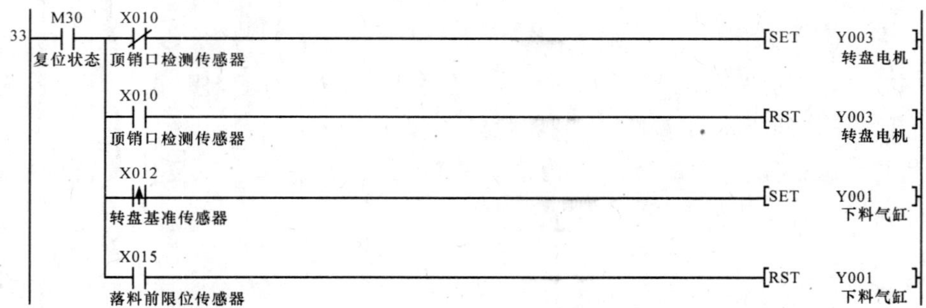

图 4-8 销钉落料机构复位程序

在复位状态下，两个过程都复位完成后，复位状态 M30 清零，复位完成状态 M31 置 1。复位完成程序如图 4-9 所示。

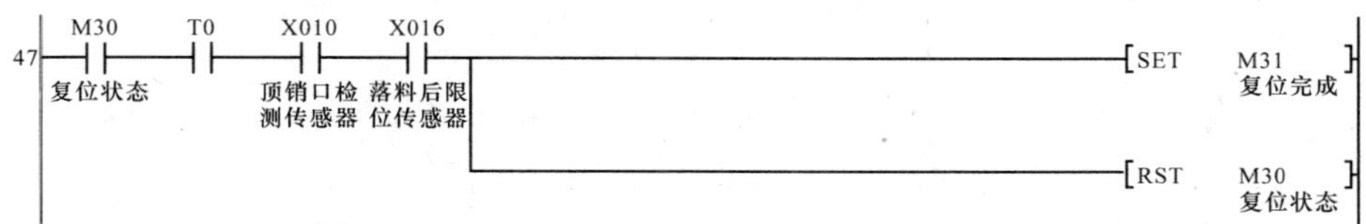

图 4-9　复位完成程序

③设备状态检测程序。当所有的状态符合要求时，准备状态辅助继电器 M20 为 1，否则为 0；当系统已经复位完成（M31＝1）且准备状态完成（M20＝1）时，设备准备状态检测完成，M21 置 1。程序设计如图 4-10 所示。

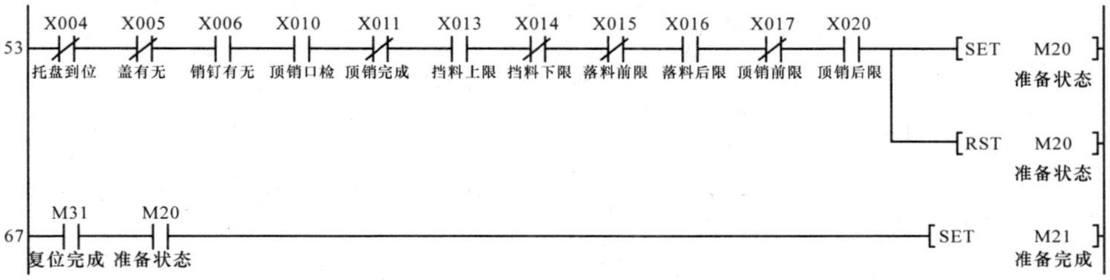

图 4-10　初始态检测程序

④启动停止程序。在系统准备好且系统还没运行时，按下启动按钮，使得运行状态辅助继电器 M10 为 1，并将 S0 置 1，准备开始穿销流程操作。在系统运行过程中按下停止按钮，使辅助继电器 M11 为 1，当穿销单元控制流程走完一个过程回到 S0 后，将 M10 复位，系统停止。程序设计如图 4-11 所示。

图 4-11　启动停止状态程序

⑤访问指示灯子程序。PLC 在运行状态下，永远访问指示灯子程序 P1。访问指示灯子程序如图 4-12 所示。

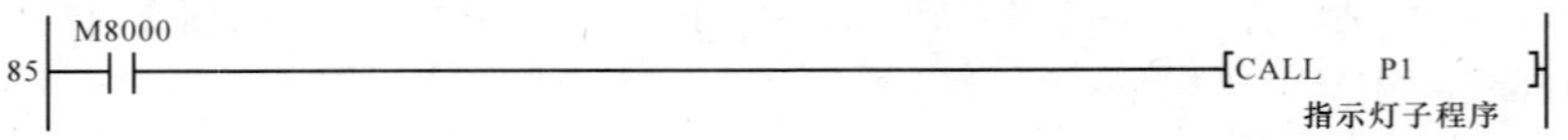

图 4-12　访问指示灯子程序

⑥跳转急停子程序。急停按钮为常闭开关。当按下急停按钮时，急停按钮 X3 常闭接通，常开断开，PLC 程序跳过穿销单元 SFC 流程，直接运行急停子程序 P0，同时急停状态 M40 为 1。当急停按钮旋开复位后，X3 常闭断开，常开接通，穿销单元继续运行。跳转急停子程序如图 4-13 所示。

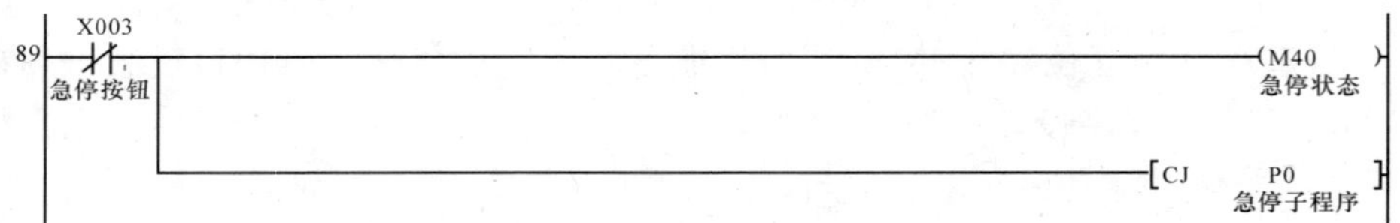

图 4-13　跳转急停子程序

(2)穿销单元流程程序由顺序流程图(SFC)进行编程。根据子任务 1，已经画出动作流程图和 SFC 图，请根据实际情况编写程序。穿销单元 SFC 各步的状态说明如表 4-6 所示，参考运行流程如图 4-14 所示。

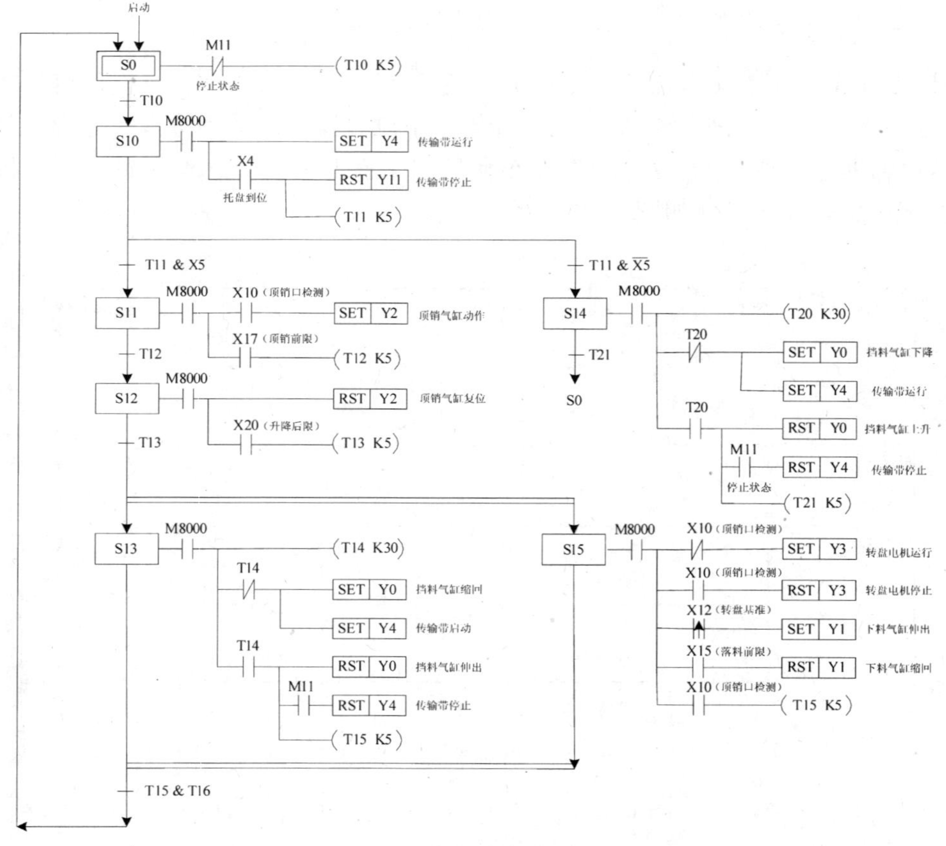

图 4-14　穿销单元顺序流程

表 4-6　穿销单元 SFC 各步状态说明

序号	步号	状态名称	功能说明
1	S0	初始步	检测是否在运行状态
2	S10	托盘传输步	传输带动作,托盘到位后停止
3	S11	顶销气缸动作步	顶销气缸伸出
4	S12	顶销气缸复位步	顶销气缸到位后缩回
5	S13	顶销完成步	传输带动作,挡料气缸下降,3 秒后复位
6	S14	没有检测到工件步	传输带动作,挡料气缸下降,3 秒后复位
7	S15	销钉转盘动作步	销钉转盘转动,直到顶销口有料为止

(3)其他子程序,包括主程序结束、指示灯子程序、急停控制子程序三个部分,各部分功能说明如下。

①主程序结束。程序设计如图 4-15 所示。

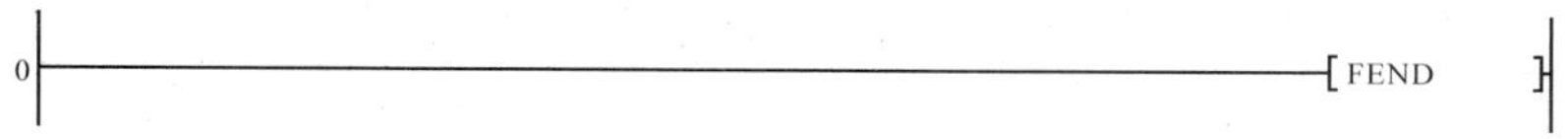

图 4-15　主程序结束

②指示灯子程序。如果复位完成后设备准备完成,Y27 常亮,否则以 1Hz 频率闪烁。如果设备正常运行,Y26 常亮;在运行过程中按下停止按钮,Y26 以 1Hz 频率闪烁;设备完全停止,Y26 灭。在急停状态下,Y25 以 1Hz 频率闪烁。指示灯子程序如图 4-16 所示。

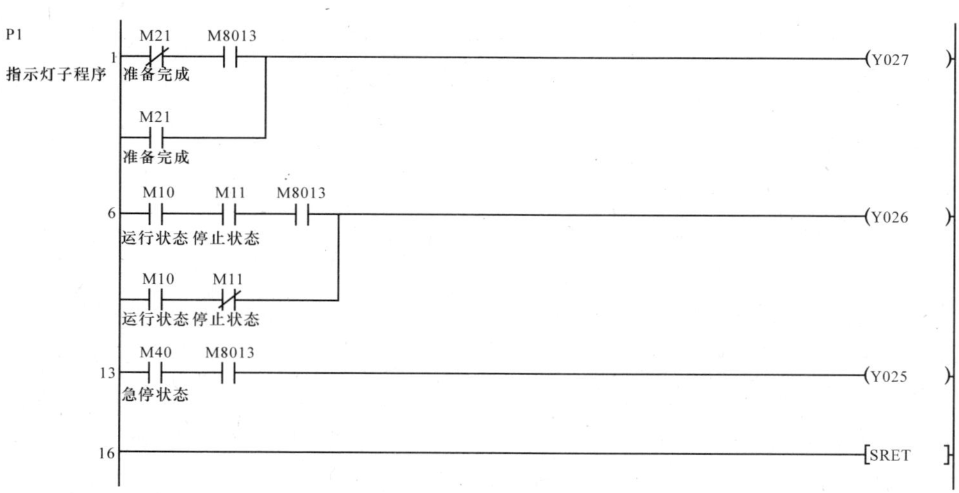

图 4-16　指示灯子程序

③急停控制子程序。急停时利用 M8000 将传输带和销钉转盘电机停止,M8000 在 PLC 的 RUN 情况下为 ON 状态(恒 1),在 STOP 情况下为 OFF 状态。急停控制子程序

如图 4-17 所示。

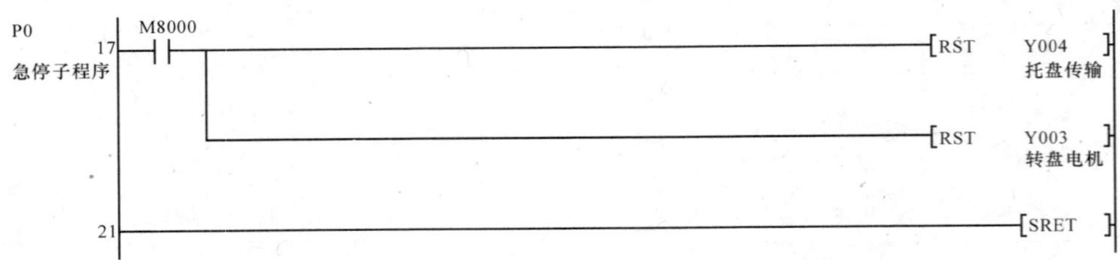

图 4-17 急停控制子程序

4. 系统调试

(1)旋开急停按钮,确保急停按钮在接通状态。

(2)按下黄色复位按钮,系统执行复位操作,Y27 指示灯以 1Hz 频率闪烁。传输带运行 3s 后停止,销钉转盘电机转动,直到销钉口检测到销钉后停止,复位完成,Y27 指示灯常亮。若不能执行复位操作,请按表 4-7 进行故障排除。

表 4-7 不能执行复位操作时故障排除办法

序号	错误现象	处理办法
1	传输带不能复位	检查程序图 4-7
2	落料机构不能复位	检查程序图 4-8
3	复位完成后不能再次复位	检查程序图 4-6 和图 4-9
4	Y27 指示灯现象不对	检查程序图 4-10、图 4-12 和图 4-16。若图 4-10 中 M20 为 0,则需要检查设备的传感器是不是在初始状态,直到 M20 为 1 时止

(3)复位按成后,Y27 指示灯常亮。按下绿色运行按钮,输送电机动作带动传输线运行,等待托盘到位;托盘到位后,如果工件检测传感器没有检测到工件,或工件检测传感器检测到工件且工件盖检测传感器未检测到工件盖,阻挡气缸缩回,放托盘到下一站,延时 3s,阻挡气缸伸出,等待下一个托盘到位。

如果托盘到位并且工件检测传感器检测到工件,顶销完成检测传感器未检测到顶销完成,销子检测传感器检测到有销子,则落料气缸伸出,将销子推到下料口,转盘电机旋转并带动不完全齿轮运转(不完全齿轮主动轮每转 1 圈,槽形落料机构转动 1/6 圈)。销子随槽形落料机构转动到顶销气缸处,转盘电机停止运行,顶销气缸伸出,将销子顶入工件中,顶销完成检测传感器检测到顶销完成,顶销气缸缩回,挡料气缸缩回,延时 3s,挡料气缸伸出。输送电机动作带动传输线运行,托盘工件前往下一站,一个工作周期完成。若不能执行启动运行操作,请按表 4-8 进行故障排除。

表 4-8　不能执行启动运行操作时故障排除办法

序号	错误现象	处理办法
1	传输带不能运行	检查程序图 4-14 中 S10
2	托盘到位后传输带不停	①检查 X4 传感器是否接通； ②检查程序图 4-14 中 S10
3	不能顶销，不能落料	①检查系统气源是否上气； ②检查程序图 4-14 中 S11 和 S12； ③检查 PLC 的输出 Y1、Y2 是否接线错误，是否接电源
4	转盘电机不能正常工作	①检查 X12 传感器是否安装到位； ②检查程序图 4-14 中 S15
5	顶销完成后，传输带没有重新启动	检查程序图 4-14 中 S13
6	指示灯 Y26 没有常亮	检查程序图 4-12 和图 4-16

(4)在运行过程中按下停止按钮，Y26 以 1Hz 的频率闪烁，系统执行完当前工作周期后停止工作，即顶销完成后工件由托盘带至下一个工作单元，系统停止后 Y26 指示灯灭。若不能执行停止操作，请按表 4-9 进行故障排除。

表 4-9　不能执行停止操作时故障排除办法

序号	错误现象	处理办法
1	不能停止	检查程序图 4-11、图 4-14 中 S0
2	Y26 指示灯现象不对	检查程序图 4-12 和图 4-16

(5)在运行过程中按下急停按钮，设备马上停止工作，Y25 以 1Hz 频率闪烁；急停复位后，系统继续运行。若不能执行停止操作，请按表 4-10 进行故障排除。

表 4-10　不能执行急停操作时故障排除办法

序号	错误现象	处理办法
1	不能急停	检查程序图 4-13、图 4-17
2	Y26 指示灯现象不对	检查程序图 4-12 和图 4-16

(6)指示灯 Y25～Y27 显示错误，请检查程序图 4-16。

四、任务评价

完成子任务 2，专业能力评价如表 4-11 所示。

表 4-11 专业能力评价

序号	训练内容	考核要求	评分标准	配分	学生自评	教师评分
1	准备工作	1. 有工作计划； 2. 有工作分工	1. 没有工作计划，扣 5 分； 2. 没有工作分工，扣 5 分	10		
2	电气线路工艺	1. 电气线路连接规范； 2. 电路布局规范	1. 连线颜色错误，扣 5 分； 2. 端子连接不牢靠，每个扣 2 分； 3. 电路连接凌乱，没有绑扎，每处扣 2 分； 4. 主电路裸露，扣 5 分	20		
3	程序设计与功能	1. PLC 设计符合功能要求； 2. 调试方法合理正确； 3. 正确处理调试过程中出现的故障情况	1. PLC 输入输出口搞错，每处扣 3 分； 2. 缺少功能，每处扣 3 分； 3. 不会熟练输入程序，扣 10～20 分； 4. 不能熟练调试，扣 10～20 分； 5. PLC 系统报错，扣 5 分	40		
4	通电试车	系统成功运行	1. 一次试车不成功，扣 10 分； 2. 二次试车不成功，扣 20 分； 3. 三次试车不成功，扣 30 分	30		
5	职业素养与安全意识	1. 安全文明操作； 2. 6S 管理	1. 违反安全文明生产规程，损坏元器件，扣 5～30 分，并赔偿损坏的元器件； 2. 工位凌乱，不整理，扣 10 分	倒扣		
备注	各项内容最高分不得超过额定配分		合计	100		
时间	开始时间		结束时间		考评员签字	年　月　日

子任务 3 用 MCGS 控制穿销单元系统运行

一、任务描述

在完成子任务 2 的基础上，用 MCGS 组态界面完成对顶销单元的控制。主要包括定义 MCGS 数据变量、设计 MCGS 组态界面、完成 MCGS 变量与 PLC 通道的连接、修改 PLC 程序、仿真调试五个部分。本子任务的设备动作要求与子任务 2 一样，MCGS 组态界面包括三个界面，分别为主界面、控制界面、传感器气缸监控界面。

主界面、控制界面设计如图 4-18 所示。传感器气缸监控界面请自行设计，要求界面美观大方，包含系统所有传感器、气缸、电机的状态。

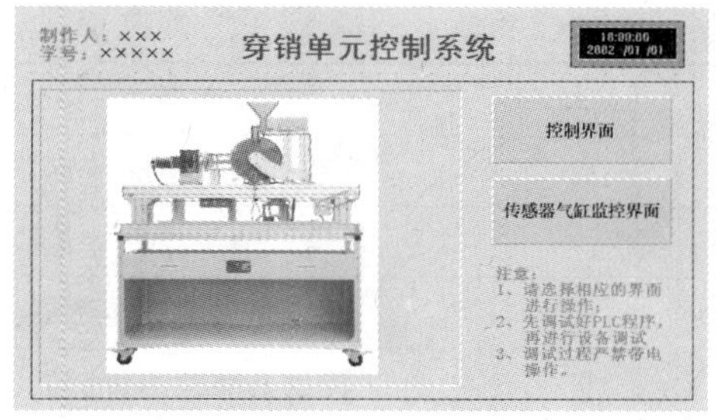

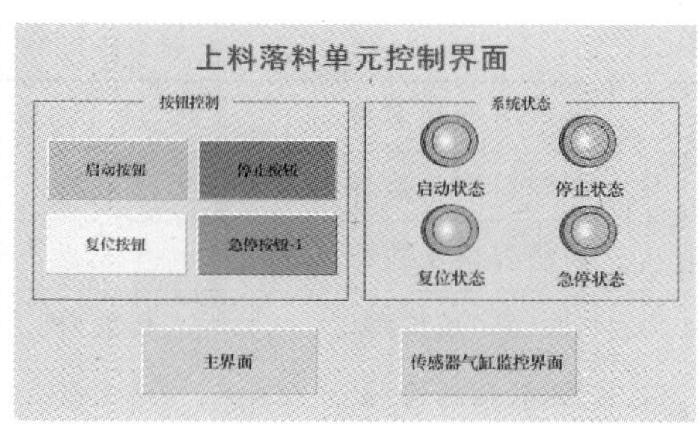

图 4-18　穿销单元主界面、控制界面设计

二、任务分析

MCGS 组态界面主要用于穿销单元的控制与监视，是一种可视化、无触点的控制技术。在本子任务中，可以先定义 MCGS 数据变量，完成 MCGS 组态设计，然后再把 MCGS 的变量与 PLC 的 I/O 口通道连接，最后完成联机调试。

这里需要注意的是：组态界面不能控制 PLC 的输入端，所以 MCGS 上的控制按钮不能连接 PLC 的输入继电器 X。一般情况下，需要用辅助继电器 M 来代替输入继电器 X，具体操作可参考“任务实施—修改 PLC 程序”。

三、任务实施

根据子任务 3 的控制要求，用 MCGS 组态软件和 PLC 实现控制过程，任务实施步骤如下。

1. 定义 MCGS 数据变量

本子任务需要 26 个变量，如表 4-12 所示。

表 4-12　穿销单元的变量分配

序号	MCGS 变量名称	类型	初值	注释
1	复位按钮	开关量	0	按 1 松 0
2	启动按钮	开关量	0	按 1 松 0
3	停止按钮	开关量	0	按 1 松 0
4	急停按钮	开关量	0	取反
5	运行状态	开关量	0	显示运行状态
6	停止状态	开关量	0	显示停止状态
7	复位状态	开关量	0	显示复位状态
8	急停状态	开关量	0	显示急停状态
9	托盘到位检测	开关量	0	托盘到位检测传感器
10	工件盖有无检测	开关量	0	工件盖有无检测传感器
11	销钉缺料检测	开关量	0	销钉缺料检测传感器

续表

序号	MCGS 变量名称	类型	初值	注释
12	下料口销子检测	开关量	0	下料口销子检测传感器
13	顶销口销子检测	开关量	0	顶销口销子检测传感器
14	顶销完成检测	开关量	0	顶销完成检测传感器
15	转盘基准检测	开关量	0	转盘基准检测传感器
16	挡料气缸上限	开关量	0	挡料气缸上限位传感器
17	挡料气缸下限	开关量	0	挡料气缸下限位传感器
18	落料气缸前限	开关量	0	落料气缸前限位传感器
19	落料气缸后限	开关量	0	落料气缸后限位传感器
20	顶销气缸前限	开关量	0	顶销气缸前限位传感器
21	顶销气缸后限	开关量	0	顶销气缸后限位传感器
22	挡料气缸	开关量	0	挡料气缸伸出
23	落料气缸	开关量	0	落料气缸伸出
24	顶销气缸	开关量	0	顶销气缸伸出
25	转盘电机	开关量	0	转盘电机转动
26	托盘传输	开关量	0	托盘输送带转动

2. 设计 MCGS 组态界面

本子任务需要设计三个界面窗口，窗口名称分别为主界面、控制界面、传感器气缸监控界面，设置主界面为启动窗口，如图 4-19 所示。

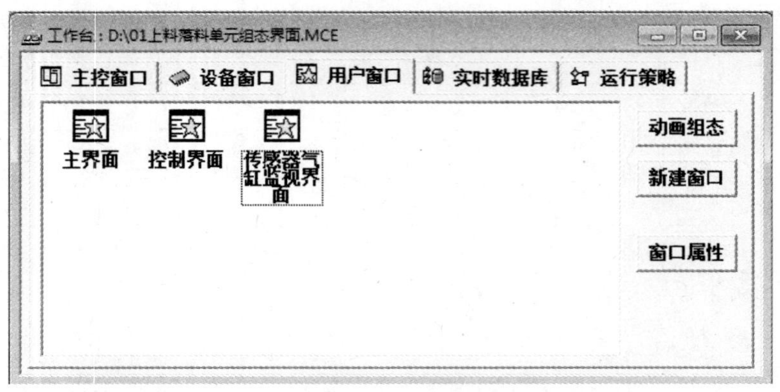

图 4-19　穿销单元组态界面设计

(1)主界面窗口设计如图 4-20 所示。

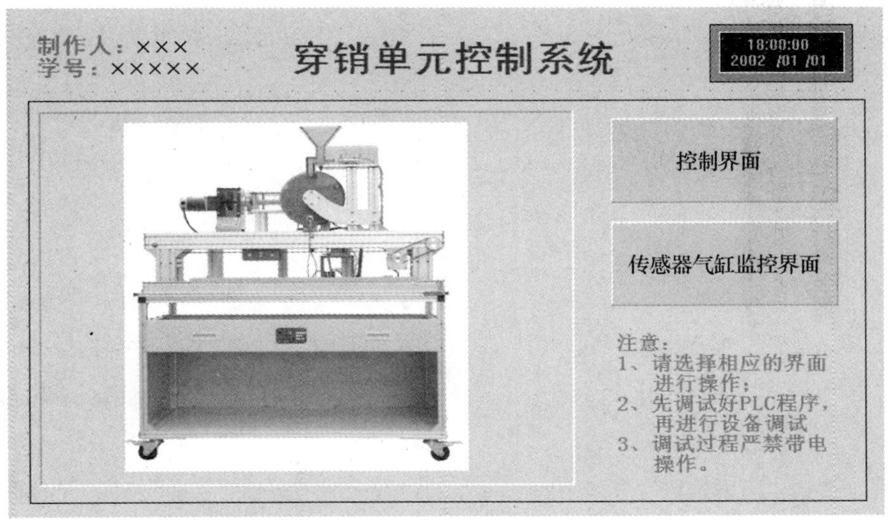

图 4-20　穿销单元主界面设计

(2)控制界面窗口设计如图 4-21 所示。

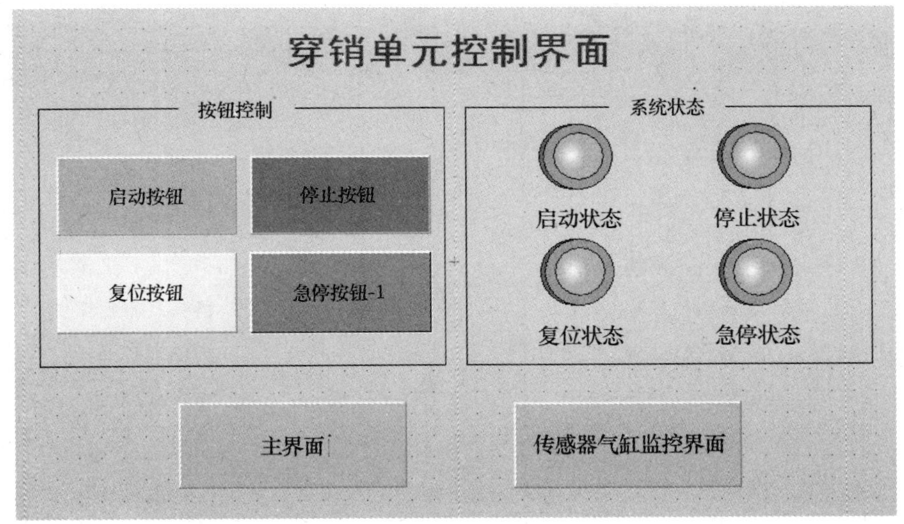

图 4-21　穿销单元控制界面设计

(3)传感器气缸监控界面请自行设计，要求界面美观大方，包含系统所有传感器、气缸、电机的状态。

3. MCGS 变量与 PLC 通道的连接

本子任务中，MCGS 通过三菱 FX 编程线与 PLC 通信，需要进行设备连接，以连接 MCGS 变量和 PLC 通道，其对应关系如表 4-13 所示。

表 4-13　MCGS 变量和 PLC 通道的连接

序号	MCGS 变量名称	PLC 通道名称	备注
1	复位按钮	读写 M100	按 1 松 0
2	启动按钮	读写 M101	按 1 松 0
3	停止按钮	读写 M102	按 1 松 0
4	急停按钮	读写 M103	取反
5	运行状态	读写 M10	显示运行状态
6	停止状态	读写 M11	显示停止状态
7	复位状态	读写 M30	显示复位状态
8	急停状态	读写 M40	显示急停状态
9	托盘到位检测	只读 X4	托盘到位检测传感器
10	工件盖有无检测	只读 X5	工件盖有无检测传感器
11	销钉缺料检测	只读 X6	销钉缺料检测传感器
12	下料口销子检测	只读 X7	下料口销子检测传感器
13	顶销口销子检测	只读 X10	顶销口销子检测传感器
14	顶销完成检测	只读 X11	顶销完成检测传感器
15	转盘基准检测	只读 X12	转盘基准检测传感器
16	挡料气缸上限	只读 X13	挡料气缸上限位传感器
17	挡料气缸下限	只读 X14	挡料气缸下限位传感器
18	落料气缸前限	只读 X15	落料气缸前限位传感器
19	落料气缸后限	只读 X16	落料气缸后限位传感器
20	顶销气缸前限	只读 X17	顶销气缸前限位传感器
21	顶销气缸后限	只读 X20	顶销气缸后限位传感器
22	挡料气缸	读写 Y0	挡料气缸伸出
23	落料气缸	读写 Y1	落料气缸伸出
24	顶销气缸	读写 Y2	顶销气缸伸出
25	转盘电机	读写 Y3	转盘电机转动
26	托盘传输	读写 Y4	托盘输送带转动

注意:PLC 的输入通道 X 的信号只能作为只读信号,不能作为读写信号。

4. 修改 PLC 程序

MCGS 对 PLC 的元件 X 的属性是只读,MCGS 只能显示元件 X 的状态,不能控制元件 X 的动作,所以在 MCGS 中需要用元件 M 代替元件 X 进行控制,元件 M 的属性为读写。本子任务需要用 MCGS 和外部按钮同时控制穿销单元的复位、启动、停止和急停功能,故需要修改 PLC 程序。根据 MCGS 组态设计,MCGS 和外部按钮控制系统的对应关系如表 4-14 所示。

表 4-14 MCGS 和外部按钮控制系统对应关系

序号	控制功能	外部按钮控制	MCGS 控制
1	复位按钮	X0	M100
2	启动按钮	X1	M101
3	停止按钮	X2	M102
4	急停按钮	X3	M103

复位、启动、停止信号外部接的是按钮的常开触点，故在 PLC 程序中，常开触点 X 并联上一个 MCGS 组态连接的变量的常开触点 M，常闭触点 X 串联上一个 MCGS 组态连接的变量的常闭触点 M，从而实现 MCGS 和外部按钮的同时控制。复位、启动、停止按钮的 PLC 程序修改如图 4-22 所示。

复位、启动、停止按钮
常开触点程序修改

复位、启动、停止按钮
常闭触点程序修改

图 4-22 复位、启动、停止按钮的 PLC 程序修改

急停信号外部接的是急停开关的常闭触点，故在 PLC 程序中，X3 的常开常闭情况与其他按钮信号相反。急停按钮的 PLC 程序修改如图 4-23 所示。

图 4-23 急停按钮的 PLC 程序修改

5. 仿真调试

(1)按下 MCGS 组态界面上的复位按钮，系统复位。

(2)按下 MCGS 组态界面上的启动按钮，系统运行，完成穿销过程。

(3)按下 MCGS 组态界面上的停止按钮，系统运行完本周期后停止。

(4)按下 MCGS 组态界面上的急停按钮,系统马上停止;再按一次急停按钮,系统继续前面的工作。

(5)启动、停止、复位、急停功能也可以用外部按钮进行控制。

四、任务评价

完成子任务 3,专业能力评价如表 4-15 所示。

表 4-15　专业能力评价

序号	训练内容	考核要求		评分标准		配分	学生自评	教师评分
1	准备工作	1. 有工作计划; 2. 有工作分工		1. 没有工作计划,扣 5 分; 2. 没有工作分工,扣 5 分		10		
2	组态界面设计	1. 组态界面设计合理; 2. 组态界面能与 PLC 通信; 3. 组态界面能控制本单元的动作		1. 组态界面设计不合理,扣 20 分; 2. 缺少显示功能,每处扣 5 分; 3. 缺少控制功能,每处扣 5 分; 4. 组态不能跟 PLC 通信,扣 30 分		50		
3	PLC 程序修改	1. 能按要求修改 PLC 程序; 2. 能实现按钮和组态的同时控制		1. 不会进行程序的修改,扣 20 分; 2. 缺少功能,每处扣 5 分; 3. 不能进行按钮和组态两地控制,扣 10 分		20		
4	系统模拟运行	1. 系统成功模拟运行		1. 一次不成功,扣 10 分; 2. 二次不成功,扣 20 分		20		
5	职业素养与安全意识	1. 安全文明操作; 2. 6S 管理		1. 违反安全文明生产规程,损坏元器件,扣 5～30 分,并赔偿损坏的元器件; 2. 工位凌乱,不整理,扣 10 分		倒扣		
备注	各项内容最高分不得超过额定配分			合计		100		
时间	开始时间		结束时间		考评员签字	年　　月　　日		

知识点 1　穿销单元的气动知识

穿销单元气动控制回路的工作原理如图 4-24 所示。图中 1B1 和 1B2 为安装在挡料气缸的两个极限工作位置的磁感应接近开关,2B1 和 2B2 为安装在落料气缸的两个极限工作位置的磁感应接近开关,3B1 和 3B2 为安装在顶销气缸的两个极限工作位置的磁感应接近开关。1Y1、2Y1 和 3Y1 分别为控制挡料气缸、落料气缸和顶销气缸的电磁阀的电磁控制端。在穿销单元的气动原理图中,挡料气缸设定在伸出状态,落料气缸和顶销气缸设定在缩回状态。

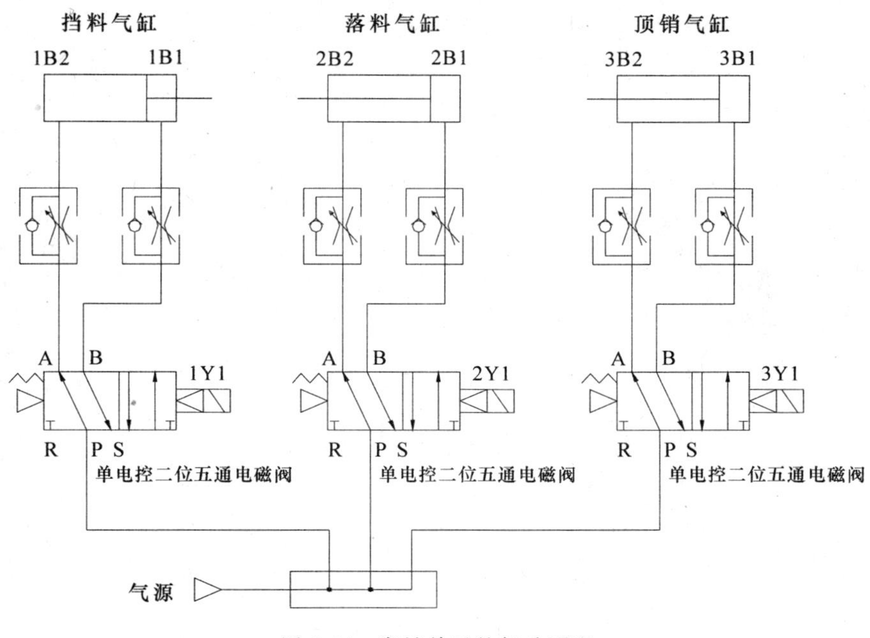

图 4-24 穿销单元的气动原理

知识点 2 光纤传感器的知识

光纤传感器由光纤检测头、光纤放大器两部分组成。光纤放大器和光纤检测头是分离的两个部分，光纤检测头的尾端分成两条光纤，使用时分别插入光纤放大器的两个光纤孔。光纤传感器组件如图 4-25 所示。

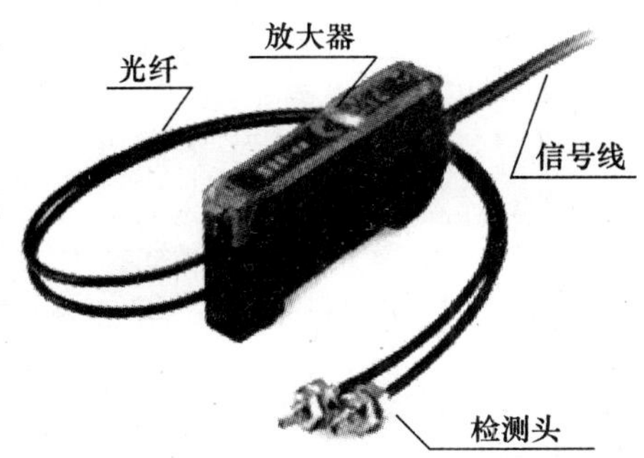

图 4-25 光纤传感器组件

图 4-26 是光纤传感器组件外形及光纤放大器的安装示意图。

光纤传感器也是光电传感器的一种。光纤传感器具有如下优点：抗电磁干扰，可工作于恶劣环境，传输距离远，使用寿命长；此外，光纤头由于具有较小的体积，可以安装在空间很小的地方。

光纤式光电接近开关的放大器的灵敏度调节范围较大。当光纤传感器灵敏度调得较小时，对反射性较差的黑色物体，光电探测器无法接收到反射信号；而对反射性较好的白色物体，光电探测器就可以接收到反射信号。反之，若调高光纤传感器灵敏度，则即使对反射性较差的黑色物体，光电探测器也可以接收到反射信号。

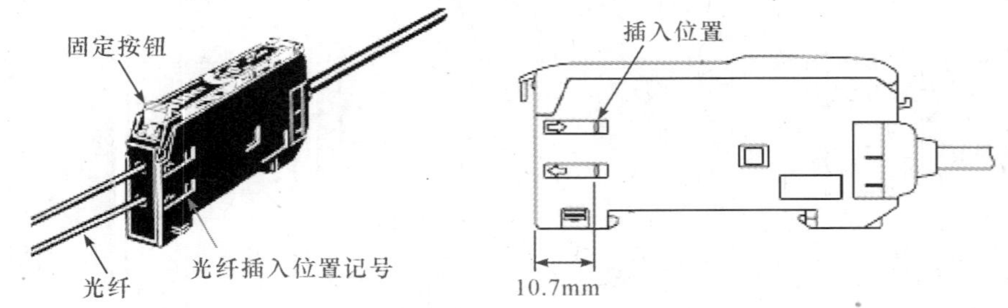

图 4-26　光纤传感器组件外形及光纤放大器的安装示意

图 4-27 是放大器单元的俯视图，调节其中部的 8 旋转灵敏度高速旋钮，就能进行放大器灵敏度的调节(顺时针旋转灵敏度增大)。调节时，会看到“入光量显示灯”发光的变化。当探测器检测到物料时，“动作显示灯”会亮，提示检测到物料。

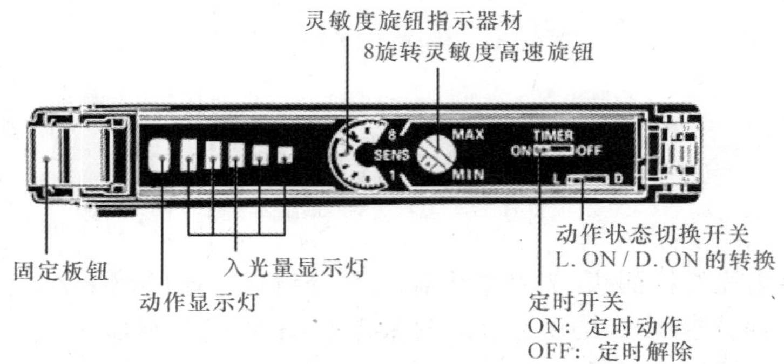

图 4-27　光纤传感器放大器单元的俯视

E3Z-NA11 型光纤传感器的电路框图如图 4-28 所示，接线时请根据导线颜色判断电源极性和信号输出线，切勿把信号输出线直接连接到电源“+24V”端。

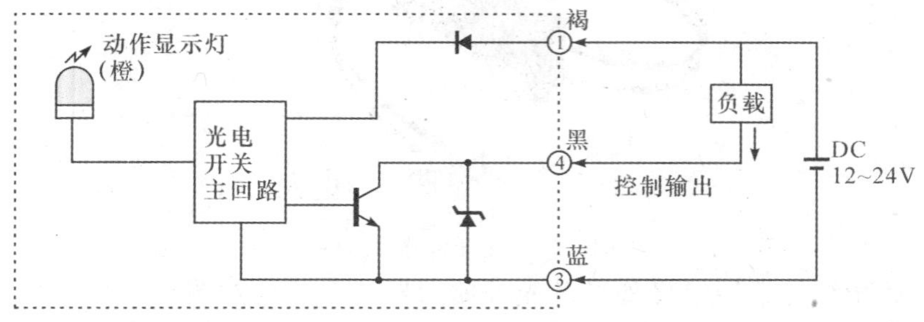

图 4-28　E3X-NA11 型光纤传感器电路框图

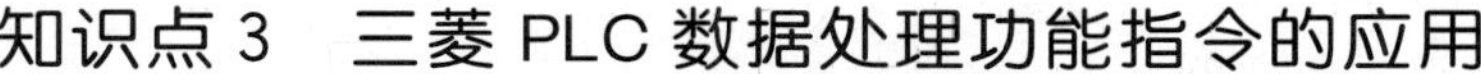

知识点 3　三菱 PLC 数据处理功能指令的应用

一、比较指令 CMP、ZCP

比较指令包括 CMP(比较)和 ZCP(区间比较)两条。

比较指令 CMP、(D)CMP(P)指令的编号为 FNC10,是将源操作数[S1.]和源操作数[S2.]的数据进行比较,比较结果用目标元件[D.]的状态来表示。如图 4-29 所示,当 X1 为 ON 时,把常数 100 与 C20 的当前值进行比较,比较的结果送入 M0～M2 中。X1 为 OFF 时不执行,M0～M2 的状态也保持不变。

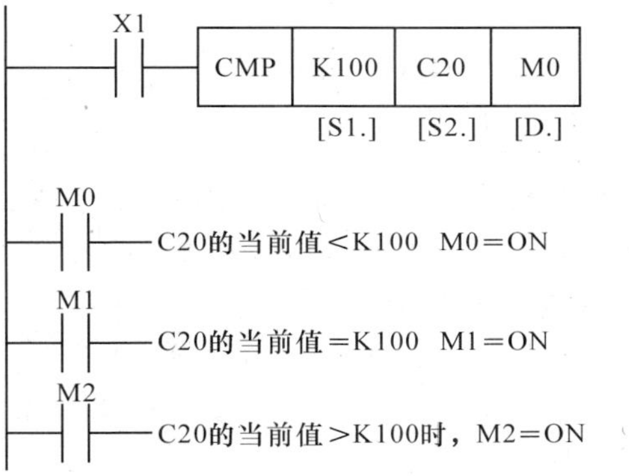

X1
CMP　K100　C20　M0
[S1.]　[S2.]　[D.]
M0
C20的当前值<K100　M0=ON
M1
C20的当前值=K100　M1=ON
M2
C20的当前值>K100时，M2=ON

图 4-29　CMP 指令的应用

区间比较指令 ZCP、(D)ZCP(P)指令的编号为 FNC11,是将源操作数[S.]与[S1.]、[S2.]的内容进行比较,比较结果送到目标操作数[D.]中。如图 4-30 所示,当 X0 为 ON 时,将 C30 当前值与 K100 和 K120 相比较,比较结果送入 M3、M4、M5 中。X0 为 OFF 时,则 ZCP 不执行,M3、M4、M5 不变。

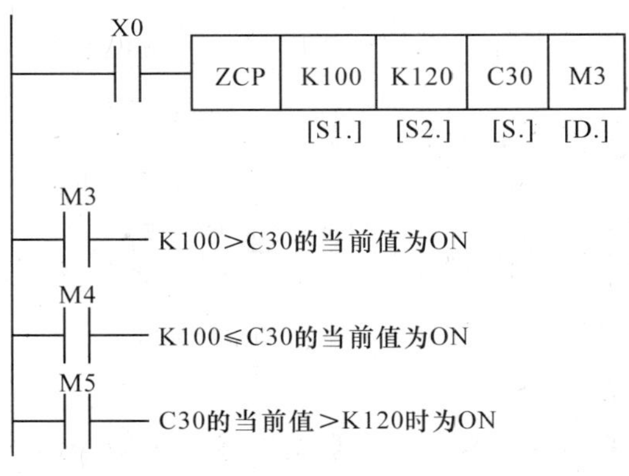

图 4-30　ZCP 指令的应用

使用比较指令 CMP/ZCP 时应注意:

(1)[S1.]、[S2.]可取任意数据格式,目标操作数[D.]可取 Y、M 和 S。

(2)使用 ZCP 时,[S2.]的数值不能小于[S1.]。

(3)所有的源数据都被看作二进制值处理。

二、传送类指令 MOV、SMOV、CMOV、BMOV、FMOV

(1)传送指令 MOV、(D)MOV(P)的编号为 FNC12。该指令的功能是将源数据传送到指定的目标。如图 4-31 所示,当 X0 为 ON 时,将[S.]中的数据 K100 传送到目标操作元件[D.](即 D10)中。在指令执行时,常数 K100 会自动转换成二进制数。当 X0 为 OFF 时,指令不执行,数据保持不变。

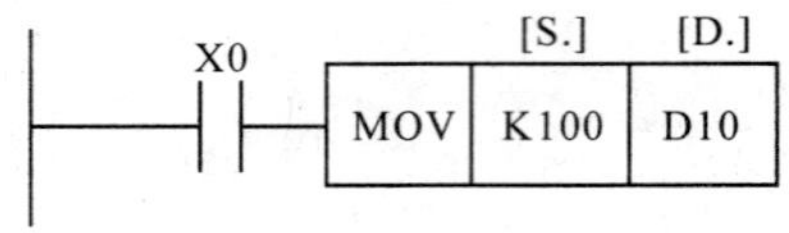

图 4-31　MOV 指令的应用

使用 MOV 指令时应注意:

①源操作数可取所有数据类型,目标操作数可以是 KnY、KnM、KnS、T、C、D、V、Z。

②16 位运算时占 5 个程序步,32 位运算时则占 9 个程序步。

(2)移位传送指令 SMOV、SMOV(P)的编号为 FNC13。该指令的功能是将源数据(二进制)自动转换成 4 位 BCD 码,再进行移位传送,传送后的目标操作数元件的 BCD 码自动转换成二进制数。如图 4-32 所示,当 X0 为 ON 时,将 D1 中右起第 4 位(m1=4)开始的 2 位(m2=2) BCD 码移到目标操作数 D2 的右起第 3 位(n=3)和第 2 位。然后 D2 中的 BCD 码会自动转换为二进制数,而 D2 中的第 1 位和第 4 位 BCD 码不变。

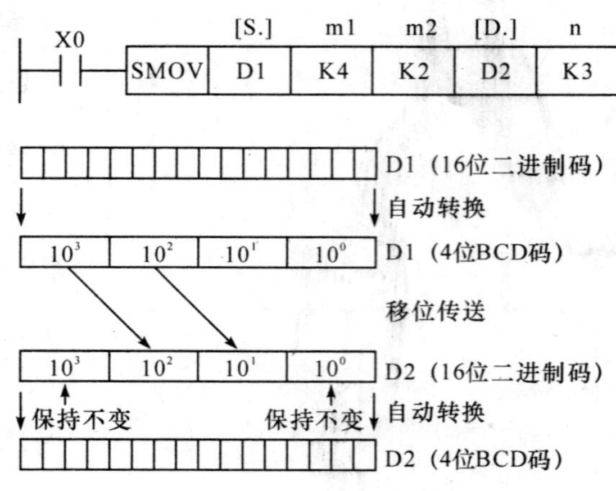

图 4-32　SMOV 指令的应用

使用移位传送指令时应该注意:

①源操作数可取所有数据类型,目标操作数可为 KnY、KnM、KnS、T、C、D、V、Z。

②SMOV 指令只有 16 位运算,占 11 个程序步。

(3)取反传送指令 CML、(D)CML(P)的编号为 FNC14。该指令是将源操作数元件的数据逐位取反,并传送到指定目标。如图 4-33 所示,当 X0 为 ON 时,执行 CML,将

D0 的数据(二进制数据)取反后传送到 Y3～Y0 中。

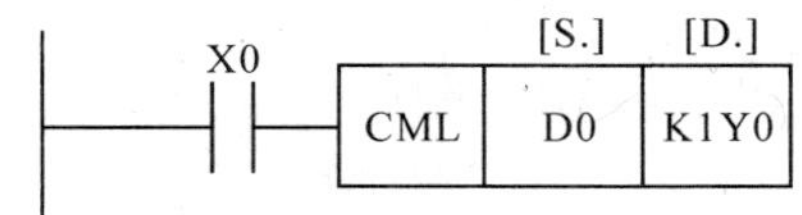

图 4-33　CML 指令的应用

使用取反传送指令 CML 时应注意:

①源操作数可取所有数据类型,目标操作数可为 KnY、KnM、KnS、T、C、D、V、Z。若源数据为常数 K,则该数据会自动转换为二进制数。

②16 位运算占 5 个程序步,32 位运算占 9 个程序步。

(4)块传送指令 BMOV、BMOV(P)的编号为 FNC15。该指令是将源操作数[S.]指定单元开始的 n 个数据组成数据块,传送到指定的目标。如图 4-34 所示,传送顺序既可从高元件号开始,也可从低元件号开始,传送顺序自动决定。若用到需要指定位数的位元件,则源操作数和目标操作数的指定位数应相同。

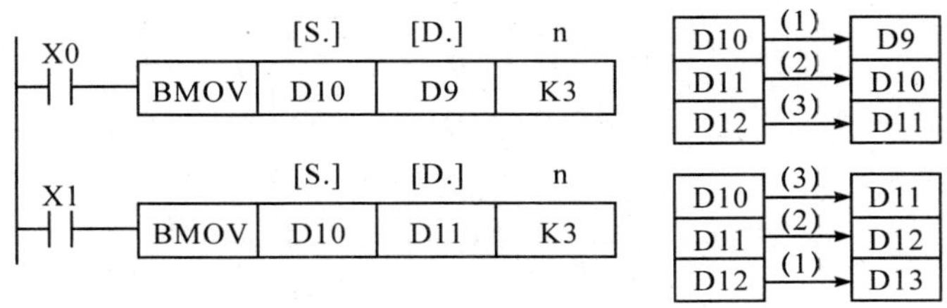

图 4-34　BMOV 指令的应用

使用块传送指令时应注意:

①源操作数可取 KnX、KnY、KnM、KnS、T、C、D 和文件寄存器,目标操作数可取 KnT、KnM、KnS、T、C 和 D;

②只有 16 位操作,占 7 个程序步;

③如果元件号超出允许范围,则数据仅传送到允许范围的元件。

(5)多点传送指令 FMOV、(D)FMOV(P)的编号为 FNC16。该指令的功能是将源操作数中的数据传送到指定目标开始的 n 个元件中,传送后 n 个元件中的数据完全相同。如图 4-35 所示,当 X0 为 ON 时,将 K0 传送到 D0～D9 中。

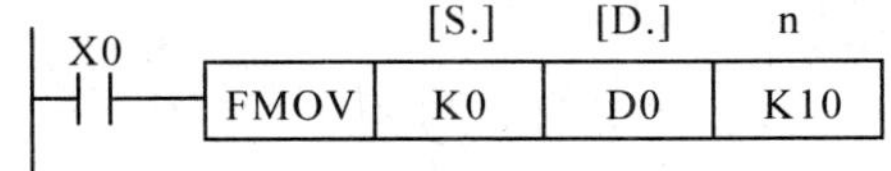

图 4-35　FMOV 指令的应用

使用多点传送指令 FMOV 时应注意:

①源操作数可取所有的数据类型,目标操作数可取 KnX、KnM、KnS、T、C、和 D;

②16 位操作占 7 个程序步,32 位操作则占 13 个程序步;

③如果元件号超出允许范围,数据仅送到允许范围的元件中。

三、数据交换指令 XCH

数据交换指令(D)XCH(P)的编号为 FNC17,该指令是将数据在指定的目标元件之间交换。如图 4-36 所示,当 X0 为 ON 时,将 D1 和 D19 中的数据相互交换。

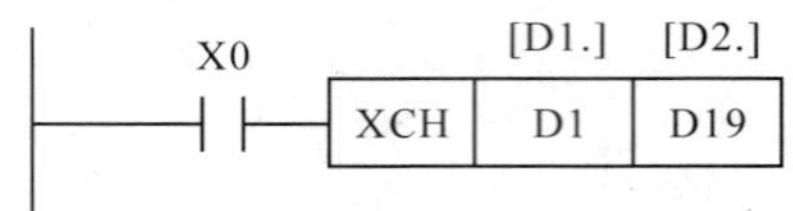

图 4-36 XCH 指令的应用

使用数据交换指令应该注意:

(1)操作数的元件可取 KnY、KnM、KnS、T、C、D、V 和 Z。

(2)交换指令一般采用脉冲执行方式,否则在每一扫描周期内都要交换一次。

(3)16 位运算占 5 个程序步,32 位运算占 9 个程序步。

四、数据变换指令 BCD、BIN

(1)BCD 变换指令 BCD、(D)BCD(P)的编号为 FNC18。该指令是将源元件中的二进制数转换成 BCD 码并送到目标元件中,如图 4-37 所示。

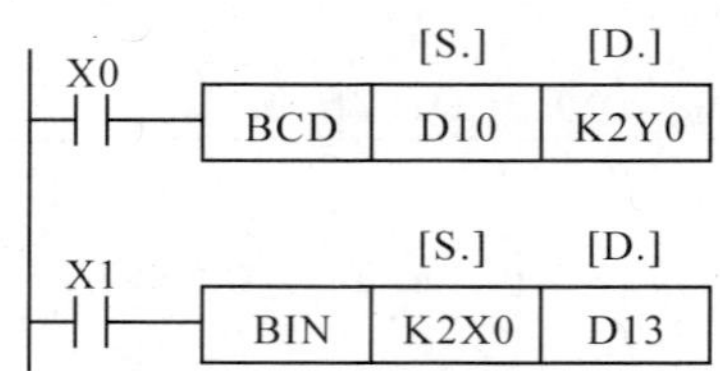

图 4-37 数据变换指令的应用

如果指令进行 16 位操作时,执行结果超出 0～9999 范围,将会出错;当指令进行 32 位操作时,执行结果超过 0～99 999 999 范围,也将出错。PLC 内部的运算为二进制运算,可用 BCD 指令将二进制数变换为 BCD 码并输出到七段显示器。

(2)BIN 变换指令 BIN、(D)BIN(P)的编号为 FNC19。该指令是将源元件中的 BCD 数据转换成二进制数据并送到目标元件中,如图 4-37 所示。常数 K 不能作为本指令的操作元件,因为在任何处理之前,它们都会被转换成二进制数。

使用 BCD/BIN 指令时应注意:

①源操作数可取 KnK、KnY、KnM、KnS、T、C、D、V 和 Z,目标操作数可取 KnY、KnM、KnS、T、C、D、V 和 Z;

②16 位运算占 5 个程序步,32 位运算占 9 个程序步。

拓展训练

1. 如何实现穿销的颜色检测?
2. 穿销单元发生意外时,系统会发出报警,这种情况应该如何处理?
3. 如何由 MCGS 组态界面实现对销钉个数的计数?

任务五　喷涂单元控制系统实训

➢任务目标

1. 掌握喷涂单元的结构、特点和电器接口特性，并进行安装和调试。

2. 熟悉西门子触摸屏的接线、组态和连接调试

3. 掌握三菱 PLC 的算术和逻辑运算功能指令。

4. 能在规定的时间内完成喷涂单元控制程序的编写，并解决在调试过程中出现的常见问题。

子任务 1　认识喷涂单元

一、任务描述

喷涂单元的动作视频详见资源库：喷涂单元动作视频. AVI。

喷涂单元是环形生产线的第四个工作单元，主要用于工件的自动喷涂颜色、加热和冷却过程。喷涂单元由喷涂室、加热装置、温度传感器、喷枪、冷却风扇、交流调压模块、触摸屏、连杆机构、光电传感器、电感传感器、阻挡气缸、直流减速电机等组成。在喷枪喷涂过程中，由连杆机构带动来回移动喷涂。喷涂单元如图 5-1 所示。

系统运行时，电机动作传输线运行，使托盘工件到位。电感传感器检测到托盘到位信号，延时 1s，传输线停止；光电传感器检测到工件信号，电机动作带动连杆机构运行，从而拉动喷枪来回移动进行喷涂，延时 2s，喷涂完成；喷涂停止后，加热罐开始加热，同时加热指示灯亮，触摸屏显示即时温度（其中上限温度和下限温度可通过触摸屏设置），温度上升到设定温度时，加热完成；加热停止后，冷却风扇开始工作，温度下降到常温，烘干完成；阻挡气缸缩回，直流电机动作传输线运行，托盘和工件被传输到下一站，一个工作周期完成。

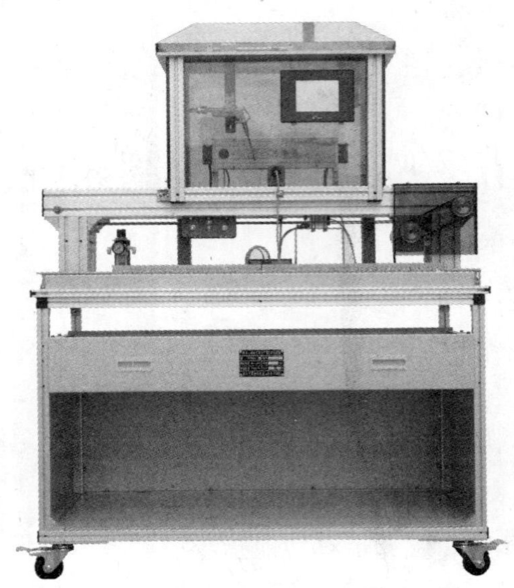

图 5-1 喷涂单元

二、任务分析

本单元用三菱 FX_{2N}-48MR PLC 作为系统控制器，用三菱 FX_{2N}-32CCL 模块作为 CC-Link 通信接口，用两个单相电磁阀分别控制挡料气缸、喷涂气缸动作，用四个继电器分别控制传输带直流电机、风扇、加热炉和连杆驱动电机的启动与停止。

喷涂单元的气动原理如图 5-2 所示。

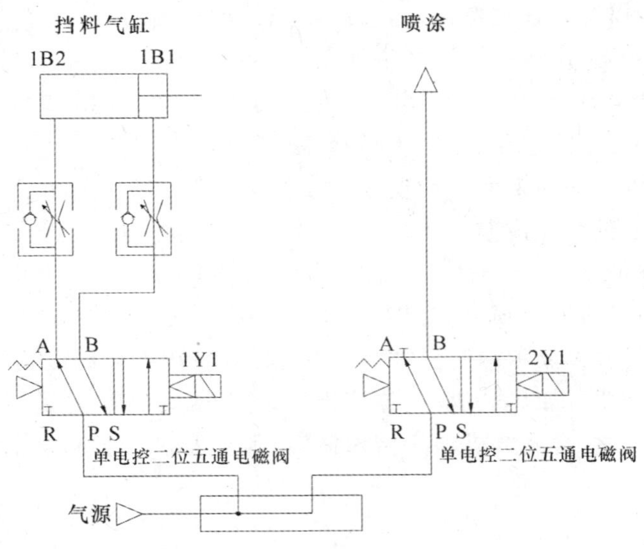

图 5-2 喷涂单元的气动原理

三、任务实施

(1)观看喷涂单元动作视频,在表 5-1 中画出喷涂单元的动作流程图(只要求画出运行流程图,不包括复位状态)。喷涂单元动作视频详见网络教学平台:喷涂单元动作视频.AVI。

表 5-1　喷涂单元动作流程图

	动作流程图	SFC
喷涂单元		

(2)设备端子如图 5-3 所示。熟悉喷涂单元的设备端子功能、传感器接线、气缸和电磁阀接线。根据实际传感器的接线特性仔细填写表 5-2,根据气缸和电磁阀的接线状态仔细填写表 5-3。

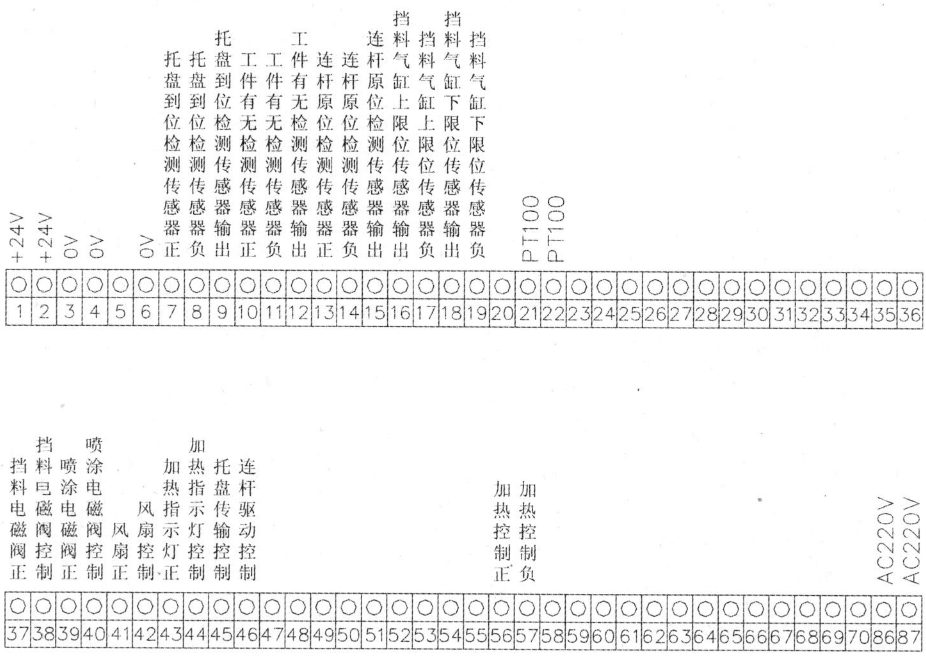

端子	1	2	3	4	5	6	7	8	9	10	11	12	13	14	15	16	17	18	19	20	21	22	23	24	25	26	27	28	29	30	31	32	33	34	35	36
功能	+24V	+24V	0V	0V		0V	托盘到位检测传感器正	托盘到位检测传感器负	托盘到位检测传感器输出	工件有无检测传感器正	工件有无检测传感器负	工件有无检测传感器输出	连杆原位检测传感器正	连杆原位检测传感器负	连杆原位检测传感器输出	挡料气缸上限位传感器输出	挡料气缸上限位传感器负	挡料气缸下限位传感器输出	挡料气缸下限位传感器负		PT100	PT100														

端子	37	38	39	40	41	42	43	44	45	46	47	48	49	50	51	52	53	54	55	56	57	58	59	60	61	62	63	64	65	66	67	68	69	70	86	87
功能	挡料电磁阀正	挡料电磁阀控制	喷涂电磁阀正	喷涂电磁阀控制	风扇正	风扇控制	加热指示灯正	加热指示灯控制	托盘传输控制	连杆驱动控制										加热控制正	加热控制负														AC220V	AC220V

备注:1.磁性传感器引出线:蓝色线为“负”,接“0V”;棕色线为“输出”,接PLC输入端。
2.电容、电感传感器及光电开关引出线:蓝色线为“负”,接“0V”;棕色线为“正”,接“+24V”;黑色线为“输出”,接PLC输入端。
3.电磁阀引出线:黑色线为控制端,接PLC输出端;红色线为“正”,接“+24V”。

图 5-3　喷涂单元设备端子

表 5-2 喷涂单元各传感器状态及接线端子

序号	功能	何种传感器	0V		+24V		信号线	
			颜色	端子号	颜色	端子号	颜色	端子号
1	托盘到位检测							
2	工件有无检测							
3	连杆原点检测							
4	挡料上限检测							
5	挡料下限检测							

表 5-3 喷涂单元各电机和气缸状态

序号	功能	由何种器件进行控制（电磁阀 OR 继电器）	正		负	
			颜色	端子号	颜色	端子号
1	挡料电磁阀					
2	喷涂电磁阀					
3	风扇					
4	加热指示					
5	输送电机					
6	连杆驱动电机					

填写表 5-1～5-3，然后由指导老师检查确定。检查无误后请以电子稿作业形式上交到网络教学平台。

四、任务评价

完成子任务 1，专业能力评价如表 5-4 所示。

表 5-4 专业能力评价

序号	训练内容	考核要求	评分标准	配分	学生自评	教师评分
1	准备工作	1. 有工作计划； 2. 有工作分工	1. 没有工作计划，扣 5 分； 2. 没有工作分工，扣 5 分	10		
2	流程图和 SFC	1. 正确书写流程图； 2. 正确写出 SFC	1. 流程写错，每步扣 5 分； 2. SFC 写错，每步扣 5 分	40		
3	传感器、继电器和电磁阀状态	1. 正确认识传感器的接线； 2. 正确认识继电器和电磁阀	1. 传感器端子错误，每个扣 5 分； 2. 传感器颜色错误，每个扣 5 分； 3. 气缸端子错误，每个扣 5 分； 4. 气缸颜色错误，每个扣 5 分	50		
4	职业素养与安全意识	1. 安全文明操作； 2. 6S 管理	1. 违反安全文明生产规程，损坏元器件，扣 5～30 分，并赔偿损坏的元器件； 2. 工位凌乱，不整理，扣 10 分	倒扣		
备注	各项内容最高分不得超过额定配分		合计	100		
时间	开始时间		结束时间		考评员签字	年 月 日

子任务 2　喷涂单元 PLC 系统设计与调试

一、任务描述

在完成子任务 1 的熟悉系统的基础上，完成喷涂单元单站运行控制系统的设计与调试，要求完成功能如下：

(1)复位：按下复位按钮，挡料气缸缩回，输送电机动作带动传输线运行 3s 至无杂物；连杆驱动电机动作，直到连杆回到原点为止，复位完成。

(2)运行：按下运行按钮，传输线开始运行，输送电机动作带动传输线运行，等待托盘到位；托盘到位，工件检测传感器检测到工件信号后，延时 1s 传输线停止，进行模拟喷涂操作；喷涂完成后，加热罐进行加热，同时加热指示灯亮，工业触摸屏上指示当前的温度及设定的加热温度；加热完成后，风扇运转，进行降温处理，工业触摸屏上指示当前的温度及设定下降的最低温度；烘干完成，挡料气缸缩回，输送电机动作带动传输线运行，托盘工件前往下一站，一个工作周期完成。

(3)停止：按下停止按钮，当前一个工作周期完成后，本单元停止工作。

(4)急停：当按下急停按钮后，系统马上停止；急停复位后，继续前面的工作。

(5)指示灯显示：当系统的传感器不在初始位置时或进行复位操作时，指示灯 Y27 以 1Hz 频率闪烁；复位完成，系统状态准备完成，Y27 常亮。按下启动按钮，系统在运行状态下，Y26 常亮；在运行过程中，按下停止按钮，Y26 以 1Hz 频率闪烁；当系统停下时，Y26 灭。当系统在急停状态下，Y25 以 1Hz 频率闪烁；退出急停状态，Y25 灭。

二、任务分析

本子任务主要包含 4 种动作状态：复位状态、运行状态、停止状态、急停状态。系统的运行状态是一个顺序流程图，所以在进行 PLC 程序设计时，可以用 SFC 进行编程。在编程中，把系统的复位、启动、停止、急停按钮放在 SFC 的第一块主控单元梯形图中，以便于程序调试；第二块单元动作流程用 SFC 块编程，简单方便；第三块梯形图是其他功能，包括指示灯子程序和急停子程序。

三、任务实施

根据子任务 2 的控制要求，用 PLC 实现单元控制系统的设计与调试，主要完成 PLC 的 I/O 口地址分配、PLC 的外部接线图设计与连线、PLC 程序设计、系统调试。该子任务实施步骤如下。

1. PLC 的 I/O 口地址分配

在喷涂单元中，需要的 PLC 输入量为 9 个，PLC 输出量为 6 个。PLC 的 I/O 口地址分配如表 5-5 所示。

表 5-5　PLC 的 I/O 口地址分配

序号	PLC 地址	设备端子	功能说明	序号	PLC 地址	设备端子	功能说明
1	X0		复位按钮	10	Y0	38	挡料电磁阀
2	X1		启动按钮	11	Y1	40	喷涂电磁阀
3	X2		停止按钮	12	Y2	42	风扇
4	X3		急停按钮	13	Y3	44	加热指示
5	X4	9	托盘到位检测	14	Y5	45	输送电机
6	X5	12	工件有无检测	15	Y6	46	连杆驱动电机
7	X6	15	连杆原点检测	16			
8	X7	18	挡料上限检测	17			
9	X10	19	挡料下限检测	18			

2. PLC 的外部接线图设计与连线

根据 PLC 的 I/O 口地址分配表，设计 PLC 的外部接线图，并完成设备的电气接线。PLC 的外部接线如图 5-4 所示。

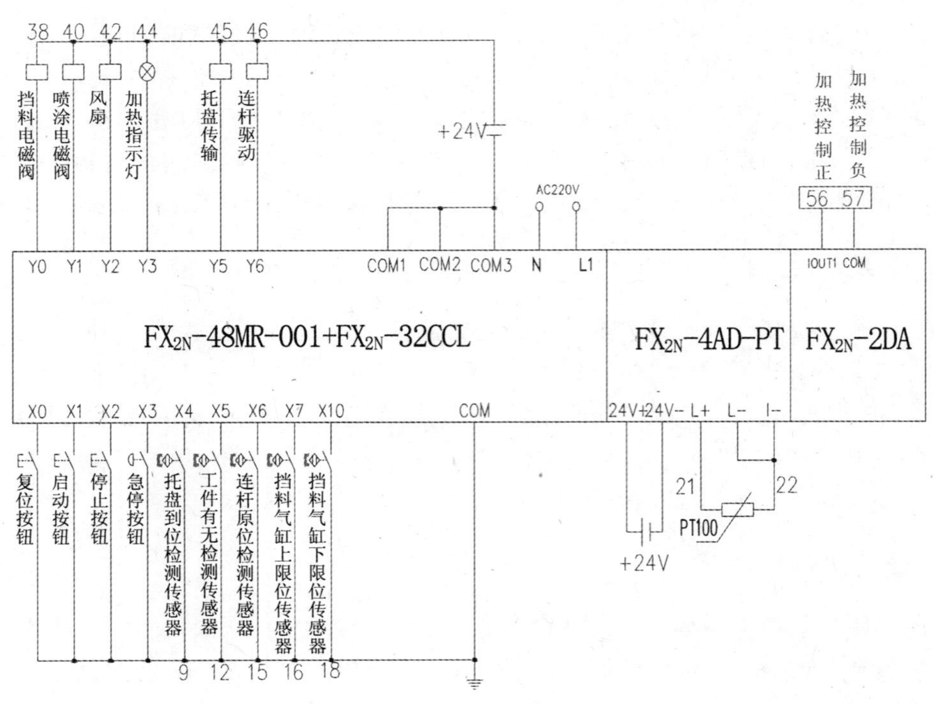

图 5-4　喷涂单元的 PLC 外部接线

3. PLC 程序设计

本子任务的 PLC 程序在三菱 GX Developer 8 的 SFC 编程中实现，包括三个块程序：主控程序、喷涂单元流程程序、其他子程序。各块程序的块类型如图 5-5 所示。

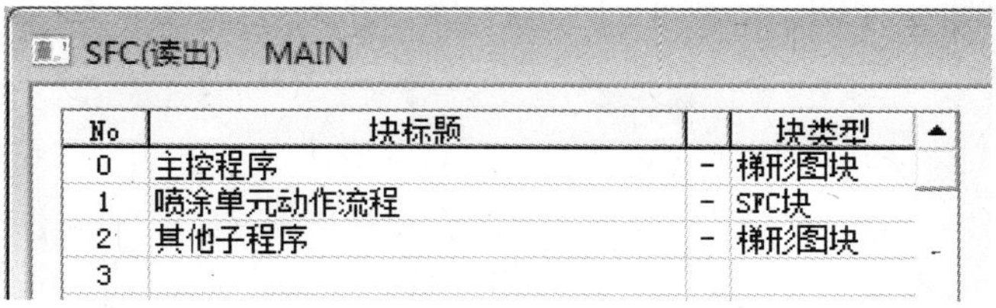

SFC(读出)　MAIN

No	块标题		块类型
0	主控程序	-	梯形图块
1	喷涂单元动作流程	-	SFC块
2	其他子程序	-	梯形图块
3			

图 5-5　喷涂单元的三个块程序

(1)主控程序用梯形图设计，包括上电复位程序、复位功能程序、设备状态检测程序、启动停止程序、访问指示灯子程序、跳转急停子程序六个部分。

①上电复位程序。通过 M8002 将系统复位至初始状态，按下复位按钮也进行状态复位。程序设计如图 5-6 所示。

0 M8002 [ZRST M0 M49]
X000 复位按钮 [RST S0 SFC]
[ZRST S10 S14]
[ZRST Y000 挡料气缸 Y006 连杆电机]

图 5-6　上电复位程序

②复位功能程序。按下复位按钮，复位状态 M30 置 1。复位过程包括两个内容：传输带复位、喷涂机构复位。两个过程都复位完成后，M30 清零，M31 置 1。

传输带复位：在复位状态下，挡料气缸 Y0 缩回，传输带 Y5 运行，带动传输带上的托盘到尾部，运行 3s 后停止。传输带复位程序如图 5-7 所示。

19 X000 复位按钮 [SET M30 复位状态]
21 M30 复位状态 (T0 K30)
T0 [SET Y000 挡料气缸]
[SET Y005 输送电机]
T0 [RST Y000 挡料气缸]
[RST Y005 输送电机]

图 5-7　传输带复位程序

喷涂机构复位：在复位状态下，喷涂连杆驱动电机转动，直至回到连杆原点，复位完成。喷涂机构复位程序如图 5-8 所示。

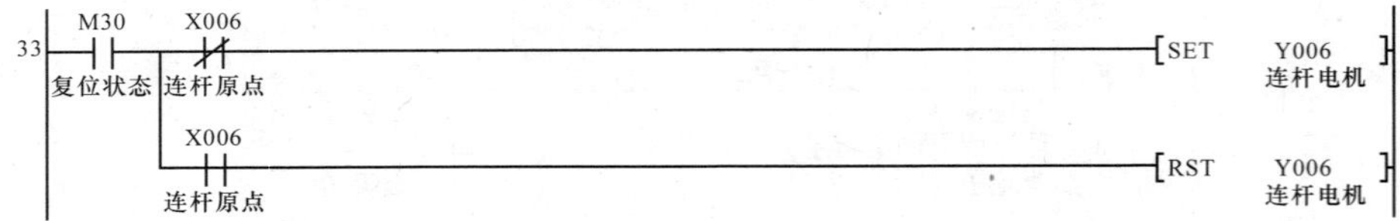

图 5-8 喷涂机构复位程序

在复位状态下，两个过程都复位完成后，复位状态 M30 清零，复位完成状态 M31 置 1。复位完成程序如图 5-9 所示。

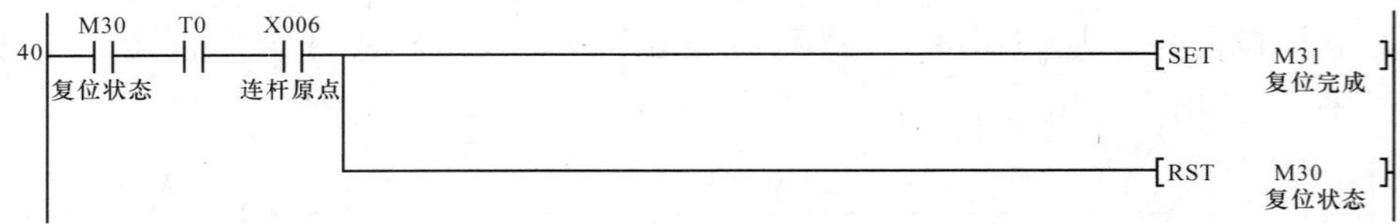

图 5-9 复位完成程序

③设备状态检测程序。当所有的状态符合要求时，准备状态辅助继电器 M20 为 1，否则为 0；当系统已经复位完成（M31＝1）且准备状态完成（M20＝1）时，设备准备状态检测完成，M21 置 1。程序设计如图 5-10 所示。

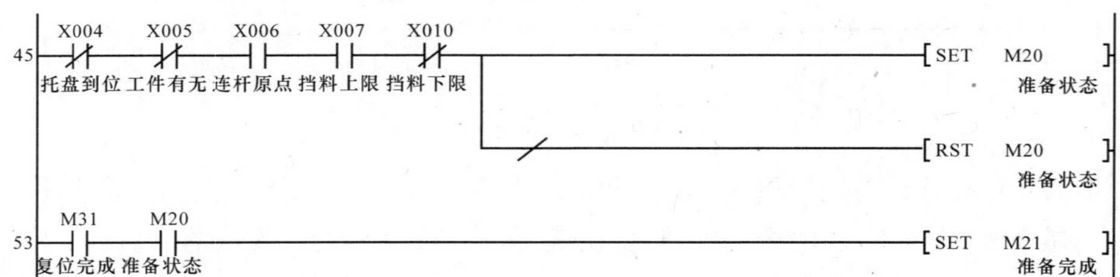

图 5-10 初始态检测程序

图 5-11 启动停止程序

④启动停止程序。在系统准备好且系统还没运行时，按下启动按钮，使得运行状态辅助继电器 M10 为 1；并将 S0 置 1，准备开始喷涂流程操作。在系统运行过程中按下停止按钮，使辅助继电器 M11 为 1；当喷涂单元控制流程走完一个过程回到 S0 后，将 M10 复位，系统停止。程序设计如图 5-11 所示。

⑤访问指示灯子程序。PLC 在运行状态下，永远访问指示灯子程序 P1。访问指示灯子程序如图 5-12 所示。

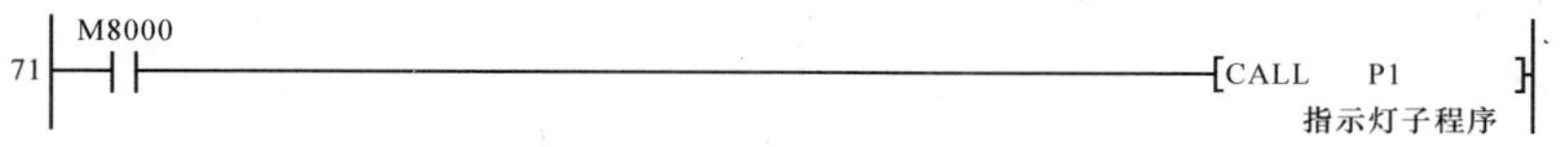

图 5-12　访问指示灯子程序

⑥跳转急停子程序。急停按钮为常闭开关。当按下急停按钮时，急停按钮 X3 常闭接通，常开断开，PLC 程序跳过喷涂单元 SFC 流程，直接运行急停子程序 P0，同时急停状态 M40 为 1。当急停按钮旋开复位后，X3 常闭断开，常开接通，喷涂单元继续运行。跳转急停子程序如图 5-13 所示。

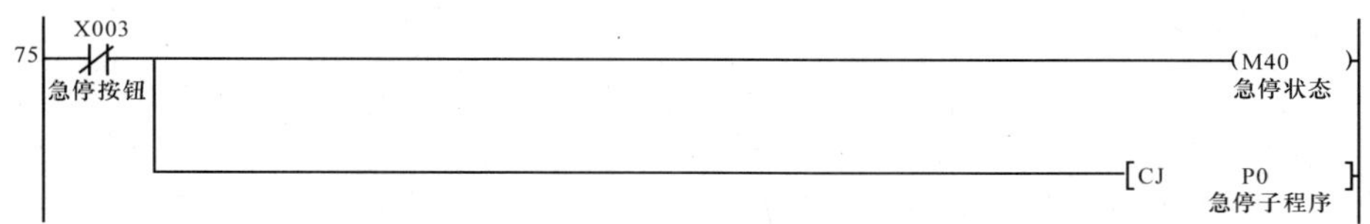

图 5-13　跳转急停子程序

(2)喷涂单元流程用顺序流程图(SFC)进行编程。已经根据子任务 1 画出动作流程图和 SFC，请根据实际情况编写程序。喷涂单元 SFC 各步的状态说明如表 5-6 所示，参考运行流程如图 5-14 所示。

表 5-6　喷涂单元 SFC 各步状态说明

序号	步号	状态名称	功能说明
1	S0	初始步	检测是否在运行状态
2	S10	托盘传输步	传输带动作，托盘到位 1s 后停止
3	S11	喷涂机构动作步	连杆电机带动喷枪动作，延时 2s 喷涂完成
4	S12	加热步	模拟加热 5s
5	S13	风扇冷却步	模拟风扇冷却 5s
6	S14	喷涂完成步	传输带动作，挡料气缸下降，3s 后复位

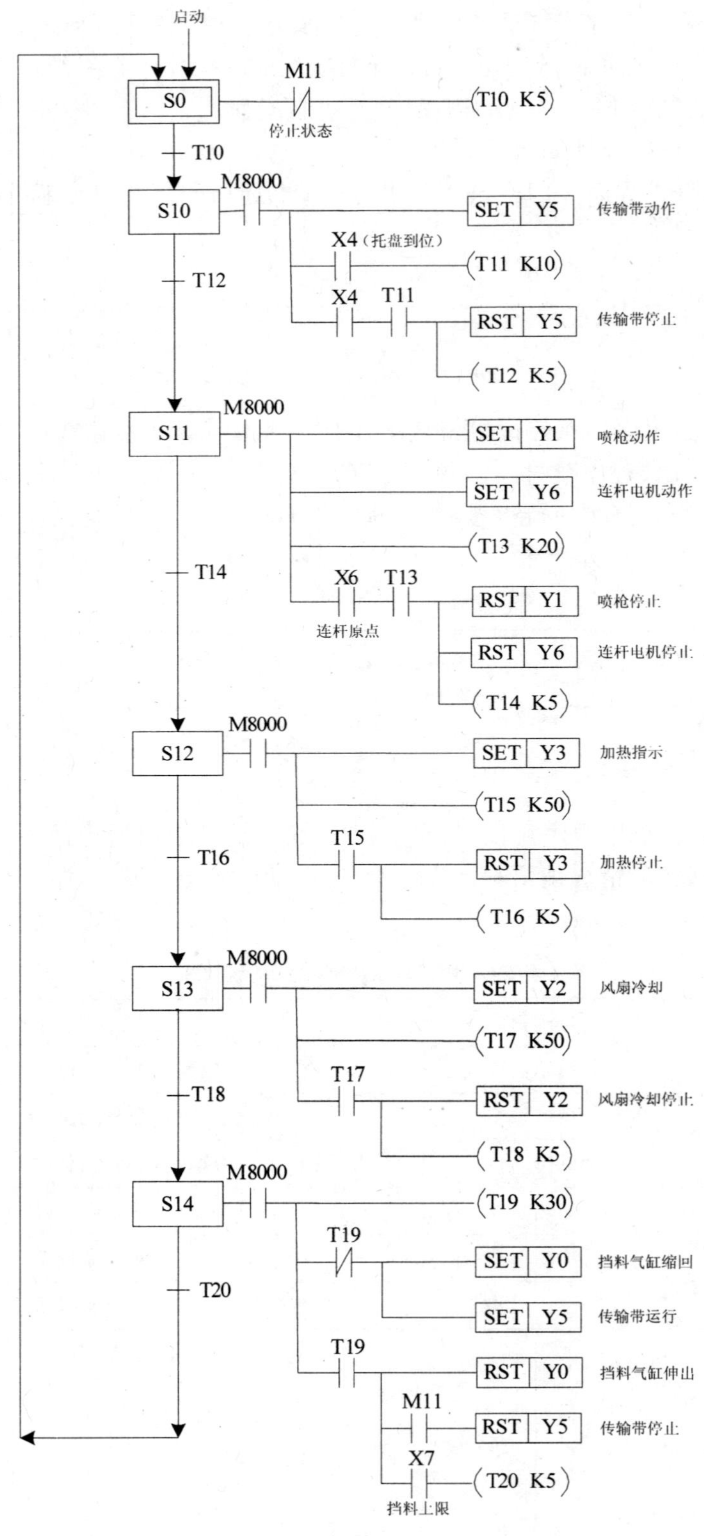

图 5-14　喷涂单元顺序流程

(3)其他子程序,包括主程序结束、指示灯子程序、急停控制子程序三个部分,各部分功能说明如下。

①主程序结束。程序设计如图 5-15 所示。

图 5-15 主程序结束

②指示灯子程序。如果复位完成后设备准备完成,Y27 常亮,否则以 1Hz 频率闪烁。如果设备正常运行,Y26 常亮;在运行过程中按下停止按钮,Y26 以 1Hz 频率闪烁;设备完全停止,Y26 灭。在急停状态下,Y25 以 1Hz 频率闪烁。指示灯子程序如图 5-16 所示。

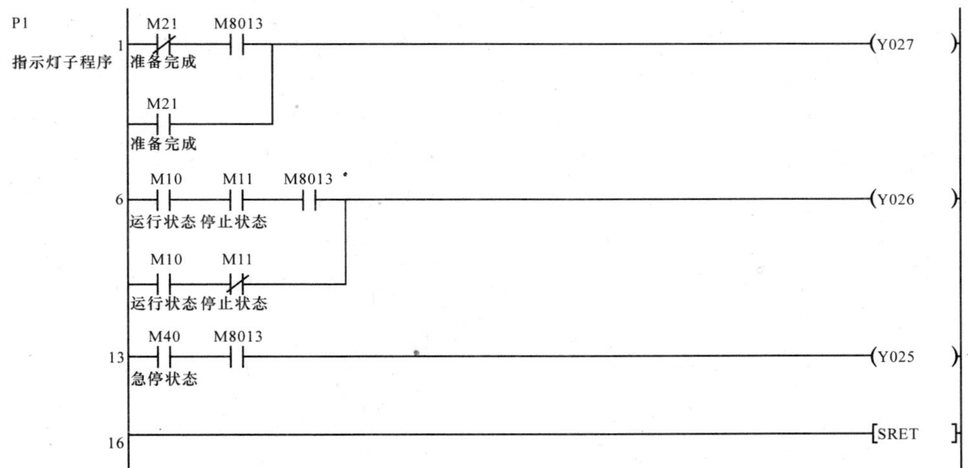

图 5-16 指示灯子程序

③急停控制子程序。急停时利用 M8000 使传输带、连杆电机和喷枪停止。急停控制子程序如图 5-17 所示。

图 5-17 急停控制子程序

4. 系统调试

(1)旋开急停按钮,确保急停按钮在接通状态。

(2)按下黄色复位按钮,系统执行复位操作,Y27 指示灯以 1Hz 频率闪烁。传输带运行 3s 后停止,连杆驱动电机转动,直至连杆原点检测到为止,复位完成,Y27 指示灯常亮。若不能执行复位操作,请按表 5-7 进行故障排除。

表 5-7　不能执行复位操作时故障排除办法

序号	错误现象	处理办法
1	传输带不能复位	检查程序图 5-7
2	喷涂机构不能复位	检查程序图 5-8
3	复位完成后不能再次复位	检查程序图 5-6 和图 5-9
4	Y27 指示灯现象不对	检查程序图 5-10、图 5-12 和图 5-16。若图 5-10 中 M20 为 0,则需要检查设备的传感器是不是在初始状态,直到 M20 为 1 时止

(3)复位按成后,Y27 指示灯常亮。按下运行按钮,传输线开始运行,输送电机动作带动传输线运行,等待托盘到位;托盘到位,工件检测传感器检测到工件信号后,延时 1s 传输线停止,进行模拟喷涂操作;喷涂完成后,加热罐进行加热,同时加热指示灯亮,工业触摸屏上指示当前的温度及设定的加热温度;加热完成后,风扇运转进行降温处理,工业触摸屏上指示当前的温度及设定下降的最低温度;烘干完成,挡料气缸缩回,输送电机动作带动传输线运行,托盘工件前往下一站,一个工作周期完成。在运行过程中,指示灯 Y26 常亮。若不能执行启动运行操作,请按表 5-8 进行故障排除。

表 5-8　不能执行启动运行操作时故障排除办法

序号	错误现象	处理办法
1	传输带不能运行	检查程序图 5-14 中 S10
2	托盘到位后传输带不停	①检查传感器 X4 是否接通; ②检查程序图 5-14 中 S10
3	喷涂单元不能动作,或者动作不对	①检查系统气源是否上气; ②检查程序图 5-14 中 S11; ③检查 PLC 的输出 Y1、Y6 是否接线错误,是否接电源
4	不能加热指示	①检查程序图 5-14 中 S12; ②检查 PLC 的输出 Y3 是否接线错误,是否接电源
5	不能风扇冷却	①检查程序图 5-14 中 S13; ②检查 PLC 的输出 Y2 是否接线错误,是否接电源
6	喷涂后,传输带没有重新启动	检查程序图 5-14 中 S14
7	指示灯 Y26 没有常亮	检查程序图 5-12 和图 5-16

(4)在运行过程中按下停止按钮,Y26 以 1Hz 的频率闪烁;系统执行完当前工作周期后停止工作,即喷涂完成后由托盘带至下一个工作单元,停止后 Y26 指示灯灭。若不能执行停止操作,请按表 5-9 进行故障排除。

表 5-9 不能执行停止操作时故障排除办法

序号	错误现象	处理办法
1	不能停止	检查程序图 5-11、图 5-14 中 S0
2	Y26 指示灯现象不对	检查程序图 5-12 和图 5-16

(5)在运行过程中按下急停按钮,设备马上停止工作,Y25 以 1Hz 的频率闪烁;急停复位后,系统继续运行。若不能执行急停操作,请按表 5-10 进行故障排除。

表 5-10 不能执行急停操作时故障排除办法

序号	错误现象	处理办法
1	不能急停	检查程序图 5-13、图 5-17
2	Y26 指示灯现象不对	检查程序图 5-12 和图 5-16

(6)指示灯 Y25～Y27 显示错误,请检查程序图 5-16。

四、任务评价

完成子任务 2,专业能力评价如表 5-11 所示。

表 5-11 专业能力评价

序号	训练内容	考核要求	评分标准	配分	学生自评	教师评分
1	准备工作	1. 有工作计划; 2. 有工作分工	1. 没有工作计划,扣 5 分; 2. 没有工作分工,扣 5 分	10		
2	电气线路工艺	1. 电气线路连接规范; 2. 电路布局规范	1. 连线颜色错误,扣 5 分; 2. 端子连接不牢靠,每个扣 2 分; 3. 电路连接凌乱,电路没有绑扎,每处扣 2 分; 4. 主电路裸露,扣 5 分	20		
3	程序设计与功能	1. PLC 设计符合功能要求; 2. 调试方法合理正确; 3. 正确处理调试过程中出现的故障情况	1. PLC 输入输出口搞错,每处扣 3 分; 2. 缺少功能,每处扣 3 分; 3. 不会熟练输入程序,扣 10～20 分; 4. 不能熟练调试,扣 10～20 分; 5. PLC 系统报错,扣 5 分	40		
4	通电试车	系统成功运行	1. 一次试车不成功,扣 10 分; 2. 二次试车不成功,扣 20 分; 3. 三次试车不成功,扣 30 分	30		
5	职业素养与安全意识	1. 安全文明操作 2. 6S 管理	1. 违反安全文明生产规程,损坏元器件,扣 5～30 分,并赔偿损坏的元器件; 2. 工位凌乱,不整理,扣 10 分	倒扣		
备注	各项内容最高分不得超过额定配分		合计	100		
时间	开始时间		结束时间		考评员签字	年 月 日

子任务 3　用 MCGS 控制喷涂单元系统运行

一、任务描述

在完成子任务 2 的基础上，用 MCGS 组态界面完成对喷涂单元的控制。主要包括定义 MCGS 数据变量、设计 MCGS 组态界面、完成 MCGS 变量与 PLC 通道的连接、修改 PLC 程序、仿真调试五个部分。本子任务的设备动作要求与子任务 2 一样，MCGS 组态界面包括 4 个界面，分别为：主界面、控制界面、状态界面、传感器气缸监控界面。

主界面、控制界面、状态界面设计如图 5-18 所示。传感器气缸监控界面请自行设计，要求界面美观大方，包含系统所有传感器、气缸、电机的状态。

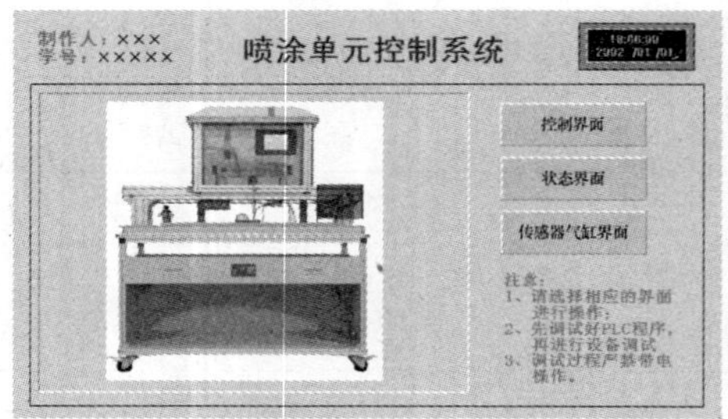

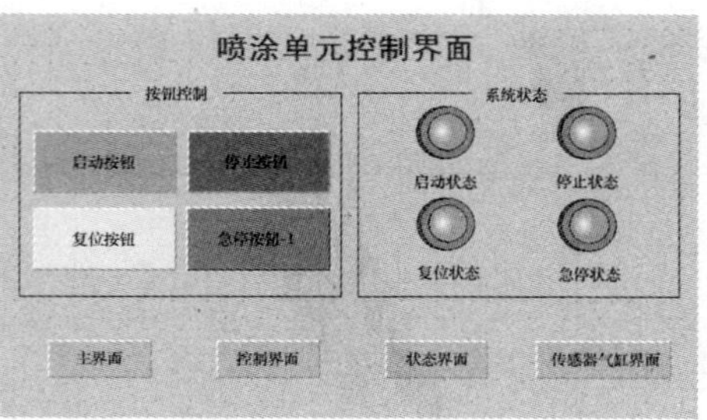

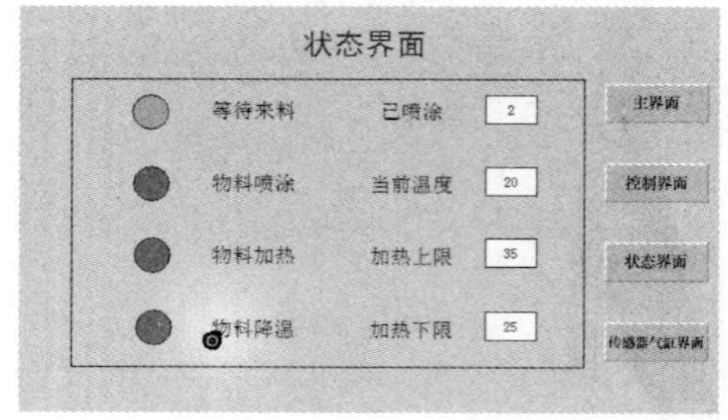

图 5-18　喷涂单元主界面、控制界面、状态界面设计

二、任务分析

MCGS 组态界面主要用于喷涂单元的控制与监视，是一种可视化、无触点的控制技术。在本子任务中，可以先定义 MCGS 数据变量，设计 MCGS 组态界面，然后再将 MCGS 变量与 PLC 通道连接，最后修改 PLC 程序，完成仿真调试。

这里需要注意的是：组态界面不能控制 PLC 的输入端，所以 MCGS 的控制按钮不能连接 PLC 的输入继电器 X。一般情况下，需要用辅助继电器 M 来代替输入继电器 X，具体操作可参考“任务实施—修改 PLC 程序”。

三、任务实施

根据子任务 3 的控制要求，用 MCGS 组态软件和 PLC 实现控制过程，实施步骤如下。

1. 定义 MCGS 数据变量

本子任务需要 19 个变量，如表 5-12 所示。

表 5-12 喷涂单元的变量分配

序号	MCGS 变量名称	类型	初值	注释
1	复位按钮	开关量	0	按 1 松 0
2	启动按钮	开关量	0	按 1 松 0
3	停止按钮	开关量	0	按 1 松 0
4	急停按钮	开关量	0	取反
5	运行状态	开关量	0	显示运行状态
6	停止状态	开关量	0	显示停止状态
7	复位状态	开关量	0	显示复位状态
8	急停状态	开关量	0	显示急停状态
9	托盘到位检测	开关量	0	托盘到位检测传感器
10	工件有无检测	开关量	0	工件有无检测传感器
11	连杆原点检测	开关量	0	连杆原点检测传感器
12	挡料上限检测	开关量	0	挡料上限检测传感器
13	挡料下限检测	开关量	0	挡料下限检测传感器
14	挡料电磁阀	开关量	0	挡料气缸
15	喷涂电磁阀	开关量	0	喷涂气缸
16	风扇	开关量	0	风扇
17	加热指示	开关量	0	加热指示灯
18	输送电机	开关量	0	传输带输送电机
19	连杆驱动电机	开关量	0	连杆驱动电机
20	等待来料	开关量	0	等待来料指示灯
21	物料喷涂	开关量	0	物料喷涂指示灯
22	物料加热	开关量	0	物料加热指示灯
23	物料降温	开关量	0	物料降温指示灯
24	已喷涂	数值量	0	初始值为 0，显示已喷涂个数
25	当前温度	数值量	0	初始值为 20，显示当前温度
26	加热上限	数值量	0	初始值为 35，设定加热上限（30～50）
27	加热下限	数值量	0	初始值为 25，设定加热下限（10～30）

2. 设计 MCGS 组态界面

本子任务需要设计 4 个界面窗口，窗口名称分别为主界面、控制界面、状态界面、传感器气缸监控界面，设置主界面为启动窗口，如图 5-19 所示。

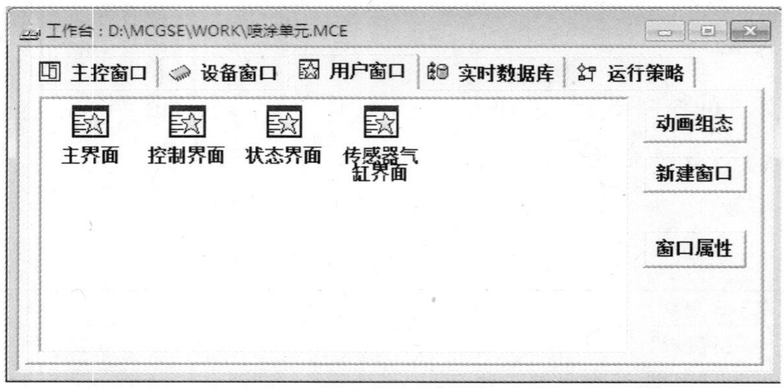

图 5-19　喷涂单元组态界面设计

(1)主界面窗口设计如图 5-20 所示。

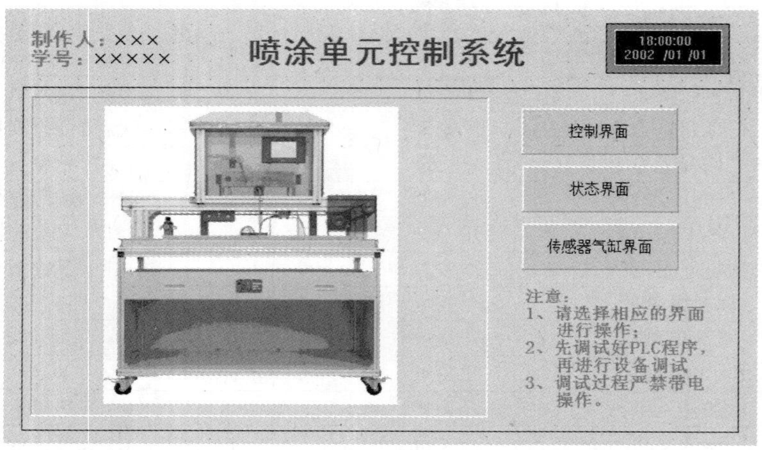

图 5-20　喷涂单元主界面设计

(2)控制界面窗口设计如图 5-21 所示。

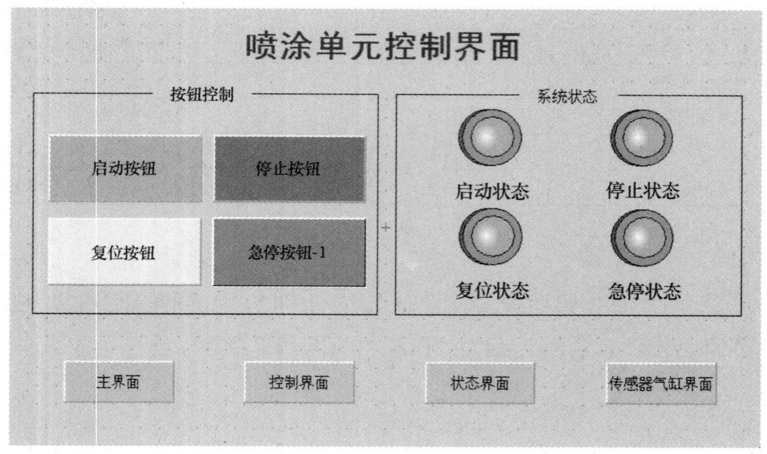

图 5-21　喷涂单元控制界面设计

(3)状态界面窗口设计如图 5-22 所示。

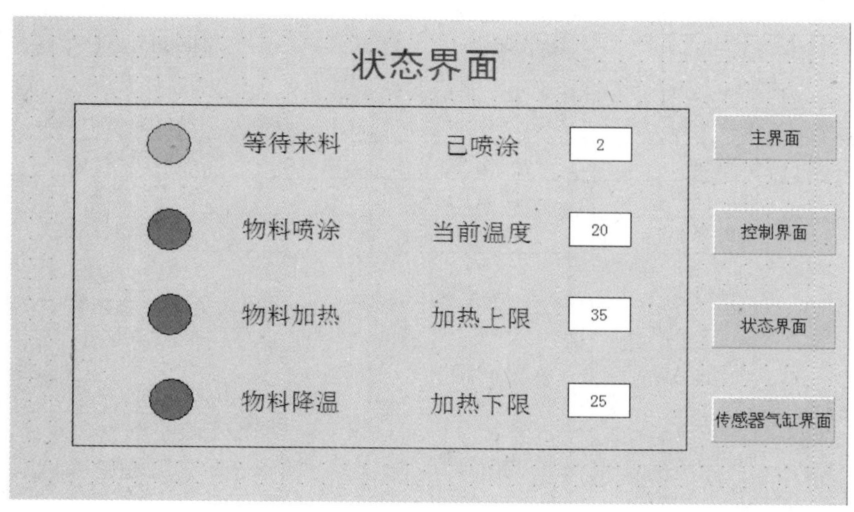

图 5-22　喷涂单元状态界面设计

(4)传感器气缸监控界面请自行设计,要求界面美观大方,包含系统所有传感器、气缸、电机的状态。

3. 完成 MCGS 变量与 PLC 通道的连接

本子任务中,MCGS 通过三菱 FX 编程线与 PLC 进行通信,连接 MCGS 变量和 PLC 通道,如表 5-13 所示。

表 5-13　MCGS 变量和 PLC 通道的连接

序号	MCGS 变量名称	PLC 通道名称	备注
1	复位按钮	读写 M100	按 1 松 0
2	启动按钮	读写 M101	按 1 松 0
3	停止按钮	读写 M102	按 1 松 0
4	急停按钮	读写 M103	取反
5	运行状态	读写 M10	显示运行状态
6	停止状态	读写 M11	显示停止状态
7	复位状态	读写 M30	显示复位状态
8	急停状态	读写 M40	显示急停状态
9	托盘到位检测	只读 X4	托盘到位检测传感器
10	工件有无检测	只读 X5	工件有无检测传感器
11	连杆原点检测	只读 X6	连杆原点检测传感器
12	挡料上限检测	只读 X7	挡料上限检测传感器
13	挡料下限检测	只读 X10	挡料下限检测传感器
14	挡料电磁阀	读写 Y0	挡料气缸
15	喷涂电磁阀	读写 Y1	喷涂气缸
16	风扇	读写 Y2	风扇
17	加热指示	读写 Y3	加热指示灯

续表

序号	MCGS 变量名称	PLC 通道名称	备注
18	输送电机	读写 Y5	传输带输送电机
19	连杆驱动电机	读写 Y6	连杆驱动电机
20	等待来料	读写 M60	等待来料指示灯
21	物料喷涂	读写 M61	物料喷涂指示灯
22	物料加热	读写 M62	物料加热指示灯
23	物料降温	读写 M63	物料降温指示灯
24	已喷涂	读写 D0	显示输出； 初始值为 0，显示已喷涂个数
25	当前温度	读写 D2	显示输出； 初始值为 20，显示当前温度
26	加热上限	读写 D10	显示输出、按钮输入； 初始值为 35，设定加热上限(30～50)
27	加热下限	读写 D12	显示输出、按钮输入； 初始值为 25，设定加热下限(10～30)

注意：PLC 的输入通道 X 的信号只能作为只读信号，不能作为读写信号。

4. 修改 PLC 程序

(1)复位、启动、停止、急停按钮程序的修改

MCGS 对 PLC 的元件 X 的属性是只读，MCGS 只能显示元件 X 的状态，不能控制元件 X 的动作，所以在 MCGS 中需要用元件 M 代替元件 X 进行控制，元件 M 的属性为读写。本子任务需要用 MCGS 和外部按钮同时控制喷涂单元的复位、启动、停止和急停功能，故需要修改 PLC 程序。根据 MCGS 组态设计，MCGS 和外部按钮控制系统的对应关系如表 5-14 所示。

表 5-14　MCGS 和外部按钮控制系统对应关系

序号	控制功能	外部按钮控制	MCGS 控制
1	复位按钮	X0	M100
2	启动按钮	X1	M101
3	停止按钮	X2	M102
4	急停按钮	X3	M103

复位、启动、停止信号外部接的是按钮的常开触点，故在 PLC 程序中，常开触点 X 并联上一个 MCGS 组态连接的变量的常开触点 M，常闭触点 X 串联上一个 MCGS 组态连接的变量的常闭触点 M，以实现 MCGS 和外部按钮的同时控制。复位、启动、停止按钮 PLC 程序的修改如图 5-23 所示。

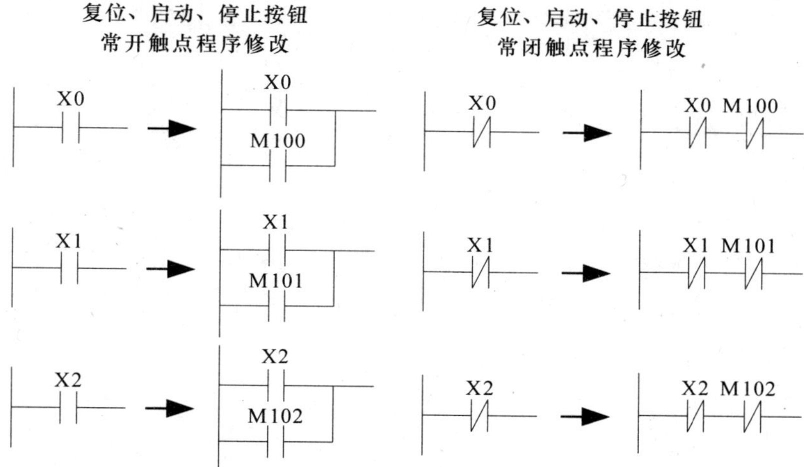

图 5-23　复位、启动、停止按钮的 PLC 程序修改

急停信号外部接的是急停开关的常闭触点，故在 PLC 程序中 X3 的常开常闭情况与其他按钮信号相反。急停按钮 PLC 程序的修改如图 5-24 所示。

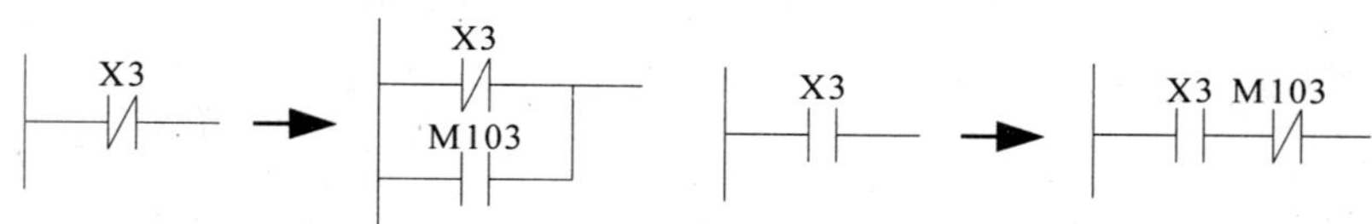

图 5-24　急停按钮的 PLC 程序修改

(2)显示状态界面的程序修改

①增加指示灯子程序 P2，如图 5-25 所示，用来显示等待来料、物料喷涂、物料加热、物料降温指示灯及已喷涂个数。

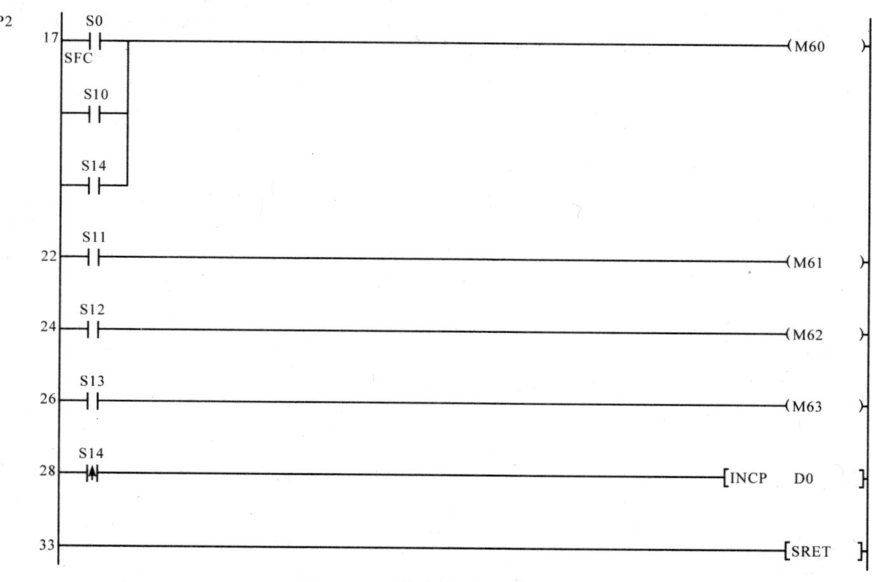

图 5-25　指示灯子程序 P2

注意:在主程序的跳转急停子程序之前(见图 5-13),增加访问 P2 子程序,如图 5-26 所示。

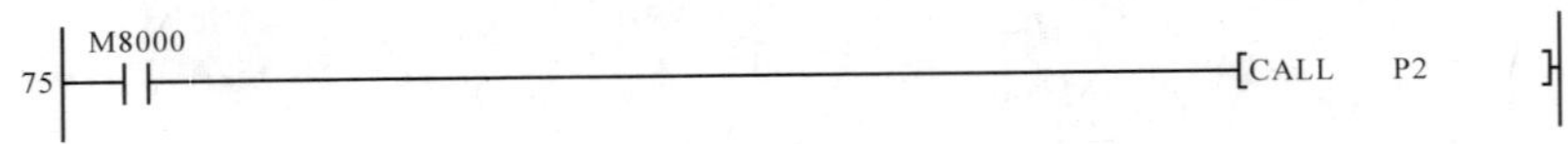

图 5-26　主程序中增加访问 P2 子程序

②修改温度显示程序:在主程序的开头增加初始化程序,如图 5-27 所示;修改喷涂动作流程 SFC 中 S12 加热动作的程序,如图 5-28 所示;修改喷涂动作流程 SFC 中 S13 风扇冷却的程序,如图 5-29 所示。

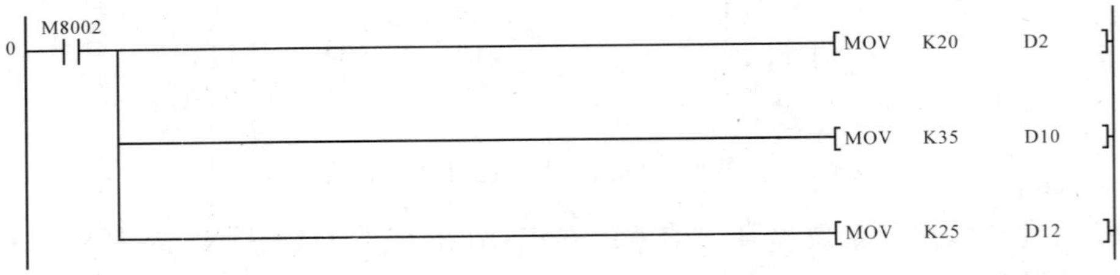

```
0  M8002
   ─┤├─┬──────────────[MOV  K20  D2 ]
       ├──────────────[MOV  K35  D10]
       └──────────────[MOV  K25  D12]
```

图 5-27　初始化程序

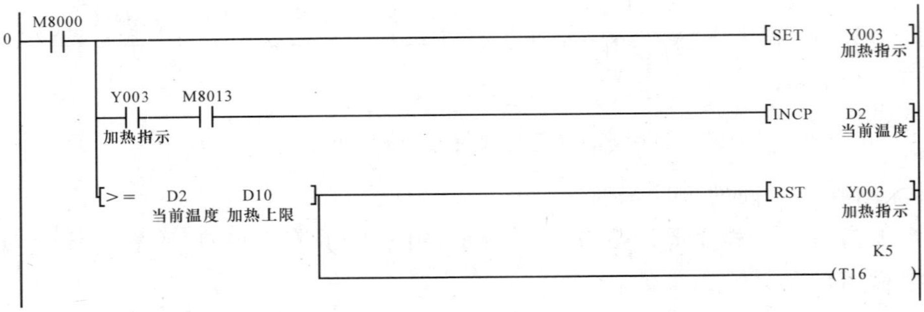

```
0  M8000
   ─┤├─┬──────────────────────────────[SET  Y003 加热指示]
       │ Y003      M8013
       ├─┤├────────┤├─────────────────[INCP D2 当前温度]
       │ 加热指示
       └[>=  D2 当前温度  D10 加热上限]─┬─[RST  Y003 加热指示]
                                       │        K5
                                       └─(T16     )
```

图 5-28　修改 SFC 中 S12 加热动作的程序

```
0  M8000
   ─┤├─┬──────────────────────────────[SET  Y002 风扇]
       │ Y002      M8013
       ├─┤├────────┤├─────────────────[DECP D2 当前温度]
       │ 风扇
       └[<=  D2 当前温度  D12 加热下限]─┬─[RST  Y002 风扇]
                                       │        K5
                                       └─(T18     )
```

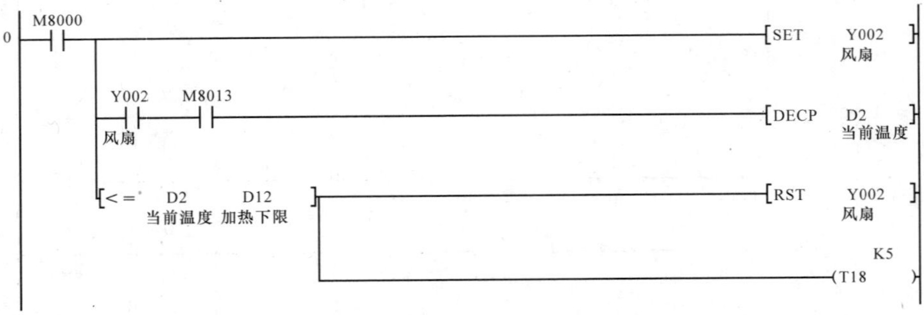

图 5-29　修改 SFC 中 S13 风扇冷却的程序

5. 仿真调试

(1)按下 MCGS 组态界面上的复位按钮,系统复位。

(2)按下 MCGS 组态界面上的启动按钮,系统运行,完成喷涂过程。

(3)按下 MCGS 组态界面上的停止按钮，系统运行完本周期后停止。

(4)按下 MCGS 组态界面上的急停按钮，系统马上停止；再按一次急停按钮，系统继续前面的工作。

(5)启动、停止、复位、急停功能也可以用外部按钮进行控制。

(6)切换到状态界面，可以监控当前的工作状态，可以设定温度上限值、温度下限值。

四、任务评价

完成子任务 3，专业能力评价如表 5-15 所示。

表 5-15　专业能力评价

序号	训练内容	考核要求	评分标准	配分	学生自评	教师评分
1	准备工作	1. 有工作计划； 2. 有工作分工	1. 没有工作计划，扣 5 分； 2. 没有工作分工，扣 5 分	10		
2	组态界面设计	1. 组态界面设计合理； 2. 组态界面能与 PLC 通信； 3. 组态界面能控制本单元的动作	1. 组态界面设计不合理，扣 20 分； 2. 缺少显示功能，每处扣 5 分； 3. 缺少控制功能，每处扣 5 分； 4. 组态不能跟 PLC 通信，扣 30 分	50		
3	PLC 程序修改	1. 能按要求修改 PLC 程序； 2. 能实现按钮和组态的同时控制	1. 不会进行程序的修改，扣 20 分； 2. 缺少功能，每处扣 5 分； 3. 不能进行按钮和组态两地控制，扣 10 分	20		
4	系统模拟运行	系统成功模拟运行	1. 一次不成功，扣 10 分； 2. 二次不成功，扣 20 分	20		
5	职业素养与安全意识	1. 安全文明操作； 2. 6S 管理	1. 违反安全文明生产规程，损坏元器件，扣 5～30 分，并赔偿损坏的元器件； 2. 工位凌乱，不整理，扣 10 分	倒扣		
备注	各项内容最高分不得超过额定配分		合计	100		
时间	开始时间		结束时间		考评员签字	年　月　日

知识点 1　喷涂单元的气动知识

喷涂单元气动控制回路的工作原理如图 5-30 所示。图中 1B1 和 1B2 为安装在挡料气缸的两个极限工作位置的磁感应接近开关。1Y1、2Y1 为控制挡料气缸、喷涂电磁阀的电磁控制端。本气动原理图中，挡料气缸设定在伸出状态，喷涂气缸设定在不喷涂状态。

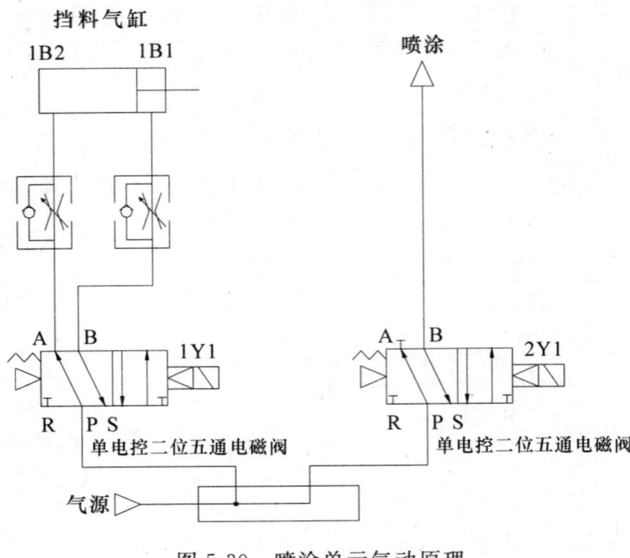

图 5-30　喷涂单元气动原理

知识点 2　三菱 PLC 算术和逻辑运算功能指令的应用

一、加法指令 ADD、减法指令 SUB

加法指令 ADD、(D)ADD(P)指令的编号为 FNC20。该指令是将指定源元件中二进制数的相加结果送到指定目标元件中。如图 5-31 所示，当 X0 为 ON 时，执行(D10)+(D12)→(D14)。

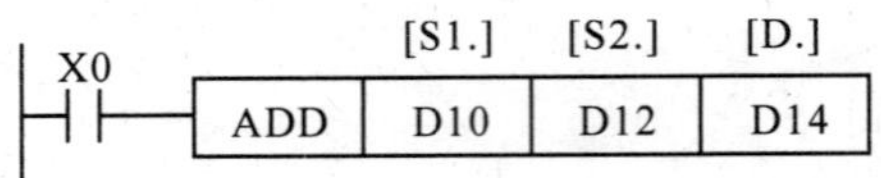

图 5-31　加法指令的应用

减法指令 SUB、(D)SUB(P)指令的编号为 FNC21。该指令是将[S1.]指定元件的内容以二进制形式减去[S2.]指定元件的内容，其结果存入由[D.]指定的元件中。如图 5-32 所示，当 X0 为 ON 时，执行(D10)－(D12)→(D14)。

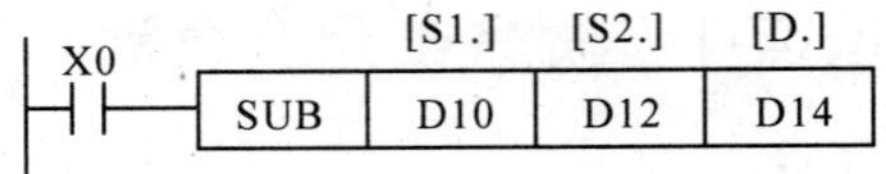

图 5-32　减法指令的应用

使用加法和减法指令时应该注意如下事项：

(1)操作数可取所有数据类型，目标操作数可取 KnY、KnM、KnS、T、C、D、V 和 Z。

(2)16 位运算占 7 个程序步,32 位运算占 13 个程序步。

(3)数据为有符号二进制数,最高位为符号位(0 为正,1 为负)。

(4)加法指令有三个标志:零标志(M8020)、借位标志(M8021)和进位标志(M8022)。当运算结果超过 32 767(16 位运算)或 2 147 483 647(32 位运算),则进位标志置 1;当运算结果小于－32 767(16 位运算)或－2 147 483 647(32 位运算),借位标志就会置 1。

二、乘法指令 MUL、除法指令 DIV

乘法指令 MUL、(D)MUL(P)的编号为 FNC22,数据均为有符号数。如图 5-33 所示,当 X0 为 ON 时,将二进制 16 位数[S1.][S2.]相乘,结果送[D.]中,即(D0)×(D2)→(D5,D4)(16 位乘法);D 为 32 位,当 X1 为 ON 时,(D1,D0)×(D3,D2)→(D7,D6,D5,D4)(32 位乘法)。

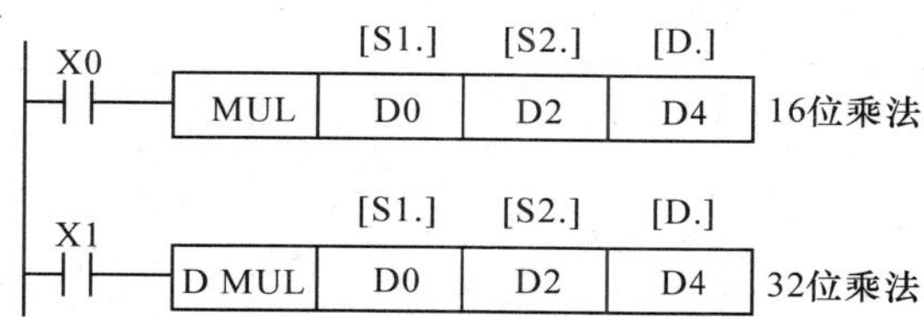

图 5-33　乘法指令的应用

除法指令 DIV、(D)DIV(P)的编号为 FNC23。其功能是将[S1.]指定为被除数,[S2.]指定为除数,将除得的结果送到[D.]指定的目标元件中,余数送到[D.]的下一个元件中。如图 5-34 所示,D 为 16 位,当 X0 为 ON 时,(D0)÷(D2)→(D4)商,(D5)余数(16 位除法);D 为 32 位,当 X1 为 ON 时,(D1,D0)÷(D3,D2)→(D5,D4)商,(D7,D6)余数(32 位除法)。

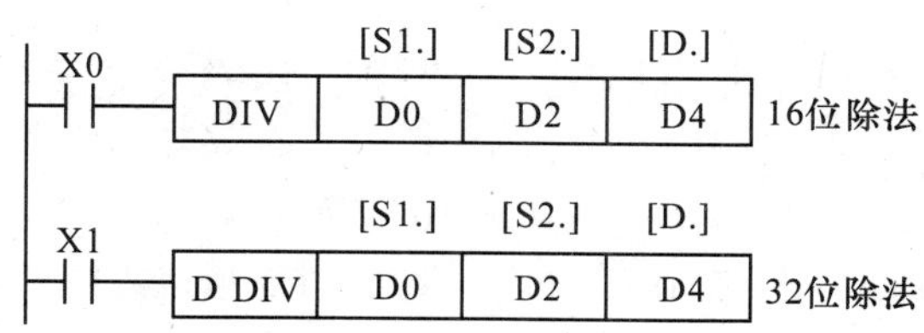

图 5-34　除法指令的应用

使用乘法和除法指令时应注意如下事项:

(1)源操作数可取所有数据类型,目标操作数可取 KnY、KnM、KnS、T、C、D、V 和 Z,要注意 Z 只有在 16 位乘法时能用,32 位不可用。

(2)16 位运算占 7 个程序步,32 位运算占 13 个程序步。

(3)在 32 位乘法运算中,如用位元件作目标,则只能得到乘积的低 32 位,高 32 位将丢失。这种情况下,应先将数据移入字元件再运算。除法运算中,将位元件指定为[D.],则无法得到余数;除数为 0 时,则发生运算错误。

(4)积、商和余数的最高位为符号位。

三、加 1 指令 INC、减 1 指令 DEC

加 1 指令 INC、(D)INC(P)的编号为 FNC24,减 1 指令 DEC、(D)DEC(P)的编号为 FNC25。INC 和 DEC 指令分别是:当条件满足时,将指定元件的内容加 1 或减 1。如图 5-35所示,当 X0 为 ON 时,(D10)+1→(D10);当 X1 为 ON 时,(D11)-1→(D11)。若指令是连续指令,则每个扫描周期均做一次加 1 或减 1 运算。

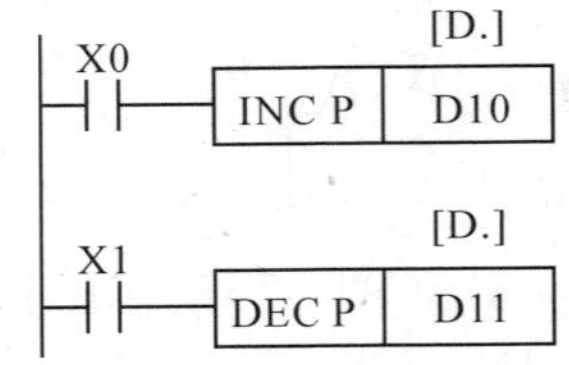

图 5-35　加 1、减 1 指令的应用

使用加 1 和减 1 指令时应注意如下事项:

(1)指令的操作数可为 KnY、KnM、KnS、T、C、D、V、Z。

(2)进行 16 位操作时为 3 个程序步,进行 32 位操作时为 5 个程序步。

(3)在 INC 运算时,如数据为 16 位,则由+32 767 再加 1 变为-32 768,但标志不置位;同样,32 位运算由+2 147 483 647 再加 1 变为-2 147 483 648,标志也不置位。

(4)在 DEC 运算中,进行 16 位运算时,-32 768 减 1 变为+32 767,且标志不置位;进行 32 位运算时,由-2 147 483 648 减 1 变为+2 147 483 647,标志也不置位。

四、逻辑运算类指令 WAND、WOR、WXOR 和 NEG

逻辑与指令 WAND、(D)WAND(P)的编号为 FNC26。该指令是将两个源操作数按位进行与操作,结果送至指定元件。如图 5-36 所示,当 X0 有效时,(D10)∧(D12)→(D14)。

逻辑或指令 WOR、(D)WOR(P)的编号为 FNC27。该指令是对两个源操作数按位进行或运算,结果送至指定元件。如图 5-36 所示,当 X1 有效时,(D10)∨(D12)→(D14)。

逻辑异或指令 WXOR、(D)WXOR(P)的编号为 FNC28。该指令是对源操作数按位进行逻辑异或运算。如图 5-36 所示,当 X2 有效时,(D10)⊕(D12)→(D14)。

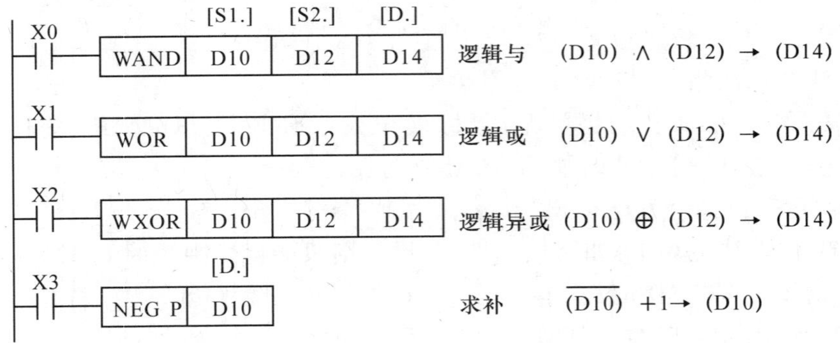

图 5-36　逻辑运算指令的应用

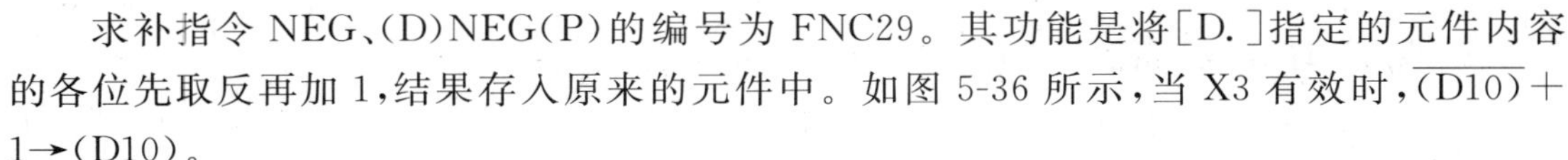

求补指令 NEG、(D)NEG(P)的编号为 FNC29。其功能是将[D.]指定的元件内容的各位先取反再加 1,结果存入原来的元件中。如图 5-36 所示,当 X3 有效时,$\overline{(D10)}$+1→(D10)。

使用逻辑运算指令时应该注意如下事项:

(1)WAND、WOR 和 WXOR 指令的[S1.]和[S2.]均可取所有的数据类型,而目标操作数可取 KnY、KnM、KnS、T、C、D、V 和 Z。

(2)NEG 指令只有目标操作数,其可取 KnY、KnM、KnS、T、C、D、V 和 Z。

(3)WAND、WOR、WXOR 指令的 16 位运算占 7 个程序步,32 位运算占 13 个程序步,而 NEG 的 16 位和 32 位运算分别占 3 步和 5 步。

知识点 3　西门子触摸屏的使用

一、功能描述

人机界面是在操作人员和机器设备之间做双向沟通的桥梁,用户可以自由组合文字、按钮、图形、数字等来处理、监控、管理随时可能发生变化的信息的多功能显示屏。人机界面采用西门子 Smart 700 触摸屏,其面板接口如图 5-37 所示。

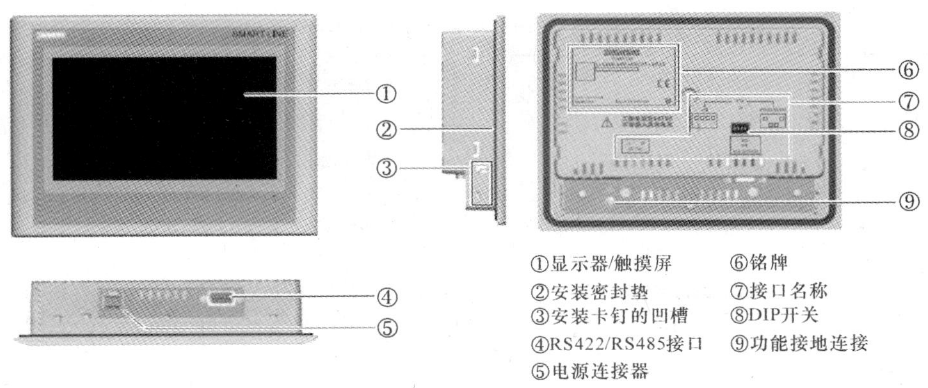

图 5-37　Smart 700 触摸屏面板接口

二、Smart 700 连接组态 PC

(1)组态 PC 能够提供如下功能:传送项目,传送设备映像,将 HMI 设备恢复至工厂默认设置,备份、恢复项目数据。

(2)将组态 PC 与 Smart Panel 连接:关闭 HMI 设备,将 PC/PPI 电缆的 RS485 接头与 HMI 设备连接,将 PC/PPI 电缆的 RS232 接头与组态 PC 连接。

三、连接 HMI 设备

（1）串行接口如表 5-16 所示。

表 5-16　Smart 700 触摸屏串行接口

序号	D-sub 接头	针脚号	RS485	RS422
1	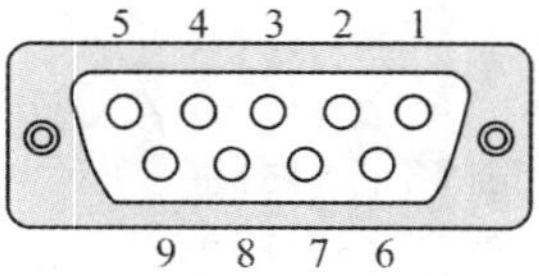 5 4 3 2 1 9 8 7 6	1	NC.	NC.
2		2	M24_Out	M24_Out
3		3	B(+)	TXD+
4		4	RTS*)	RXD+
5		5	M	M
6		6	NC.	NC.
7		7	P24_Out	P24_Out
8		8	A(−)	TXD−
9		9	RTS*)	RXD−

（2）DIP 开关设置如表 5-17 所示。可使用 RTS 信号对发送和接收方向进行内部切换。

表 5-17　DIP 开关设置

通信	开关设置	含义
RS485	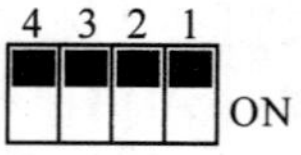 4 3 2 1 ON	SIMATIC PLC 和 HMI 设备之间进行数据传输时，连接头上没有 RTS 信号（出厂状态）。与西门子 PLC 通信电缆如下图所示。 Smart Line RS485 端口到 S7-200 PLC 编程口 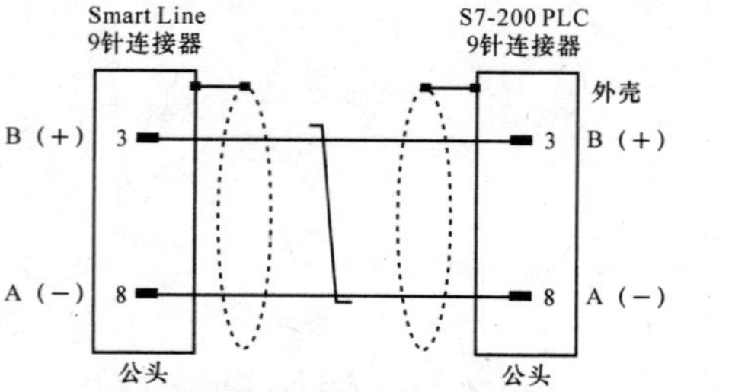 Smart Line 9针连接器 / S7-200 PLC 9针连接器 / 外壳 B (+) 3 — 3 B (+) A (−) 8 — 8 A (−) 公头 / 公头
	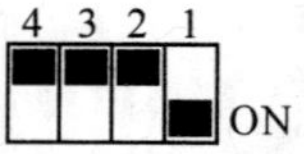 4 3 2 1 ON	与 PLC 一样，针脚 4 上出现 RTS 信号，例如，用于调试时
	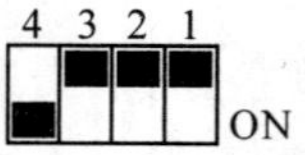 4 3 2 1 ON	与编程设备一样，针脚 9 上出现 RTS 信号，例如，用于调试时

续表

通信	开关设置	含义
RS422	4 3 2 1 ON	在连接三菱 FX 系列 PLC 和欧姆龙 CP1H/CP1L/CP1E-N 等型号 PLC 时，RS422/RS485 接口处于激活状态。与三菱 PLC 通信电缆如下图所示。 Smart Line RS422 端口到 FX 系列 PLC 编程口 Smart Line 9针连接器　三菱PLC 8针连接器 外壳 TxD+ 3 — 2 RxD+ TxD− 8 — 1 RxD− GND 5 — 3 GND RxD+ 4 — 7 TxD+ RxD− 9 — 4 TxD− 公头　公头

四、启用数据通道

(1)用户必须启用数据通道，从而将项目传送至 HMI 设备。

(2)说明：完成项目传送后，可以通过锁定所有数据通道来保护 HMI 设备，以免无意中覆盖项目数据及 HMI 设备映像。

(3)启用一个数据通道 Smart Panel(Smart 700)，如图 5-38 所示。

图 5-38　Smart 700 触摸屏启用数据通道

①按[Transfer]按钮，打开[Transfer Settings]对话框。

②如果 HMI 设备通过 PC-PPI 电缆与组态 PC 互连，则在[Channel 1] 域中激活

[Enable Channel]复选框。

③使用[OK]关闭对话框,并保存输入内容。

五、WinCC flexible 2008 软件的安装

安装步骤如下:

(1)先装 WinCC flexible 2008 CN;

(2)其次装 WinCC flexible 2008_SP2;

(3)最后装 Smart panel HSP。

按向导提示,一路按下[下一步],最后按下[完成],软件安装完毕。

六、制作一个简单的工程

(1)安装好 WinCC flexible 2008 软件后,在[开始]/[程序]/[WinCC flexible 2008]下找到相应的可执行程序,点击打开触摸屏软件。界面如图 5-39 所示。

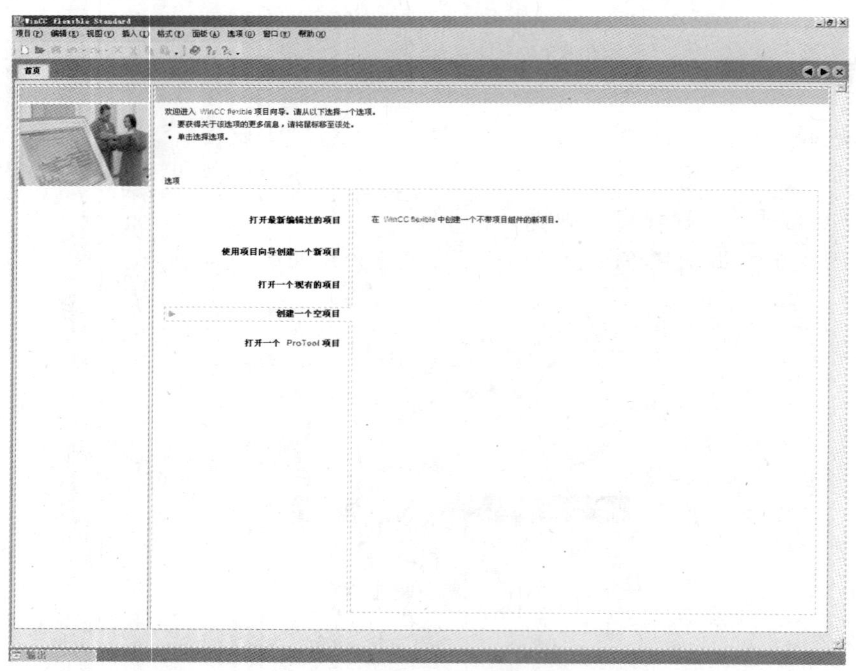

图 5-39 WinCC flexible 2008 软件界面

(2)点击菜单[选项]里的[创建一个空项目],在弹出的界面中选择触摸屏[Smart Line]/[Smart 700],点击[确定]进入。界面如图 5-40 所示。

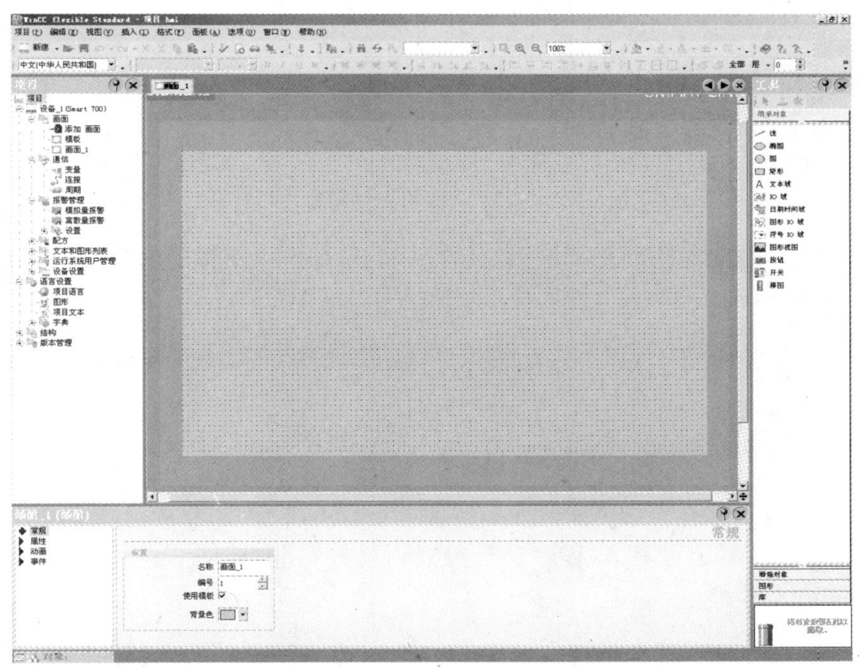

图 5-40 Smart 700 组态界面

(3)在上述界面中,左侧菜单选择[通信]下的[连接]双击,再选择通信驱动程序(SIMATIC S7 200)。设置完成,左侧菜单选择[通信]下的[变量]双击,建立变量表,如图 5-41 所示。

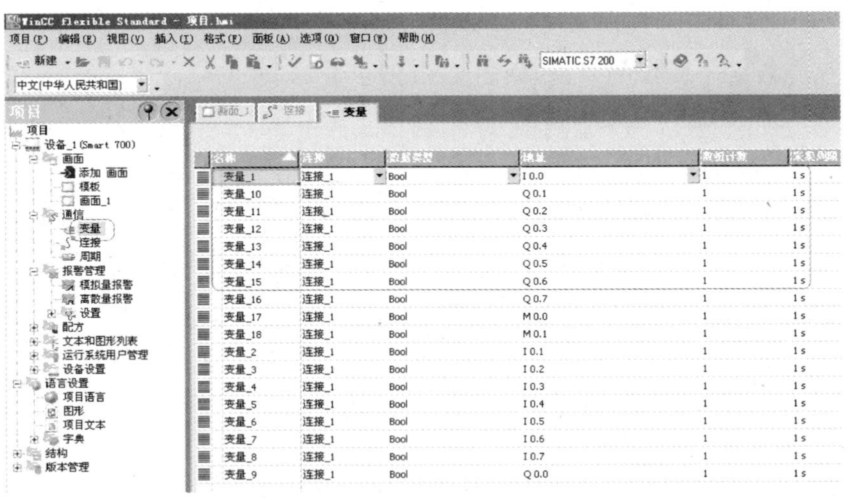

图 5-41 Smart 700 数据变量表

(4)变量表建立完成,左侧菜单选择[画面]下的[添加画面]双击,可以增加画面的数量。选择[画面_1],进行画面功能制作,如制作一个返回初始画面按钮,再选择右侧[按钮],在[常规]下设置文字显示,在[事件]下选择[单击],设置函数如图 5-42 所示。在

[外观]下设置其他外观显示，返回功能按钮设置完成。

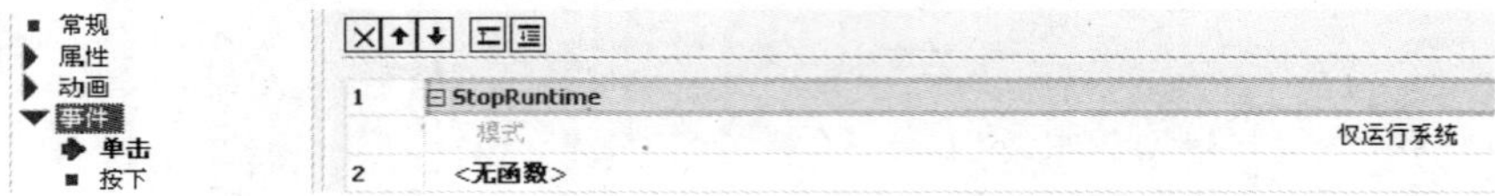

图 5-42　Smart 700 组态界面按钮设计

(5)制作指示灯，用于监控 PLC 输入输出端口状态。选择右侧[圆]，在[外观]下设置，如图 5-43 所示。

图 5-43　Smart 700 指示灯设计

(6)制作按钮，用于对 PLC 程序进行控制。选择右侧[按钮]，在[事件]下设置[置位按钮]，如图 5-44 所示。

图 5-44　Smart 700 组态界面按钮设计

(7)制作完成一个简单的界面，如图 5-45 所示。

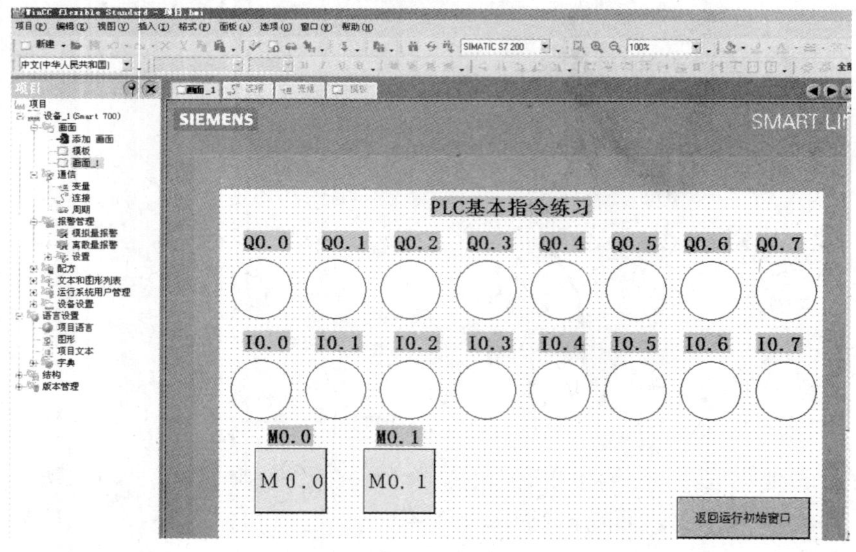

图 5-45　Smart 700 简单组态界面设计

七、工程下载

(1)通过 PC/PPI 通信电缆连接触摸屏 PPI/RS422/RS485 接口与 PC 机串口。

(2)触摸屏需在[启用数据通道]选择[Control Panel],在弹出窗口激活[Enable Channel]复选框,选中后关闭,再选择[Transfer]启动下载。

(3)点击[下载]按钮下载工程,如图 5-46 所示。

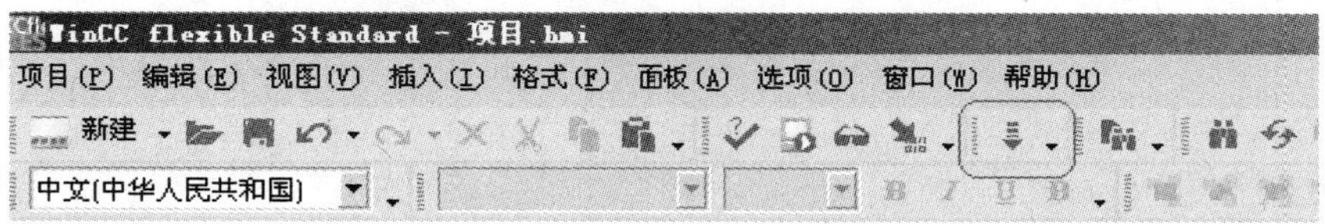

图 5-46　工程下载按钮

(4)下载完成,触摸屏需在[启用数据通道]选择[Control Panel],在弹出窗口取消选中后关闭,再用专用连接电缆连接 PLC 与触摸屏,就可以实现所设定的控制功能。

拓展训练

1. 用西门子触摸屏完成对喷涂单元的监控。

2. 如何用 ADD 和 SUB 指令完成对系统温度的控制?

3. 思考:为什么在主程序中增加的程序不能加在跳转急停子程序的后面?为什么 P0 的急停子程序一定要在整个程序的最后面?

任务六　检测单元控制系统实训

➢任务目标

1. 掌握检测单元的结构、特点和电气接口特性，并进行安装和调试。

2. 熟悉颜色传感器的使用。

3. 熟悉步科触摸屏的使用。

4. 能在规定的时间内完成检测单元控制程序的编写，并解决在调试过程中出现的常见问题。

子任务1　认识检测单元

一、任务描述

检测单元的动作视频详见资源库：检测单元动作视频.AVI。

检测单元是环形生产线的第五个工作单元，主要用于检测识别工件的材料和喷涂的颜色，为下一站的分拣和入仓库做准备。检测单元由触摸屏、直流减速电机、挡料气

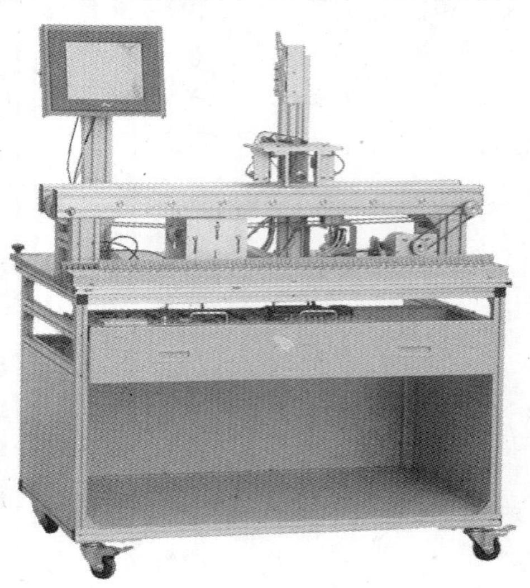

图 6-1　检测单元

缸、检测气缸、光电传感器、光纤传感器、对射传感器、颜色传感器、电感传感器、磁性传感器、电控阀、安装支架等组成，主要完成对工件的检测。由升降气缸带动检测支架升降，可同时对工件进行多面检测。检测单元如图 6-1 所示。

当系统运行时，传输线运行，等待托盘到位。当检测到托盘到位后，伸缩气缸伸出，各检测传感器分别对准工件的各个面，等待 3s 开始检测；检测完成后伸缩气缸缩回，阻挡气缸缩回，传输线运行，托盘和工件被传输到下一站，一个工作周期完成。各检测传感器的功能为：光电传感器检测工件，对射传感器检测工件盖，光纤传感器检测销子，颜色传感器检测工件颜色，电感传感器检测销子的材质。

二、任务分析

本单元用三菱 FX_{2N}-48MR PLC 作为系统控制器，用三菱 FX_{2N}-32CCL 模块作为 CC-Link 通信接口，用两个单相电磁阀分别控制挡料气缸、检测气缸动作，用一个继电器控制传输带直流电机的启动与停止。检测的结果可以用指示灯或触摸屏显示出来。

检测单元的气动原理如图 6-2 所示。

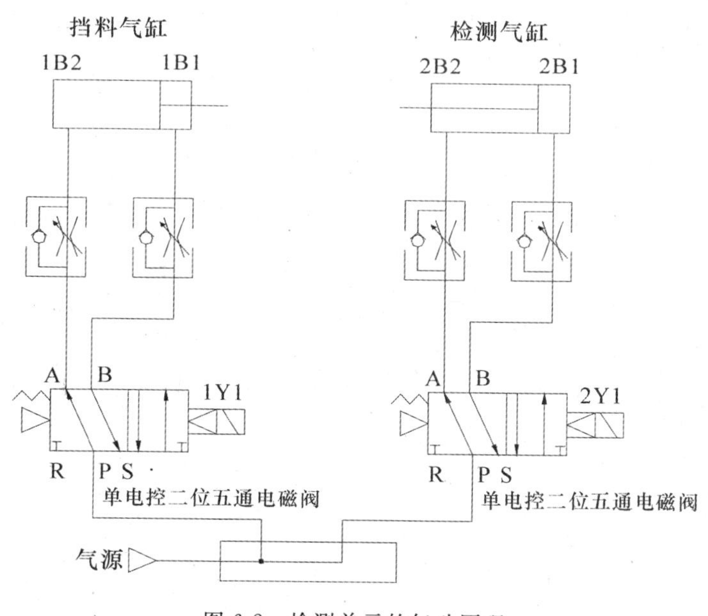

图 6-2　检测单元的气动原理

三、任务实施

(1)观看检测单元动作视频，在表 6-1 中画出检测单元的动作流程图(只要求写出运行流程图，不包括复位状态)。

表 6-1　检测单元动作流程图

	动作流程图	SFC
检测单元		

（2）检测单元设备端子如图 6-3 所示。熟悉检测单元的设备端子功能、传感器接线、气缸和电磁阀接线。根据实际传感器的接线特性仔细填写表 6-2，根据气缸和电磁阀的接线状态仔细填写表 6-3。

端子	功能
1	+24V
2	+24V
3	0V
4	0V
5	
6	
7	触摸屏电源正
8	触摸屏电源负
9	
10	托盘到位检测传感器正
11	托盘到位检测传感器负
12	托盘到位检测传感器输出
13	工件盖有无检测发射传感器正
14	工件盖有无检测发射传感器负
15	工件盖有无检测接收传感器正
16	工件盖有无检测接收传感器负
17	工件盖有无检测接收传感器输出
18	工件颜色检测传感器1正
19	工件颜色检测传感器1负
20	工件颜色检测传感器1输出
21	工件颜色检测传感器2正
22	工件颜色检测传感器2负
23	工件颜色检测传感器2输出
24	工件有无检测传感器正
25	工件有无检测传感器负
26	工件有无检测传感器输出
27	销钉有无检测传感器正
28	销钉有无检测传感器负
29	销钉有无检测传感器输出
30	销钉材质检测传感器正
31	销钉材质检测传感器负
32	销钉材质检测传感器输出
33	挡料气缸上限位传感器输出
34	挡料气缸上限位传感器负
35	挡料气缸下限位传感器输出
36	挡料气缸下限位传感器负

端子	功能
37	检测气缸上限位传感器输出
38	检测气缸上限位传感器负
39	检测气缸下限位传感器输出
40	检测气缸下限位传感器负
41	
42	
43	
44	
45	
46	
47	挡料电磁阀正
48	挡料电磁阀控制
49	检测电磁阀正
50	检测电磁阀控制
51	托盘传输控制
52	
53	
54	
55	
56	
57	
58	
59	
60	
61	
62	
63	
64	
65	
66	
67	
68	
69	
70	
71	
72	

备注：1. 磁性传感器引出线：蓝色线为“负”，接“0V”；棕色线为“输出”，接PLC输入端。
2. 电容、电感传感器及光电开关引出线：蓝色线为“负”，接“0V”；棕色线为“正”，接“+24V”；黑色线为“输出”，接PLC输入端。
3. 电磁阀引出线：黑色线为控制端，接PLC输出端；红色线为“正”，接“+24V”。

图 6-3　检测单元设备端子

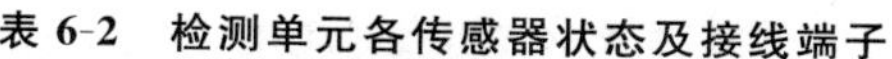

表 6-2　检测单元各传感器状态及接线端子

序号	功能	何种传感器	0V		+24V		信号线	
			颜色	端子号	颜色	端子号	颜色	端子号
1	托盘到位检测							
2	工件盖有无检测							
3	黄红颜色检测(左)							
4	黄蓝颜色检测(右)							
5	工件有无检测							
6	销钉有无检测							
7	销钉材质检测							
8	挡料气缸上限位							
9	挡料气缸下限位							
10	检测气缸上限位							
11	检测气缸下限位							

表 6-3　检测单元各气缸和电磁阀状态

序号	功能	由何种器件进行控制（电磁阀 OR 继电器）	正		负	
			颜色	端子号	颜色	端子号
1	挡料电磁阀					
2	检测电磁阀					
3	托盘传输					
4						
5						
6						

填写表 6-1～6-3，然后由指导老师检查确定。检查无误后请以电子稿作业形式上交到网络教学平台。

四、任务评价

完成子任务 1，专业能力评价如表 6-4 所示。

表 6-4 专业能力评价

序号	训练内容	考核要求	评分标准	配分	学生自评	教师评分
1	准备工作	1. 有工作计划; 2. 有工作分工	1. 没有工作计划,扣 5 分; 2. 没有工作分工,扣 5 分	10		
2	流程图和 SFC	1. 正确书写流程图; 2. 正确写出 SFC	1. 流程写错,每步扣 5 分; 2. SFC 写错,每步扣 5 分	40		
3	传感器、继电器和电磁阀状态	1. 正确认识传感器的接线; 2. 正确认识继电器和电磁阀	1. 传感器端子错误,每个扣 5 分; 2. 传感器颜色错误,每个扣 5 分; 3. 气缸端子错误,每个扣 5 分; 4. 气缸颜色错误,每个扣 5 分	50		
4	职业素养与安全意识	1. 安全文明操作; 2. 6S 管理	1. 违反安全文明生产规程,损坏元器件,扣 5～30 分,并赔偿损坏的元器件; 2. 工位凌乱,不整理,扣 10 分	倒扣		
备注	各项内容最高分不得超过额定配分		合计	100		
时间	开始时间		结束时间		考评员签字	年 月 日

子任务 2 检测单元 PLC 系统设计与调试

一、任务描述

在完成子任务 1 的熟悉系统的基础上,完成检测单元单站运行控制系统的设计与调试,要求完成如下功能。

(1)复位:按下复位按钮,挡料气缸缩回,输送电机动作带动传输线运行 3s 至无杂物;连杆驱动电机动作,直到连杆回到原点为止,复位完成。

(2)运行:按下运行按钮,系统运行,传输线运行,等待托盘到位。当检测到托盘到位后,伸缩气缸伸出,各检测传感器分别对准工件的各个面,等待 3s 后开始检测;检测完成后伸缩气缸缩回,阻挡气缸缩回,传输线运行,托盘和工件被传输到下一站,一个工作周期完成。在检测过程中,能检测出工件的颜色、有没有盖子、有没有销钉、销钉的材质等相关信息。

(3)停止:按下停止按钮,当前一个工作周期完成后,本单元停止工作。

(4)急停:当按下急停按钮后,系统马上停止;急停复位后,继续前面的工作。

(5)指示灯显示:当系统的传感器不在初始位置时或进行复位操作时,指示灯 Y27 以 1Hz 频率闪烁;复位完成、系统状态准备完成,Y27 常亮。当按下启动按钮,系统在运行状态下,Y26 常亮;在运行过程中,按下停止按钮,Y26 以 1Hz 频率闪烁;当系统停下时,Y26 灭。当系统在急停状态下,Y25 以 1Hz 频率闪烁;退出急停状态,Y25 灭。

二、任务分析

本子任务主要包含 4 种动作状态：复位状态、运行状态、停止状态、急停状态。系统的运行状态是一个顺序流程图，所以在 PLC 程序设计中，可以用 SFC 进行编程。在编程中，把系统的复位、启动、停止、急停按钮放在 SFC 的第一块主控单元梯形图中，以便于程序调试；第二块单元动作流程用 SFC 块编程，简单方便；第三块梯形图是其他功能，包括指示灯子程序和急停子程序。

三、任务实施

根据子任务 2 的控制要求，用 PLC 实现单元控制系统的设计与调试，主要完成 PLC 的 I/O 口地址分配、PLC 的外部接线图设计与连线、PLC 程序设计、系统调试，实施步骤如下。

1. PLC 的 I/O 口地址分配

在检测单元中，需要的 PLC 输入量为 15 个，PLC 输出量为 10 个。PLC 的 I/O 口地址分配如表 6-5 所示。

表 6-5　PLC 的 I/O 口地址分配

序号	PLC 地址	设备端子	功能说明	序号	PLC 地址	设备端子	功能说明
1	X0		复位	16	Y0	48	挡料电磁阀
2	X1		启动	17	Y1	50	检测电磁阀
3	X2		停止	18	Y2	51	托盘传输
4	X3		单/联机	19	Y10		红色工件指示灯
5	X4	12	托盘到位检测传感器	20	Y11		黄色工件指示灯
6	X5	17	工件盖有无检测传感器	21	Y12		蓝色工件指示灯
7	X6	20	黄红颜色检测传感器(左)	22	Y13		没有销钉指示灯
8	X7	23	黄蓝颜色检测传感器(右)	23	Y14		白色销钉指示灯
9	X10	26	工件有无检测传感器	24	Y15		金属销钉指示灯
10	X11	29	销钉有无检测传感器	25	Y16		废料指示灯
11	X12	32	销钉材质检测传感器				
12	X13	33	挡料气缸上限位传感器				
13	X14	35	挡料气缸下限位传感器				
14	X15	37	检测气缸上限位传感器				
15	X16	39	检测气缸下限位传感器				

2. PLC 的外部接线图设计与连线

根据 PLC 的 I/O 口地址分配表，设计 PLC 的外部接线图，并完成设备的电气接线。PLC 的外部接线如图 6-4 所示。

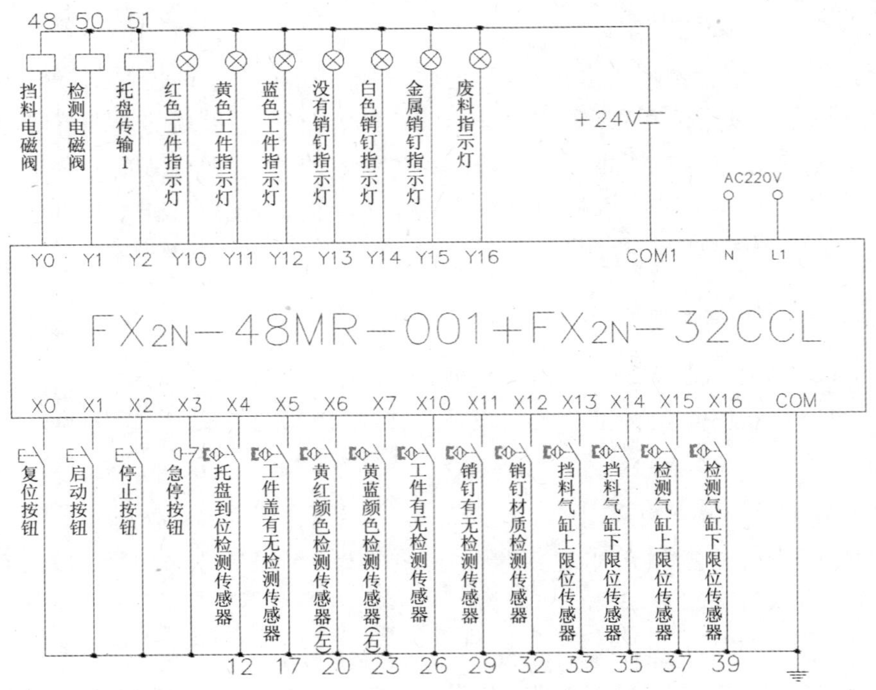

图 6-4 检测单元的 PLC 外部接线

3. PLC 程序设计

本子任务的 PLC 程序在三菱 GX Developer 8 的 SFC 编程中实现，包括三个块程序：主控程序、检测单元流程程序、其他子程序。各块程序的块类型如图 6-5 所示。

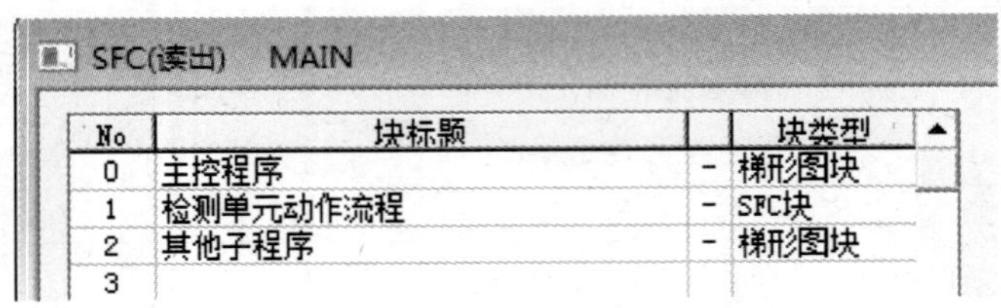
SFC(读出) MAIN

No	块标题		块类型
0	主控程序	-	梯形图块
1	检测单元动作流程	-	SFC块
2	其他子程序	-	梯形图块
3			

图 6-5 检测单元的三个块程序

(1)主控程序由梯形图设计，包括上电复位程序、复位功能程序、设备状态检测程序、启动停止程序、访问指示灯子程序、跳转急停子程序六个部分。

①上电复位程序。通过 M8002 将系统复位至初始状态，按下复位按钮也能进行状态复位。程序设计如图 6-6 所示。

②复位功能程序。按下复位按钮，复位状态 M30 置 1。在复位状态下，挡料气缸 Y0 缩回，传输带 Y2 运行，带动传输带上的托盘到尾部，运行 3s 后停止。传输带复位程序如图 6-7 所示。

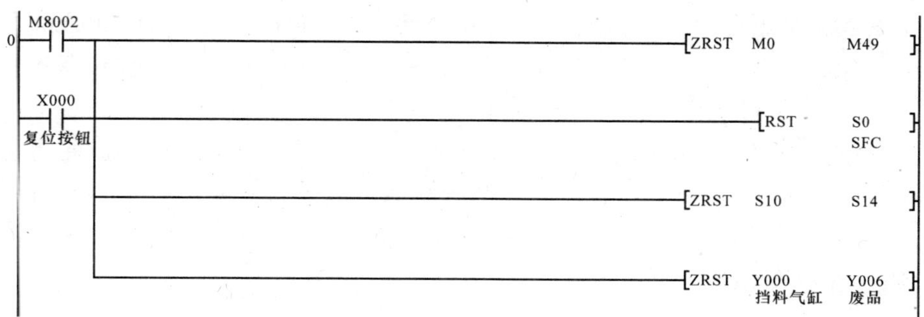

图 6-6　上电复位程序

19 X000 复位按钮 — SET M30 复位状态

21 M30 复位状态 — K50 (T0)

T0 — SET Y000 挡料气缸

SET Y002 托盘传输

T0 — RST Y000 挡料气缸

RST Y002 托盘传输

图 6-7　传输带复位程序

传输带运行 3s 后复位完成，复位状态 M30 清零，复位完成状态 M31 置 1。复位完成程序如图 6-8 所示。

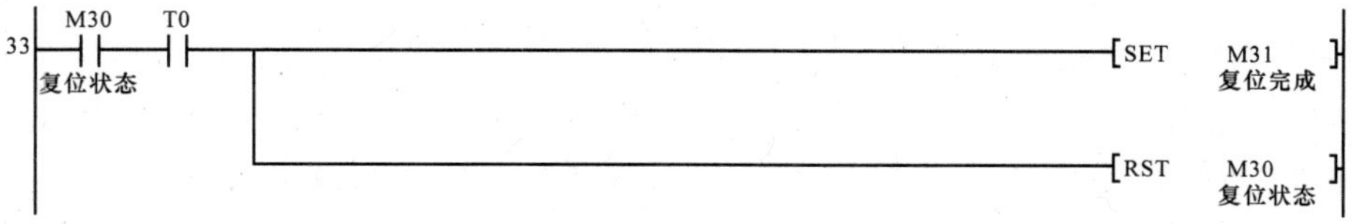

33 M30 复位状态 T0 — SET M31 复位完成

RST M30 复位状态

图 6-8　复位完成程序

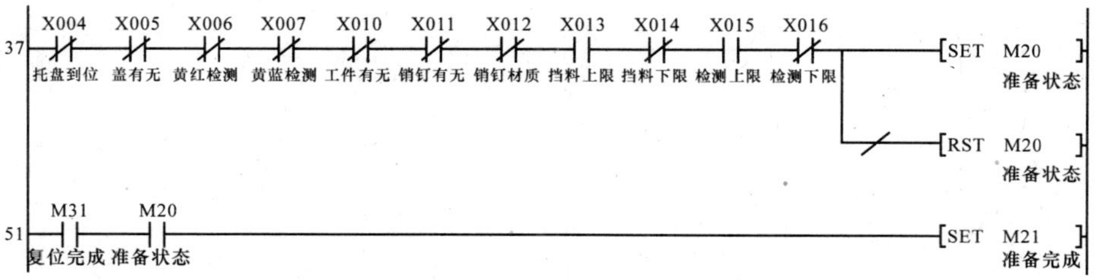

37 X004 托盘到位 X005 盖有无 X006 黄红检测 X007 黄蓝检测 X010 工件有无 X011 销钉有无 X012 销钉材质 X013 挡料上限 X014 挡料下限 X015 检测上限 X016 检测下限 — SET M20 准备状态

RST M20 准备状态

51 M31 复位完成 M20 准备状态 — SET M21 准备完成

图 6-9　设备状态检测程序

③设备状态检测程序。当所有的状态符合要求时,准备状态辅助继电器 M20 为 1,否则为 0;当系统已经复位完成(M31=1)且准备状态完成(M20=1)时,设备准备状态检测完成,M21 置 1。程序设计如图 6-9 所示。

④启动停止程序。当系统准备好且系统还没运行时,按下启动按钮,使得运行状态辅助继电器 M10 为 1,并将 S0 置 1,准备开始检测流程操作。在系统运行过程中按下停止按钮,使辅助继电器 M11 为 1;当检测单元控制流程走完一个过程回到 S0 后,将 M10 复位,系统停止。程序设计如图 6-10 所示。

图 6-10　启动停止程序

⑤访问指示灯子程序。PLC 在运行状态下,永远访问指示灯子程序 P1。访问指示灯子程序如图 6-11 所示。

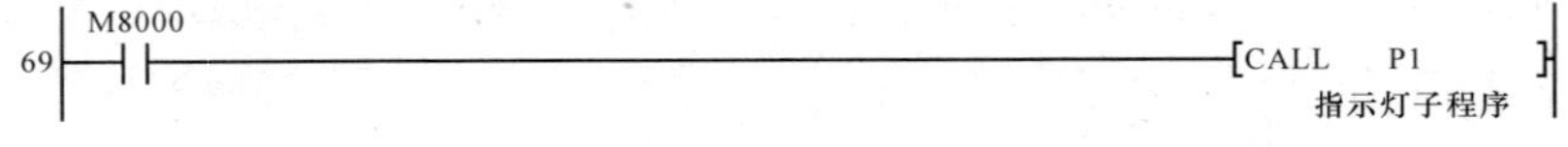

图 6-11　访问指示灯子程序

⑥跳转急停子程序。急停按钮为常闭开关。当按下急停按钮时,急停按钮 X3 常闭接通,常开断开,PLC 程序跳过检测单元 SFC 流程,直接运行急停子程序 P0,同时急停状态 M40 为 1。当急停按钮旋开复位后,X3 常闭断开,常开接通,检测单元继续运行。跳转急停子程序如图 6-12 所示。

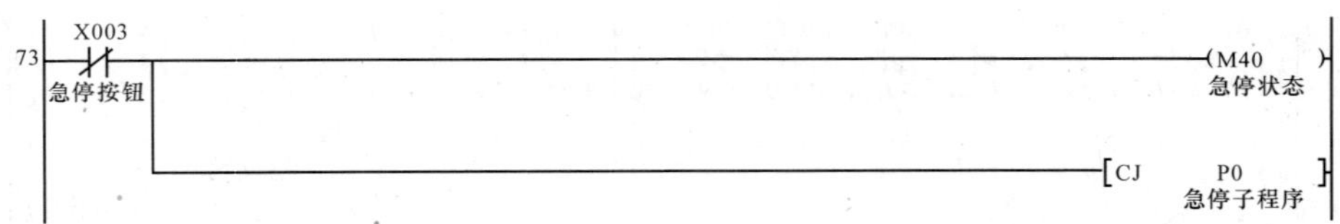

图 6-12　跳转急停子程序

(2)检测单元流程程序由顺序流程图(SFC)进行编程。已经根据子任务 1 画出动作流程图和 SFC,请根据实际情况编写程序。检测单元 SFC 各步状态说明如表 6-6 所示,参考运行流程如图 6-13、图 6-14 所示。

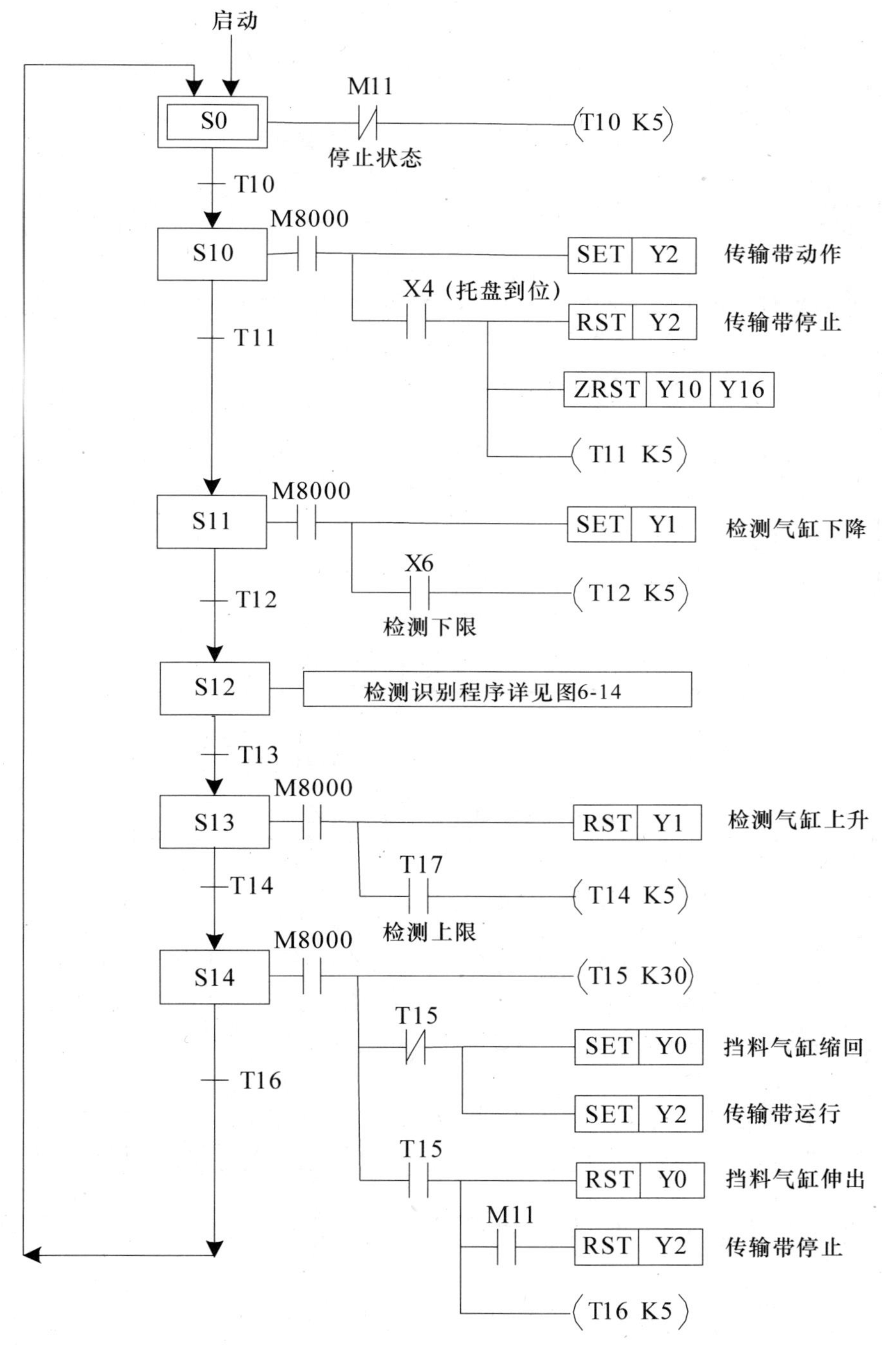

图 6-13　检测单元顺序流程

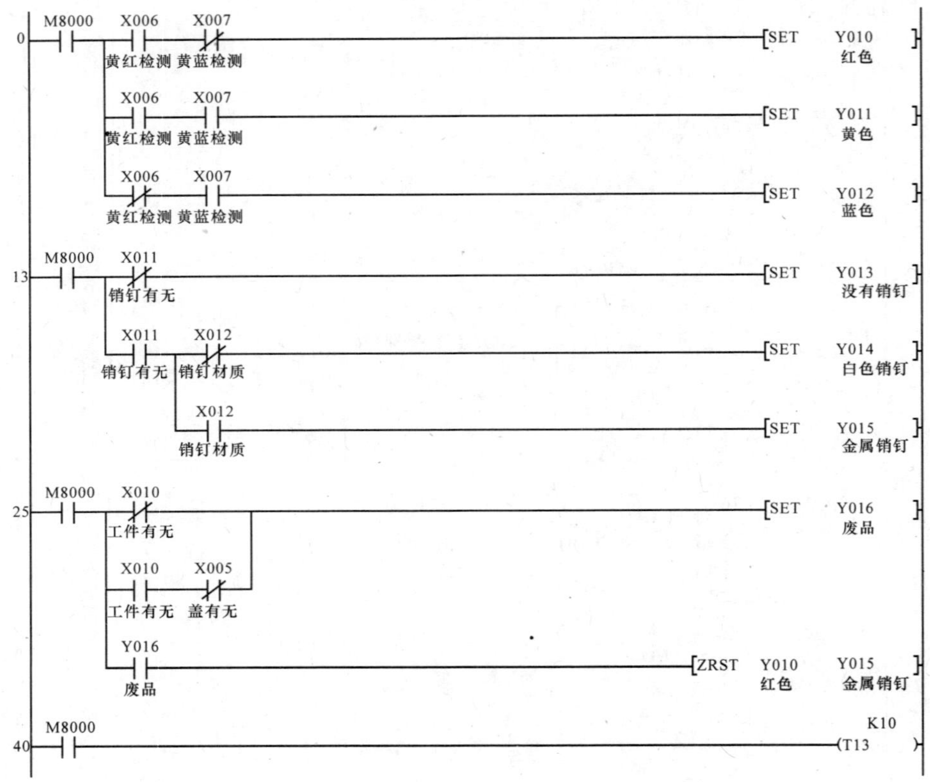

图 6-14 检测单元 SFC 中 S12 检测识别程序

表 6-6 检测单元 SFC 各步状态说明

序号	步号	状态名称	功能说明
1	S0	初始步	检测是否在运行状态
2	S10	托盘传输步	传输带动作，托盘到位后停止
3	S11	检测机构动作步	检测气缸下降，下降到位后延时 3s 开始检测
4	S12	检测识别步	检测识别工件颜色、有无销钉、销钉材质等信息
5	S13	检测机构复位步	检测气缸上升
6	S14	检测完成步	传输带动作，挡料气缸下降，3s 后复位

(3)其他子程序包括主程序结束、指示灯子程序、急停控制子程序三个部分，各部分功能说明如下。

①主程序结束。程序设计如图 6-15 所示。

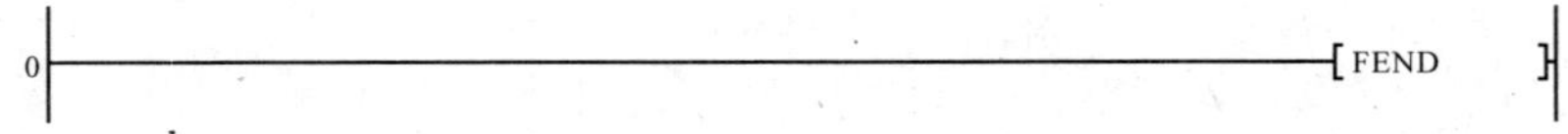

图 6-15 主程序结束

②指示灯子程序。如果复位完成后设备准备完成，Y27 常亮，否则以 1Hz 频率闪

烁。如果设备正常运行，Y26 常亮；在运行过程中按下停止按钮，Y26 以 1Hz 频率闪烁；设备完全停止，Y26 灭。在急停状态下，Y25 以 1Hz 频率闪烁。指示灯子程序如图 6-16 所示。

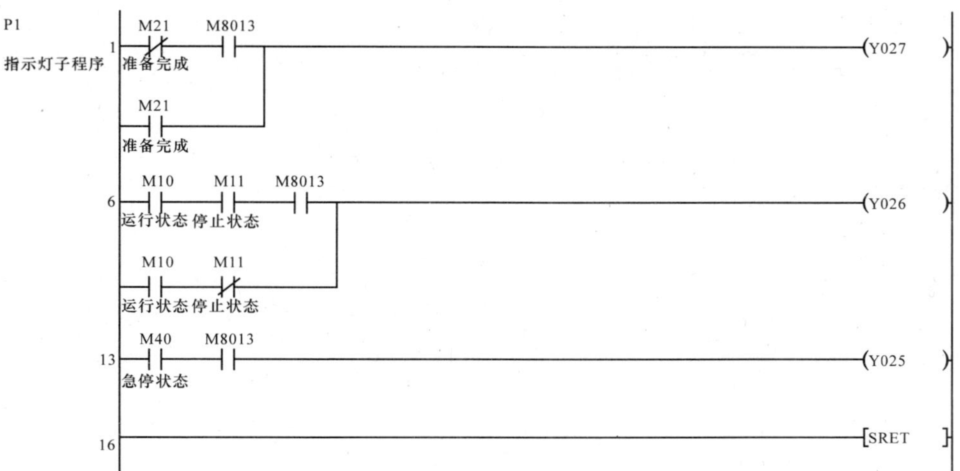

图 6-16　指示灯子程序

③急停控制子程序。急停时利用 M8000 使传输带、连杆电机和喷枪停止。急停控制子程序如图 6-17 所示。

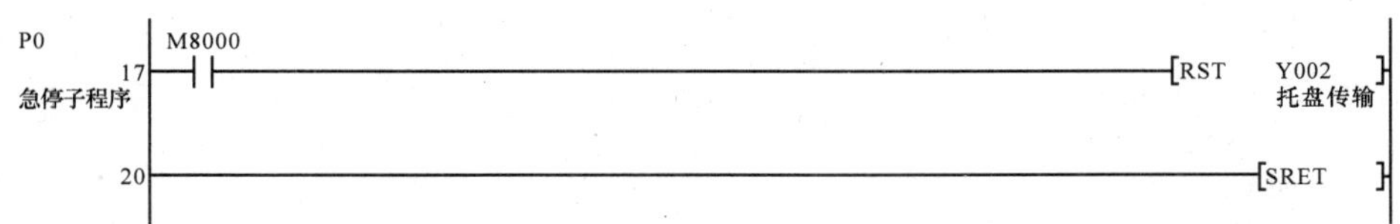

图 6-17　急停控制子程序

4. 系统调试

(1)旋开急停按钮，确保急停按钮在接通状态。

(2)按下黄色复位按钮，系统执行复位操作，Y27 指示灯以 1Hz 频率闪烁。传输带运行 3s 后停止，复位完成，Y27 指示灯常亮。若不能执行复位操作，请按表 6-7 进行故障排除。

表 6-7　不能执行复位操作时故障排除办法

序号	错误现象	处理办法
1	传输带不能复位	检查程序图 6-7
2	复位完成后不能再次复位	检查程序图 6-6 和图 6-8
3	Y27 指示灯现象不对	检查程序图 6-9、图 6-11 和图 6-16。若图 6-9 中 M20 为 0，则需要检查设备的传感器是不是在初始状态，直到 M20 为 1 时止

(3)复位按成后，Y27 指示灯常亮。按下运行按钮，传输线开始运行，输送电机动作带动传输线运行，等待托盘到位；托盘到位后，检测气缸下降，各检测传感器分别对准工件的各个面进行检测；检测完成后，PLC 将检测结果经过处理后分别送给触摸屏和总控站，挡料气缸缩回，输送电机动作带动传输线运行，托盘工件前往下一站，一个工作周期完成。在运行过程中指示灯 Y26 常亮。若不能执行启动运行操作，请按表 6-8 进行故障排除。

表 6-8　不能执行启动运行操作时故障排除办法

序号	错误现象	处理办法
1	传输带不能运行	检查程序图 6-13 中 S10
2	托盘到位后传输带不停	①检查传感器 X4 是否接通； ②检查程序图 6-13 中 S10
3	检测气缸不能动作	①检查系统气源是否上气； ②检查程序图 6-13 中 S11； ③检查 PLC 的输出 Y1 是否接线错误，是否接电源
4	检测识别信息不正确	①检查程序图 6-13 中 S12； ②检查颜色传感器 X6、X7，工件有无传感器 X10，销钉传感器 X11、X12 是否接通； ③保证检测识别的时候，检测模块不能晃动
5	检测气缸不能复位	①检查程序图 6-13 中 S13； ②检查传感器 X15、X16
6	检测完成后，传输带没有重新启动	检查程序图 6-13 中 S14
7	指示灯 Y26 没有常亮	检查程序图 6-11 和图 6-16

(4)在运行过程中按下停止按钮，Y26 以 1Hz 的频率闪烁；系统执行完当前工作周期后停止工作，即检测完成后由托盘带至下一个工作单元，停止后 Y26 指示灯灭。若不能执行停止操作，请按表 6-9 进行故障排除。

表 6-9　不能执行停止操作时故障排除办法

序号	错误现象	处理办法
1	不能停止	检查程序图 6-10、图 6-13 中 S0
2	Y26 指示灯现象不对	检查程序图 6-11 和图 6-16

(5)在运行过程中按下急停按钮，设备马上停止工作，Y25 以 1Hz 的频率闪烁；急停复位后，系统继续运行。若不能执行急停操作，请按表 6-10 进行故障排除。

表 6-10　不能执行急停操作时故障排除办法

序号	错误现象	处理办法
1	不能急停	检查程序图 6-12 和图 6-17
2	Y26 指示灯现象不对	检查程序图 6-11 和图 6-16

(6)指示灯 Y25～Y27 显示错误,请检查程序图 6-16。

四、任务评价

完成子任务 2,专业能力评价如表 6-11 所示。

表 6-11　专业能力评价

序号	训练内容	考核要求	评分标准	配分	学生自评	教师评分
1	准备工作	1.有工作计划; 2.有工作分工	1.没有工作计划,扣 5 分; 2.没有工作分工,扣 5 分	10		
2	电气线路工艺	1.电气线路连接规范; 2.电路布局规范	1.连线颜色错误,扣 5 分; 2.端子连接不牢靠,每处扣 2 分; 3.电路连接凌乱,电路没有绑扎,每处扣 2 分; 4.主电路裸露,扣 5 分	20		
3	程序设计与功能	1.PLC 设计符合功能要求; 2.调试方法合理正确; 3.正确处理调试过程中出现的故障情况	1.PLC 输入输出口搞错,每处扣 3 分; 2.缺少功能,每处扣 3 分; 3.不会熟练输入程序,扣 10～20 分; 4.不能熟练调试,扣 10～20 分; 5.PLC 系统报错,扣 5 分	40		
4	通电试车	系统成功运行	1.一次试车不成功,扣 10 分; 2.二次试车不成功,扣 20 分; 3.三次试车不成功,扣 30 分	30		
5	职业素养与安全意识	1.安全文明操作; 2.6S 管理	1.违反安全文明生产规程,损坏元器件,扣 5～30 分,并赔偿损坏的元器件; 2.工位凌乱,不整理,扣 10 分	倒扣		
备注	各项内容最高分不得超过额定配分		合计	100		
时间	开始时间		结束时间		考评员签字	年　月　日

子任务 3　用 MCGS 控制检测单元系统运行

一、任务描述

在完成子任务 2 的基础上，用 MCGS 组态界面完成对检测单元的控制。主要包括定义 MCGS 数据变量、设计 MCGS 组态界面、完成 MCGS 变量与 PLC 通道的连接、修改 PLC 程序、仿真调试五个部分。本子任务的设备动作要求与子任务 2 一样，MCGS 组态界面包括四个界面，分别为：主界面、控制界面、状态界面、传感器气缸监控界面。

主界面、控制界面、状态界面设计如图 6-18 所示。传感器气缸监控界面请自行设计，要求界面美观大方，包含系统所有传感器、气缸、电机的状态。

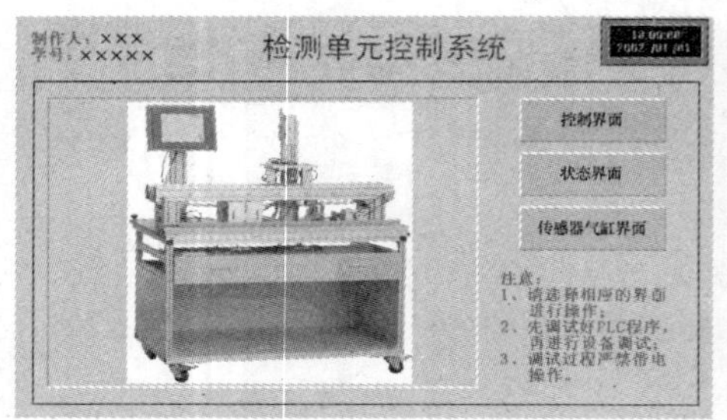

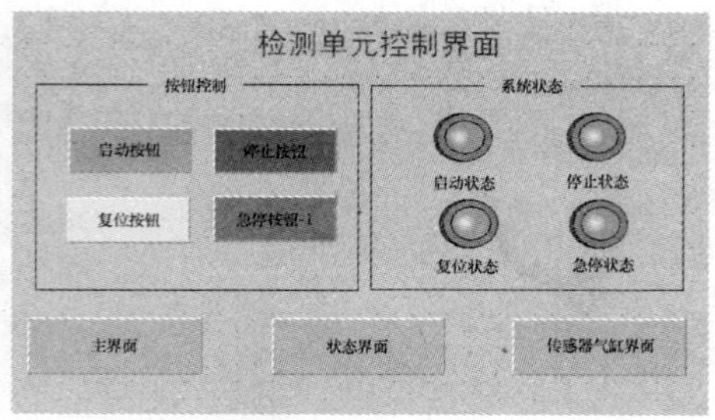

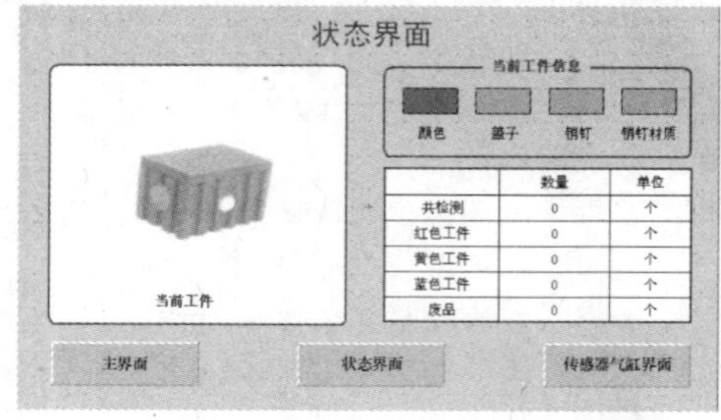

图 6-18　检测单元主界面、控制界面、状态界面设计

二、任务分析

MCGS 组态界面主要用于检测单元的控制与监视，是一种可视化、无触点的控制技术。在本子任务中，可以先定义 MCGS 数据变量、完成 MCGS 组态设计，然后再将 MCGS 变量与 PLC 的 I/O 口通道连接，最后完成联机调试。

这里需要注意的是：组态界面不能控制 PLC 的输入端，所以 MCGS 上的控制按钮不能连接 PLC 的输入继电器 X。一般情况下，需要用辅助继电器 M 来代替输入继电器 X，具体操作可参考“任务实施—修改 PLC 程序”。

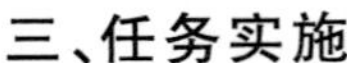

三、任务实施

根据子任务 3 的控制要求，用 MCGS 组态软件和 PLC 实现控制过程，实施步骤如下。

1. 定义 MCGS 数据变量

本子任务需要 34 个变量，如表 6-12 所示。

表 6-12　检测单元的变量分配

序号	MCGS 变量名称	类型	初值	注释
1	复位按钮	开关量	0	按 1 松 0
2	启动按钮	开关量	0	按 1 松 0
3	停止按钮	开关量	0	按 1 松 0
4	急停按钮	开关量	0	取反
5	运行状态	开关量	0	显示运行状态
6	停止状态	开关量	0	显示停止状态
7	复位状态	开关量	0	显示复位状态
8	急停状态	开关量	0	显示急停状态
9	托盘到位检测	开关量	0	托盘到位检测传感器
10	工件盖有无检测	开关量	0	工件盖有无检测传感器
11	黄红颜色检测(左)	开关量	0	黄红颜色检测传感器(左)
12	黄蓝颜色检测(右)	开关量	0	黄蓝颜色检测传感器(右)
13	工件有无检测	开关量	0	工件有无检测传感器
14	销钉有无检测	开关量	0	销钉有无检测传感器
15	销钉材质检测	开关量	0	销钉材质检测传感器
16	挡料气缸上限位	开关量	0	挡料气缸上限位传感器
17	挡料气缸下限位	开关量	0	挡料气缸下限位传感器
18	检测气缸上限位	开关量	0	检测气缸上限位传感器
19	检测气缸下限位	开关量	0	检测气缸下限位传感器
20	挡料电磁阀	开关量	0	挡料气缸动作
21	检测电磁阀	开关量	0	检测气缸动作
22	托盘传输	开关量	0	传输带运行
23	红色工件指示灯	开关量	0	红色工件指示灯
24	黄色工件指示灯	开关量	0	黄色工件指示灯
25	蓝色工件指示灯	开关量	0	蓝色工件指示灯
26	没有销钉指示灯	开关量	0	没有销钉指示灯
27	白色销钉指示灯	开关量	0	白色销钉指示灯

续表

序号	MCGS变量名称	类型	初值	注释
28	金属销钉指示灯	开关量	0	金属销钉指示灯
29	废料指示灯	开关量	0	废料指示灯
30	共检测工件个数	数值量	0	显示共检测工件个数
31	红色工件个数	数值量	0	显示红色工件个数
32	黄色工件个数	数值量	0	显示黄色工件个数
33	蓝色工件个数	数值量	0	显示蓝色工件个数
34	废品个数	数值量	0	显示废品个数

2. 设计 MCGS 组态界面

本子任务需要设计 4 个界面窗口，窗口名称分别为主界面、控制界面、状态界面、传感器气缸监控界面。设置主界面为启动窗口，如图 6-19 所示。

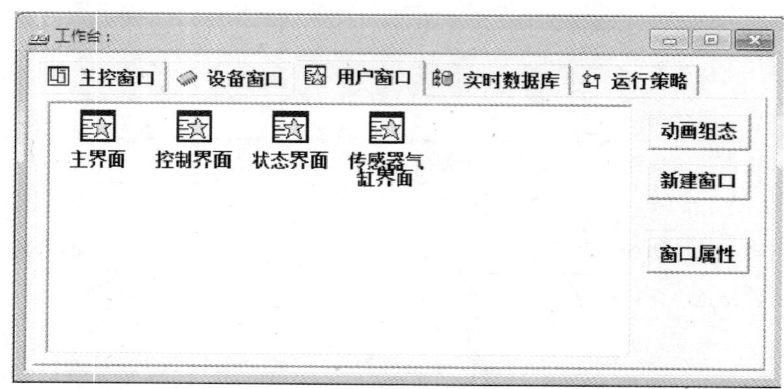

图 6-19　检测单元组态界面设计

(1)主界面窗口设计如图 6-20 所示。

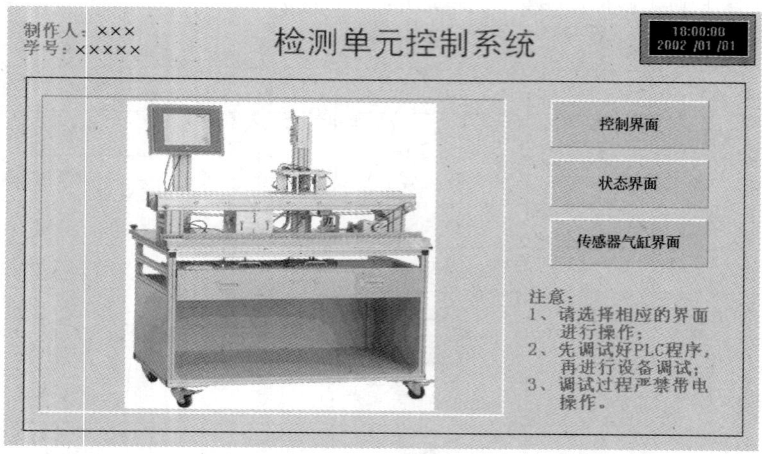

图 6-20　检测单元主界面设计

(2)控制界面窗口设计如图 6-21 所示。

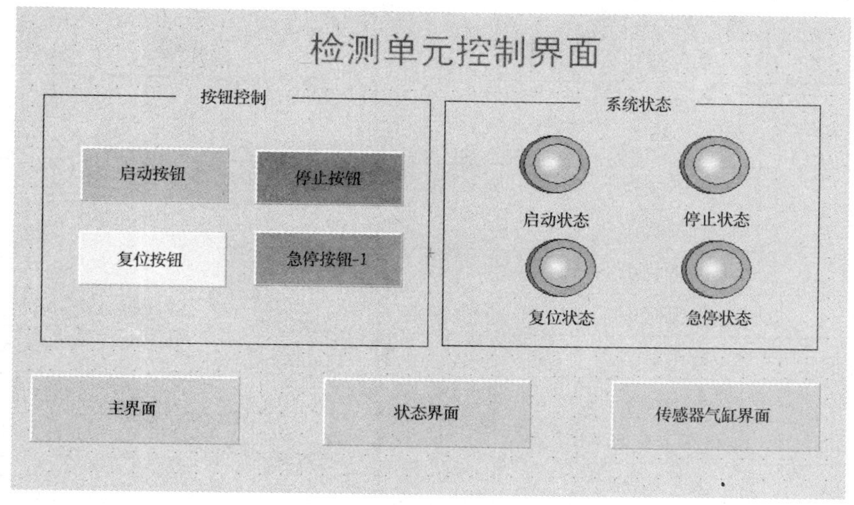

图 6-21 检测单元控制界面设计

(3)状态界面窗口设计如图 6-22 所示。

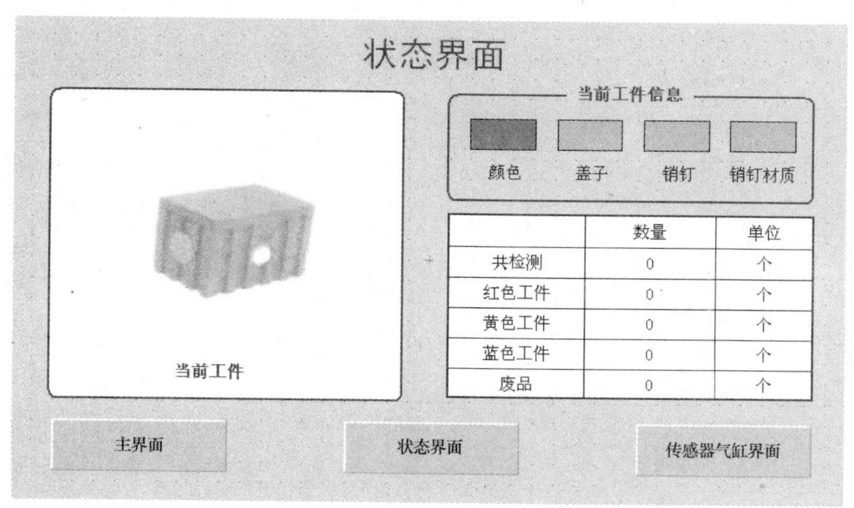

图 6-22 检测单元状态界面设计

(4)传感器气缸监控界面请自行设计,要求界面美观大方,包含系统所有传感器、气缸、电机的状态。

3. 完成 MCGS 变量与 PLC 通道的连接

本子任务中,MCGS 通过三菱 FX 编程线与 PLC 进行通信,连接 MCGS 变量和 PLC 通道,如表 6-14 所示。

表 6-14 MCGS 变量和 PLC 通道的连接

序号	MCGS 变量名称	PLC 通道名称	备注
1	复位按钮	读写 M100	按 1 松 0
2	启动按钮	读写 M101	按 1 松 0
3	停止按钮	读写 M102	按 1 松 0
4	急停按钮	读写 M103	取反
5	运行状态	读写 M10	显示运行状态
6	停止状态	读写 M11	显示停止状态
7	复位状态	读写 M30	显示复位状态
8	急停状态	读写 M40	显示急停状态
9	托盘到位检测	只读 X4	托盘到位检测传感器
10	工件盖有无检测	只读 X5	工件盖有无检测传感器
11	黄红颜色检测(左)	只读 X6	黄红颜色检测传感器(左)
12	黄蓝颜色检测(右)	只读 X7	黄蓝颜色检测传感器(右)
13	工件有无检测	只读 X10	工件有无检测传感器
14	销钉有无检测	只读 X11	销钉有无检测传感器
15	销钉材质检测	只读 X12	销钉材质检测传感器
16	挡料气缸上限位	只读 X13	挡料气缸上限位传感器
17	挡料气缸下限位	只读 X14	挡料气缸下限位传感器
18	检测气缸上限位	只读 X15	检测气缸上限位传感器
19	检测气缸下限位	只读 X16	检测气缸下限位传感器
20	挡料电磁阀	读写 Y0	挡料气缸动作
21	检测电磁阀	读写 Y1	检测气缸动作
22	托盘传输	读写 Y2	传输带运行
23	红色工件指示灯	读写 Y10	红色工件指示灯
24	黄色工件指示灯	读写 Y11	黄色工件指示灯
25	蓝色工件指示灯	读写 Y12	蓝色工件指示灯
26	没有销钉指示灯	读写 Y13	没有销钉指示灯
27	白色销钉指示灯	读写 Y14	白色销钉指示灯
28	金属销钉指示灯	读写 Y15	金属销钉指示灯
29	废料指示灯	读写 Y16	废料指示灯
30	共检测工件个数	读写 D0	显示共检测工件个数
31	红色工件个数	读写 D2	显示红色工件个数
32	黄色工件个数	读写 D4	显示黄色工件个数
33	蓝色工件个数	读写 D6	显示蓝色工件个数
34	废品个数	读写 D8	显示废品个数

注意:PLC 的输入通道 X 的信号只能作为只读信号,不能作为读写信号。

4.修改 PLC 程序

(1)复位、启动、停止、急停按钮程序的修改

MCGS 对 PLC 的元件 X 的属性是只读，MCGS 只能显示元件 X 的状态，不能控制元件 X 的动作，所以在 MCGS 中需要用元件 M 代替元件 X 进行控制，元件 M 的属性为读写。本子任务需要用 MCGS 和外部按钮同时控制检测单元的复位、启动、停止和急停功能，故需要修改 PLC 程序。根据 MCGS 组态设计，MCGS 和外部按钮控制系统的对应关系如表 6-13 所示。

表 6-13　MCGS 和外部按钮控制系统对应关系

序号	控制功能	外部按钮控制	MCGS 控制
1	复位按钮	X0	M100
2	启动按钮	X1	M101
3	停止按钮	X2	M102
4	急停按钮	X3	M103

复位、启动、停止信号外部接的是按钮的常开触点，故在 PLC 程序中，常开触点 X 并联上一个 MCGS 组态连接的变量的常开触点 M，常闭触点 X 串联上一个 MCGS 组态连接的变量的常闭触点 M，以实现 MCGS 和外部按钮的同时控制。复位、启动、停止按钮 PLC 程序的修改如图 6-23 所示。

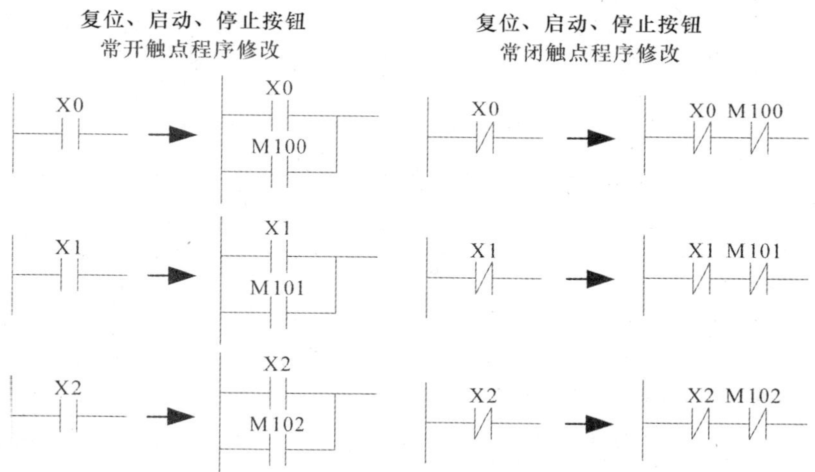

图 6-23　复位、启动、停止按钮的 PLC 程序修改

急停信号外部接的是急停开关的常闭触点，故在 PLC 程序中 X3 的常开常闭情况与其他按钮信号相反。急停按钮 PLC 程序的修改如图 6-24 所示。

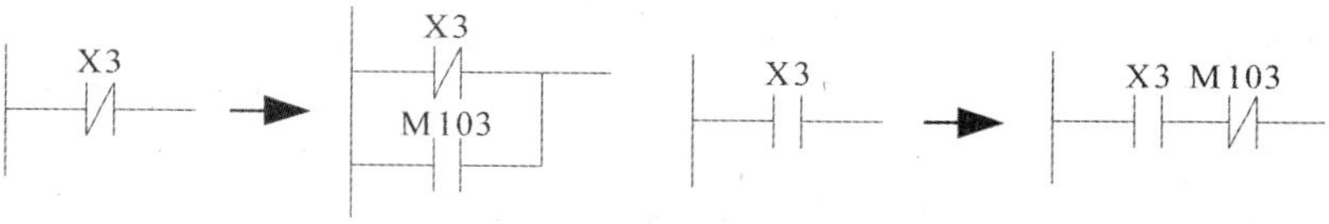

图 6-24　急停按钮的 PLC 程序修改

(2)显示状态界面的程序修改

增加工件计数子程序 P2,如图 6-25 所示。该子程序用来显示共检测多少个工件,红色工件多少个,黄色工件多少个,蓝色工件多少个,废料多少个。

图 6-25 工件计数子程序 P2

注意:在主程序的开头增加初始化和访问工件计数子程序的程序段,一定要加在跳转急停子程序(见图 6-12)之前,如图 6-26 所示。

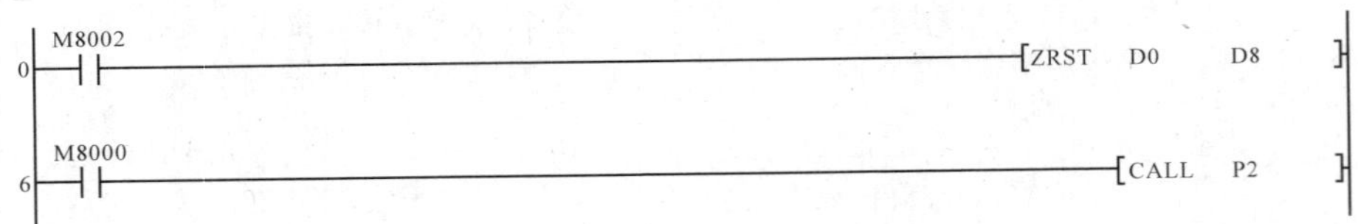

图 6-26 主程序中增加访问 P2 子程序

5. 仿真调试

(1)按下 MCGS 组态界面上的复位按钮,系统复位。

(2)按下 MCGS 组态界面上的启动按钮,系统运行,完成检测过程。

(3)按下 MCGS 组态界面上的停止按钮,系统运行完本周期后停止。

(4)按下 MCGS 组态界面上的急停按钮,系统马上停止;再按一次急停按钮,系统继续前面的工作。

(5)启动、停止、复位、急停功能也可以用外部按钮进行控制。

(6)切换到状态界面,可以监控当前的工作状态,能显示共检测工件的个数、各种颜色工件的个数。

四、任务评价

完成子任务 3,专业能力评价如表 6-15 所示。

表 6-15 专业能力评价

序号	训练内容	考核要求	评分标准	配分	学生自评	教师评分
1	准备工作	1.有工作计划； 2.有工作分工	1.没有工作计划，扣 5 分； 2.没有工作分工，扣 5 分	10		
2	组态界面设计	1.组态界面设计合理； 2.组态界面能与 PLC 通信； 3.组态界面能控制本单元的动作	1.组态界面设计不合理，扣 20 分； 2.缺少显示功能，每处扣 5 分； 3.缺少控制功能，每处扣 5 分； 4.组态不能跟 PLC 通信，扣 30 分	50		
3	PLC 程序修改	1.能按要求修改 PLC 程序； 2.能实现按钮和组态的同时控制	1.不会进行程序的修改，扣 20 分； 2.缺少功能，每处扣 5 分； 3.不能进行按钮和组态两地控制，扣 10 分	20		
4	系统模拟运行	系统成功模拟运行	1.一次不成功，扣 10 分； 2.二次不成功，扣 20 分	20		
5	职业素养与安全意识	1.安全文明操作； 2.6S 管理	1.违反安全文明生产规程，损坏元器件，扣 5～30 分，并赔偿损坏的元器件； 2.工位凌乱，不整理，扣 10 分	倒扣		
备注	各项内容最高分不得超过额定配分		合计	100		
时间	开始时间		结束时间		考评员签字	年 月 日

知识点 1 检测单元的气动知识

检测单元气动控制回路的工作原理如图 6-27 所示。图中 1B1 和 1B2 为安装在挡料气缸的两个极限工作位置的磁感应接近开关，2B1 和 2B2 为安装在检测气缸的两个极限

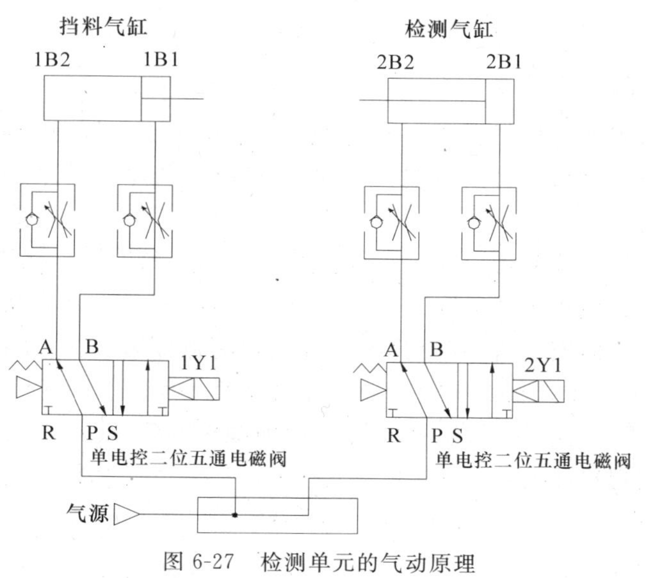

图 6-27 检测单元的气动原理

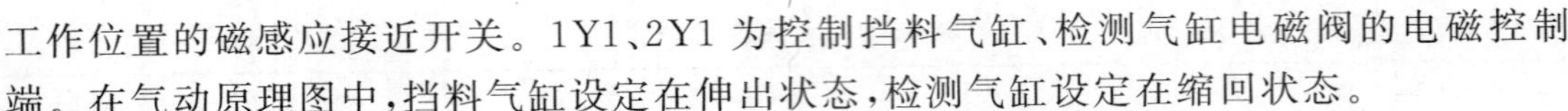

工作位置的磁感应接近开关。1Y1、2Y1 为控制挡料气缸、检测气缸电磁阀的电磁控制端。在气动原理图中，挡料气缸设定在伸出状态，检测气缸设定在缩回状态。

知识点 2　颜色传感器的应用

颜色传感器，又叫光电检测传感器（俗称光电头、光电眼），采用光发射接收原理，发出调制光，接收被测物体的反射光，并根据接收光信号的强弱来区分不同的颜色，或判别物体的存在与否；在软包装机械、印刷机械、食品机械、纺织及造纸机械的自控系统中作为传感器与其他电路或装置配套使用，对印刷在某种颜色背景上的颜色，或其他可作为标记的图案色块、线条，或物体的有无进行检测，可实现自动定位、定长、辨色、纠偏、对版、计数等功能。颜色传感器综合光学技术、半导体光电子技术、调制解调技术，采用先进的 SMT 表面贴装工艺，具有灵敏度高、响应速度快、抗背景光干扰能力强、结构紧凑、使用方便等优点。颜色传感器如图 6-28 所示。

图 6-28　颜色传感器

1. *颜色传感器的工作原理*

颜色传感器对各种颜色的标签进行检测，即使是背景颜色有着细微差别的颜色也可以检测到，处理速度快；能自动适应波长，能够检测到灰度值的细小差别，与标签和背景的混合颜色无关。

颜色传感器常用于检测特定颜色点，通过与非颜色区相比较来实现颜色检测，而不是直接测量颜色。颜色传感器实际上是一种反向装置，光源垂直于目标物体安装，而接收器与物体成锐角方向安装，让其只检测来自目标物体的散射光，从而避免传感器直接接收反射光，并且可使光束聚焦很窄。使用单色光源（即绿色或红色 LED）的颜色传感器，就其原理来说并不是检测颜色，而是通过检测颜色对光束的反射或吸收量与周围材料相比的不同来实现检测的。

2. 颜色传感器的操作方法

(1)将所需检测颜色的工件放置在颜色传感器的正下方。

(2)按住颜色传感器的黄色按钮,持续 3s 后松开,且拿开工件(指示灯应闪烁)。

(3)将另外一种颜色的工件放置在颜色传感器的正下方。

(4)按住颜色传感器的黄色按钮,持续 3s 后松开,且拿开所放工件(指示灯应熄灭)。

(5)当需检测颜色的工件在颜色传感器的正下方时,色变传感器的指示灯保持常亮;当另一种颜色的工件在颜色传感器的正下方时,颜色传感器的指示灯熄灭,说明调试成功。

3. 颜色传感器的接线

颜色传感器的接线如图 6-29 所示。在三菱 FX_{2N} 系列 PLC 的使用过程中,常接三根线:即棕色线接+24V,蓝色线接 0V,黑色线为信号输出线,接 PLC 的输入端子 X。

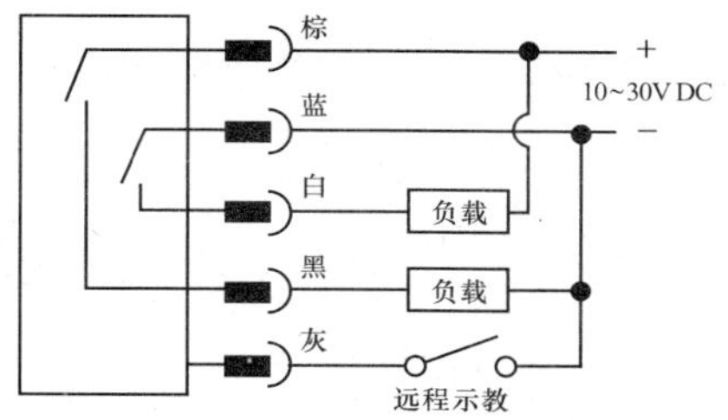

图 6-29　颜色传感器的接线方式

知识点 3　步科触摸屏的使用

本系统中的人机界面采用 MT4500C/MT4300T 触摸屏。人机界面是在操作人员和机器设备之间做双向沟通的桥梁,用户可以自由的组合文字、按钮、图形、数字等来处理或监控、管理,以及应付随时可能发生变化的信息的多功能显示屏幕。

一、MT4500C/MT4300T 触摸屏的接口

1. 串行接口

MT4500C/MT4300T 有两个串行接口,标记为 COM0,COM1。两个口分别为公头和母头,以方便区分,管脚的差别仅在于 PIN7 和 PIN8。COM0 为 9 针公头,管脚定义如图 6-30 所示。COM1 为 9 针母头,管脚定义如图 6-31 所示;其与 COM0 的区别仅在于PC RXD、PC TXD 被换成了 PLC 232 连接的硬件流控 TRS PLC、CTS PLC。

2. USB 接口

MT4500C/MT4300T 提供了一个 USB 高速的下载通道,它将大大加快下载的速度,且不需要预先知道目标触摸屏的 IP 地址。

GND 5
TX+ 9
TX− 4
PC TXD 8
TXD PLC 3
PC RXD 7
RXD PLC 2
RX+ (B) 6
RX− (A) 1
COM0

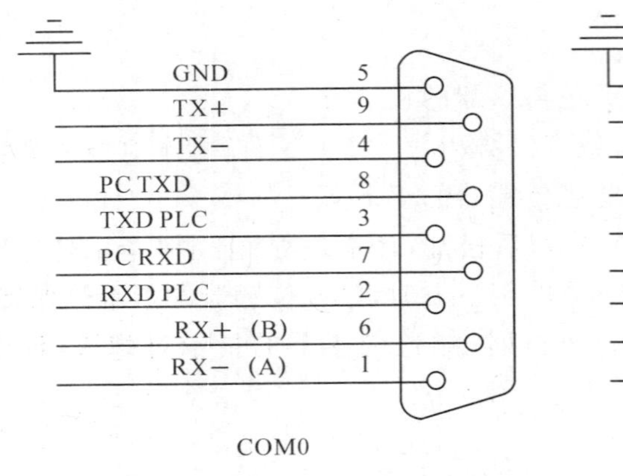

图 6-30　COM0 口引脚功能

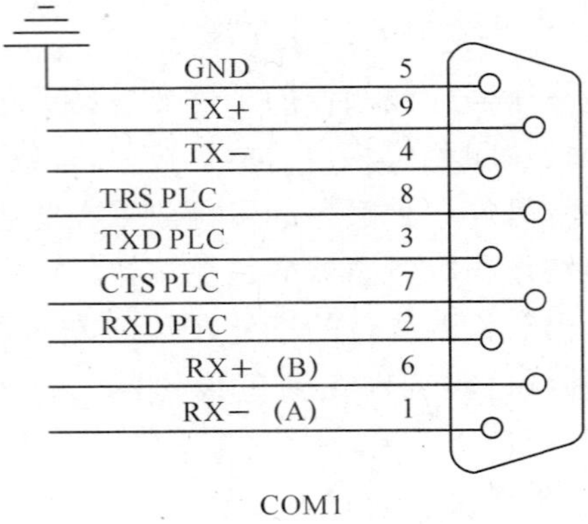

GND 5
TX+ 9
TX− 4
TRS PLC 8
TXD PLC 3
CTS PLC 7
RXD PLC 2
RX+ (B) 6
RX− (A) 1
COM1

图 6-31　COM1 口引脚功能

二、EV5000 软件安装

(1)将 EV5000 软件光盘放入光驱,计算机将会自动运行安装程序,或者手动运行光盘文件 Setup. exe。

(2)按向导提示,一路按下[下一步]。

(3)按下[完成],软件安装完毕。

(4)要运行程序时,可以在菜单[开始]/[程序]/[eview]/[EV5000_UNICODE_CHS]下找到相应的可执行程序。

三、制作一个最简单的工程

(1)安装好 EV5000 软件后,在[开始]/[程序]/[eview]/[EV5000_UNICODE_CHS]下找到相应的可执行程序,点击,打开触摸屏软件。

(2)点击菜单[文件]里的[新建工程],这时将弹出一个对话框,输入所建工程的名称。也可以点[>>]来选择所建文件的存放路径。在这里我们将其命名为 test1,如图 6-32 所示。再点击[建立]即可。

建立工程
工程名称
test1
目录
D:\Program Files\EV5000_V1.6_CHS\project\test1
>>
建立
取消

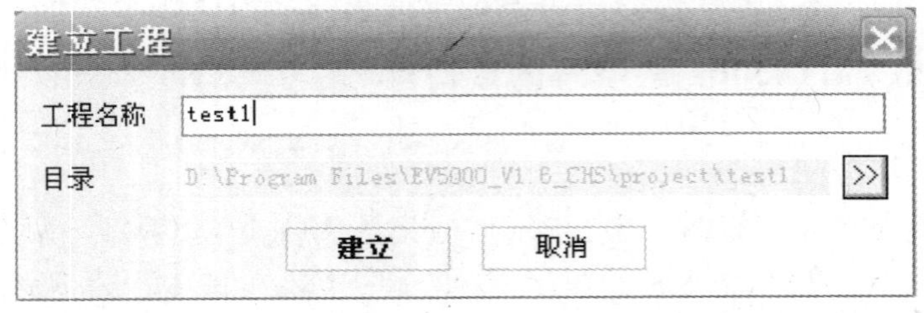

图 6-32　新建工程

(3)选择所需的通信连接方式,MT5000 支持串口、以太网连接。点击元件库窗口里的[通信连接],选中。

(4)将所需的连接方式拖入工程结构窗口中即可,如图 6-33 所示。

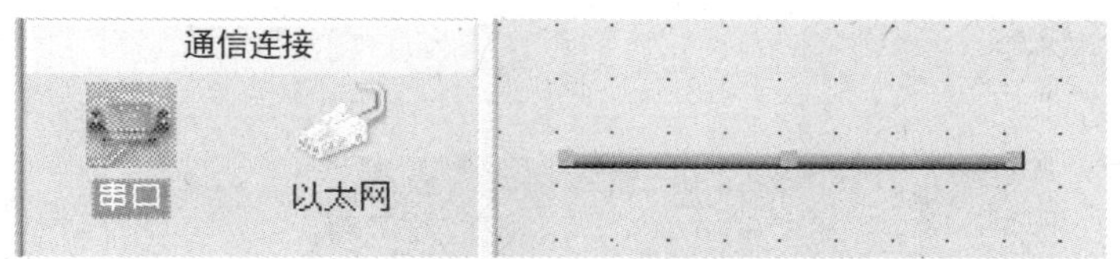

图 6-33　通信连接

(5)选择所需的触摸屏型号,将其拖入工程结构窗口。

(6)选择需要连线的 PLC 类型,拖入工程结构窗口里。适当移动 HMI 和 PLC 的位置,将连接端口靠近连接线的任意一端,就可以顺利把它们连接起来,如图 6-34 所示。注意:连接使用的端口号要与实际的物理连接一致。这样就成功地在 PLC 与 HMI 之间建立了连接。拉动 HMI 或者 PLC,检查连接线是否断开,如果不断开就表示连接成功。

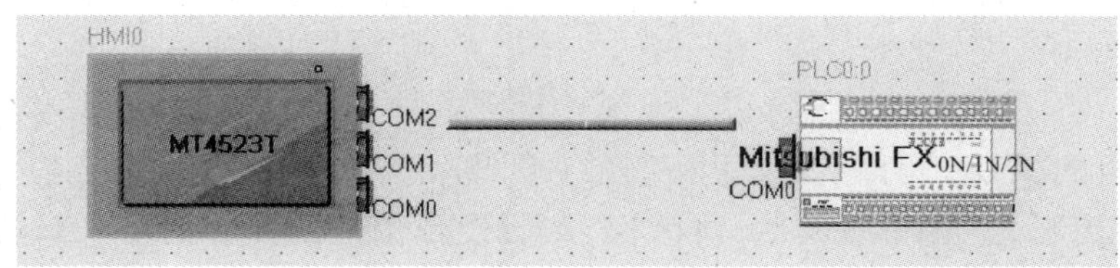

图 6-34　HMI 与 PLC 的连接

(7)双击 HMI0 图标,就会弹出如图 6-35 所示的对话框。在此对话框中需要设置触摸屏的端口号。在弹出的[HMI 属性]框里切换到[串口 0 设置]里修改串口 0 的参数,如果 PLC 连接 COM1,则在[串口 1 设置]里修改串口 1 的参数。

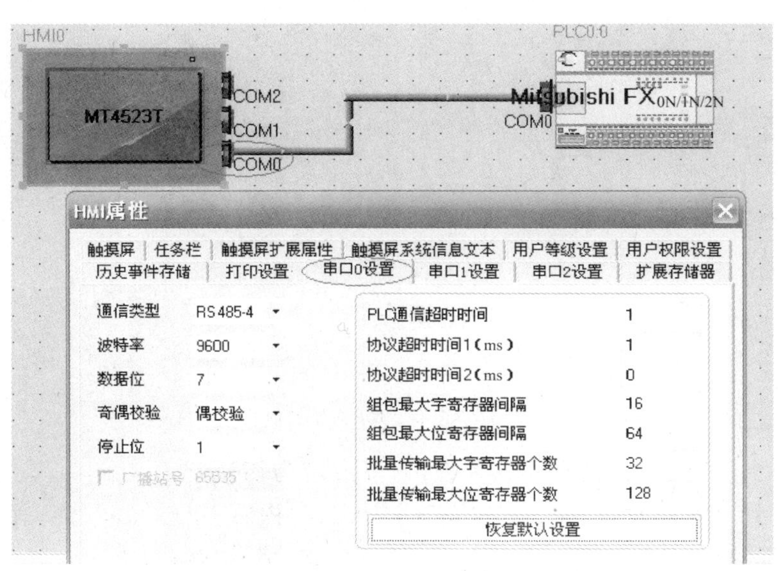

图 6-35　HMI 属性设置

(8)在工程结构窗口中,选中 HMI 图标,点击右键的[编辑组态],进入[组态]窗口,如图 6-36 所示。

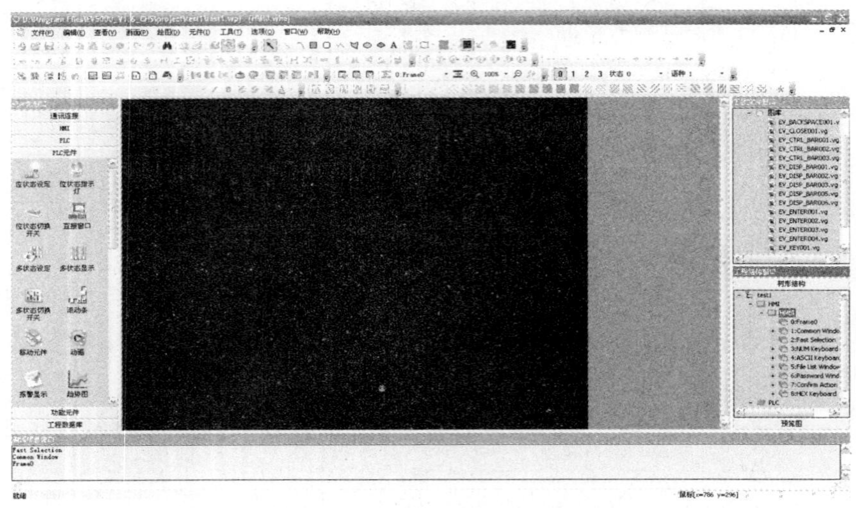

图 6-36　HMI 组态窗口

(9)在左边的[PLC 元件]窗口里，轻轻点击图标，将其拖入[组态]窗口中放置；这时将弹出位控制元件[基本属性]对话框，然后设置位控制元件的输入/输出地址，如图 6-37 所示。

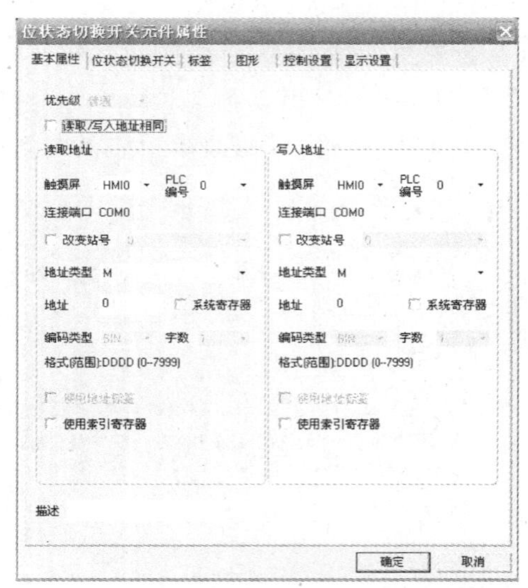

图 6-37　位状态切换开关属性

(10)切换到[开关]页，设定开关类型，这里设定为切换开关。

(11)切换到[标签]页，选中[使用标签]，分别在[内容]里输入状态 0、状态 1 相应的标签，并选择标签的颜色，可以修改标签的对齐方式、字号、颜色。

(12)切换到[图形]页，选中[使用向量图]复选框，选择一个想要的图形。

(13)最后点[确定]，关闭对话框。放置好的元件如图 6-38 所示。

图 6-38　位状态切换开关

(14)选择工具条上的[保存],接着选择菜单[工具]/[编译]。如果编译没有错误,这个工程就做好了。

(15)选择菜单[工具]/[离线模拟]/[仿真]。设置的开关在点击它时可以来回切换状态,和真正的开关一模一样,如图 6-39 所示。

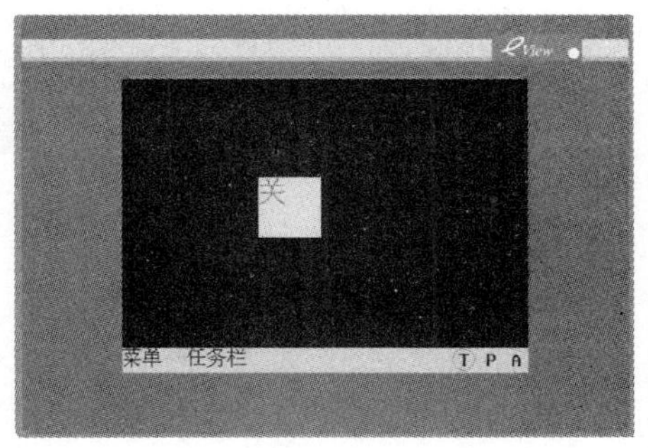

图 6-39　仿真状态

四、工程下载

MT4523T/MT4300T 提供 2 种下载方式,分别为 USB 和串口。在下载和上传之前,要首先设置通信参数,通信参数的设置在菜单栏的[工具]/[设置选项]里,如图 6-40 所示。下载设备选择 USB。

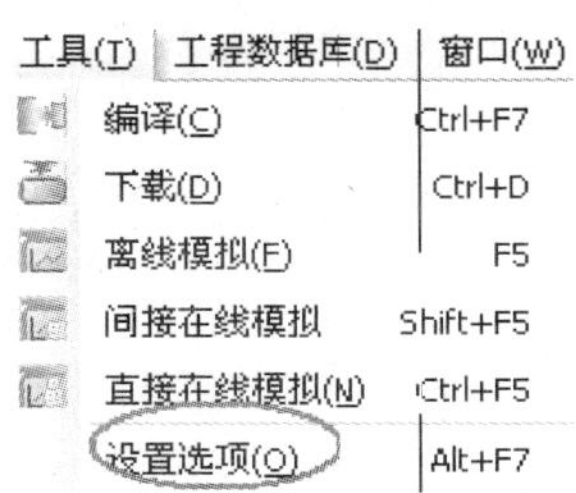

图 6-40　工程下载设置选项

第一次使用 USB 下载,要手动安装驱动。把 USB 一端连接到 PC 的 USB 接口上,另一端连接触摸屏的 USB 接口,在触摸屏上电的条件下,会弹出安装信息,如图 6-41 所示。

根据提示手动安装 USB 驱动,如图 6-42 所示。

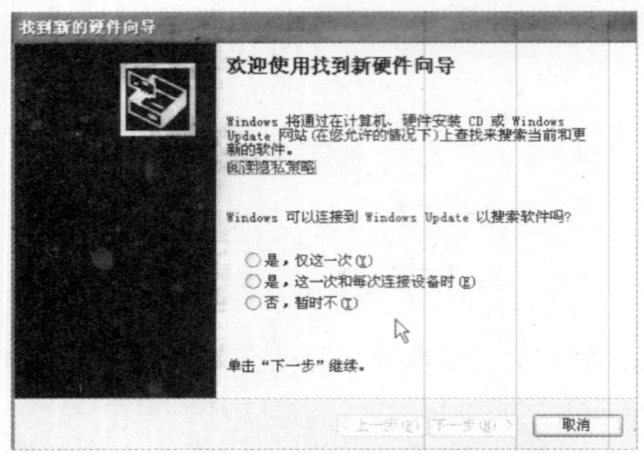

图 6-41 安装信息

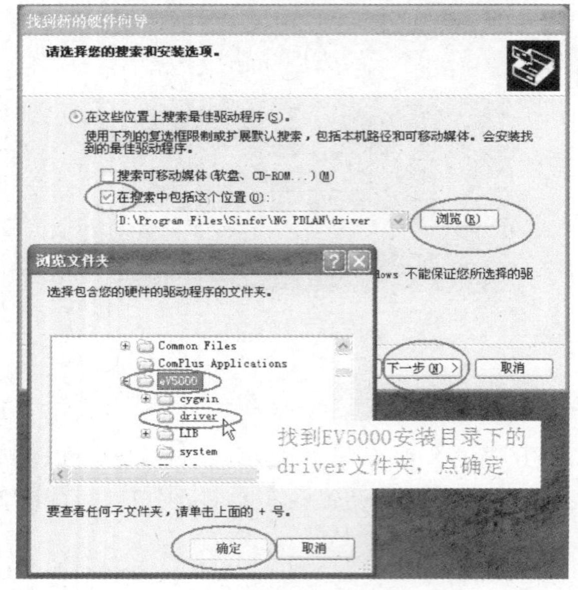

图 6-42 手动安装 USB 驱动

USB 一旦安装成功，从[我的电脑]/[属性]/[硬件]/[设备管理器]/[通用串行总线控制器]里，可以查看到 USB 是否安装成功。

选择菜单[工具]/[下载]，将做好的工程下载到触摸屏中。

拓展训练

1. 颜色传感器如何判断工件的颜色、穿销的颜色?
2. 如果检测单元发生故障，系统该如何报警? 程序该如何编写?

任务七　分拣单元控制系统实训

➢任务目标

1.掌握分拣单元的结构、特点和电气接口特性，并进行安装和调试。

2.熟悉机械手系统的使用。

3.熟悉旋转气缸、警示灯的使用和编程。

4.能在规定的时间内完成分拣单元控制程序的编写，并解决在调试过程中出现的常见问题。

子任务1　认识分拣单元

一、任务描述

分拣单元的动作视频详见资源库：分拣单元动作视频.AVI。

分拣单元是环形生产线的第六个工作单元，主要对检测识别后的工件进行分拣工作，为下一站的入仓库做准备。分拣单元由直线无杆气缸、导杆薄型气缸、阻挡气缸、摆动气缸、气夹、磁性传感器、光电传感器、电感传感器、气缸、同步带轮、直流减速电机、工件传输装置、废品回收装置等组成，如图7-1所示。

当系统运行时，阻挡气缸伸出，传输线运行；当电感传感器检测到托盘到位后，若光电传感器检测到托盘上无工件，则阻挡气缸缩回，托盘被传输到下一站。若光电传感器检测到托盘上有工件，则导杆薄型气缸气缸通电，机械臂下降，到位后气夹动作将工件夹紧，然后提升气缸动作使机械臂上升。此时，阻挡气缸气缸通电，放行托盘，然后按照正品、废品交替形式处理工件。

当工件为正品时，摆动气缸气缸通电，工件旋转90°并保持5s，确保托盘已经通过该分拣单元。然后该单元传送带断电，导杆薄型气缸气缸通电，机械臂下降，工件被垂直放置在传送带上进行传输。

当工件为废品时，直线无杆气缸气缸通电，将工件运至废品位，导杆薄型气缸气缸通电，机械臂下降，气夹松开，工件被垂直放置在废品传送线上并送至废料盒内。机械臂在该位置保持2s后，回到初始位置。

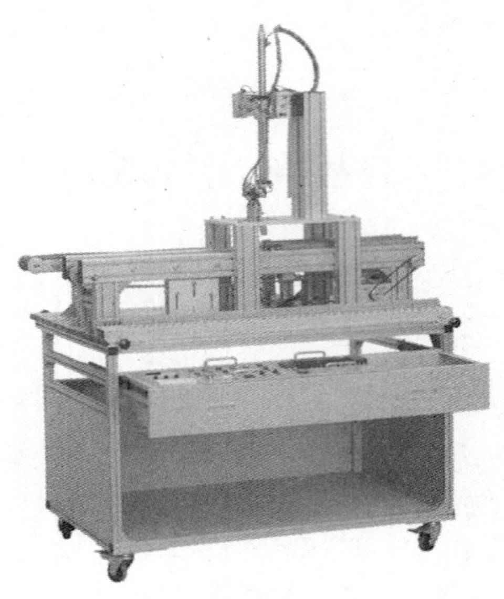

图 7-1　分拣单元

二、任务分析

本单元用三菱 FX_{2N}-48MR PLC 作为系统控制器，用三菱 FX_{2N}-32CCL 模块作为 CC-Link 通信接口，用四个单相电磁阀分别控制挡料气缸、运输气缸、提升气缸、旋转气缸的动作，用一个双向电磁阀控制夹紧气缸的动作，用两个继电器控制托盘传输带、废品回收传输带的启动与停止。

分拣单元的气动原理如图 7-2 所示。

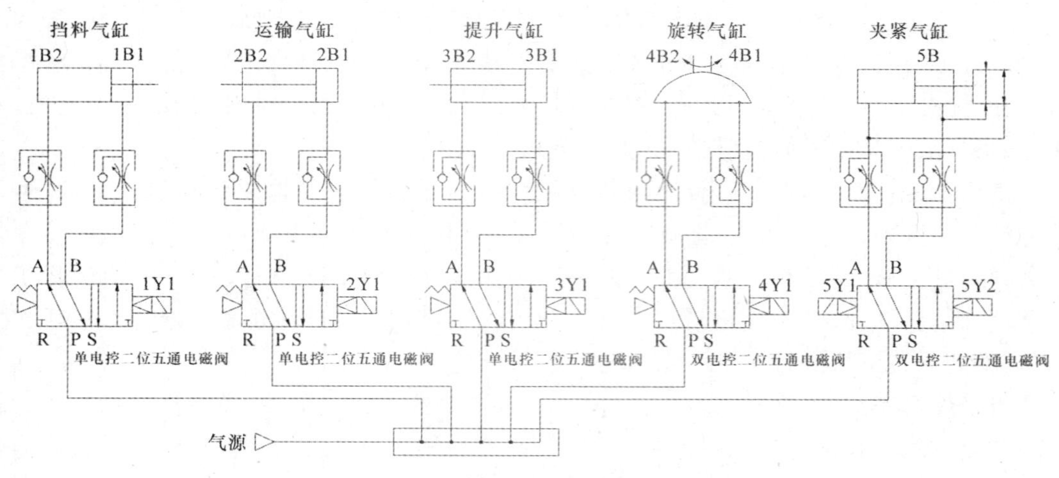

图 7-2　分拣单元的气动原理

三、任务实施

(1)观看分拣单元动作视频，在表 7-1 中画出分拣单元的动作流程图(只要求写出运行流程图，不包括复位状态）。分拣单元动作视频详见网络教学平台：分拣单元动作视频.AVI。

表 7-1　分拣单元动作流程图

	动作流程图	SFC
分拣单元		

（2）设备端子如图 7-3 所示。熟悉分拣单元的设备端子功能、传感器接线、气缸和气缸接线，根据实际传感器的接线特性仔细填写表 7-2，根据气缸和气缸的接线状态仔细填写表 7-3。

1	+24V
2	+24V
3	0V
4	0V
5	
6	
7	托盘到位检测传感器正
8	托盘到位检测传感器负
9	托盘到位检测传感器输出
10	工件有无检测传感器正
11	工件有无检测传感器负
12	工件有无检测传感器控制
13	挡料气缸上限传感器输出
14	挡料气缸上限传感器负
15	挡料气缸下限传感器输出
16	挡料气缸下限传感器负
17	运输气缸前限传感器输出
18	运输气缸前限传感器负
19	运输气缸后限传感器输出
20	运输气缸后限传感器负
21	提升气缸上限传感器输出
22	提升气缸上限传感器负
23	提升气缸下限传感器输出
24	提升气缸下限传感器负
25	左旋到位传感器输出
26	左旋到位传感器负
27	右旋到位传感器输出
28	右旋到位传感器负
29	手爪夹紧检测传感器输出
30	手爪夹紧检测传感器负
31	
32	
33	挡料电磁阀正
34	挡料电磁阀控制
35	运输电磁阀正
36	运输电磁阀控制

37	提升电磁阀正
38	提升电磁阀控制
39	旋转电磁阀正
40	旋转电磁阀控制
41	手爪张开电磁阀正
42	手爪张开电磁阀控制
43	手爪夹紧电磁阀正
44	手爪夹紧电磁阀控制
45	废料传输控制
46	托盘传输控制
47	
48	
49	转角来料检测传感器正
50	转角来料检测传感器控制
51	转角来料检测传感器输出
52	转角到料检测传感器正
53	转角到料检测传感器控制
54	转角到料检测传感器输出
55	转角出料检测传感器正
56	转角出料检测传感器控制
57	转角出料检测传感器输出
58	转角滑台左限位传感器输出
59	转角滑台左限位传感器控制
60	转角滑台右限位传感器输出
61	转角滑台右限位传感器控制
62	
63	转角滑台电磁阀正
64	转角滑台电磁阀控制
65	转角电机正转控制
66	转角电机反转控制
67	转角红灯控制
68	转角绿灯控制
69	警示灯公共端
70	
71	
72	

备注：1. 磁性传感器引出线：蓝色线为“负”，接“0V”；棕色线为“输出”，接PLC输入端。
2. 电容、电感传感器及光电开关引出线：蓝色线为“负”，接“0V”；棕色线为“正”，接“+24V”；黑色线为“输出”，接PLC输入端。
3. 电磁阀引出线：黑色线为控制端，接PLC 输出端；红色线为“正”，接“+24V”。

图 7-3　分拣单元设备端子

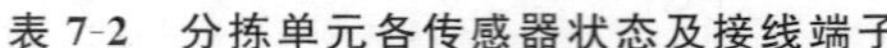

表 7-2　分拣单元各传感器状态及接线端子

序号	功能	何种传感器	0V		+24V		信号线	
			颜色	端子号	颜色	端子号	颜色	端子号
1	托盘到位检测							
2	工件有无检测							
3	挡料气缸上限检测							
4	挡料气缸下限检测							
5	运输气缸前限检测							
6	运输气缸后限检测							
7	提升气缸上限检测							
8	提升气缸下限检测							
9	左旋到位检测							
10	右旋到位检测							
11	手爪夹紧检测							
12	转角来料检测							
13	转角到料检测							
14	转角出料检测							
15	转角滑台左限检测							
16	转角滑台右限检测							

表 7-3　分拣单元各电机和气缸状态

序号	功能	由何种器件进行控制（电磁阀 OR 继电器）	正		负	
			颜色	端子号	颜色	端子号
1	挡料气缸					
2	运输气缸					
3	提升气缸					
4	旋转气缸					
5	气动手爪张开					
6	气动手爪夹紧					
7	废品回收传输带					
8	托盘传输带					
9	转角滑台旋转气缸					
10	转角电机正转					
11	转角电机反转					
12	转角红灯					
13	转角绿灯					

填写表 7-1～7-3,然后由指导老师检查确定。检查无误后请以电子稿作业形式上交到网络教学平台。

四、任务评价

完成子任务 1,专业能力评价如表 7-4 所示。

表 7-4　专业能力评价

序号	训练内容	考核要求		评分标准		配分	学生自评	教师评分
1	准备工作	1. 有工作计划; 2. 有工作分工		1. 没有工作计划,扣 5 分; 2. 没有工作分工,扣 5 分		10		
2	流程图和 SFC	1. 正确书写流程图; 2. 正确写出 SFC		1. 流程写错,每步扣 5 分; 2. SFC 写错,每步扣 5 分		40		
3	传感器和继电器、气缸状态	1. 正确认识传感器的接线; 2. 正确认识继电器和气缸		1. 传感器端子错误,每处扣 5 分; 2. 传感器颜色错误,每处扣 5 分; 3. 气缸端子错误,每处扣 5 分; 4. 气缸颜色错误,每处扣 5 分		50		
4	职业素养与安全意识	1. 安全文明操作; 2. 6S 管理		1. 违反安全文明生产规程,损坏元器件,扣 5～30 分,并赔偿损坏的元器件; 2. 工位凌乱,不整理,扣 10 分		倒扣		
备注	各项内容最高分不得超过额定配分			合计		100		
时间	开始时间		结束时间		考评员签字		年　　月　　日	

子任务 2　分拣单元 PLC 系统设计与调试

一、任务描述

在完成子任务 1 的熟悉系统的基础上,完成分拣单元单站运行控制系统设计与调试,要求完成功能如下。

(1)复位:按下复位按钮,挡料气缸缩回,输送电机动作带动传输线运行 5s 至无杂物;连杆驱动电机动作,直到连杆回到原点为止,复位完成。

(2)运行:按下运行按钮,系统运行,阻挡气缸伸出,传输线运行;当电感传感器检测到托盘到位后,若光电传感器检测到托盘上无工件,则阻挡气缸缩回,托盘被传输到下一站。若光电传感器检测到托盘上有工件,则导杆薄型气缸气缸通电,机械臂下降,到位后气夹动作将工件夹紧,然后提升气缸动作机械臂上升。此时,阻挡气缸气缸通电,放行托盘,然后按照正品、废品交替形式处理工件。

当工件为正品时,摆动气缸气缸通电,工件旋转 90°并保持 5s,确保托盘已经通过该分拣单元。然后该单元传送带断电，导杆薄型气缸气缸通电，机械臂下降，工件被垂直放置在传送带上进行传输。

当工件为废品时，直线无杆气缸气缸通电，将工件运至废品位，导杆薄型气缸气缸通电，机械臂下降，气夹松开，工件被垂直放置在废品传送线上并送至废料盒内，机械臂在该位置保持2s后回到初始位置。

(3)停止：按下停止按钮，当前一个工作周期完成后，本单元停止工作。

(4)急停：按下急停按钮后，系统马上停止；急停复位后，继续前面的工作。

(5)指示灯显示：当系统的传感器不在初始位置时或进行复位操作时，指示灯Y27以1Hz频率闪烁；复位完成，系统状态准备完成，Y27常亮。当按下启动按钮，系统在运行状态下，Y26常亮；在运行过程中，按下停止按钮，Y26以1Hz频率闪烁；系统停下时，Y26灭。系统在急停状态下，Y25以1Hz频率闪烁；退出急停状态，Y25灭。

二、任务分析

本子任务主要包含4种动作状态：复位状态、运行状态、停止状态、急停状态。系统的运行状态是一个顺序流程图，所以在PLC程序设计中，可以用SFC进行编程。在编程中，把系统的复位、启动、停止、急停按钮放在SFC的第一块主控单元梯形图中，以便于程序调试；第二块分拣单元动作流程用SFC块编程，简单方便；第三块梯形图是其他功能，包括指示灯子程序和急停控制子程序。

三、任务实施

根据子任务2的控制要求，用PLC实现分拣单元控制系统的设计与调试，主要完成PLC的I/O口地址分配、PLC的外部接线图设计与连线、PLC程序设计、系统调试，具体实施步骤如下。

1. PLC的I/O口地址分配

在分拣单元中，需要的PLC输入量为20个，PLC输出量为12个。PLC的I/O口地址分配如表7-5所示。

表7-5 PLC的I/O口地址分配

序号	PLC地址	设备端子	功能说明	序号	PLC地址	设备端子	功能说明
1	X0		复位按钮	18	X21	57	转角出料传感器
2	X1		启动按钮	19	X22	58	转角滑台左限传感器
3	X2		停止按钮	20	X23	60	转角滑台右限传感器
4	X3		急停按钮	21	Y0	34	挡料气缸
5	X4	9	托盘到位检测传感器	22	Y1	36	运输气缸
6	X5	12	工件有无检测传感器	23	Y2	38	提升气缸
7	X6	13	挡料气缸上限传感器	24	Y3	40	旋转气缸

续表

序号	PLC 地址	设备端子	功能说明	序号	PLC 地址	设备端子	功能说明
8	X7	15	挡料气缸下限传感器	25	Y4	42	手爪松开气缸
9	X10	17	运输气缸前限传感器	26	Y5	44	手爪夹紧气缸
10	X11	19	运输气缸后限传感器	27	Y6	45	废品回收传输
11	X12	21	提升气缸上限传感器	28	Y7	46	托盘传输
12	X13	23	提升气缸下限传感器	29	Y10	64	转角滑台旋转气缸
13	X14	25	左旋到位传感器	30	Y11	65	转角电机正转
14	X15	27	右旋到位传感器	31	Y12	66	转角电机反转
15	X16	29	手爪夹紧传感器	32	Y13	67	转角红灯
16	X17	51	转角来料传感器	33	Y14	68	转角绿灯
17	X20	54	转角到料传感器				

2. PLC 的外部接线图设计与连线

根据 PLC 的 I/O 口地址分配表，设计 PLC 的外部接线图，并完成设备的电气接线。PLC 的外部接线如图 7-4 所示。

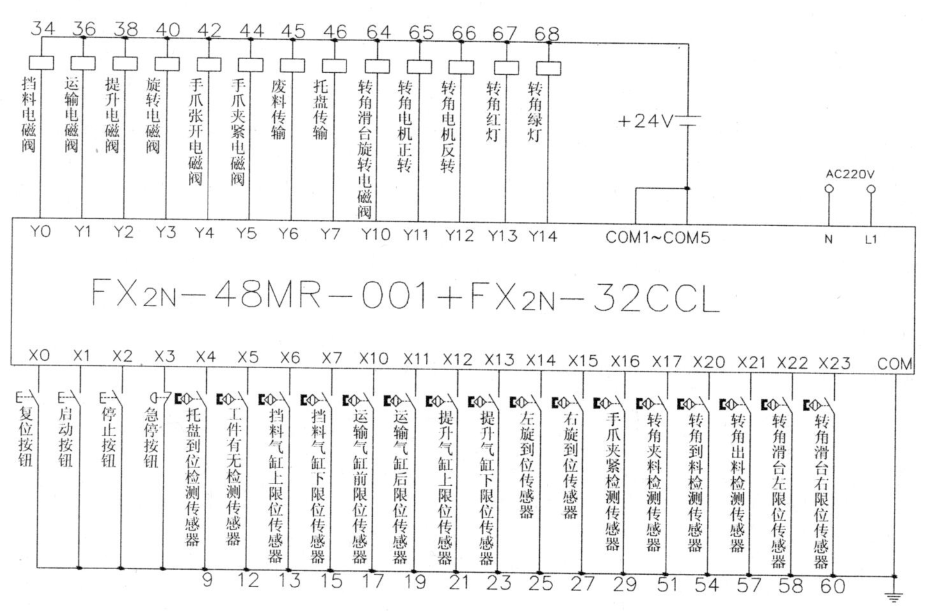

图 7-4　分拣单元的 PLC 外部接线

3. PLC 程序设计

本子任务的 PLC 程序在三菱 GX Developer 8 的 SFC 编程中实现，包括三个块程序：主控程序、分拣单元流程程序、其他子程序。各块程序的块类型如图 7-5 所示。

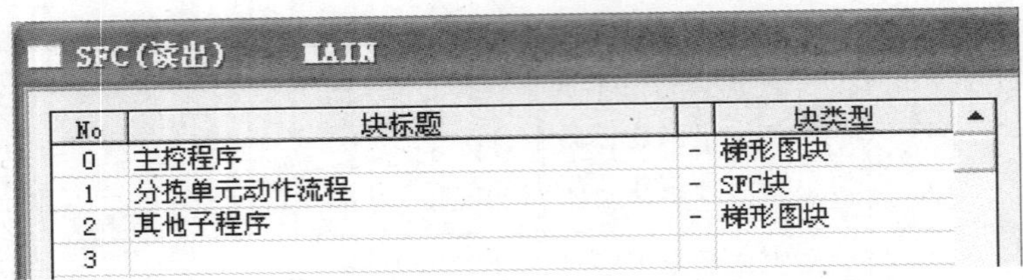
SFC(读出) MAIN

No	块标题		块类型
0	主控程序	-	梯形图块
1	分拣单元动作流程	-	SFC块
2	其他子程序	-	梯形图块
3			

图 7-5　分拣单元的三个块程序

(1)主控程序由梯形图设计,包括上电复位程序、复位功能程序、设备状态检测程序、启动停止程序、访问指示灯子程序、跳转急停子程序六个部分。

①上电复位程序。通过 M8002 将系统复位至初始状态,按下复位按钮也能进行状态复位。程序设计如图 7-6 所示。

```
0  M8002                                  [ZRST  M0     M49  ]
   X000 复位按钮                           [RST   S0 SFC     ]
                                          [ZRST  S10    S33  ]
                                          [ZRST  Y000 挡料气缸  Y014 转角绿灯]
```

图 7-6　上电复位程序

②复位功能程序。按下复位按钮,复位状态 M30 置 1。复位过程包括两个内容:传输带复位、转角电机复位。两个过程都复位完成后,M30 清零,M31 置 1。

传输带复位:在复位状态下,挡料气缸 Y0 缩回,传输带 Y7 运行,带动传输带上的托盘到尾部,运行 3s 后停止。传输带复位程序如图 7-7 所示。

```
19  X000 复位按钮                          [SET  M30 复位状态 ]
21  M30 复位状态                           (T0   K50 )
        T0 (常闭)                          [SET  Y000 挡料气缸]
                                          [SET  Y007 托盘传输]
        T0                                [RST  Y000 挡料气缸]
                                          [RST  Y007 托盘传输]
```

图 7-7　传输带复位程序

转角电机复位：在复位状态下，转角气缸右转，右转到位后，转角电机反转，把转角传输带上的托盘带出来；5s后转角气缸复位，转角电机停止运行，复位完成。

在复位状态下，两个过程都复位完成后，复位状态M30清零，复位完成状态M31置1。复位完成程序如图7-8所示。

图7-8　复位完成程序

③设备状态检测程序。当所有的状态符合要求时，准备状态辅助继电器M20为1，否则为0；当系统已经复位完成（M31=1）且准备状态完成（M20=1）时，设备准备状态检测完成，M21置1。程序设计如图7-9所示。

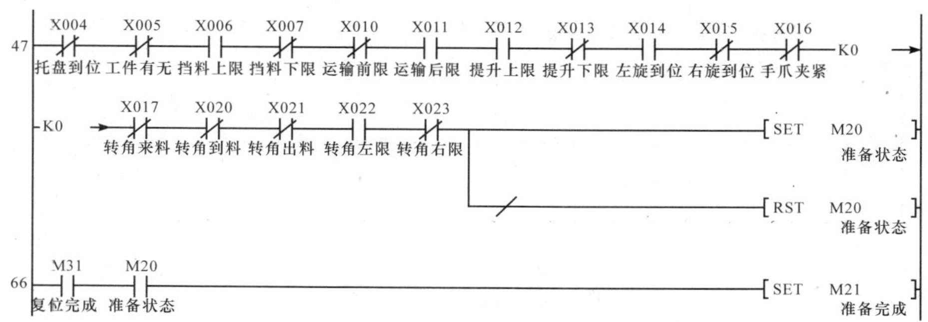

图7-9　设备状态检测程序

④启动停止程序。在系统准备好且系统还没运行时，按下启动按钮，使得运行状态辅助继电器M10为1，并将S0置1，准备开始检测、分拣操作。在系统运行过程中按下停止按钮，使辅助继电器M11为1；当分拣单元控制流程走完一个过程回到S0后，将M10复位，系统停止。程序设计如图7-10所示。

图 7-10　启动停止程序

⑤访问指示灯子程序。PLC 在运行状态下，永远访问指示灯子程序 P1。访问指示灯子程序如图 7-11 所示。

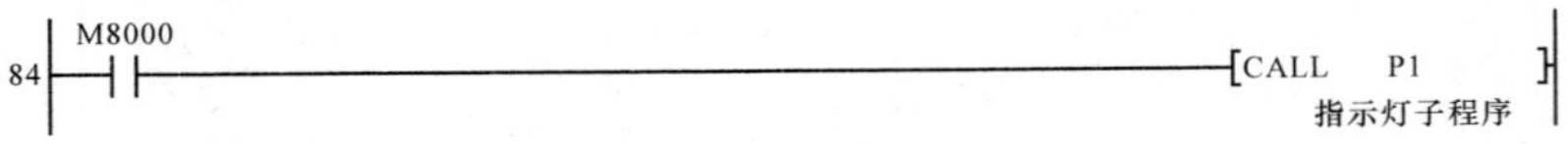

84
M8000
CALL P1
指示灯子程序

图 7-11　访问指示灯子程序

⑥跳转急停子程序。急停按钮为常闭开关。当按下急停按钮时，急停按钮 X3 常闭接通，常开断开，PLC 程序跳过分拣单元 SFC 流程，直接运行急停子程序 P0，同时急停状态 M40 为 1。当急停按钮旋开复位后，X3 常闭断开，常开接通，分拣单元继续运行。跳转急停子程序如图 7-12 所示。

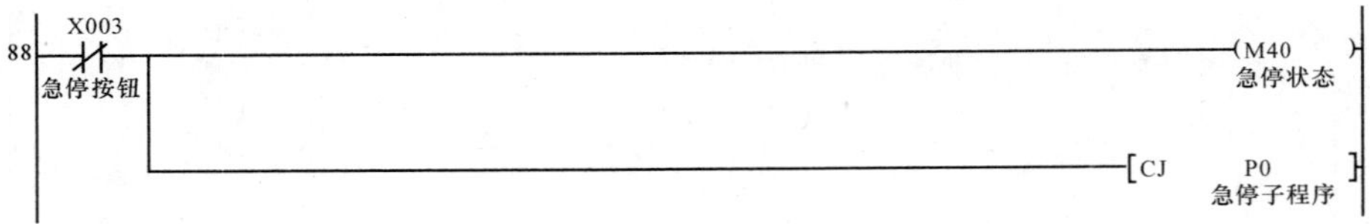

图 7-12　跳转急停子程序

(2)分拣单元流程程序由顺序流程图(SFC)进行编程。根据子任务 1 已经画出动作流程图和 SFC 图，请根据实际情况编写程序。分拣单元 SFC 各步的状态说明如表 7-6 所示，参考运行流程如图 7-13、图 7-14 所示。

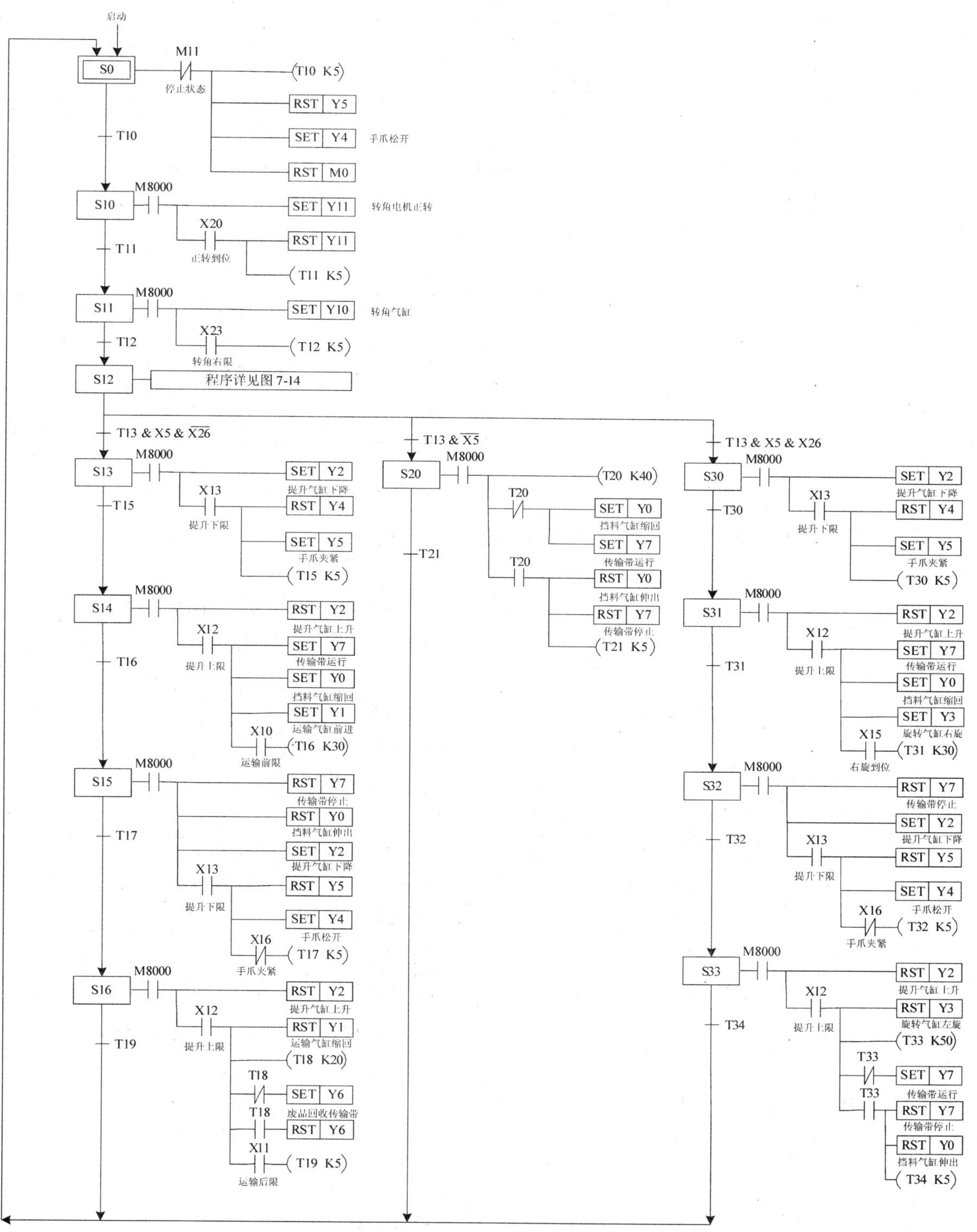

图 7-13　分拣单元顺序流程

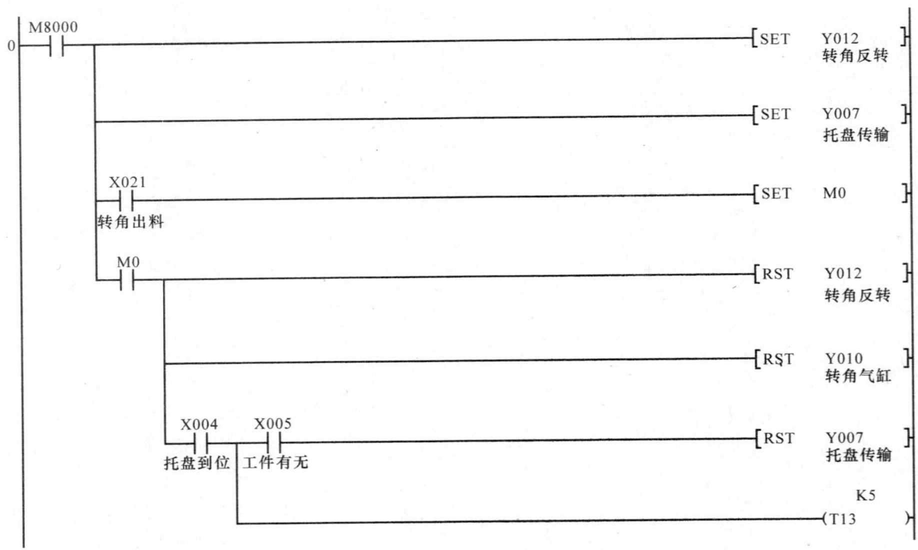

图 7-14 分拣单元 SFC 中 S12 的程序

表 7-6 分拣单元 SFC 各步状态说明

序号	步号	状态名称	功能说明
1	S0	初始步	检测是否在运行状态,启动手爪张开
2	S10	转角电机正转步	转角电机正转
3	S11	转角气缸右转步	转角气缸右转
4	S12	托盘传输步	传输带动作,托盘到位后停止
5	S13	机械手下降夹紧步	提升气缸下降,下降到位后机械手夹紧
6	S14	机械手上升前移步	提升气缸上升,上升到位后输送气缸前移
7	S15	机械手下降松开步	机械手下降,下降到位后机械手松开
8	S16	机械手上升后移步	提升气缸上升,上升到位后输送气缸后移
9	S20	没有工件步	挡料气缸缩回,传输带运行 4s 后停止
10	S30	机械手下降夹紧步	提升气缸下降,下降到位后机械手夹紧
11	S31	机械手上升右旋步	提升气缸上升,上升到位后机械手右旋
12	S32	机械手下降松开步	机械手下降,下降到位后机械手松开
13	S33	机械手上升左旋步	提升气缸上升,上升到位后机械手左旋

(3)其他子程序包括主程序结束、指示灯子程序、急停控制子程序三个部分,各部分功能说明如下。

①主程序结束。程序设计如图 7-15 所示。

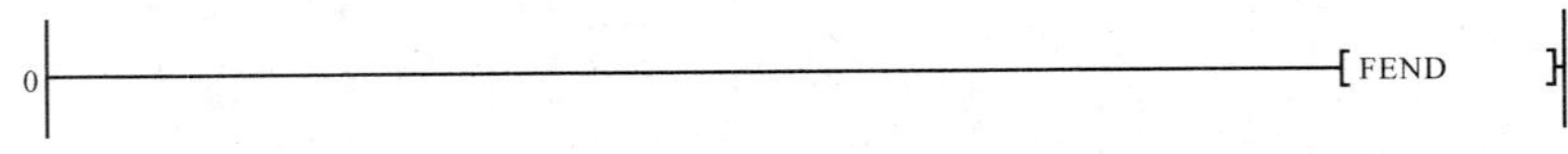

图 7-15 主程序结束

②指示灯子程序。如果复位完成后设备准备完成，Y27 常亮，否则以 1Hz 频率闪烁。如果设备正常运行，Y26 常亮；在运行过程中按下停止按钮，Y26 以 1Hz 频率闪烁；设备完全停止，Y26 灭。在急停状态下，Y25 以 1Hz 频率闪烁。指示灯子程序如图 7-16 所示。在系统运行过程中，转角绿灯 Y14 常亮，按下停止按钮，Y14 以 1Hz 频率闪烁；如果有托盘到达转角电机，则转角红灯 Y13 常亮，表示转角电机工作，转角不能再次进料，直到托盘离开转角电机为止。

③急停控制子程序。急停时利用 M8000 将传输带、废品传输带、转角电机正转和转角电机反转停止。急停控制子程序如图 7-17 所示。

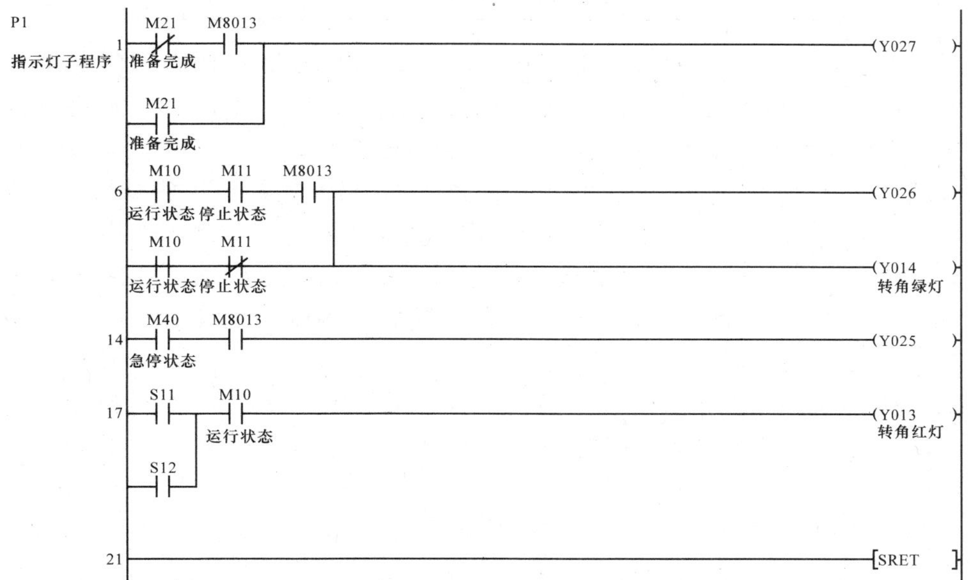

图 7-16　指示灯子程序

图 7-17　急停控制子程序

4. 系统调试

(1)旋开急停按钮，确保急停按钮在接通状态。

(2)按下黄色复位按钮，系统执行复位操作，Y27 指示灯以 1Hz 频率闪烁。传输带运行 3s 后停止，复位完成，Y27 指示灯常亮。若不能执行复位操作，请按表 7-7 进行故障排除。

表 7-7　不能执行复位操作时故障排除办法

序号	错误现象	处理办法
1	传输带不能复位	检查程序图 7-7
2	复位完成后不能再次复位	检查程序图 7-6 和图 7-8
3	Y27 指示灯现象不对	检查程序图 7-9、图 7-11 和图 7-16。若图 7-9 中 M20 为 0，则需要检查设备的传感器是不是在初始状态，直到 M20 为 1 时止

(3)复位按成后，Y27 指示灯常亮。按下运行按钮，系统运行，阻挡气缸伸出，传输线运行；电感传感器检测到托盘到位后，若光电传感器检测到托盘上无工件，则阻挡气缸缩回，托盘被传输到下一站。若光电传感器检测到托盘上有工件，则导杆薄型气缸气缸通电，机械臂下降，到位后气夹动作将工件夹紧，然后提升气缸动作使机械臂上升。此时，阻挡气缸气缸通电，放行托盘，然后按照正品、废品交替形式处理工件。

当工件为正品时，摆动气缸气缸通电，工件旋转 90°并保持 5s，以确保托盘已经通过该分拣单元。然后该单元传送带断电，导杆薄型气缸气缸通电，机械臂下降，工件被垂直放置在传送带上进行传输。

当工件为废品时，直线无杆气缸气缸通电，将工件运至废品位，导杆薄型气缸气缸通电，机械臂下降，气夹松开，工件被垂直放置在废品传送线上并送至废料盒内，机械臂在该位置保持 2s 后，回到初始位置。

在运行过程中指示灯 Y26 常亮。若不能执行启动运行操作，请按表 7-8 进行故障排除。

表 7-8　不能执行启动运行操作时故障排除办法

序号	错误现象	处理办法
1	传输带不能运行，转角电机不能运行，转角气缸不能右旋	检查程序图 7-13 中 S10、S11、S12
2	托盘到位后传输带不停	①检查传感器 X4 是否接通； ②检查程序图 7-13 中 S12
3	机械手不能动作	①检查系统气源是否上气； ②检查程序图 7-13 中 S13～S16 或者 S30～S33； ③检查 PLC 的输出是否接线错误，是否接电源
4	按下按钮 X26，机械手进行正常工件操作；断开按钮 X26，机械手进行废料处理	①检查程序图 7-13 中 S12 后面的选择性分支的条件； ②检查程序图 7-13 中 S13～S16 或者 S30～S33
5	分拣完成后，传输带没有重新启动	检查程序图 7-13 中 S16、S33
6	指示灯 Y26 没有常亮	检查程序图 7-11 和图 7-16

(4)在运行过程中按下停止按钮，Y26 以 1Hz 的频率闪烁；系统执行完当前工作周期后停止工作，即工件分拣完成后进入下一个工作单元，系统停止后 Y26 指示灯灭。若

不能执行停止操作,请按表 7-9 进行故障排除。

表 7-9 不能执行停止操作时故障排除办法

序号	错误现象	处理办法
1	不能停止	检查程序图 7-10、图 7-13 中 S0
2	Y26 指示灯现象不对	检查程序图 7-11 和图 7-16

(5)在运行过程中按下急停按钮,设备马上停止工作,Y25 以 1Hz 的频率闪烁;急停复位后,系统继续运行。若不能执行急停操作,请按表 7-10 进行故障排除。

表 7-10 不能执行急停操作时故障排除办法

序号	错误现象	处理办法
1	不能急停	检查程序图 7-12 和图 7-17
2	Y26 指示灯现象不对	检查程序图 7-11 和图 7-16

(6)指示灯 Y25～Y27 显示错误,请检查程序图 7-16。

四、任务评价

完成子任务 2,专业能力评价如表 7-11 所示。

表 7-11 专业能力评价

序号	训练内容	考核要求	评分标准	配分	学生自评	教师评分
1	准备工作	1. 有工作计划; 2. 有工作分工	1. 没有工作计划,扣 5 分; 2. 没有工作分工,扣 5 分	10		
2	电气线路工艺	1. 电气线路连接规范; 2. 电路布局规范	1. 连线颜色错误,扣 5 分; 2. 端子连接不牢靠,每处扣 2 分; 3. 电路连接凌乱,没有绑扎,每处扣 2 分; 4. 主电路裸露,扣 5 分	20		
3	程序设计与功能	1. PLC 设计符合功能要求; 2. 调试方法合理正确; 3. 正确处理调试过程中出现的故障情况	1. PLC 输入输出口搞错,每处扣 3 分; 2. 缺少功能,每处扣 3 分; 3. 不会熟练输入程序,扣 10～20 分; 4. 不能熟练调试,扣 10～20 分; 5. PLC 系统报错,扣 5 分	40		
4	通电试车	系统成功运行	1. 一次试车不成功,扣 10 分; 2. 二次试车不成功,扣 20 分; 3. 三次试车不成功,扣 30 分	30		
5	职业素养与安全意识	1. 安全文明操作; 2. 6S 管理	1. 违反安全文明生产规程,损坏元器件,扣 5～30 分,并赔偿损坏的元器件; 2. 工位凌乱,不整理,扣 10 分	倒扣		
备注	各项内容最高分不得超过额定配分		合计	100		
时间	开始时间		结束时间		考评员签字	年 月 日

子任务 3　用 MCGS 控制分拣单元系统运行

一、任务描述

在完成子任务 2 的基础上，用 MCGS 组态界面完成对分拣单元的控制，主要包括定义 MCGS 数据变量、设计 MCGS 组态界面、完成 MCGS 变量与 PLC 通道的连接、修改 PLC 程序、仿真调试五个部分。本子任务的设备动作要求与子任务 2 一样，MCGS 组态界面包括三个界面，分别为：主界面、控制界面、传感器气缸监控界面。

主界面、控制界面设计如图 7-18 所示。传感器气缸监控界面请自行设计，要求界面美观大方，包含系统所有传感器、气缸、电机的状态。

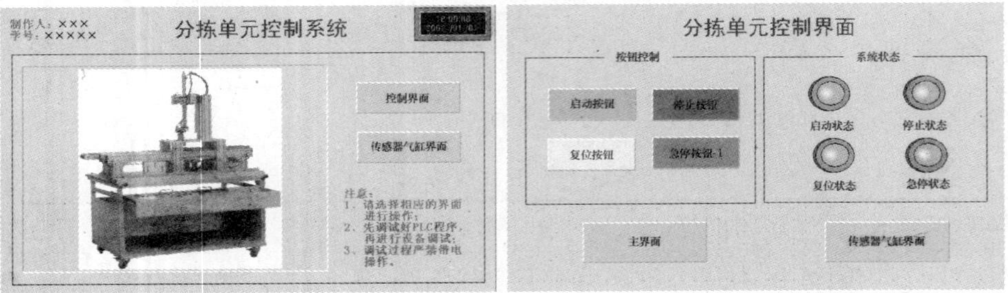

图 7-18　分拣单元主界面、控制界面设计

二、任务分析

MCGS 组态界面主要用于分拣单元的控制与监视，是一种可视化、无触点的控制技术。在本子任务中，可以先定义 MCGS 数据变量，完成 MCGS 组态设计，然后再将 MCGS 变量与 PLC 的 I/O 口通道连接，修改 PLC 程序，最后完成联机调试。

这里需要注意的是：组态界面不能控制 PLC 的输入端，所以 MCGS 上的控制按钮不能连接 PLC 的输入继电器 X。一般情况下，需要用辅助继电器 M 来代替输入继电器 X，具体操作可参考“任务实施—修改 PLC 程序”。

三、任务实施

根据子任务 3 的控制要求，用 MCGS 组态软件和 PLC 实现控制过程，实施步骤如下。

1. 定义 MCGS 数据变量

本子任务需要 37 个变量，如表 7-12 所示。

表 7-12　分拣单元的变量分配

序号	MCGS 变量名称	类型	初值	注释
1	复位按钮	开关量	0	按 1 松 0
2	启动按钮	开关量	0	按 1 松 0
3	停止按钮	开关量	0	按 1 松 0
4	急停按钮	开关量	0	取反
5	运行状态	开关量	0	显示运行状态
6	停止状态	开关量	0	显示停止状态
7	复位状态	开关量	0	显示复位状态
8	急停状态	开关量	0	显示急停状态
9	托盘到位检测	开关量	0	托盘到位检测传感器
10	工件有无检测	开关量	0	工件有无检测传感器
11	挡料气缸上限	开关量	0	挡料气缸上限传感器
12	挡料气缸下限	开关量	0	挡料气缸下限传感器
13	运输气缸前限	开关量	0	运输气缸前限传感器
14	运输气缸后限	开关量	0	运输气缸后限传感器
15	提升气缸上限	开关量	0	提升气缸上限传感器
16	提升气缸下限	开关量	0	提升气缸下限传感器
17	左旋到位	开关量	0	左旋到位传感器
18	右旋到位	开关量	0	右旋到位传感器
19	手爪夹紧	开关量	0	手爪夹紧传感器
20	转角来料	开关量	0	转角来料传感器
21	转角到料	开关量	0	转角到料传感器
22	转角出料	开关量	0	转角出料传感器
23	转角左限	开关量	0	转角滑台左限传感器
24	转角右限	开关量	0	转角滑台右限传感器
25	挡料气缸	开关量	0	显示挡料气缸动作
26	运输气缸	开关量	0	显示运输气缸动作
27	提升气缸	开关量	0	显示提升气缸动作
28	旋转气缸	开关量	0	显示旋转气缸动作
29	手爪松开气缸	开关量	0	显示手爪松开动作
30	手爪夹紧气缸	开关量	0	显示手爪夹紧动作
31	废品回收传输	开关量	0	显示废品回收传输带动作
32	托盘传输	开关量	0	显示传输带动作
33	转角旋转气缸	开关量	0	显示转角气缸旋转动作
34	转角电机正转	开关量	0	显示转角电机正转
35	转角电机反转	开关量	0	显示转角电机反转
36	转角红灯	开关量	0	显示转角红灯
37	转角绿灯	开关量	0	显示转角绿灯

2. 设计 MCGS 组态界面

本子任务需要设计 3 个界面窗口，窗口名称分别为主界面、控制界面、传感器气缸监控界面，设置主界面为启动窗口，如图 7-19 所示。

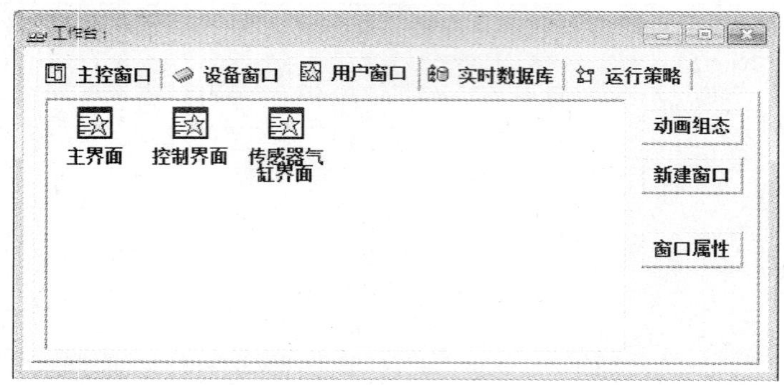

图 7-19　分拣单元 MCGS 组态界面设计

（1）主界面窗口设计如图 7-20 所示。

图 7-20　分拣单元主界面设计

（2）控制界面窗口设计如图 7-21 所示。

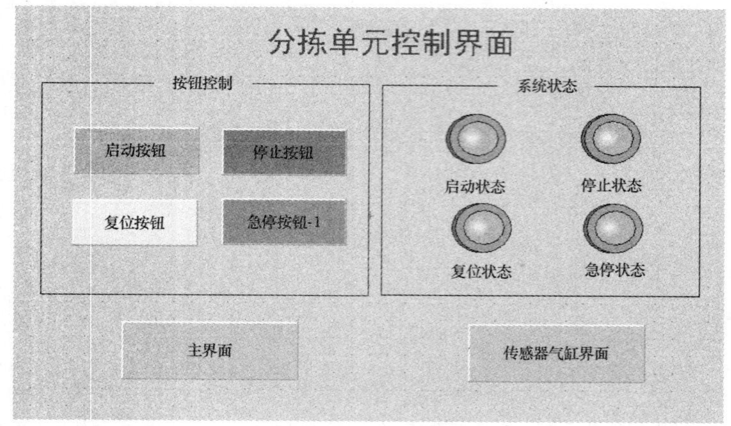

图 7-21　分拣单元控制界面设计

（3）传感器气缸监控界面请自行设计，要求界面美观大方，包含系统所有传感器、气缸、电机的状态。

3. 完成 MCGS 变量与 PLC 通道的连接

本子任务中，MCGS 通过三菱 FX 编程线与 PLC 进行通信，连接 MCGS 变量和 PLC 通道，如表 7-13 所示。

表 7-13　MCGS 变量和 PLC 通道的连接

序号	MCGS 变量名称	PLC 通道名称	备注
1	复位按钮	读写 M100	按 1 松 0
2	启动按钮	读写 M101	按 1 松 0
3	停止按钮	读写 M102	按 1 松 0
4	急停按钮	读写 M103	取反
5	运行状态	读写 M10	显示运行状态
6	停止状态	读写 M11	显示停止状态
7	复位状态	读写 M30	显示复位状态
8	急停状态	读写 M40	显示急停状态
9	托盘到位检测	只读 X4	托盘到位检测传感器
10	工件有无检测	只读 X5	工件有无检测传感器
11	挡料气缸上限	只读 X6	挡料气缸上限传感器
12	挡料气缸下限	只读 X7	挡料气缸下限传感器
13	运输气缸前限	只读 X10	运输气缸前限传感器
14	运输气缸后限	只读 X11	运输气缸后限传感器
15	提升气缸上限	只读 X12	提升气缸上限传感器
16	提升气缸下限	只读 X13	提升气缸下限传感器
17	左旋到位	只读 X14	左旋到位传感器
18	右旋到位	只读 X15	右旋到位传感器
19	手爪夹紧	只读 X16	手爪夹紧传感器
20	转角来料	只读 X17	转角来料传感器
21	转角到料	只读 X20	转角到料传感器
22	转角出料	只读 X21	转角出料传感器
23	转角左限	只读 X22	转角滑台左限传感器
24	转角右限	只读 X23	转角滑台右限传感器
25	挡料气缸	读写 Y0	显示挡料气缸动作
26	运输气缸	读写 Y1	显示运输气缸动作
27	提升气缸	读写 Y2	显示提升气缸动作
28	旋转气缸	读写 Y3	显示旋转气缸动作
29	手爪松开气缸	读写 Y4	显示手爪松开动作
30	手爪夹紧气缸	读写 Y5	显示手爪夹紧动作
31	废品回收传输	读写 Y6	显示废品回收传输带动作
32	托盘传输	读写 Y7	显示传输带动作
33	转角旋转气缸	读写 Y10	显示转角气缸旋转动作
34	转角电机正转	读写 Y11	显示转角电机正转
35	转角电机反转	读写 Y12	显示转角电机反转
36	转角红灯	读写 Y13	显示转角红灯
37	转角绿灯	读写 Y14	显示转角绿灯

注意：PLC 的输入通道 X 的信号只能作为只读信号，不能作为读写信号。

4.修改 PLC 程序

MCGS 对 PLC 的元件 X 的属性是只读，MCGS 只能显示元件 X 的状态，不能控制元件 X 的动作，所以在 MCGS 中需要用元件 M 代替元件 X 进行控制，元件 M 的属性为读写。本子任务需要用 MCGS 和外部按钮同时控制分拣单元的复位、启动、停止和急停功能，故需要修改 PLC 程序。根据 MCGS 组态设计，MCGS 和外部按钮控制系统的对应关系如表 7-14 所示。

表 7-14　MCGS 和外部按钮控制系统对应关系

序号	控制功能	外部按钮控制	MCGS 控制
1	复位按钮	X0	M100
2	启动按钮	X1	M101
3	停止按钮	X2	M102
4	急停按钮	X3	M103

复位、启动、停止信号外部接的是按钮的常开触点，故在 PLC 程序中，常开触点 X 并联上一个 MCGS 组态连接的变量的常开触点 M，常闭触点 X 串联上一个 MCGS 组态连接的变量的常闭触点 M，以实现 MCGS 和外部按钮的同时控制。复位、启动、停止按钮 PLC 程序的修改如图 7-22 所示。

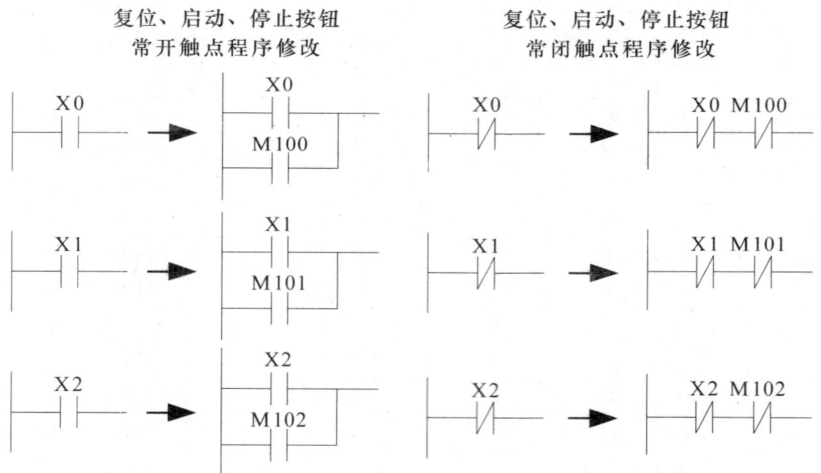

图 7-22　复位、启动、停止按钮的 PLC 程序修改

急停信号外部接的是急停开关的常闭触点，故在 PLC 程序中，X3 的常开常闭情况与其他按钮信号相反。急停按钮 PLC 程序的修改如图 7-23 所示。

图 7-23　急停按钮的 PLC 程序修改

5. 仿真调试

(1)按下 MCGS 组态界面上的复位按钮,系统复位。

(2)按下 MCGS 组态界面上的启动按钮,系统运行,完成分拣过程。

(3)按下 MCGS 组态界面上的停止按钮,系统运行完本周期后停止。

(4)按下 MCGS 组态界面上的急停按钮,系统马上停止;再按一次急停按钮,系统继续前面的工作。

(5)启动、停止、复位、急停功能也可以用外部按钮进行控制。

四、任务评价

完成子任务 3,专业能力评价如表 7-15 所示。

表 7-15 专业能力评价

序号	训练内容	考核要求	评分标准	配分	学生自评	教师评分
1	准备工作	1. 有工作计划; 2. 有工作分工	1. 没有工作计划,扣 5 分; 2. 没有工作分工,扣 5 分	10		
2	组态界面设计	1. 组态界面设计合理; 2. 组态界面能与 PLC 通信; 3. 组态界面能控制本单元的动作	1. 组态界面设计不合理,扣 20 分; 2. 缺少显示功能,每处扣 5 分; 3. 缺少控制功能,每处扣 5 分; 4. 组态不能跟 PLC 通信,扣 30 分	50		
3	PLC 程序修改	1. 能按要求修改 PLC 程序; 2. 能实现按钮和组态的同时控制	1. 不会进行程序的修改,扣 20 分; 2. 缺少功能,每处扣 5 分; 3. 不能进行按钮和组态两地控制,扣 10 分	20		
4	系统模拟运行	系统成功模拟运行	1. 一次不成功,扣 10 分; 2. 二次不成功,扣 20 分	20		
5	职业素养与安全意识	1. 安全文明操作; 2. 6S 管理	1. 违反安全文明生产规程,损坏元器件,扣 5～30 分,并赔偿损坏的元器件; 2. 工位凌乱,不整理,扣 10 分	倒扣		
备注	各项内容最高分不得超过额定配分		合计	100		
时间	开始时间		结束时间		考评员签字	年 月 日

知识点 1 分拣单元的气动知识

分拣单元气动控制回路的工作原理如图 7-24 所示。图中 1B1 和 1B2 为安装在挡料气缸的两个极限工作位置的磁感应接近开关,2B1 和 2B2 为安装在运输气缸的两个极限工作位置的磁感应接近开关，3B1 和 3B2 为安装在提升气缸的两个极限工作位置的磁感应接近开关，4B1 和 4B2 为安装在旋转气缸的两个极限工作位置的磁感应接近开关，5B 为安装在夹紧气缸的极限工作位置的磁感应接近开关。1Y1、2Y1、3Y1、4Y1 为控制挡料气缸、运输气缸、提升气缸、旋转气缸的电磁阀的电磁控制端，5Y1 和 5Y2 为控制夹紧气缸的双向电磁阀的电磁控制端。在图 7-24 中，挡料气缸设定在伸出状态，运输气缸和提升气缸设定在缩回状态，旋转气缸设定在左旋到位状态，夹紧气缸设定在张开状态。

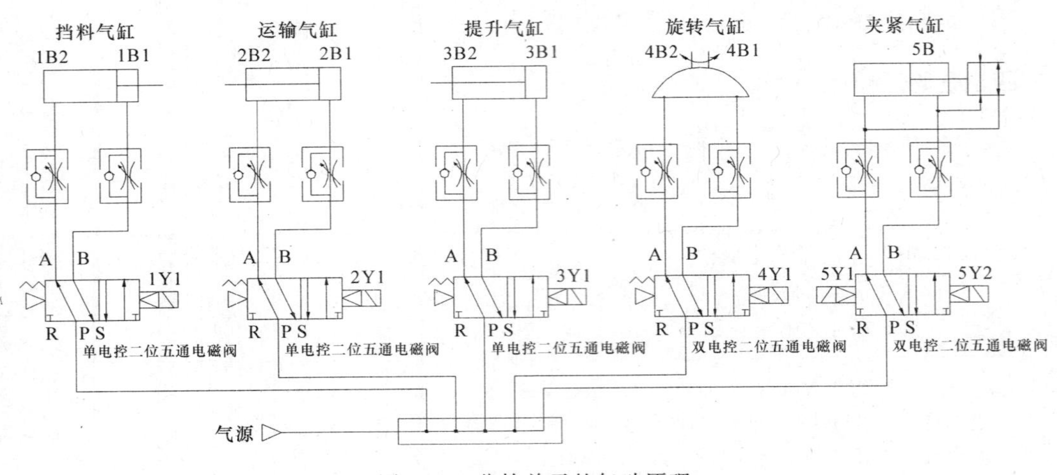

图 7-24　分拣单元的气动原理

拓展训练

如果分拣单元发生故障，系统该如何报警？程序该如何编写？

任务八　物流仓储单元控制系统实训

➢任务目标

1. 掌握物流仓储单元的结构、特点和电气接口特性，并进行安装和调试。

2. 熟悉步进电机的使用和编程。

3. 熟悉伺服电机的使用和编程。

4. 能在规定的时间内完成物流仓储单元控制程序的编写，并解决在调试过程中出现的常见问题。

子任务1　认识物流仓储单元

一、任务描述

物流仓储单元的动作视频详见资源库：物流仓储单元动作视频.AVI。

物流仓储单元(见图8-1)是环形生产线的第七个工作单元，主要对检测识别和分拣操作后的工件进行入仓库的工作。物流仓储单元由步进电机、交流伺服电机、直流减速电机、直线无杆气缸、摆动气缸、平行机械夹、阻挡气缸、同步带轮、磁性传感器、光电传感器、电磁阀、同步带皮带传输线、立体库架、直齿圆柱齿轮、滚珠丝杆、涡轮蜗杆减速箱等组成，主要完成对成品工件的分类入库、依次出库。

当系统运行时，直流电机带动传输线运行。当电感传感器检测到托盘后，光电传感器检测到托盘上无工件时，阻挡气缸缩回，托盘被传输到下一站。当光电传感器检测到有工件后，电感传感器没有检测到托盘，则Y轴启动气爪下降夹取工件，然后驱动X轴和Y轴，并根据工件颜色将工件转移到对应库架入口。此时，摆动气缸旋转180°，直线无杆气缸带动摆动气缸及平行气夹移动至入口处。然后Y轴开始启动，下降将工件水平放置在对应仓库入口的传输带上，库架上的光电传感器检测到工件后，该仓库传输线开始传输工件，延时2s停止；直线无杆气缸退回起点，摆动气缸旋转复位，X、Y轴移动提升装置，运行到达初始位置。

工件回收：按下工件回收按钮，仓库电机开始反转。如果5s内光电传感器没有检测到工件，则电机停止，启动下一个仓库电机；当光电传感器检测到工件时，X、Y移动提升装置,带动机械手将工件搬回至搬运台。

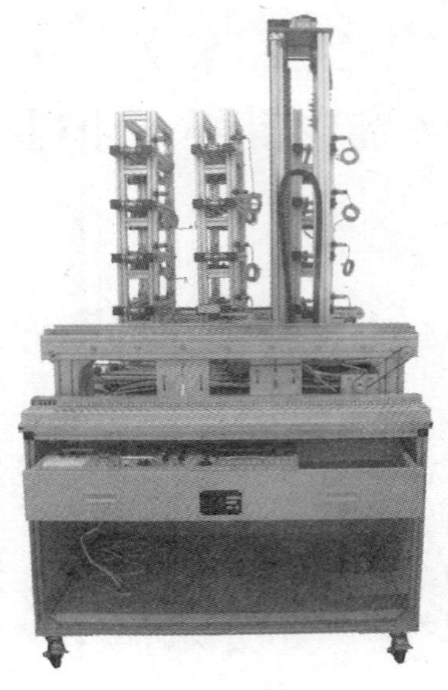

图 8-1　物流仓储单元

二、任务分析

本单元用三菱 FX_{2N}-48MT PLC 作为系统控制器,用 FX_{2N}-8EX 作为主控制器 PLC 的输入点扩展模块,用三菱 FX_{2N}-32CCL 模块作为 CC-Link 通信接口,用三个单相电磁阀分别控制挡料气缸、运输气缸、旋转气缸的动作,用一个双向电磁阀控制夹紧气缸的动作。物流仓储单元的气动原理如图 8-2 所示。

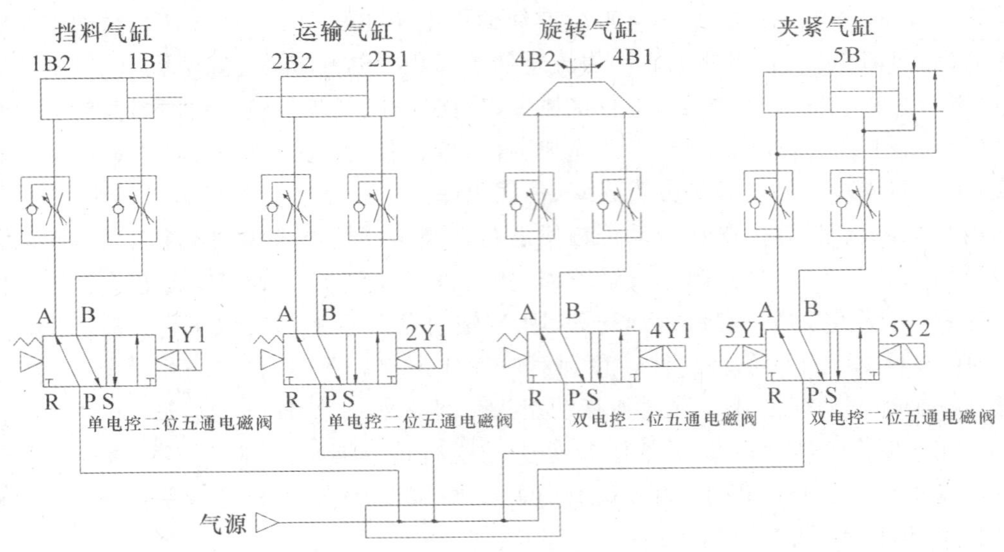

图 8-2　物流仓储单元的气动原理

物流仓储单元用一个继电器控制托盘传输带的运行,用一个继电器控制仓库电机的反转。仓库的编号采用行列式编码方式，即每层行数用1、2、3号进行编码，用三个继电器控制；每列号码用1、2、3、4层表示，用四个继电器控制。仓库的编号如图8-3所示。

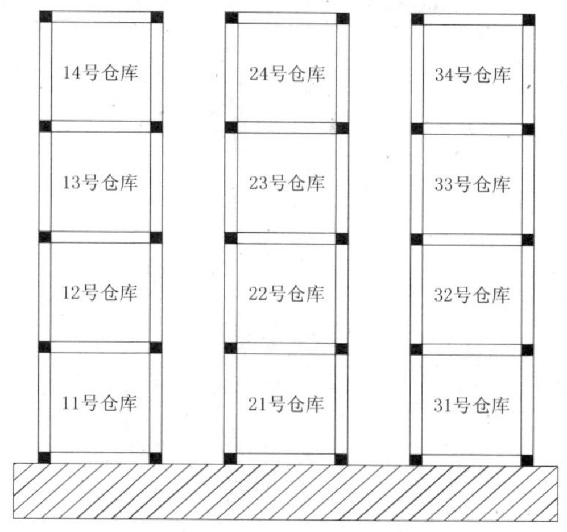

图8-3　物流仓储单元的仓库编号

三、任务实施

(1)观看物流仓储单元动作视频，在表8-1中画出物流仓储单元的动作流程图(只要求写出运行流程图，不包括复位状态)。物流仓储单元动作视频详见网络教学平台：物流仓储单元动作视频.AVI。

表8-1　物流仓储单元动作流程图

	动作流程图	SFC
物流仓储单元		

(2)设备端子如图8-4所示。熟悉物流仓储单元的设备端子功能、传感器接线、气缸和气缸接线，根据实际传感器的接线特性仔细填写表8-2，根据气缸和气缸的接线状态仔细填写表8-3。

端子号	名称
1	+24V
2	+24V
3	0V
4	0V
5	托盘到位检测传感器正
6	托盘到位检测传感器负
7	托盘到位检测传感器输出
8	工件到位检测传感器正
9	工件到位检测传感器负
10	工件到位检测传感器输出
11	挡料气缸上限位传感器输出
12	挡料气缸上限位传感器负
13	挡料气缸下限位传感器输出
14	挡料气缸下限位传感器负
15	运输气缸前限位传感器输出
16	运输气缸前限位传感器负
17	运输气缸后限位传感器输出
18	运输气缸后限位传感器负
19	左旋到位传感器输出
20	左旋到位传感器负
21	右旋到位传感器输出
22	右旋到位传感器负
23	手爪夹紧检测传感器输出
24	手爪夹紧检测传感器负
25	X轴原点正
26	X轴原点负
27	X轴原点输出
28	Y轴原点正
29	Y轴原点负
30	X轴正转极限输出
31	X轴反转极限输出
32	Y轴正转极限输出
33	Y轴反转极限输出
34	库架11工件检测输出
35	库架12工件检测输出
36	库架13工件检测输出

端子号	名称
37	库架14工件检测输出
38	库架21工件检测输出
39	库架22工件检测输出
40	库架23工件检测输出
41	库架24工件检测输出
42	库架31工件检测输出
43	库架32工件检测输出
44	库架33工件检测输出
45	库架34工件检测输出
46	X轴控制脉冲
47	Y轴控制脉冲
48	X轴控制方向
49	Y轴控制方向
50	挡料电磁阀正
51	挡料电磁阀控制
52	运输电磁阀正
53	运输电磁阀控制
54	旋转电磁阀正
55	旋转电磁阀控制
56	手爪张开电磁阀正
57	手爪张开电磁阀控制
58	手爪夹紧电磁阀正
59	手爪夹紧电磁阀控制
60	仓库1层电机输出
61	仓库2层电机输出
62	仓库3层电机输出
63	仓库4层电机输出
64	仓库1号电机输出
65	仓库2号电机输出
66	仓库3号电机输出
67	托盘传输控制
68	仓库电机反转控制
69	
70	
87	AC220V
88	AC220V

备注：1. 磁性传感器引出线：蓝色线为“负”，接“0V”；棕色线为“输出”，接PLC输入端。

2. 电容、电感传感器及光电开关引出线：蓝色线为“负”，接“0V”；棕色线为“正”，接“+24V”；黑色线为“输出”，接PLC输入端。

3. 电磁阀引出线：黑色线为控制端，接PLC输出端；红色线为“正”，接“+24V”。

图 8-4 物流仓储单元设备端子

表 8-2 物流仓储单元各传感器状态及接线端子

序号	功能	何种传感器	0V		+24V		信号线	
			颜色	端子号	颜色	端子号	颜色	端子号
1	托盘到位检测							
2	工件到位检测							
3	挡料气缸上限检测							
4	挡料气缸下限检测							
5	运输气缸前限检测							
6	运输气缸后限检测							
7	左旋转到位检测							
8	右旋转到位检测							
9	手爪夹紧检测							
10	X轴原点检测							
11	Y轴原点检测							
12	X轴正转极限检测							
13	X轴反转极限检测							
14	Y轴正转极限检测							
15	Y轴反转极限检测							
16	库架工件检测							

表 8-3　物流仓储单元各电机和气缸状态

序号	功能	由何种器件进行控制（电磁阀 OR 继电器）	正		负	
			颜色	端子号	颜色	端子号
1	X 轴控制脉冲					
2	Y 轴控制脉冲					
3	X 轴控制方向					
4	Y 轴控制方向					
5	挡料气缸					
6	运输气缸					
7	旋转气缸					
8	夹紧气缸					
9	仓库电机正转					
10	托盘传输					
11	仓库电机反转					

填写表 8-1～8-3，然后由指导老师检查确定。检查无误后请以电子稿作业形式上交到网络教学平台。

四、任务评价

完成子任务 1，专业能力评价如表 8-4 所示。

表 8-4　专业能力评价

序号	训练内容	考核要求	评分标准	配分	学生自评	教师评分
1	准备工作	1. 有工作计划； 2. 有工作分工	1. 没有工作计划，扣 5 分； 2. 没有工作分工，扣 5 分	10		
2	流程图和 SFC	1. 正确书写流程图； 2. 正确写出 SFC	1. 流程写错，每步扣 5 分； 2. SFC 写错，每步扣 5 分	40		
3	传感器和继电器、气缸状态	1. 正确认识传感器的接线； 2. 正确认识继电器和气缸	1. 传感器端子错误，每处扣 5 分； 2. 传感器颜色错误，每处扣 5 分； 3. 气缸端子错误，每处扣 5 分； 4. 气缸颜色错误，每处扣 5 分	50		
4	职业素养与安全意识	1. 安全文明操作； 2. 6S 管理	1. 违反安全文明生产规程，损坏元器件，扣 5～30 分，并赔偿损坏的元器件； 2. 工位凌乱，不整理，扣 10 分	倒扣		
备注	各项内容最高分不得超过额定配分		合计	100		
时间	开始时间		结束时间		考评员签字	年　月　日

子任务 2　物流仓储单元 PLC 系统设计与调试

一、任务描述

在完成子任务 1 的熟悉系统的基础上，完成物流仓储单元单站运行控制系统设计与调试，要求完成功能如下。

（1）复位：按下复位按钮，直线无杆气缸前移到位，回转气缸旋转到位，气爪张开；步进电机带动滚珠丝杆驱动 X 轴水平向左运行到原点；交流伺服电机通过涡轮蜗杆变速箱带动同步轮/带运转，驱动 Y 轴垂直向上运行到原点，再分别向右、向下运行至工件搬运台处，复位完成。

（2）运行：按下启动按钮，传输线开始运行，输送电机动作带动传输线运行，等待托盘到位；托盘到位后，工件检测传感器未检测到有工件时，挡料气缸缩回，将托盘放行；托盘通过后，挡料气缸伸出，等待托盘到位。

托盘到位，工件检测传感器检测到工件到位，且托盘检测传感器未检测到托盘信号，则旋转气缸旋转到工件上方，Y 轴下降至平行夹取位置时停止，平行夹夹紧工件；平行夹夹紧工件后，Y 轴上升实现对工件的抓取；上升到位后，旋转气缸动作，将工件旋转 180°；旋转到位后，根据前站检测的工件的颜色，伺服驱动器和步进电机同时动作，将工件运行到与之对应的仓库库位后停止；直线无杆气缸动作，将工件送至仓库库位入口；无杆气缸运行到位后，Y 轴下降，将工件水平放置在仓库传送带上；平行夹松开，放置工件；库位上的检测传感器检测到工件到位后，该仓库电机动作带动仓库传送带输送工件；步进电机、交流伺服电机分别驱动 X、Y 轴运行，运行到等待位置后等待下一个工件，一个工作周期完成。

入仓库的位置：红色工件进入左边 1 号仓库，黄色工件进入中间 2 号仓库，蓝色工件进入右边 3 号仓库。每种工件都先放入第一层，再放入第二层、第三层、第四层，然后又放入第一层，以此循环。

（3）停止：按下停止按钮，当前一个工作周期完成后，本单元停止工作。

（4）急停：当按下急停按钮后，系统马上停止；急停复位后，继续前面的工作。

（5）指示灯显示：当系统的传感器不在初始位置时或进行复位操作时，指示灯 Y27 以 1Hz 频率闪烁；复位完成，系统状态准备完成，Y27 常亮。当按下启动按钮，系统在运行状态下，Y26 常亮；在运行过程中，按下停止按钮，Y26 以 1Hz 频率闪烁；系统停下时，Y26 灭。当系统在急停状态下，Y25 以 1Hz 频率闪烁；退出急停状态，Y25 灭。

二、任务分析

本子任务主要包含 4 种动作状态：复位状态、运行状态、停止状态、急停状态。系统的运行状态是一个顺序流程图，所以在 PLC 程序设计中，可以用 SFC 进行编程。在编程中，将系统的复位、启动、停止、急停按钮放在SFC的第一块主控单元梯形图中，以便于程序调试；第二块物流仓储单元动作流程用SFC块编程，简单方便；第三块复位SFC流程；第四块梯形图是其他功能，包括指示灯子程序和仓库选择子程序。

三、任务实施

根据子任务2的控制要求，用PLC实现物流仓储单元控制系统的设计与调试，主要完成PLC的I/O口地址分配、PLC的外部接线图设计与连线、PLC程序设计、系统调试，实施步骤如下。

1. PLC的I/O口地址分配

在物流仓储单元中，需要的PLC输入量为15个，PLC输出量为10个。PLC的I/O口地址分配如表8-5所示。

表8-5 PLC的I/O口地址分配

序号	PLC地址	设备端子	功能说明	序号	PLC地址	设备端子	功能说明
1	X0		复位按钮	26	X31	40	库架23工件检测
2	X1		启动按钮	27	X32	41	库架24工件检测
3	X2		停止按钮	28	X33	42	库架31工件检测
4	X3		急停按钮	29	X34	43	库架32工件检测
5	X4	7	托盘到位检测传感器	30	X35	44	库架33工件检测
6	X5	10	工件到位检测传感器	31	X36	45	库架34工件检测
7	X6	11	挡料气缸上限传感器	32	Y0	46	X轴控制脉冲
8	X7	13	挡料气缸下限传感器	33	Y1	47	Y轴控制脉冲
9	X10	15	运输气缸前限传感器	34	Y2	48	X轴控制方向
10	X11	17	运输气缸后限传感器	35	Y3	49	Y轴控制方向
11	X12	19	左旋转到位传感器	36	Y4	51	挡料气缸
12	X13	21	右旋转到位传感器	37	Y5	53	运输气缸
13	X14	23	手爪夹紧传感器	38	Y6	55	旋转气缸
14	X15	27	X轴原点	39	Y7	57	手爪松开
15	X16	28	Y轴原点	40	Y10	59	手爪夹紧
16	X17	30	X轴正转极限	41	Y11	60	仓库1层
17	X20	31	X轴反转极限	42	Y12	61	仓库2层
18	X21	32	Y轴正转极限	43	Y13	62	仓库3层
19	X22	33	Y轴反转极限	44	Y14	63	仓库4层

续表

序号	PLC 地址	设备端子	功能说明	序号	PLC 地址	设备端子	功能说明
20	X23	34	库架 11 工件检测	45	Y15	64	仓库 1 号
21	X24	35	库架 12 工件检测	46	Y16	65	仓库 2 号
22	X25	36	库架 13 工件检测	47	Y17	66	仓库 3 号
23	X26	37	库架 14 工件检测	48	Y20	67	托盘传输
24	X27	38	库架 21 工件检测	49	Y21	68	仓库电机反转
25	X30	39	库架 22 工件检测	50			

2. PLC 的外部接线图设计与连线

根据 PLC 的 I/O 口地址分配表，设计 PLC 的外部接线图，并完成设备的电气接线。PLC 的外部接线如图 8-5 所示。

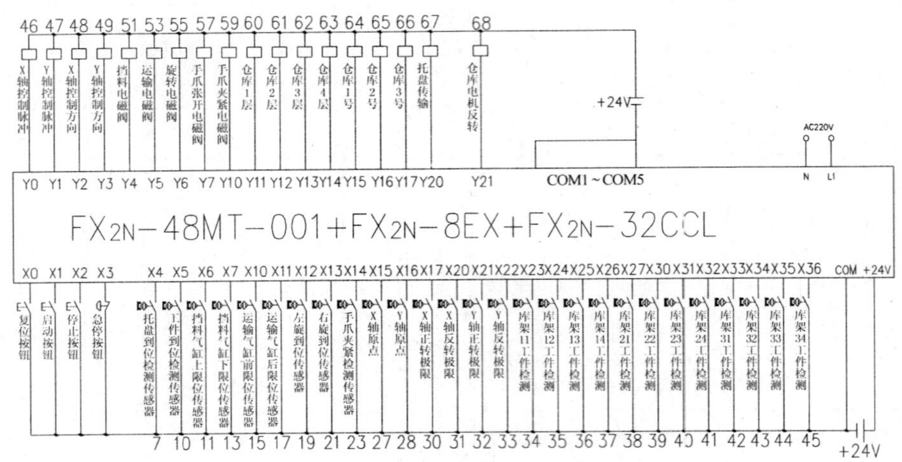

图 8-5　物流仓储单元的 PLC 外部接线

3. PLC 程序设计

本子任务的 PLC 程序在三菱 GX Developer 8 的 SFC 编程中实现，包括四个块程序：主控程序、物流仓储单元动作流程程序、复位程序、其他子程序。各块程序的块类型如图 8-6 所示。

SFC(读出)　MAIN

No	块标题		块类型
0	主控程序	-	梯形图块
1	物流仓储单元动作流程	-	SFC块
2	复位程序	-	SFC块
3	其他子程序	-	梯形图块
4			

图 8-6　物流仓储单元的四个块程序

(1)主控程序由梯形图设计,包括上电复位程序、复位功能程序、设备状态检测程序、启动停止程序、访问指示灯子程序和选择仓库子程序、跳转急停子程序六个部分。

①上电复位程序。在程序的开始,设定辅助继电器 M200、M201、M202 来模拟检测单元检测到的工件颜色,然后根据颜色把工件放入相应的仓库。本程序模拟的时候可以在程序监视模式下,通过强制 ON 的方式实现。

通过 M8002 将系统复位至初始状态,按下复位按钮也能进行状态复位。程序设计如图 8-7 所示。

图 8-7　上电复位程序

②复位功能程序。按下复位按钮,复位状态 M30 置 1,同时 S1 置 1,执行复位 SFC 程序。复位完成后,M30 清零,S1 清零,M31 置 1。在本程序中,M0 为复位 SFC 程序结束的标志。复位程序如图 8-8 所示。

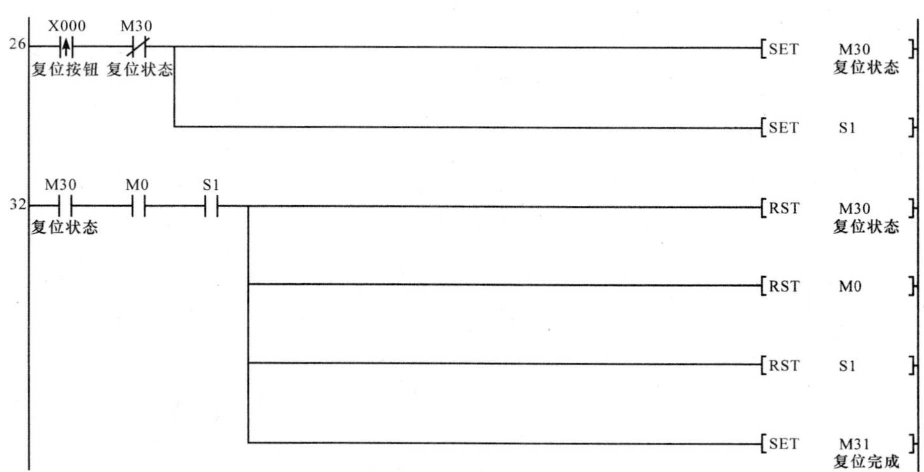

图 8-8　传输带复位程序

③设备状态检测程序。当所有的传感器状态符合初始要求、仓库没有相应工件时，准备状态辅助继电器 M20 为 1，否则为 0；当系统已经复位完成（M31＝1）且准备状态完成（M20＝1）时，设备准备状态检测完成，M21 置 1。程序设计如图 8-9 所示。

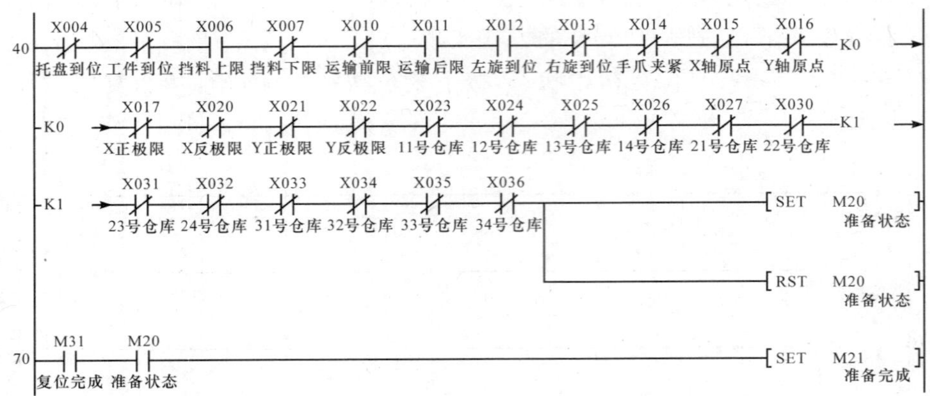

图 8-9　设备状态检测程序

④启动停止程序。在系统准备好且系统还没运行时，按下启动按钮，使得运行状态辅助继电器 M10 为 1，并将 S0 置 1，准备开始检测、分拣操作。在系统运行过程中按下停止按钮，使辅助继电器 M11 为 1；当物流仓储单元控制流程走完一个过程回到 S0 后，将 M10 复位，系统停止。程序设计如图 8-10 所示。

图 8-10　启动停止程序

⑤访问指示灯子程序和选择仓库子程序。PLC 在运行状态下，永远访问指示灯子程序 P1 和选择仓库子程序 P2。程序如图 8-11 所示。

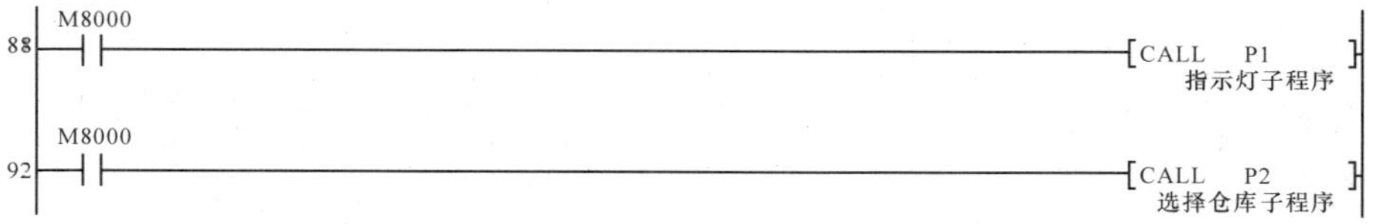

88 M8000 —| |— [CALL P1] 指示灯子程序

92 M8000 —| |— [CALL P2] 选择仓库子程序

图 8-11　访问指示灯子程序和选择仓库子程序

⑥跳转急停子程序。急停按钮为常闭开关。当按下急停按钮时，急停按钮 X3 常闭接通，常开断开，PLC 程序跳过物流仓储单元 SFC 流程，直接运行急停子程序 P0，同时急停状态 M40 为 1。当急停按钮旋开复位后，X3 常闭断开，常开接通，物流仓储单元继续运行。跳转急停子程序如图 8-12 所示。

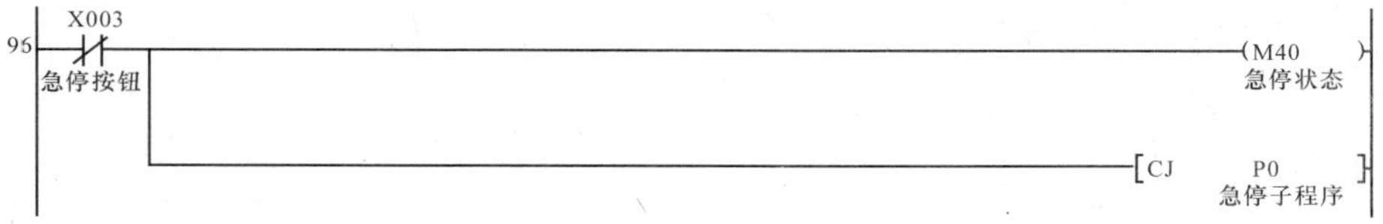

96 X003 急停按钮 —|/|— (M40) 急停状态

[CJ P0] 急停子程序

图 8-12　跳转急停子程序

(2)物流仓储单元动作流程程序由顺序流程图(SFC)进行编程。已经根据子任务 1 画出动作流程图和 SFC 图，请根据实际情况编写程序。物流仓储单元 SFC 各步的状态说明如表 8-6 所示，参考运行流程如图 8-13、图 8-14 所示。

表 8-6　物流仓储单元 SFC 各步状态说明

序号	步号	状态名称	功能说明
1	S0	初始步	检测是否在运行状态
2	S10	托盘传输步	传输带动作，工件到位后停止
3	S11	机械手下降步	机械手沿 Y 轴下降，到位后停止
4	S12	机械手抓取上升步	机械手抓取工件，沿 Y 轴上升
5	S13、S20、S30	机械手找仓库步	根据要求，机械手沿 X 轴、Y 轴找到相应的仓库
6	S14、S21、S31	工件入仓库步	机械手向前伸出，手爪松开，放下工件，工件入仓库
7	S15、S22、S32	机械手回起点步	机械手复位，沿着 X 轴、Y 轴回到起点位置

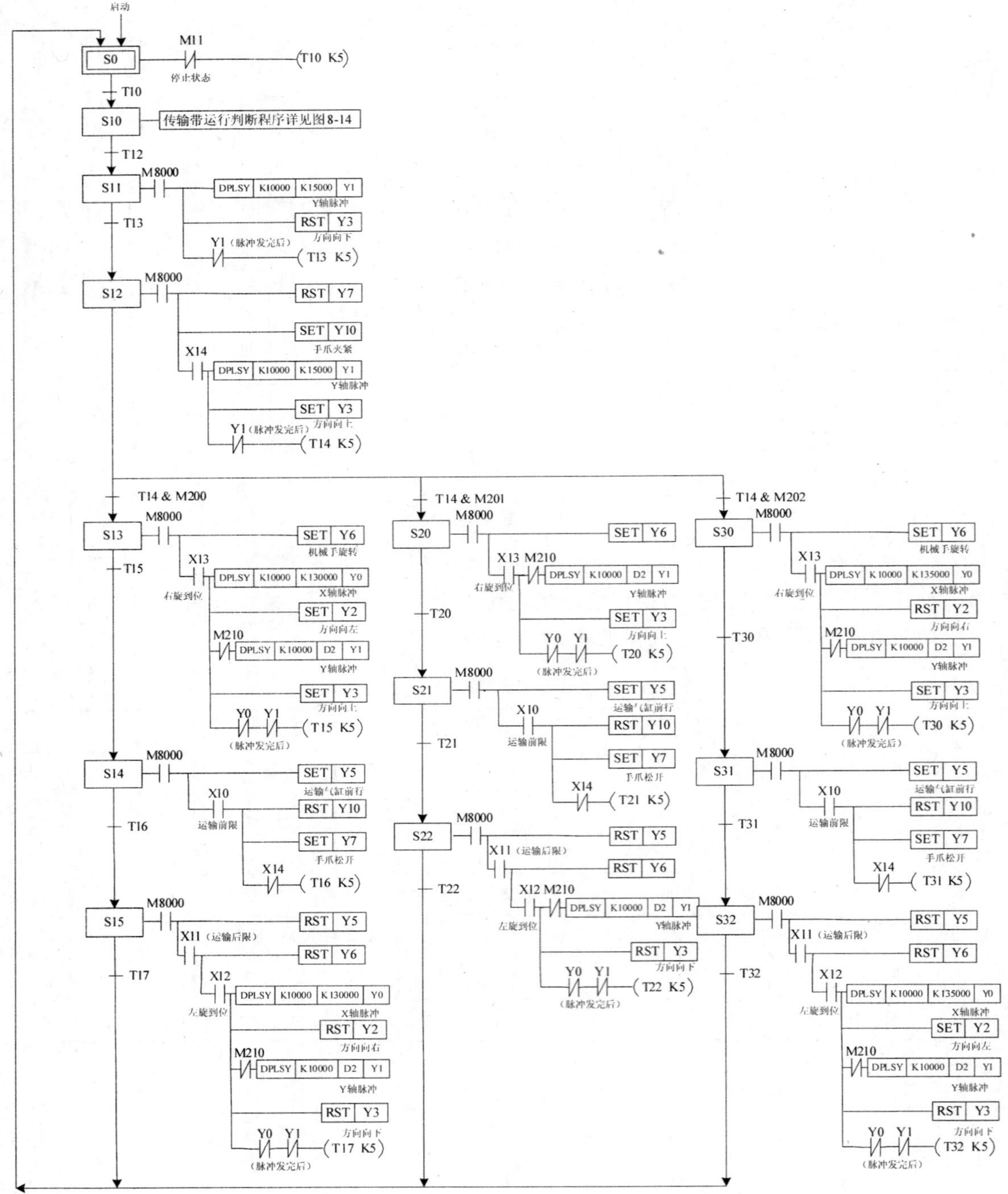

图 8-13　物流仓储单元顺序流程

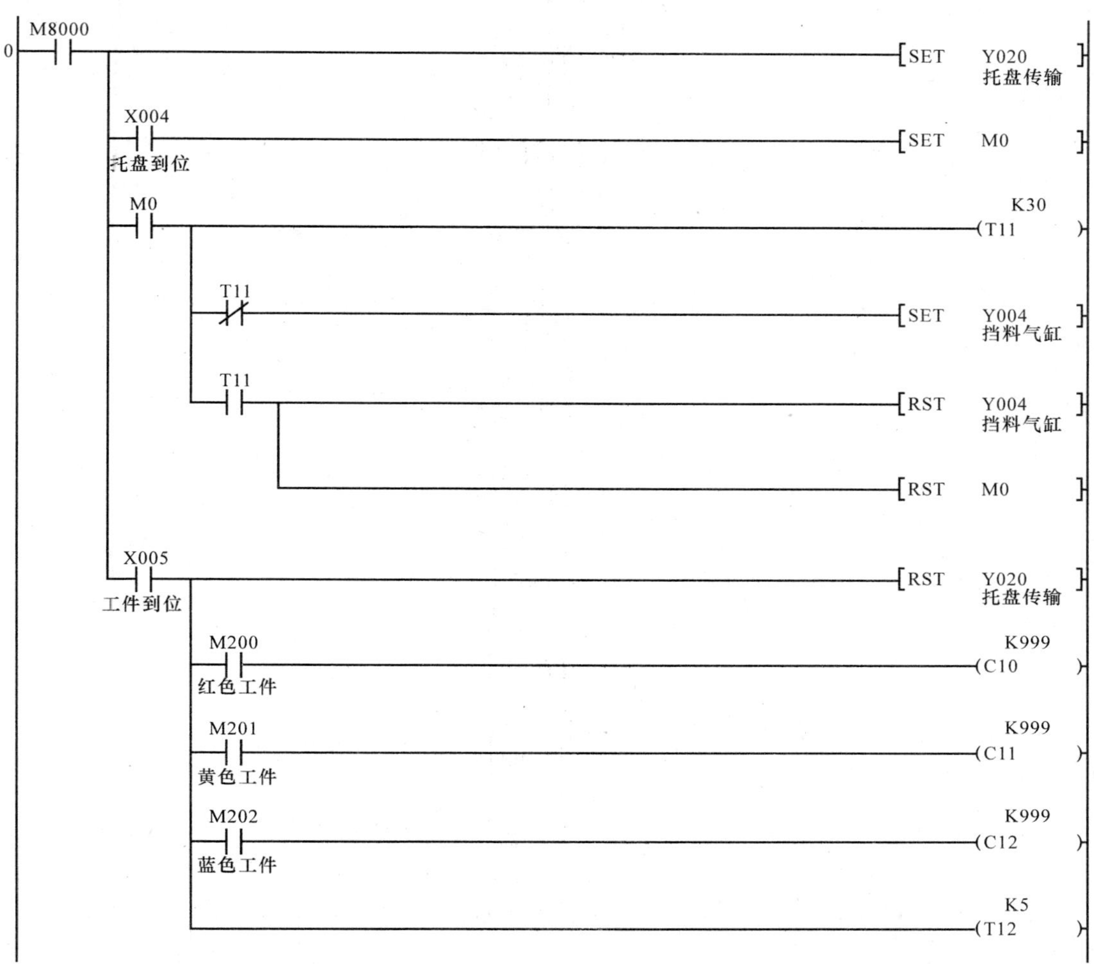

图 8-14　物流仓储单元 SFC 的 S10 中的程序

(3)复位程序也是由一段 SFC 进行控制,如图 8-15 所示。

(4)其他子程序包括主程序结束、指示灯子程序、选择仓库子程序、急停控制子程序四个部分,各部分功能说明如下。

①主程序结束。程序设计如图 8-16 所示。

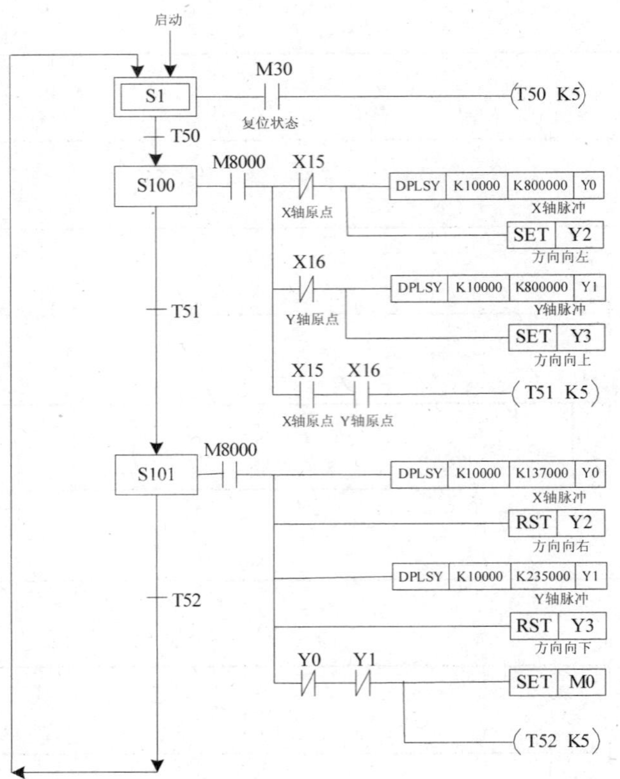

图 8-15　复位程序

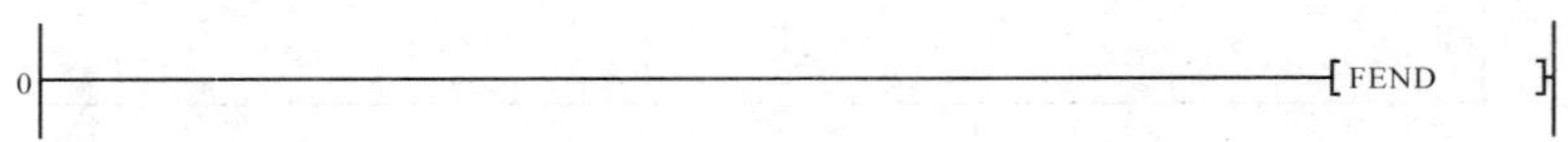

图 8-16　主程序结束

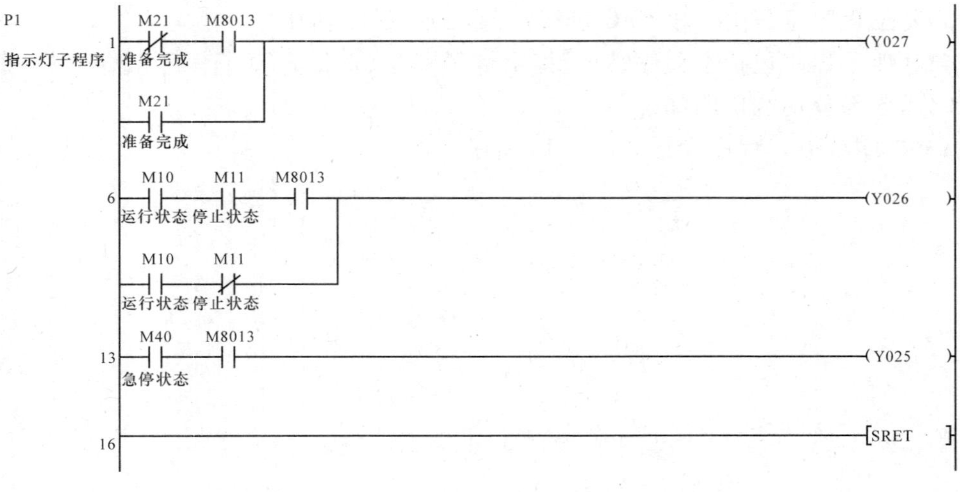

P1
指示灯子程序

1 M21 准备完成　M8013　(Y027)
M21 准备完成

6 M10 运行状态　M11 停止状态　M8013　(Y026)
M10 运行状态　M11 停止状态

13 M40 急停状态　M8013　(Y025)

16 [SRET]

图 8-17　指示灯子程序

②指示灯子程序。如果复位完成后设备准备完成，Y27 常亮，否则以 1Hz 频率闪烁。如果设备正常运行，Y26 常亮；在运行过程中按下停止按钮，Y26 以 1Hz 频率闪烁；设备完全停止，Y26 灭。在急停状态下，Y25 以 1Hz 频率闪烁。指示灯子程序如图 8-17 所示。

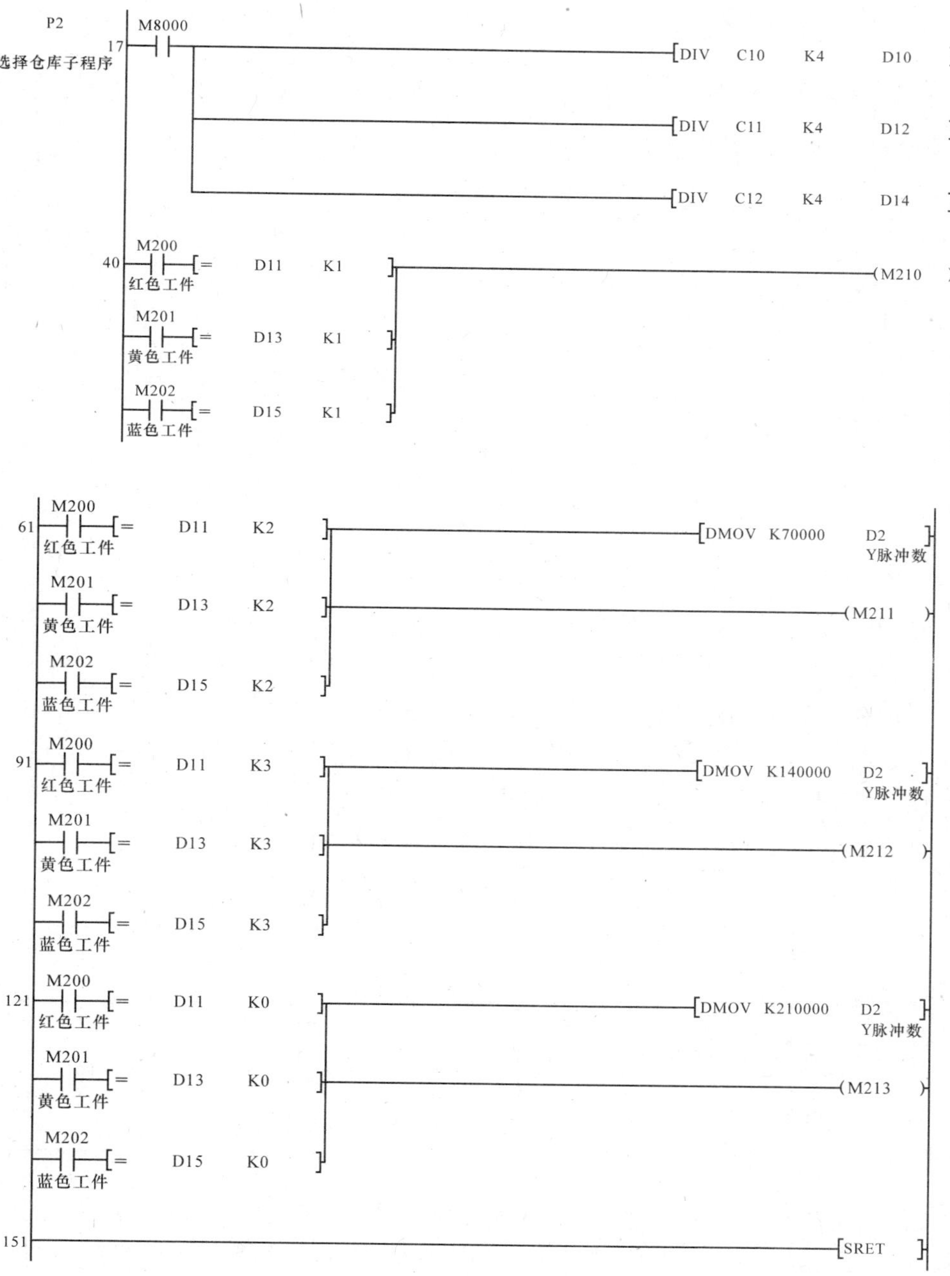

图 8-18　仓库选择子程序

③选择仓库子程序。根据工件颜色的不同，选择不同的仓库进行存储。程序如图

8-18 所示，其中 M200、M201、M202 分别用来模拟当前工件为红色工件、黄色工件、蓝色工件；C10、C11、C12 分别为红色工件、黄色工件、蓝色工件的计数。程序中红色工件进入左边第一列仓库，黄色工件进入中间第二列仓库，蓝色工件进入右边第三列仓库。程序中利用除法指令 DIV 取余数到 D11、D13、D15 中，每种工件的第一个到第一层，第二个到第二层，第三个到第三层，第四个到第四层，第五个再到第一层，第六个到第二层，以此类推。

④急停控制子程序。急停时利用 M8000 使传输带、仓库电机正转、仓库电机反转停止，急停控制子程序如图 8-19 所示。

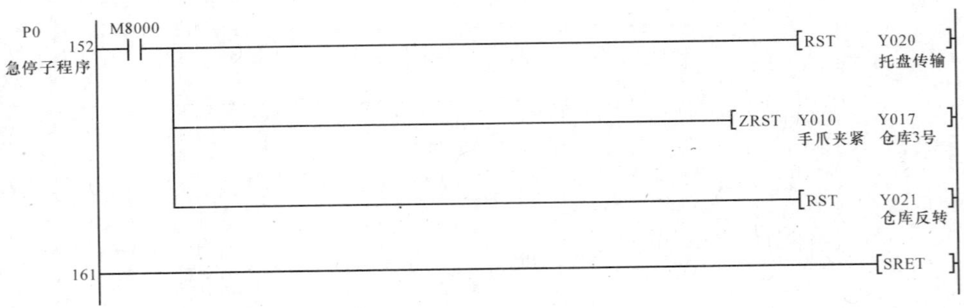

图 8-19 急停控制子程序

4. 系统调试

(1)旋开急停按钮，确保急停按钮在接通状态。

(2)按下黄色复位按钮，系统执行复位操作，Y27 指示灯以 1Hz 频率闪烁。直线无杆气缸向前移动到位，回转气缸旋转到位，气爪张开；步进电机带动滚珠丝杆驱动 X 轴水平向左运行到原点；交流伺服电机通过涡轮蜗杆变速箱，带动同步轮/带运转，驱动 Y 轴垂直向上运行到原点，再分别向右、向下运行至工件搬运台处；机械手复位完成，Y27 指示灯常亮。若不能执行复位操作，请按表 8-7 进行故障排除。

表 8-7 不能执行复位操作时故障排除办法

序号	错误现象	处理办法
1	机械手不能复位	检查程序图 8-8 和图 8-15
2	复位完成后不能再次复位	检查程序图 8-7 和图 8-9
3	Y27 指示灯现象不对	检查程序图 8-9、图 8-11 和图 8-17。若图 8-9 中 M20 为 0，则需要检查设备的传感器是不是在初始状态，直到 M20 为 1 时止

(3)复位按成后，Y27 指示灯常亮。按下启动按钮，传输线开始运行，输送电机动作带动传输线运行，等待托盘到位；托盘到位后，工件检测传感器未检测到有工件时，挡料气缸缩回，将托盘放行；托盘通过后，挡料气缸伸出，等待托盘到位。

托盘到位，工件检测传感器检测到工件到位，且托盘检测传感器未检测到托盘信号，则旋转气缸旋转到工件上方，Y 轴下降至平行夹取位置时停止，平行夹夹紧工件；平行夹夹紧工件后，Y 轴上升实现对工件的抓取；上升到位后，旋转气缸动作，将工件旋转 180°；旋转到位后，根据前站检测的工件颜色，伺服驱动器和步进电机同时动作，将工件运行到与之对应的仓库库位后停止；直线无杆气缸动作，将工件送至仓库库位入口；无杆气缸运行到位后，Y 轴下降，将工件水平放置在仓库传送带上，平行夹松开，放置工件；库位上的检测传感器检测到工件到位后，该仓库电机动作带动仓库传送带输送工件；步进电机、交流伺服电机分别驱动 X、Y 轴运行到等待位置，等待下一个工件，一个工作周期完成。

入仓库的位置：红色工件进入左边 1 号仓库，黄色工件进入中间 2 号仓库，蓝色工件进入右边 3 号仓库。每种工件都先放入第一层，再放入第二层、第三层、第四层，然后又放入第一层，以此循环。

在运行过程中指示灯 Y26 常亮。若不能执行启动运行操作，请按表 8-8 进行故障排除。

表 8-8　不能执行启动运行操作时故障排除办法

序号	错误现象	处理办法
1	传输带不能运行	检查程序图 8-10 和图 8-14
2	工件到位后传输带不停	①检查传感器 X5 是否接通； ②检查程序图 8-14
3	托盘到位后传输带停止	①检查传感器 X4 是否接通； ②检查程序图 8-14
4	X 轴步进电机不能动作	①检查步进电机是否上电； ②检查程序图 8-13 中 DPLSY 指令是否正确； ③检查 PLC 的输出 Y0、Y2 是否接线错误
5	Y 轴伺服电机不能动作	①检查伺服电机是否上电； ②检查程序图 8-13 中 DPLSY 指令是否正确； ③检查 PLC 的输出 Y1、Y3 是否接线错误
6	机械手不能动作	①检查气源是否接通； ②检查传感器 X11～X15 是否检测到位； ③检查 PLC 的输出是否接线错误
7	工件入库顺序不对	①检查程序图 8-18 的选择仓库子程序 P2； ②检查程序图 8-13 的 S13～S32 中的程序； ③软件操作时没有监控，没有对 M200、M201、M202 中的某一个强制 ON
8	入库完成后，传输带没有重新启动	检查程序图 8-14
9	指示灯 Y26 没有常亮	检查程序图 8-11 和图 8-17

(4)在运行过程中按下停止按钮，Y26 以 1Hz 的频率闪烁；系统执行完当前工作周期后停止工作，即工件入库后，机械手回到起点位置，停止后 Y26 指示灯灭。若不能执行停止操作，请按表 8-9 进行故障排除。

表 8-9 不能执行停止操作时故障排除办法

序号	错误现象	处理办法
1	不能停止	检查程序图 8-10、图 8-13 中 S0
2	Y26 指示灯现象不对	检查程序图 8-11 和图 8-17

(5)在运行过程中按下急停按钮,设备马上停止工作,Y25 以 1Hz 的频率闪烁;急停复位后,系统继续运行。若不能执行停止操作,请按表 8-10 进行故障排除。

表 8-10 不能执行急停操作时故障排除办法

序号	错误现象	处理办法
1	不能急停	检查程序图 8-12 和图 8-19
2	Y26 指示灯现象不对	检查程序图 8-11 和图 8-17

(6)指示灯 Y25～Y27 显示错误,请检查程序图 8-17。

四、任务评价

完成子任务 2,专业能力评价如表 8-11 所示。

表 8-11 专业能力评价

序号	训练内容	考核要求	评分标准	配分	学生自评	教师评分
1	准备工作	1. 有工作计划; 2. 有工作分工	1. 没有工作计划,扣 5 分; 2. 没有工作分工,扣 5 分	10		
2	电气线路工艺	1. 电气线路连接规范; 2. 电路布局规范	1. 连线颜色错误,扣 5 分; 2. 端子连接不牢靠,每个扣 2 分; 3. 电路连接凌乱,没有绑扎,每处扣 2 分; 4. 主电路裸露,扣 5 分	20		
3	程序设计与功能	1. PLC 设计符合功能要求; 2. 调试方法合理正确; 3. 正确处理调试过程中出现的故障情况	1. PLC 输入输出口搞错,每处扣 3 分; 2. 缺少功能,每处扣 3 分; 3. 不会熟练输入程序,扣 10～20 分; 4. 不能熟练调试,扣 10～20 分; 5. PLC 系统报错,扣 5 分	40		
4	通电试车	系统成功运行	1. 一次试车不成功,扣 10 分; 2. 二次试车不成功,扣 20 分; 3. 三次试车不成功,扣 30 分	30		
5	职业素养与安全意识	1. 安全文明操作; 2. 6S 管理	1. 违反安全文明生产规程,损坏元器件,扣 5～30 分,并赔偿损坏的元器件; 2. 工位凌乱,不整理,扣 10 分	倒扣		
备注	各项内容最高分不得超过额定配分		合计	100		
时间	开始时间		结束时间		考评员签字	年　月　日

子任务 3　用 MCGS 控制物流仓储单元系统运行

一、任务描述

在完成子任务 2 的基础上，用 MCGS 组态界面完成对物流仓储单元的控制。主要包括定义 MCGS 数据变量、设计 MCGS 组态界面、完成 MCGS 变量与 PLC 通道的连接、修改 PLC 程序、仿真调试五个部分。本子任务的设备动作要求与子任务 2 一样，MCGS 组态界面包括四个界面，分别为：主界面、控制界面、状态界面、传感器气缸监控界面。

主界面、控制界面、状态界面设计如图 8-20 所示。传感器气缸监控界面，请自行设计，要求界面美观大方，包含系统所有传感器、气缸、电机的状态。

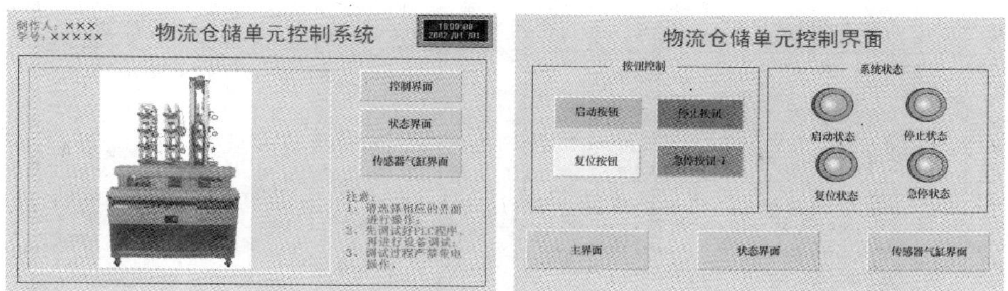

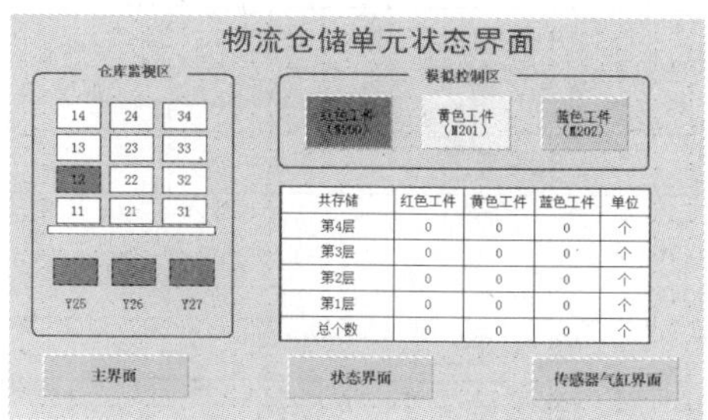

图 8-20　物流仓储单元主界面、控制界面、状态界面设计

二、任务分析

MCGS 组态界面主要用于物流仓储单元的控制与监视，是一种可视化、无触点的控制技术。在本子任务中，可以先定义 MCGS 数据变量、完成 MCGS 组态设计，然后再把 MCGS 变量与 PLC 的 I/O 口通道连接，最后完成联机调试。

在本子任务中，MCGS 主要用于三种不同颜色工件的入仓库操作，模拟运行，所以可以用状态界面的三个按钮（M200、M201、M202）来模拟；另外对进仓库的工件进行简单计数，分别记录各个仓库的工件个数。

三、任务实施

根据子任务 3 的控制要求，用 MCGS 组态软件和 PLC 实现控制过程，任务实施步骤如下。

1. 定义 MCGS 数据变量

本子任务需要 71 个变量，如表 8-12 所示。

表 8-12　物流仓储单元的变量分配

序号	MCGS 变量名称	类型	初值	注释
1	复位按钮	开关量	0	按 1 松 0
2	启动按钮	开关量	0	按 1 松 0
3	停止按钮	开关量	0	按 1 松 0
4	急停按钮	开关量	0	取反
5	运行状态	开关量	0	显示运行状态
6	停止状态	开关量	0	显示停止状态
7	复位状态	开关量	0	显示复位状态
8	急停状态	开关量	0	显示急停状态
9	托盘到位检测	开关量	0	托盘到位检测传感器
10	工件到位检测	开关量	0	工件到位检测传感器
11	挡料气缸上限	开关量	0	挡料气缸上限传感器
12	挡料气缸下限	开关量	0	挡料气缸下限传感器
13	运输气缸前限	开关量	0	运输气缸前限传感器
14	运输气缸后限	开关量	0	运输气缸后限传感器
15	左旋转到位	开关量	0	左旋转到位传感器
16	右旋转到位	开关量	0	右旋转到位传感器
17	手爪夹紧	开关量	0	手爪夹紧传感器
18	X 轴原点	开关量	0	显示 X 轴原点
19	Y 轴原点	开关量	0	显示 Y 轴原点
20	X 轴正转极限	开关量	0	显示 X 轴正转极限
21	X 轴反转极限	开关量	0	显示 X 轴反转极限
22	Y 轴正转极限	开关量	0	显示 Y 轴正转极限
23	Y 轴反转极限	开关量	0	显示 Y 轴反转极限
24	库架 11 工件检测	开关量	0	显示库架 11 工件检测
25	库架 12 工件检测	开关量	0	显示库架 12 工件检测
26	库架 13 工件检测	开关量	0	显示库架 13 工件检测
27	库架 14 工件检测	开关量	0	显示库架 14 工件检测
28	库架 21 工件检测	开关量	0	显示库架 21 工件检测
29	库架 22 工件检测	开关量	0	显示库架 22 工件检测

续表

序号	MCGS 变量名称	类型	初值	注释
30	库架 23 工件检测	开关量	0	显示库架 23 工件检测
31	库架 24 工件检测	开关量	0	显示库架 24 工件检测
32	库架 31 工件检测	开关量	0	显示库架 31 工件检测
33	库架 32 工件检测	开关量	0	显示库架 32 工件检测
34	库架 33 工件检测	开关量	0	显示库架 33 工件检测
35	库架 34 工件检测	开关量	0	显示库架 34 工件检测
36	X 轴控制脉冲	开关量	0	显示 X 轴控制脉冲
37	Y 轴控制脉冲	开关量	0	显示 Y 轴控制脉冲
38	X 轴控制方向	开关量	0	显示 X 轴控制方向
39	Y 轴控制方向	开关量	0	显示 Y 轴控制方向
40	挡料气缸	开关量	0	显示挡料气缸动作
41	运输气缸	开关量	0	显示运输气缸动作
42	旋转气缸	开关量	0	显示旋转气缸动作
43	手爪松开	开关量	0	显示手爪松开动作
44	手爪夹紧	开关量	0	显示手爪夹紧动作
45	仓库 1 层	开关量	0	显示仓库 1 层
46	仓库 2 层	开关量	0	显示仓库 2 层
47	仓库 3 层	开关量	0	显示仓库 3 层
48	仓库 4 层	开关量	0	显示仓库 4 层
49	仓库 1 号	开关量	0	显示仓库 1 号
50	仓库 2 号	开关量	0	显示仓库 2 号
51	仓库 3 号	开关量	0	显示仓库 3 号
52	托盘传输	开关量	0	显示托盘传输带动作
53	仓库电机反转	开关量	0	显示仓库电机反转
54	11 号仓库个数	数值型	0	显示 11 号仓库个数
55	12 号仓库个数	数值型	0	显示 12 号仓库个数
56	13 号仓库个数	数值型	0	显示 13 号仓库个数
57	14 号仓库个数	数值型	0	显示 14 号仓库个数
58	21 号仓库个数	数值型	0	显示 21 号仓库个数
59	22 号仓库个数	数值型	0	显示 22 号仓库个数
60	23 号仓库个数	数值型	0	显示 23 号仓库个数
61	24 号仓库个数	数值型	0	显示 24 号仓库个数
62	31 号仓库个数	数值型	0	显示 31 号仓库个数
63	32 号仓库个数	数值型	0	显示 32 号仓库个数
64	33 号仓库个数	数值型	0	显示 33 号仓库个数
65	34 号仓库个数	数值型	0	显示 34 号仓库个数

续表

序号	MCGS变量名称	类型	初值	注释
66	红色工件总个数	数值型	0	显示红色工件总个数
67	黄色工件总个数	数值型	0	显示黄色工件总个数
68	蓝色工件总个数	数值型	0	显示蓝色工件总个数
69	红色工件	开关量	0	模拟红色工件 M200
70	黄色工件	开关量	0	模拟黄色工件 M201
71	蓝色工件	开关量	0	模拟蓝色工件 M202

2. 设计 MCGS 组态界面

本子任务需要设计四个界面窗口，窗口名称分别为主界面、控制界面、状态界面、传感器气缸监控界面。设置主界面为启动窗口，如图 8-21 所示。

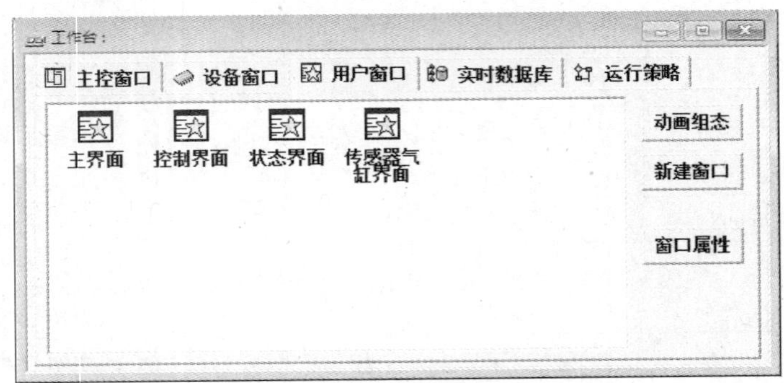

图 8-21 物流仓储单元组态界面设计

(1)主界面窗口设计如图 8-22 所示。

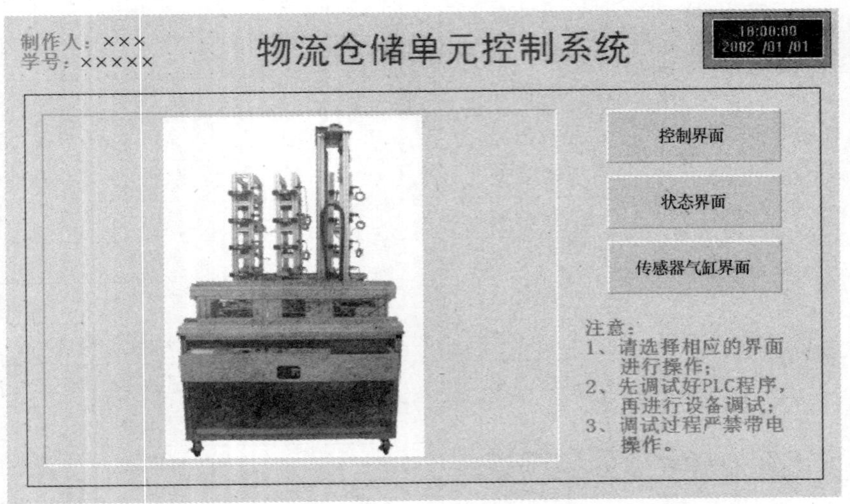

图 8-22 物流仓储单元主界面设计

(2)控制界面窗口设计如图 8-23 所示。

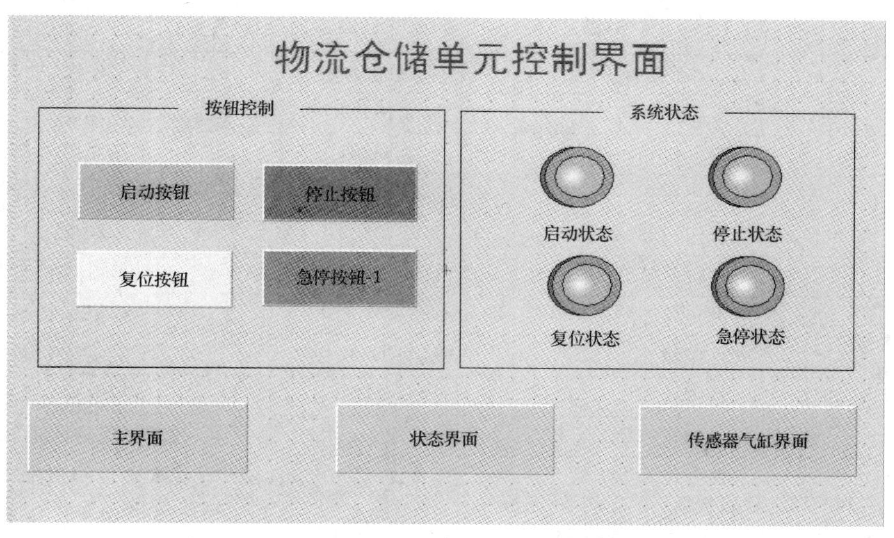

图 8-23　物流仓储单元控制界面设计

(3)状态界面窗口设计如图 8-24 所示。

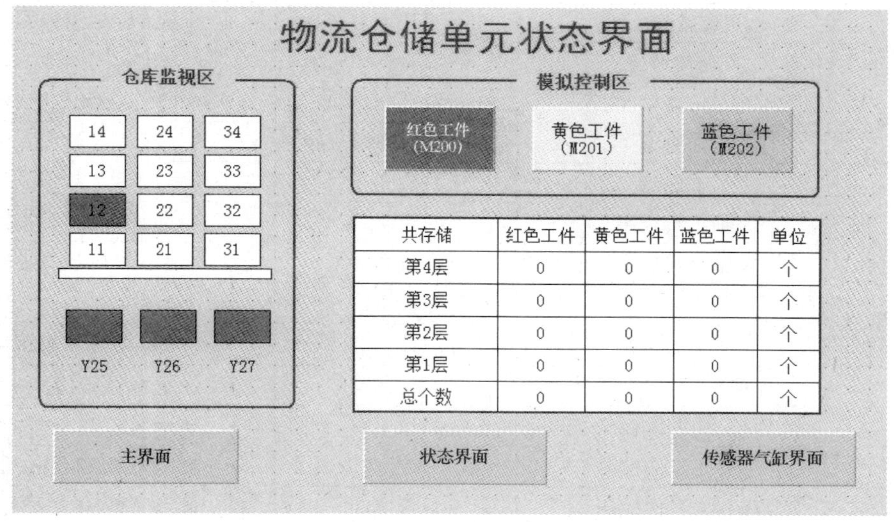

图 8-24　物流仓储单元状态界面设计

(4)传感器气缸监控界面请自行设计，要求界面美观大方，包含系统所有传感器、气缸、电机的状态。

3. 完成 MCGS 变量与 PLC 通道的连接

本子任务中，MCGS 通过三菱 FX 编程线与 PLC 进行通信，连接 MCGS 变量和 PLC 通道，如表 8-13 所示。

表 8-13　MCGS 变量和 PLC 通道的连接

序号	MCGS 变量名称	PLC 通道名称	备注
1	复位按钮	读写 M100	按 1 松 0
2	启动按钮	读写 M101	按 1 松 0
3	停止按钮	读写 M102	按 1 松 0
4	急停按钮	读写 M103	取反
5	运行状态	读写 M10	显示运行状态
6	停止状态	读写 M11	显示停止状态
7	复位状态	读写 M30	显示复位状态
8	急停状态	读写 M40	显示急停状态
9	托盘到位检测	只读 X4	托盘到位检测传感器
10	工件到位检测	只读 X5	工件到位检测传感器
11	挡料气缸上限	只读 X6	挡料气缸上限传感器
12	挡料气缸下限	只读 X7	挡料气缸下限传感器
13	运输气缸前限	只读 X10	运输气缸前限传感器
14	运输气缸后限	只读 X11	运输气缸后限传感器
15	左旋转到位	只读 X12	左旋转到位传感器
16	右旋转到位	只读 X13	右旋转到位传感器
17	手爪夹紧	只读 X14	手爪夹紧传感器
18	X 轴原点	只读 X15	显示 X 轴原点
19	Y 轴原点	只读 X16	显示 Y 轴原点
20	X 轴正转极限	只读 X17	显示 X 轴正转极限
21	X 轴反转极限	只读 X20	显示 X 轴反转极限
22	Y 轴正转极限	只读 X21	显示 Y 轴正转极限
23	Y 轴反转极限	只读 X22	显示 Y 轴反转极限
24	库架 11 工件检测	只读 X23	显示库架 11 工件检测
25	库架 12 工件检测	只读 X24	显示库架 12 工件检测
26	库架 13 工件检测	只读 X25	显示库架 13 工件检测
27	库架 14 工件检测	只读 X26	显示库架 14 工件检测
28	库架 21 工件检测	只读 X27	显示库架 21 工件检测
29	库架 22 工件检测	只读 X30	显示库架 22 工件检测
30	库架 23 工件检测	只读 X31	显示库架 23 工件检测
31	库架 24 工件检测	只读 X32	显示库架 24 工件检测
32	库架 31 工件检测	只读 X33	显示库架 31 工件检测
33	库架 32 工件检测	只读 X34	显示库架 32 工件检测
34	库架 33 工件检测	只读 X35	显示库架 33 工件检测
35	库架 34 工件检测	只读 X36	显示库架 34 工件检测
36	X 轴控制脉冲	读写 Y0	显示 X 轴控制脉冲

续表

序号	MCGS 变量名称	PLC 通道名称	备注
37	Y 轴控制脉冲	读写 Y1	显示 Y 轴控制脉冲
38	X 轴控制方向	读写 Y2	显示 X 轴控制方向
39	Y 轴控制方向	读写 Y3	显示 Y 轴控制方向
40	挡料气缸	读写 Y4	显示挡料气缸动作
41	运输气缸	读写 Y5	显示运输气缸动作
42	旋转气缸	读写 Y6	显示旋转气缸动作
43	手爪松开	读写 Y7	显示手爪松开动作
44	手爪夹紧	读写 Y10	显示手爪夹紧动作
45	仓库 1 层	读写 Y11	显示仓库 1 层
46	仓库 2 层	读写 Y12	显示仓库 2 层
47	仓库 3 层	读写 Y13	显示仓库 3 层
48	仓库 4 层	读写 Y14	显示仓库 4 层
49	仓库 1 号	读写 Y15	显示仓库 1 号
50	仓库 2 号	读写 Y16	显示仓库 2 号
51	仓库 3 号	读写 Y17	显示仓库 3 号
52	托盘传输	读写 Y20	显示托盘传输带动作
53	仓库电机反转	读写 Y21	显示仓库电机反转
54	11 号仓库个数	读写 D1	显示 11 号仓库个数
55	12 号仓库个数	读写 D2	显示 12 号仓库个数
56	13 号仓库个数	读写 D3	显示 13 号仓库个数
57	14 号仓库个数	读写 D4	显示 14 号仓库个数
58	21 号仓库个数	读写 D21	显示 21 号仓库个数
59	22 号仓库个数	读写 D22	显示 22 号仓库个数
60	23 号仓库个数	读写 D23	显示 23 号仓库个数
61	24 号仓库个数	读写 D24	显示 24 号仓库个数
62	31 号仓库个数	读写 D31	显示 31 号仓库个数
63	32 号仓库个数	读写 D32	显示 32 号仓库个数
64	33 号仓库个数	读写 D33	显示 33 号仓库个数
65	34 号仓库个数	读写 D34	显示 34 号仓库个数
66	红色工件总个数	读写 D100	显示红色工件总个数
67	黄色工件总个数	读写 D101	显示黄色工件总个数
68	蓝色工件总个数	读写 D102	显示蓝色工件总个数
69	红色工件	读写 M200	模拟红色工件 M200
70	黄色工件	读写 M201	模拟黄色工件 M201
71	蓝色工件	读写 M202	模拟蓝色工件 M202

注意:PLC 的输入通道 X 的信号只能作为只读信号,不能作为读写信号。

4. 修改 PLC 程序

(1)启动、停止、复位、急停按钮信号程序修改

MCGS 对 PLC 的元件 X 的属性是只读，MCGS 只能显示元件 X 的状态，不能控制元件 X 的动作，所以在 MCGS 中需要用元件 M 代替元件 X 进行控制，元件 M 的属性为读写。本子任务需要用 MCGS 和外部按钮同时控制物流仓储单元的复位、启动、停止和急停功能，故需要修改 PLC 程序。根据 MCGS 的组态设计，MCGS 和外部按钮控制系统的对应如表 8-14 所示。

表 8-14　MCGS 和外部按钮控制系统对应

序号	控制功能	外部按钮控制	MCGS 控制
1	复位按钮	X0	M100
2	启动按钮	X1	M101
3	停止按钮	X2	M102
4	急停按钮	X3	M103

复位、启动、停止信号外部接的是按钮的常开触点，故在 PLC 程序中，常开触点 X 并联上一个 MCGS 组态连接的变量的常开触点 M，常闭触点 X 串联上一个 MCGS 组态连接的变量的常闭触点 M，以实现 MCGS 和外部按钮的同时控制。复位、启动、停止按钮 PLC 程序的修改如图 8-25 所示。

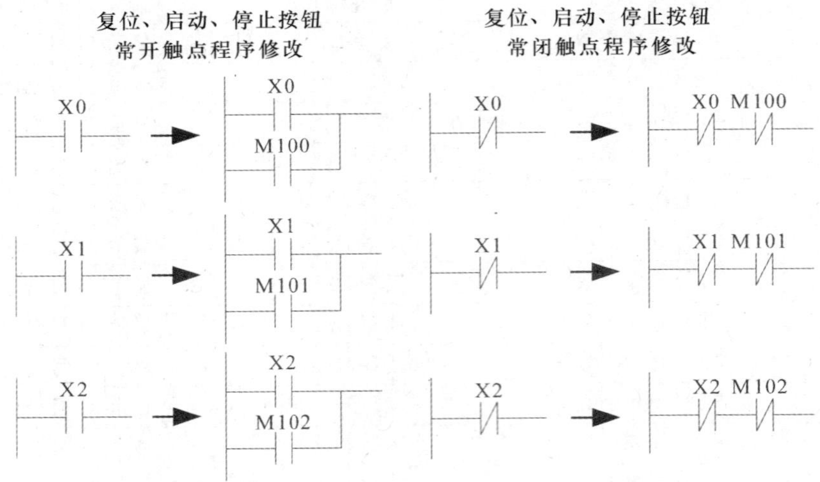

图 8-25　复位、启动、停止按钮的 PLC 程序修改

急停信号外部接的是急停开关的常闭触点，故在 PLC 程序中 X3 的常开常闭情况与其他按钮信号相反。急停按钮 PLC 程序的修改如图 8-26 所示。

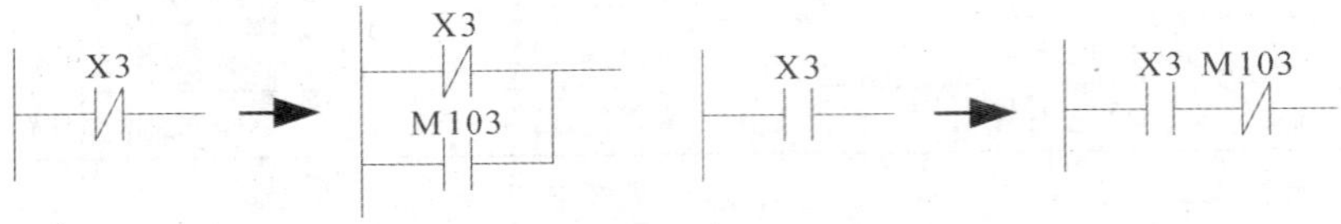

图 8-26　急停按钮的 PLC 程序修改

(2)状态界面控制对应 PLC 程序的修改

① 在主控程序的开头增加访问子程序 P3 的程序，如图 8-27 所示。

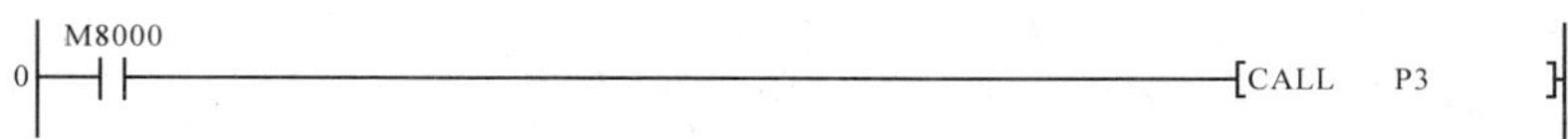

图 8-27　增加访问 P3 子程序

② 在其他子程序中，在 P0 急停子程序前，增加 P3 子程序，如图 8-28、图 8-29 所示。图 8-28 为每个仓库的工件计数，图 8-29 为红色工件、黄色工件、蓝色工件的总个数计数。

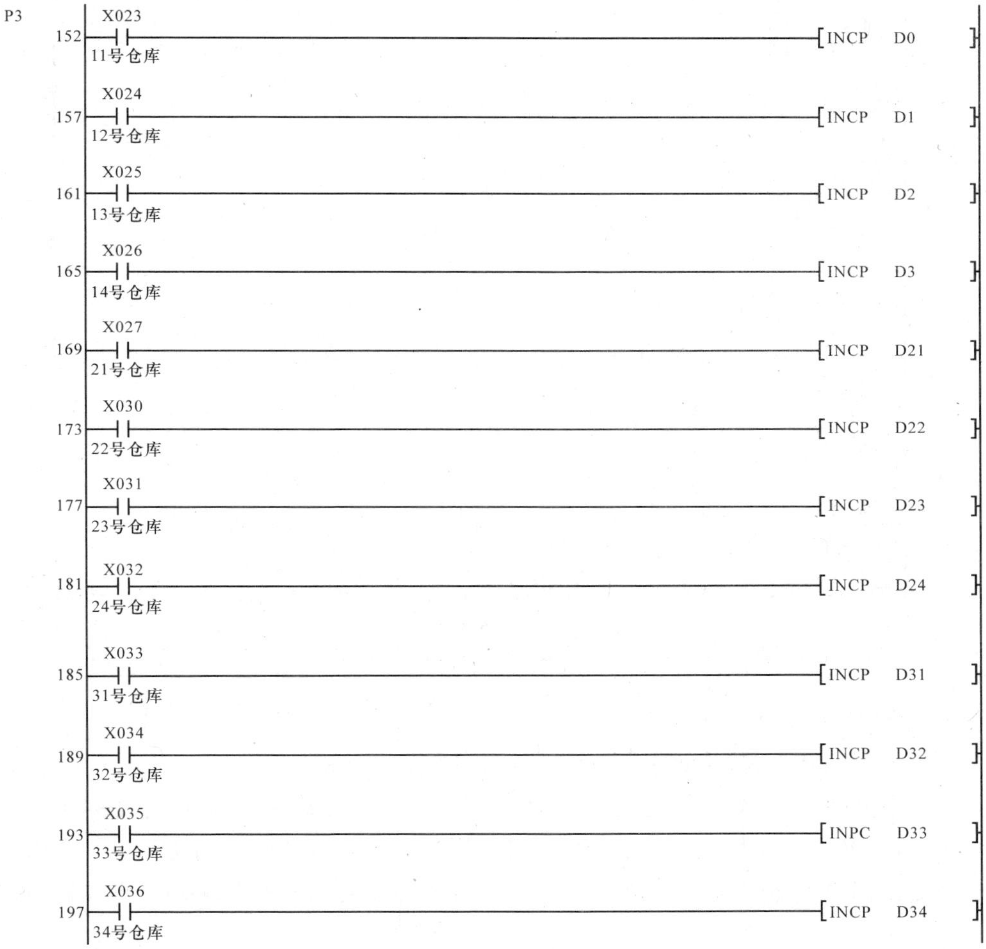

P3

步号	触点	注释	指令
152	X023	11号仓库	[INCP D0]
157	X024	12号仓库	[INCP D1]
161	X025	13号仓库	[INCP D2]
165	X026	14号仓库	[INCP D3]
169	X027	21号仓库	[INCP D21]
173	X030	22号仓库	[INCP D22]
177	X031	23号仓库	[INCP D23]
181	X032	24号仓库	[INCP D24]
185	X033	31号仓库	[INCP D31]
189	X034	32号仓库	[INCP D32]
193	X035	33号仓库	[INPC D33]
197	X036	34号仓库	[INCP D34]

图 8-28　每个仓库的工件计数

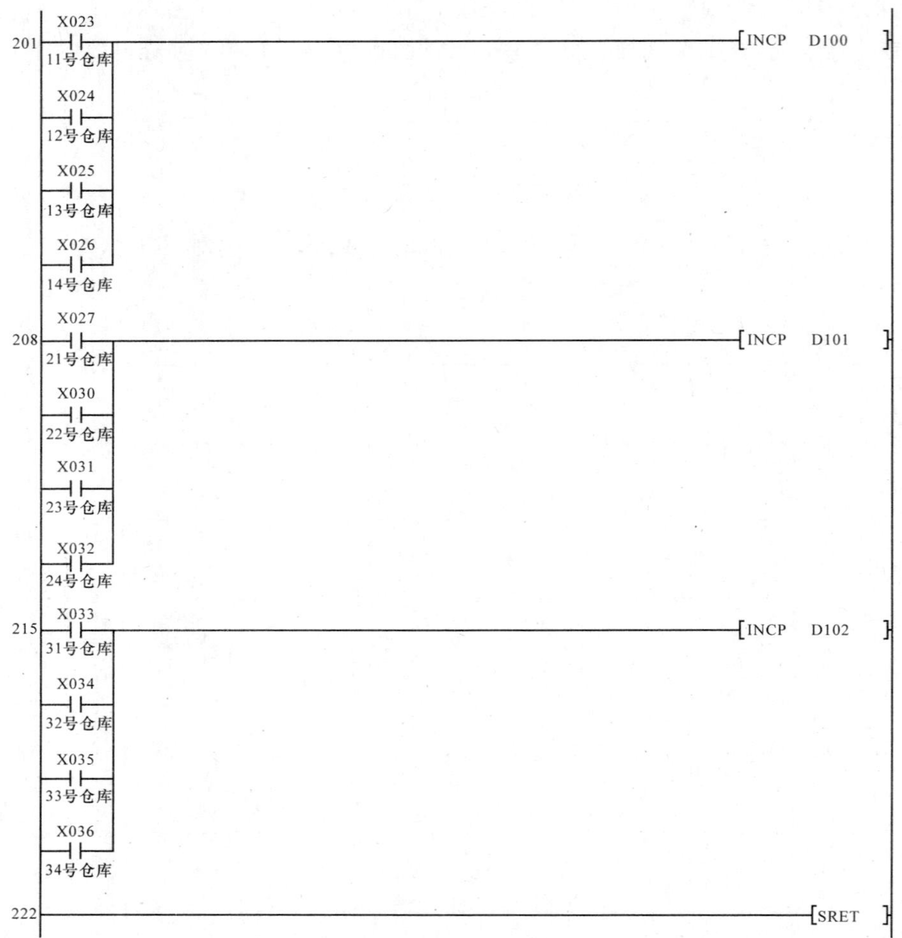

图 8-29　红色工件、黄色工件、蓝色工件的总个数计数

5. 仿真调试

(1)按下 MCGS 组态界面上的复位按钮,系统复位。

(2)按下 MCGS 组态界面上的启动按钮,系统运行,完成入仓库的过程。

(3)按下 MCGS 组态界面上的停止按钮,系统运行完本周期后停止。

(4)按下 MCGS 组态界面上的急停按钮,系统马上停止;再按一次急停按钮,系统继续前面的工作。

(5)启动、停止、复位、急停功能也可以用外部按钮进行控制。

(6)切换到状态界面,可以监控当前的工作状态,能显示检测工件的个数,各种颜色工件的个数。

四、任务评价

完成子任务 3,专业能力评价如表 8-15 所示。

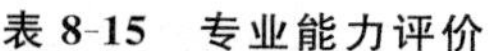

表 8-15 专业能力评价

序号	训练内容	考核要求	评分标准	配分	学生自评	教师评分
1	准备工作	1.有工作计划； 2.有工作分工	1.没有工作计划，扣 5 分； 2.没有工作分工，扣 5 分	10		
2	组态界面设计	1.组态界面设计合理； 2.组态界面能与 PLC 通信； 3.组态界面能控制本单元的动作	1.组态界面设计不合理，扣 20 分； 2.缺少显示功能，每处扣 5 分； 3.缺少控制功能，每处扣 5 分； 4.组态不能跟 PLC 通信，扣 30 分	50		
3	PLC 程序修改	1.能按要求修改 PLC 程序； 2.能实现按钮和组态的同时控制	1.不会进行程序的修改，扣 20 分； 2.缺少功能，每处扣 5 分； 3.不能进行按钮和组态两地控制，扣 10 分	20		
4	系统模拟运行	系统成功模拟运行	1.一次不成功，扣 10 分； 2.二次不成功，扣 20 分	20		
5	职业素养与安全意识	1.安全文明操作； 2.6S 管理	1.违反安全文明生产规程，损坏元器件，扣 5～30 分，并赔偿损坏的元器件； 2.工位凌乱，不整理，扣 10 分	倒扣		
备注	各项内容最高分不得超过额定配分		合计	100		
时间	开始时间		结束时间		考评员签字	年 月 日

知识点 1 物流仓储单元的气动知识

物流仓储单元气动控制回路的工作原理如图 8-30 所示。图中 1B1 和 1B2 为安装在挡料气缸的两个极限工作位置的磁感应接近开关，2B1 和 2B2 为安装在运输气缸的两个极限工作位置的磁感应接近开关，4B1 和 4B2 为安装在旋转气缸的两个极限工作位置的磁感应接近开关，5B 为安装在夹紧气缸的极限工作位置的磁感应接近开关。1Y1、2Y1、4Y1 为控制挡料气缸、运输气缸、旋转气缸的电磁阀的电磁控制端，5Y1 和 5Y2 为控制夹紧气缸的双向电磁阀的电磁控制端。图 8-30 中，挡料气缸设定在伸出状态，运输气缸和提升气缸设定在缩回状态，旋转气缸设定在左旋到位状态，夹紧气缸设定在张开状态。

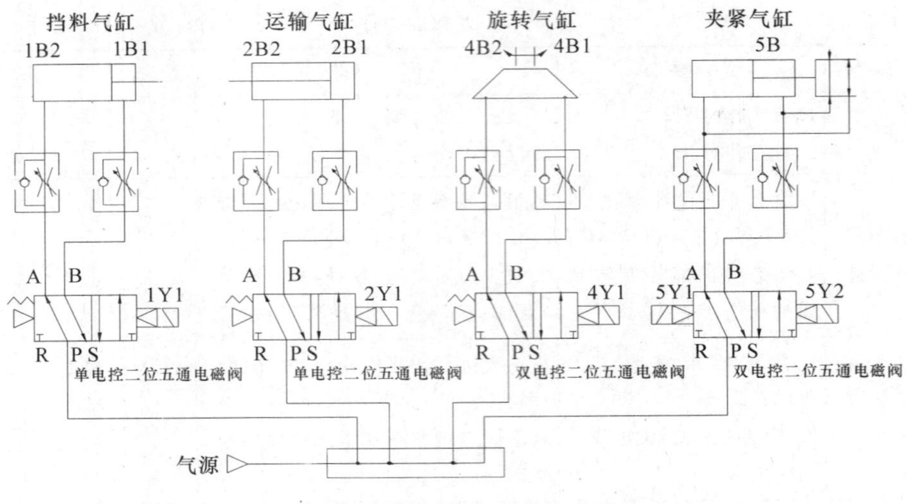

图 8-30　物流仓储单元的气动原理

知识点 2　三菱 PLC 的脉冲输出指令和定位指令

三菱 FX 系列 PLC 在小型 PLC 的控制方案中应用非常广泛，用三菱 FX 系列 PLC 控制步进电机和伺服电机所构成的两轴机械手系统，也应用很广泛。FX 系列 PLC 目前主要包括 FX_{1S}、FX_{1N}、FX_{2N}、FX_{3U} 等，这几款在做控制伺服或步进时应注意以下几点：

(1)PLC 要选择晶体管型号的，即 MT 的，这是最基本的要求。

(2)注意各种 PLC 的脉冲输出频率及数目，FX_{1S}、FX_{1N} 为 2 路 100kHz 脉冲，FX_{2N} 为 2 路 20kHz，FX_{3U} 为 3 路 100kHz。

(3)指令方面，FX_{2N} 只能用 PLSY、PLSR 脉冲指令，FX_{1S}、FX_{1N}、FX_{3U} 即可以用脉冲指令也可以用定位指令。

(4)虽然有 2 路或 3 路脉冲输出，但每个 PLC 在同一时刻只能用一个定位指令，即在同一时刻不能在 2 个(或 3 个)输出点进行定位控制。可以先后输出或用脉冲指令。

三菱 PLC 的脉冲输出指令和定位指令如表 8-16 所示。

表 8-16　三菱 PLC 的脉冲输出指令和定位指令

型号		FX_{1S}	FX_{1N}	FX_{2N}	FX_{3U}
控制轴数		2	2	2	3
脉冲频率		100kHz	100kHz	20kHz	100kHz
指令	PLSY	有	有	有	有
	PLSR	有	有	有	有
	ZRN	有	有	无	有
	DRVI	有	有	无	有
	DRVA	有	有	无	有
	PLSV	有	有	无	有

1. PLSY 脉冲输出指令

PLSY 指令主要功能是产生高速脉冲，用于控制伺服电机和步进电机的运行。PLSY指令的可以高速脉冲输出口仅限于 Y000 和 Y001 点，输出脉冲的最高频率可达 100kHz。但是，PLSY 指令在使用的过程中必须制定脉冲的输出方向，Y000 高速脉冲点对应 Y002 脉冲方向，Y001 高速脉冲点对应 Y003 脉冲方向。特殊寄存器 Y000[D8141，D8140]、Y001[D8143，D8142] 保存输出的脉冲总和。

(1)16 位 PLSY 高速脉冲输出指令格式如图 8-31 所示。

从输出Y(D•)中输出(S1•)个频率为(S2•)的脉冲串

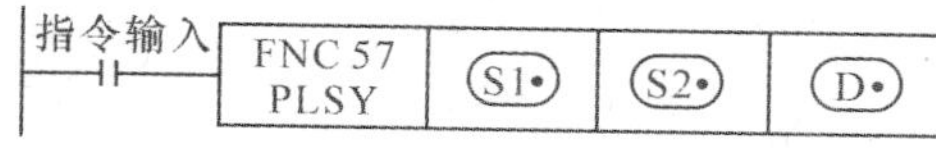

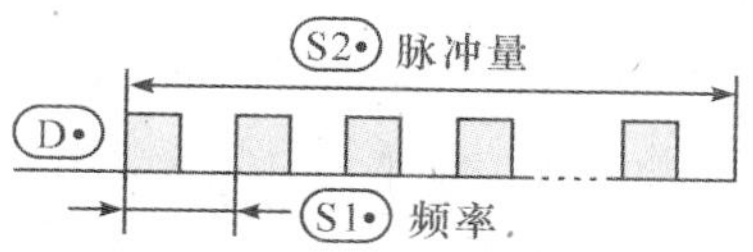

- (S1•)中指定频率，允许设定范围：1~32 767Hz
- (S2•)中指定发出的脉冲量，允许设定范围：1~32 767PLS
- (D•)中指定有脉冲输出的Y编号，允许设定范围：Y000、Y001

图 8-31　16 位 PLSY 脉冲输出指令格式

(2)32 位 DPLSY 高速脉冲输出指令格式如图 8-32 所示。

输出Y(D•)中输出[(S1•)+1，(S1•)]个频率为[(S2•)+1，(S2•)]的脉冲串

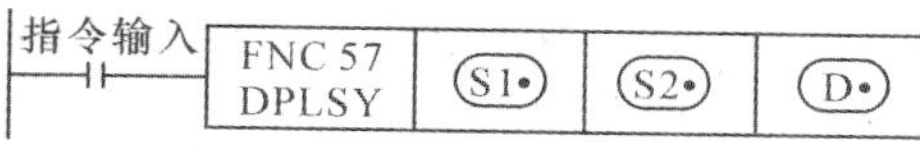

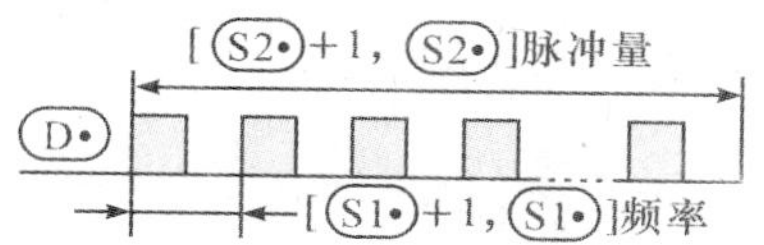

- 在[(S1•)+1，(S1•)]中指定频率
  —使用高速输出特殊适配器时，允许设定范围：1~200 000Hz。
  —使用FX_{3S}、FX_{3G}、FX_{3GC}、FX_{3U}、FX_{3UC}可编程控制器基本单元时，允许设定范围：1~100 000Hz。
- [(S2•)+1，(S2•)]中指定发出的脉冲量，允许设定范围：1~2 147 483 647PLS。
- (D•)中指定有脉冲输出的Y编号，允许设定范围：Y000、Y001。

图 8-32　32 位 DPLSY 脉冲输出指令的格式

(3)输出脉冲数的当前值监控，如表 8-17 所示。

表 8-17　PLSY 输出脉冲数的当前值监控

软元件		内容
高位	低位	
D8141	D8140	Y000 的输出脉冲数累计
D8143	D8142	Y001 的输出脉冲数累计
D8137	D8136	Y000、Y001 输出脉冲数的合计累计数

2. PLSR 带加减速的脉冲输出指令

PLSR 指令与 PLSY 指令的功能差不多哦，只不过 PLSR 是带加减速的脉冲输出指令。

(1)16 位 PLSR 高速脉冲输出指令格式如图 8-33 所示。

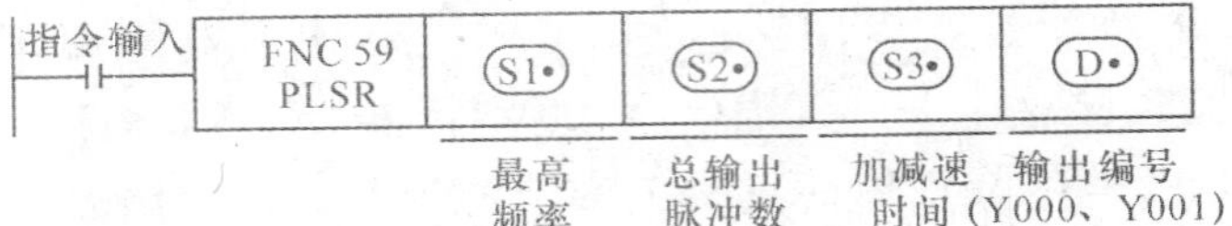

S1• ：最高频率，允许设定范围是10~32 767Hz。

S2• ：总输出脉冲数，允许设定范围是1~32 767PLS。

S3• ：加减速时间，允许设定范围是50~5000ms。

D• ：脉冲输出信号，允许设定范围是Y000、Y001。

图 8-33　16 位 PLSR 带加减速的脉冲输出指令格式

(2)32 位 PLSR 高速脉冲输出指令格式如图 8-34 所示。

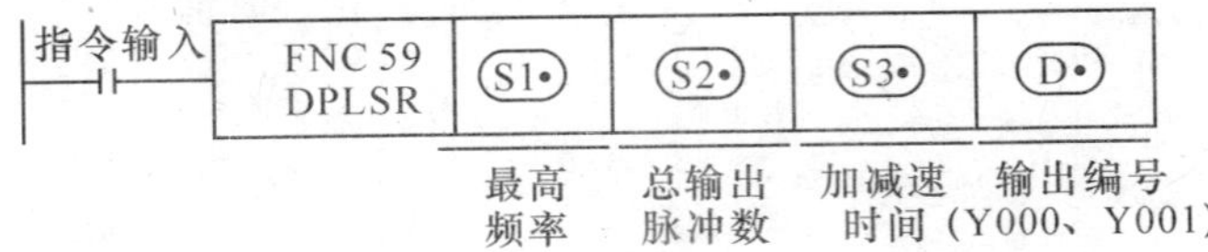

[S1• +1, S1•]：最高频率。

—使用高速输出特殊适配器时，允许设定范围是10~200 000Hz。

—使用FX$_{3S}$、FX$_{3G}$、FX$_{3GC}$、FX$_{3U}$、FX$_{3UC}$可编程控制器基本单元时，允许设定范围是10~100 000Hz。

[S2• +1, S2•]：总输出脉冲数，允许设定范围是1~2 147 483 647PLS。

[S3• +1, S3•]：加减速时间，允许设定范围是50~5000ms。

D• ：脉冲输出信号，允许设定范围是Y000、Y001。

图 8-34　32 位 PLSR 带加减速的脉冲输出指令格式

(3)PLSR 高速脉冲输出的规格如图 8-35 所示。

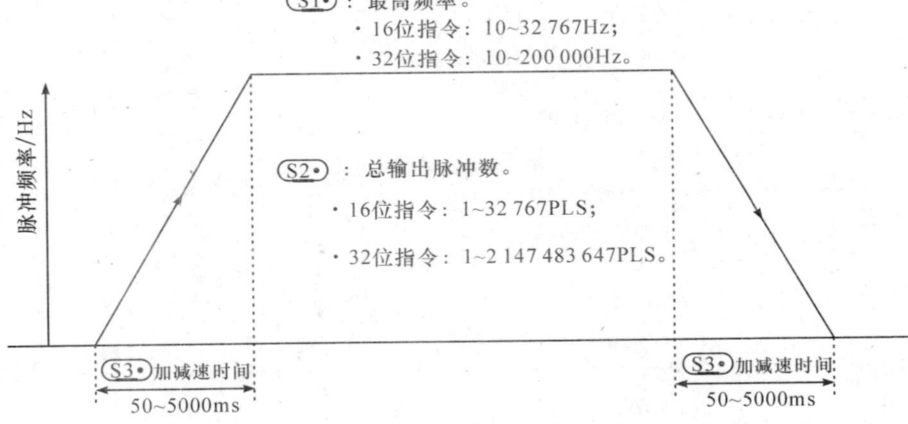

图 8-35　PLSR 高速脉冲输出的规格

(4)PLSR 输出脉冲数的当前值监控如表 8-18 所示。

表 8-18　PLSR 输出脉冲数的当前值监控

软元件		内容	指令名称
高位	低位		
D8141	D8140	Y000 的输出脉冲数累计	使用 PLSY 指令，PLSR 指令从 Y000 输出的脉冲数累计
D8143	D8142	Y001 的输出脉冲数累计	使用 PLSY 指令，PLSR 指令从 Y001 输出的脉冲数累计
D8137	D8136	Y000、Y001 输出脉冲数的合计累计数	使用 PLSY 指令，PLSR 指令从 Y000 和 Y001 输出的脉冲数的合计累计数

3. 原点回归指令 ZRN

当可编程控制器断电时会消失，因此上电时和初始运行时，必须执行原点回归，将机械动作原点位置的数据事先写入。原点回归指令格式如图 8-36 所示。

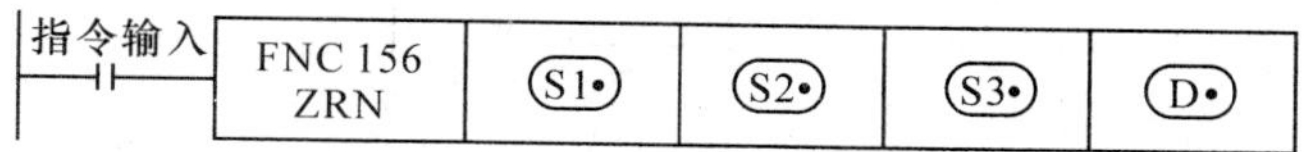

图 8-36　ZRN 指令格式

(1)原点回归指令格式说明如下：

①(S1•)指定原点回归开始的速度。对于 16 位指令，这一源操作数的范围为 10～32 767(Hz)；对于 32 位指令，范围为 10～100(kHz)。

②(S2•)指定爬行速度。指定近点信号 DOG 变为 ON 后的低速部分的速度。

③(S3•)指定近点信号输入。当指令输入继电器 X 以外的元件时，由于会受到可编程控制器运算周期的影响，会引起原点位置的偏移增大。

④(D•)指定有脉冲输出的 Y 编号，仅限于 Y000 或 Y001。

(2) 原点回归动作顺序可参见图 8-37，说明如下：

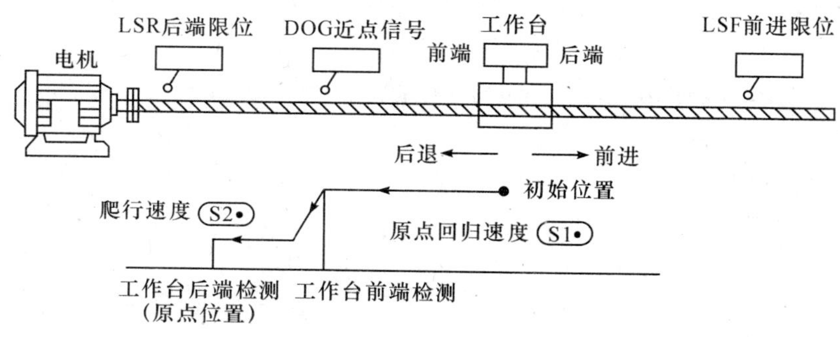

图 8-37　原点归零示意

① 发出驱动指令后，以原点回归速度(S1•)开始移动。

在原点回归过程中，当指令驱动接点变为 OFF 状态时，将不减速而停止。

指令驱动接点变为 OFF 后，在脉冲输出中监控(Y000：M8147；Y001：M8148)处于 ON 时，将不接受指令的再次驱动。

②当近点信号 DOG 由 OFF 变为 ON 时，减速至爬行速度(S2•)。

③当近点信号 DOG 由 ON 变为 OFF 时，在停止脉冲输出的同时，向当前值寄存器(Y000:[D8141,D8140];Y001:[D8143,D8142])中写入 0。另外，M8140(清零信号输出功能)为 ON 时，同时输出清零信号。随后，执行完成标志(M8029)动作的同时，脉冲输出中监控变为 OFF。

4. 相对位置控制指令 DRVI 和绝对位置控制指令 DRVA

相对位置控制指令 DRVI 如图 8-38 所示，绝对位置控制指令 DRVA 如图 8-39 所示。

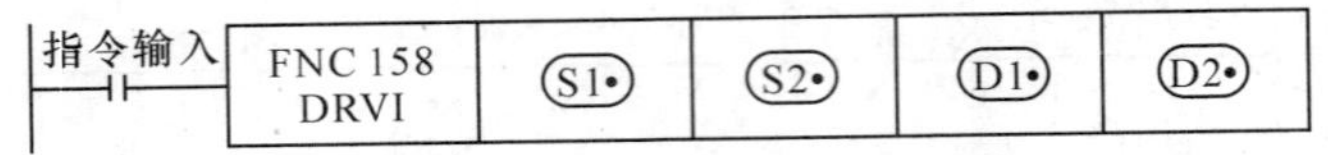

图 8-38　相对位置控制指令 DRVI

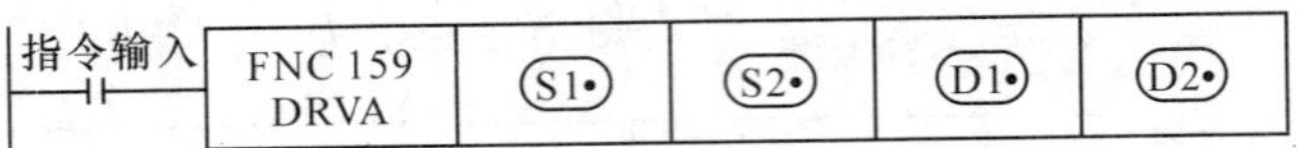

图 8-39　绝对位置控制指令 DRVA

指令格式说明：

①(S1•)：输出脉冲数。对于 16 位指令，操作数的范围为－32 768～＋32 767；对于 32 位指令，范围为－999 999～＋999 999。

对于相对位置指令，此操作数指定从当前位置到目标位置所需输出的脉冲数(带符号)。

对于绝对位置指令，此操作数指定目标位置相对于原点的坐标值(带符号的脉冲数)，执行指令时，输出的脉冲数是输出目标设定值和当前值之差。

②(S2•)：输出脉冲频率。对于 16 位指令，操作数的范围为 10～32 767(Hz)；对于 32 位指令，范围为 10～100(kHz)。

③(D1•)：脉冲输出地址。指令仅能用于 Y000、Y001。

④(D2•)：旋转方向信号输出地址。根据(S1•)和当前位置的差值，按以下方式动作。

[差值为正]→ ON；　[差值为负]→ OFF。

目标位置(S1•)，以对应下面的当前值寄存器作为绝对位置。

向[Y000]输出时→[D8141(高位)，D8140(低位)](使用 32 位)；

向[Y001]输出时→[D8143(高位)，D8142(低位)](使用 32 位)。

反转时，当前值寄存器的数值减小。

旋转方向通过输出脉冲数(S1•)的正负符号指令给出。

在指令执行过程中，即使改变操作数的内容，也无法在当前运行中表现出来，只在下一次指令执行时才有效。

若在指令执行过程中，指令驱动的接点变为 OFF，将减速停止。此时执行完成标志 M8029 不动作。

指令驱动接点变为 OFF 后，在脉冲输出中标志(Y000:[M8147];Y001:[M8148])处于 ON 时，将不接受指令的再次驱动。

5. 可变速脉冲输出指令 FNC 157(PLSV)

FNC 157(PLSV)是一个附带旋转方向的可变速脉冲输出指令。执行这一指令,即使在脉冲输出状态中,仍然能够自由改变输出脉冲频率。指令格式示例如图 8-40 所示。

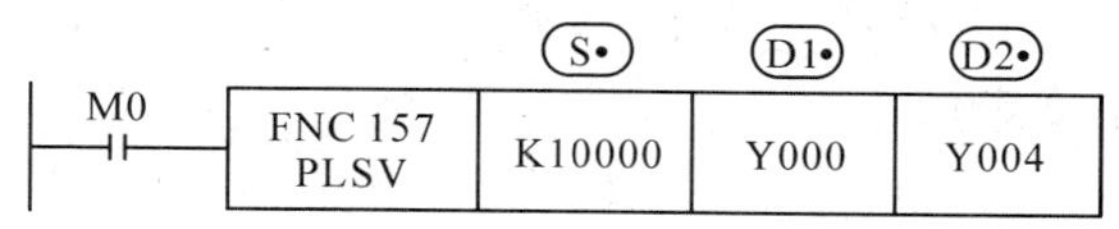

图 8-40　可变速脉冲输出指令

图 8-40 中,源操作数(S•) 指定输出脉冲频率。对于 16 位指令,操作数的范围为 1～32 767(Hz),－1～－32 767(Hz);对于 32 位指令,范围为 1～100(kHz),－1～－100(kHz)。

目标操作数(D1•)指定脉冲输出地址,仅能用 Y000、Y001。

目标操作数(D2•)指定旋转方向信号输出地址,当 (S•)为正值时输出为 ON。

使用 PLSV 指令须注意:

①在启动/停止时不执行加减速,若有必要进行缓冲开始/停止时,可利用 FNC67(RAMP)等指令改变输出脉冲频率(S•)的数值。

②指令驱动接点变为 OFF 后,在脉冲输出中标志(Y000:[M8147];Y001:[M8148])处于 ON 时,将不接受指令的再次驱动。

6. 与脉冲输出功能有关的主要特殊内部存储器

[D8141,D8140],输出至 Y000 的脉冲总数;

[D8143,D8142],输出至 Y001 的脉冲总数;

[D8136,D8137],输出至 Y000 和 Y001 的脉冲总数;

[M8145],Y000 脉冲输出停止指令(立即停止);

[M8146],Y001 脉冲输出停止指令(立即停止);

[M8147],Y000 脉冲输出中监控;

[M8148],Y001 脉冲输出中监控。

各个数据寄存器内容可以利用"(D)MOV K0 D81□□"执行清除。

知识点 3　欧姆龙伺服电机的应用

欧姆龙通用 SMARTSTEP2 系列 AC 伺服具有位置控制和速度控制 2 种模式,而且能够切换位置控制和速度控制运行。因此它适用于以加工机床和一般加工设备的高密度定位和平稳的速度控制为主的范围宽光的各种领域。

一、控制模式

1. 位置控制模式

用最高 500kpps 的高速脉冲串执行电机旋转速度和方向的控制，具有分辨率为 100 000脉冲/转的高精度定位。

2. 速度控制模式

用由参数构成的内部速度指令(最多 4 速)对伺服电机的旋转速度和方向进行高度平滑控制。另外，对于速度指令，还具有进行加减速时的常数设置和停止时的伺服锁定功能。

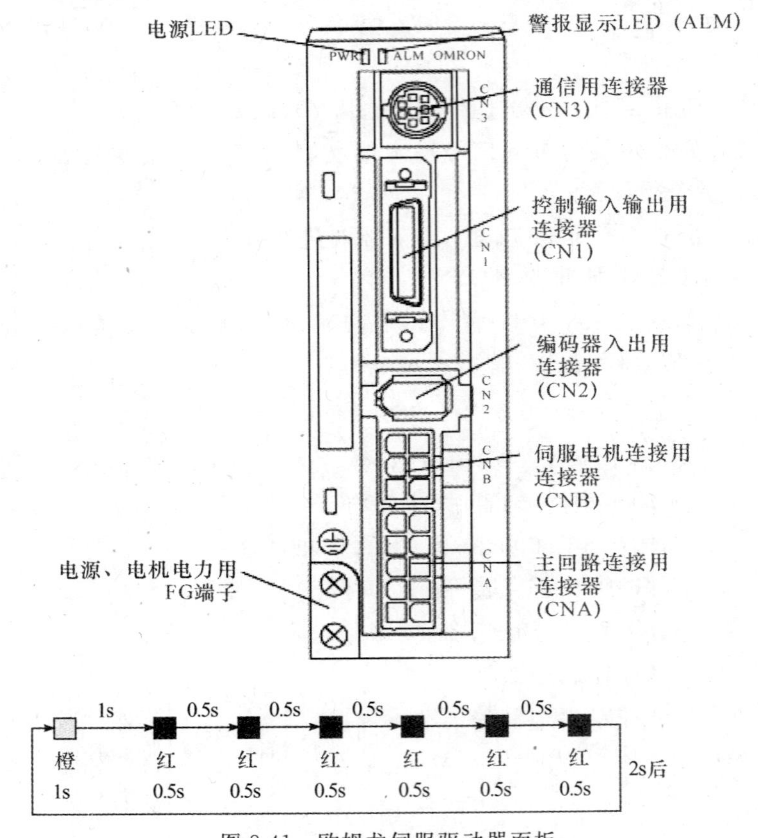

图 8-41 欧姆龙伺服驱动器面板

二、各部分名称

欧姆龙通用 SMARTSTEP2 系列 AC 伺服驱动器面板如图 8-41 所示。

三、电源 LED(PWR)

欧姆龙伺服驱动器面板电源 LED 指示状态如表 8-19 所示。

表 8-19　欧姆龙伺服驱动器面板电源 LED 指示状态

LED 显示	状态
绿色灯亮	主电源打开
橙色灯亮	警告时 1s 闪烁(过载、过再生、分隔旋转速度异常)
红色灯亮	报警发生

报警显示 LED(ALM):发生报警时闪烁,通过橙色及红色显示灯的闪烁次数来表示报警代码。例如,过载(报警代码 16)发生、停止时,橙色 1 次、红色 6 次闪烁,如图 8-42 所示。

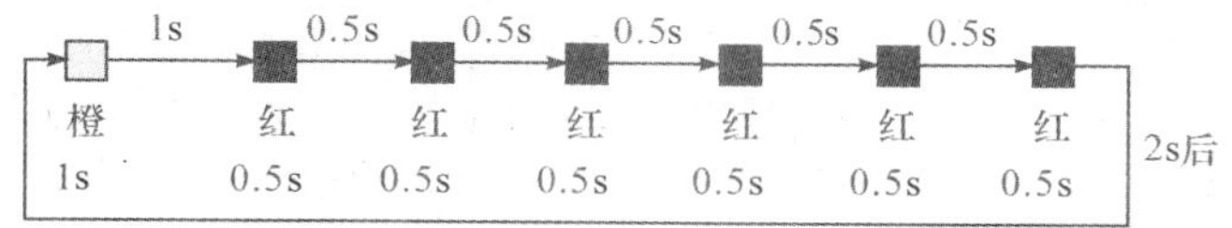

图 8-42　欧姆龙伺服驱动器 LED 报警显示

四、输入输出信号(CN1)

欧姆龙伺服驱动器输入输出信号(CN1)如图 8-43 所示。输入输出信号各引脚的功能如表 8-20 所示。

表 8-20　输入输出信号(CN1)各引脚的功能

引脚	标记	名称	功能/界面
1	+24VIN	控制用 DC 电源输入	序列输入(引脚 No.1)用电源(DC +12～+24V)的输入端子
2	RUN	2 运转指令输入	ON:伺服 ON (接通电机电源)
3	RESET	报警复位	ON:对伺服报警的状态进行复位,开启时间必须在 120ms 以上
4	ECRST/VSEL2	偏差计数器复位输入/内部设定速度选择 2	位置控制模式(Pn02 为 0 或 2)时,转换为偏差计数器输入。 ON:禁止脉冲指令,对偏差计数器进行复位(清除),必须开启 2ms 以上
			内部速度控制模式(Pn02 为 1)时,转换为内部设定速度选择 2。 ON:输入内部设定速度选择 2
5	GSEL/VZERO/TLSEL	增益切换/零速度指定/转矩限制切换	在位置控制模式(Pn02 为 1)时,如果零速度指定/转矩限制切换(Pn06)为 0 或 1,则转换为增益切换输入
			内部速度控制模式(Pn02 为 1)时,转换为零速度指定输入。 OFF:速度指令转换为 0。 通过设定零速度指定/转矩限制切换(Pn06),也可以使输入无效。 有效,Pn06=1;无效,Pn06=0
			如果零速度指定/转矩限制切换(Pn06)为 2,位置控制模式、内部速度控制模式同时切换为转矩限制切换。 OFF:转换为第 1 控制值(Pn70、Pn5E、Pn63)。 ON:转换为第 1 控制值(Pn71、Pn72、Pn73)

续表

<table>
<tr><th>引脚</th><th>标记</th><th>名称</th><th>功能/界面</th></tr>
<tr><td rowspan="2">6</td><td rowspan="2">GESEL/
VSEL1</td><td rowspan="2">电子齿轮切换/内部设定速度选择 1</td><td>位置控制模式(Pn02 为 0 或 2)时,转换为电子齿轮切换输入。
OFF:第 1 电子齿轮比分子(Pn46)。
ON:第 2 电子齿轮比分子(Pn47)</td></tr>
<tr><td>内部速度控制模式(Pn02 为 1)时,转换为内部设定速度选择 1。
ON:输入内部设定速度选择 1</td></tr>
<tr><td>7</td><td>NOT</td><td>输入反转侧驱动禁止</td><td>反转侧超程输入。OFF:驱动禁止;ON:驱动允许</td></tr>
<tr><td>8</td><td>POT</td><td>输入正转侧驱动禁止</td><td>正转侧超程输入。OFF:驱动禁止;ON:驱动允许</td></tr>
<tr><td>9</td><td>/ALM</td><td>报警输出</td><td>驱动器发出报警之后,停止输出</td></tr>
<tr><td rowspan="2">10</td><td rowspan="2">INP/
TGON</td><td rowspan="2">定位完成输出/电机转速检测输出</td><td>位置控制模式(Pn02 为 0 或 2)时,转换为定位完成输出。
ON:偏差计数器的滞留脉冲在定位完成幅度(Pn60)的设定值以内</td></tr>
<tr><td>内部速度控制模式(Pn02 为 1)时,转换为电机转速检测输出。
ON:电机转速大于电机检测转速(Pn62)的设定值</td></tr>
<tr><td>11</td><td>BKIR</td><td>制动器联锁输出</td><td>输出保持制动器的定时信号。ON 时,请放开保持制动器</td></tr>
<tr><td>12</td><td>WARN</td><td>警告输出</td><td>通过警告输出选择(Pn09),选择的信号被输出</td></tr>
<tr><td>13</td><td>OGND</td><td>输出共用地线</td><td>序列输出(引脚 No. 9～12)共用地线</td></tr>
<tr><td>14</td><td>GND</td><td>共用地线</td><td>编码器输出、Z 相输出(引脚 No. 21)共用地线</td></tr>
<tr><td>15</td><td>+A</td><td rowspan="2">编码器 A 相输出</td><td rowspan="6">按照编码器分频比设定(Pn44)输出编码器脉冲。线性驱动器输出相当于 RS-422</td></tr>
<tr><td>16</td><td>−A</td></tr>
<tr><td>17</td><td>+B</td><td rowspan="2">编码器 B 相输出</td></tr>
<tr><td>18</td><td>−B</td></tr>
<tr><td>19</td><td>+Z</td><td rowspan="2">编码器 Z 相输出</td></tr>
<tr><td>20</td><td>−Z</td></tr>
<tr><td>21</td><td>Z</td><td>Z 相输出</td><td>输出编码器的 Z 相。1 脉冲/转,集电极开路输出</td></tr>
<tr><td>22</td><td>+CW/
PULS/FA</td><td rowspan="2">反转脉冲/进给脉冲/90°相位差信号(A 相)</td><td rowspan="4">位置指令用的脉冲串输入端子;
线性驱动器输入时:最大响应频率 500kpps;
集电极开路输入时:最大响应频率 200kpps;
可以从反转脉冲/正转脉冲(CW/CCW)、进给脉冲/方向信号(PULS/SIGN)、90°相位差(A/B 相)信号(FA/FB)中进行选择(根据 Pn42 的设定)</td></tr>
<tr><td>23</td><td>−CW/
PULS/FA</td></tr>
<tr><td>24</td><td>+CCW/
SIGN/FB</td><td rowspan="2">正转脉冲/方向信号/90°相位差信号(B 相)</td></tr>
<tr><td>25</td><td>−CCW/
SIGN/FB</td></tr>
</table>

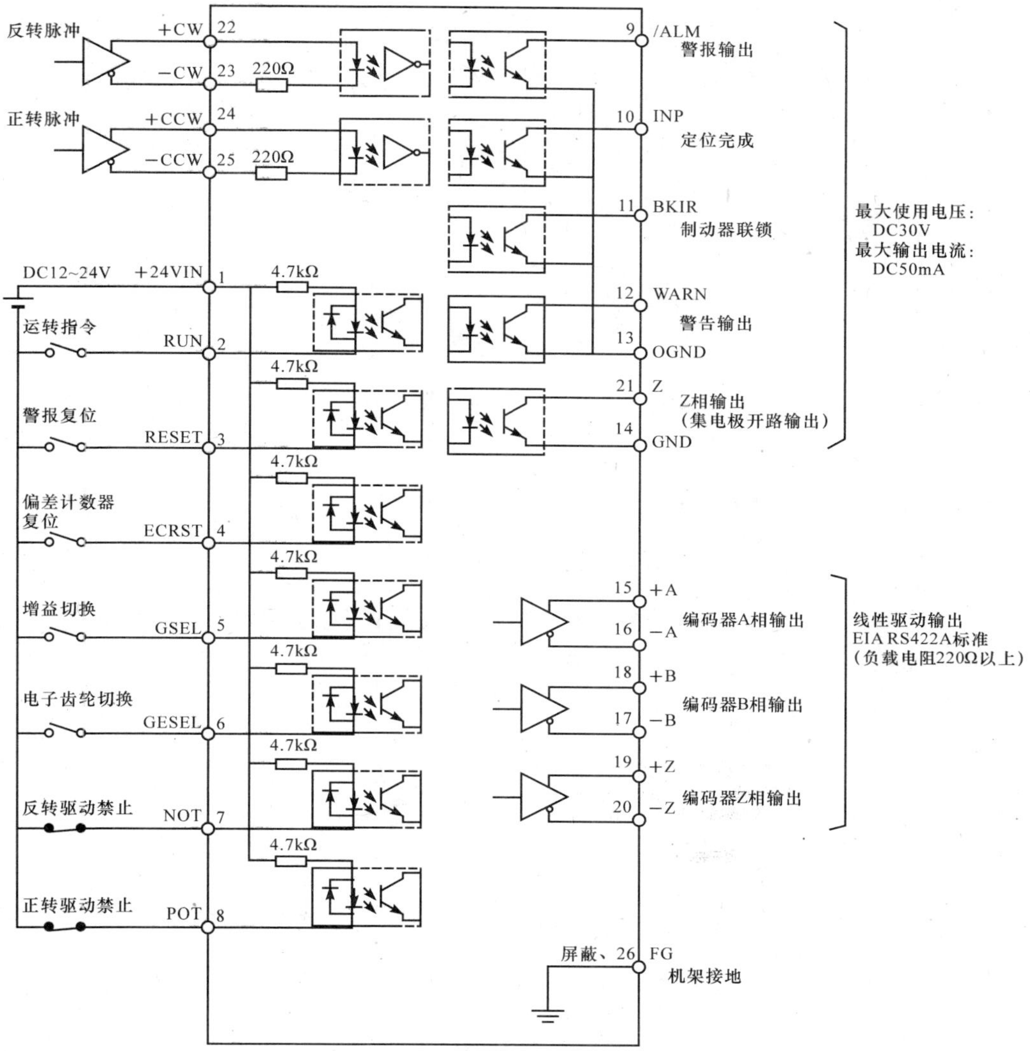

反转脉冲　+CW 22　−CW 23　220Ω
正转脉冲　+CCW 24　−CCW 25　220Ω
DC12~24V　+24VIN 1　4.7kΩ
运转指令　RUN 2　4.7kΩ
警报复位　RESET 3　4.7kΩ
偏差计数器复位　ECRST 4　4.7kΩ
增益切换　GSEL 5　4.7kΩ
电子齿轮切换　GESEL 6　4.7kΩ
反转驱动禁止　NOT 7　4.7kΩ
正转驱动禁止　POT 8
9 /ALM 警报输出
10 INP 定位完成
11 BKIR 制动器联锁
12 WARN 警告输出
13 OGND
21 Z　Z相输出（集电极开路输出）
14 GND
最大使用电压：DC30V
最大输出电流：DC50mA
15 +A　16 −A　编码器A相输出
18 +B　17 −B　编码器B相输出
19 +Z　20 −Z　编码器Z相输出
线性驱动输出
EIA RS422A标准
（负载电阻220Ω以上）
屏蔽、26 FG 机架接地

图 8-43　欧姆龙伺服驱动器输入输出信号(CN1)

五、位置指令脉冲输入接线规则

(1)线性伺服驱动器输入如图 8-44 所示。

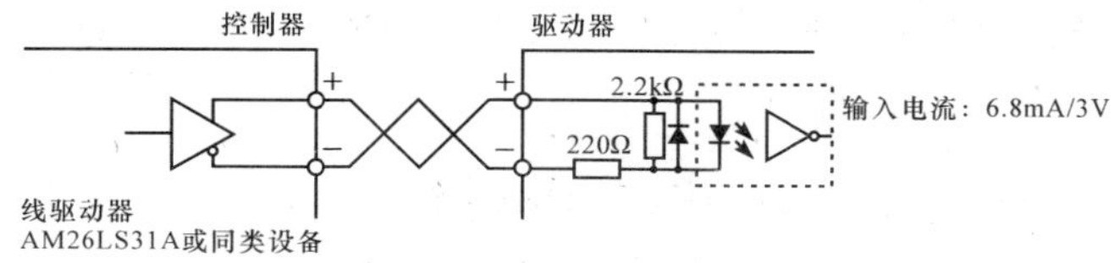

图 8-44　线性伺服驱动器输入

(2)集电极开路输入如图 8-45 所示。

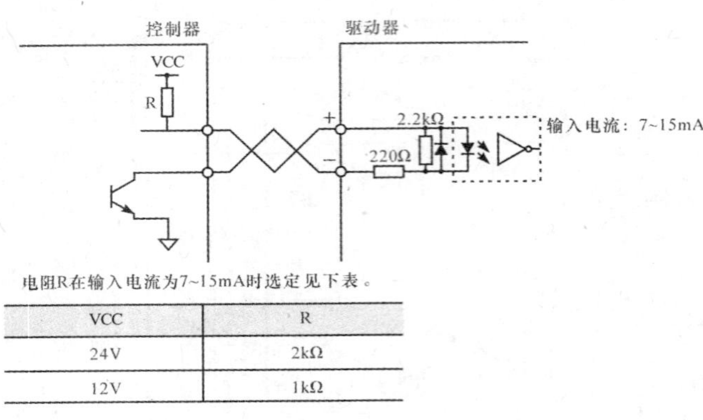

VCC	R
24V	2kΩ
12V	1kΩ

图 8-45　集电极开路输入

六、伺服设置软件的使用

1. 软件安装

将 CX-ONE V2.12 软件光盘放入光驱，计算机会自动运行安装程序。如图 8-46 所示，按向导提示，一路按下[下一步]。在安装过程中去掉不用的软件保留 CX-Drive，以节省安装空间和安装时间。

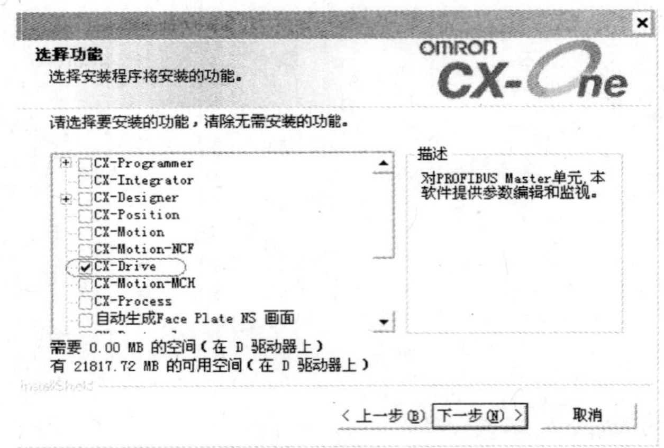

图 8-46　软件安装

安装完成，再安装软件 CX-Drive V1.61，按向导提示按[下一步]，完成软件升级。

2. 软件使用

(1)安装好 CX-Drive 软件后，打开 CX-Drive 软件，新建一个工程，选择伺服型号、功率、电源类型，以及设置与 PC 机的通信方式，如图 8-47 所示。

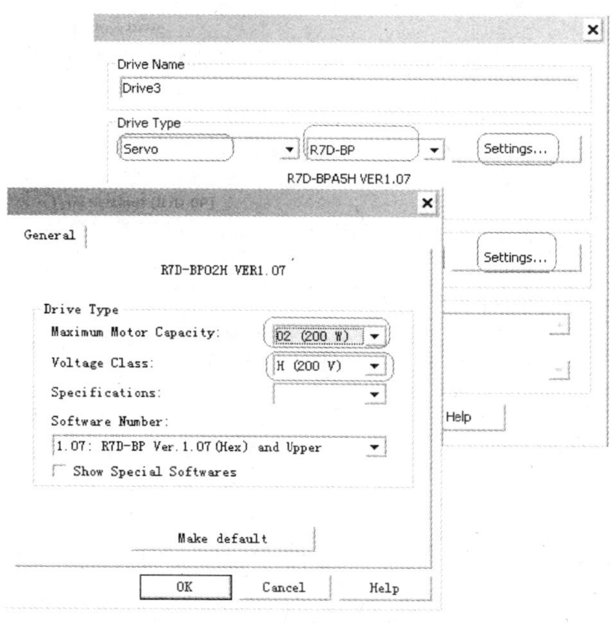

图 8-47　新建工程

(2)用伺服连接电缆连接伺服与 PC 机,打开伺服电源,点击图标 ,在线工作。

(3)根据需要修改伺服参数,点击图标 ,将修改好的参数下载到伺服驱动器中。

七、伺服参数设置

欧姆龙伺服驱动器的参数设置如表 8-21 所示。

表 8-21　伺服参数设置

序号	参数代号	设置值	说明
1	Pn10	10	位置控制回路响应
2	Pn11	500	速度回路响应
3	Pn20	200	惯量比
4	Pn41	1	指令脉冲转动方向
5	Pn42	3	指令脉冲模式
6	Pn46	190	第一电子齿轮分子

八、报警显示

欧姆龙伺服驱动器的报警显示如表 8-22 所示。

表 8-22 报警显示

序号	报警显示	异常内容	发生异常时的状况
1	11	电源电压不足	在运行指令(RUN)的输入中，主电路DC电压降到规定值以下
2	12	过电压	主电路DC电压异常的高
3	14	过电流	过电流流过IGBT。电机动力线的接地、短路
4	15	内部电阻器过热	驱动器内部的电阻器异常发热
5	16	过载	大幅度超出额定转矩运行了几秒或者几十秒
6	18	再生过载	再生能量超出了改订电阻器的处理能力
7	21	编码器断线检出	编码器线断线
8	23	编码器数据异常	来自编码器的数据异常
9	24	偏差计数器溢出	变化计数器的剩余脉冲超出了偏差计数器的超限级别(Pn63)的设定值
10	26	超速	电机的旋转速度超出了最大转速。 使用转矩限制功能时，超速检查级别(Pn70、Pn73)的设定值超出了电机旋转速度
11	27	电子齿轮设定异常	第1、第2电子齿轮比分子(Pn46、Pn47)的设定值不合适
12	29	偏差计数器溢流	偏差计数器的剩余脉冲超过134 217 728次脉冲
13	34	超程界限异常	位置指令输入超出了由越程界限(Pn26)所设定的电机可以运作的范围
14	36	参数异常	接通电源，从EEPROM读取数据时，参数保存区域的数据已经被破坏
15	37	参数破坏	接通电源，从EEPROM读取数据时，和校验不符
16	38	禁止驱动输入异常	禁止正转侧驱动和禁止反转侧驱动都被关闭
17	48	编码器Z相异常	检测到Z相的脉冲流失
18	49	编码器CS信号异常	检测到CS信号的逻辑异常
19	95	电机不一致	伺服电机和驱动器的组合不恰当，接通电源时，编码器没有被连接
20	96	LSI设定异常	干扰过大，造成LSI的设定不能正常完成

九、伺服接线图

PLC与欧姆龙伺服电机的接线如图8-48所示。

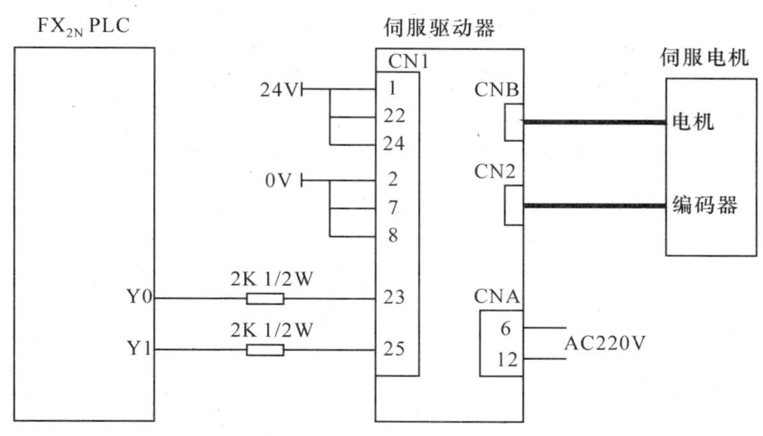

图 8-48　PLC 与欧姆龙伺服电机的接线

知识点 4　3ND583 步进电机驱动器使用说明

3ND583 是雷赛公司推出的一款采用精密电流控制技术设计的高细分三相步进驱动器，适合驱动 57～86 机座号的各种品牌的三相步进电机，由于采用了先进的纯正弦电流控制技术，电机噪音和运行平稳性得到明显改善。和市场上的大多数其他细分驱动产品相比，3ND583 驱动器与配套电机的发热量降幅达 15%～30%。而且 3ND583 驱动器与配套三相步进电机能提高位置控制精度，因此特别适合于要求低噪声、低电机发热与高平稳性的高要求场合。3ND583 步进电机驱动器如图 8-49 所示。

图 8-49　3ND583 步进电机驱动器

一、3ND583 步进电机驱动器的特点

(1)高性能、低价格、超低噪声；

(2)电机和驱动器发热量很低；

(3)供电电压可达 50VDC，输出电流峰值可达 8.3A(均值为 5.9A)；

(4)输入信号 TTL 兼容；

(5)静止时电流自动减半；

(6)可驱动 3,6 线三相步进电机；

(7)光隔离差分信号输入；

(8)脉冲响应频率最高可达 400kHz(更高可选)；

(9)多达 8 种细分可选；

(10)具有过压、欠压、短路等保护功能；

(11)脉冲/方向或 CW/CCW 双脉冲功能可选。

二、应用领域

3ND583 步进电机驱动器适用于各种中小型自动化设备和仪器，例如雕刻机、打标机、切割机、激光照排、绘图仪、数控机床、自动装配设备等。在用户期望的小噪声、高精度、高速度设备中的应用效果特佳。

三、电气指标

3ND583 步进电机驱动器的电气指标如表 8-23 所示。

表 8-23　伺服驱动器电气指标

说明	最小值	典型值	最大值	单位
输出电流	2.1		8.3(均值为 5.9)	A
输入电源电压	18	36	50	VDC
控制信号输入电流	7		16	mA
步进脉冲频率	0		400	kHz
脉冲低电平时间	1.2			μs
绝缘电阻	500			MΩ

四、驱动器接口和接线介绍

(1)P1 端口控制信号接口的引脚功能如表 8-24 所示。

表 8-24　P1 端口控制信号接口的引脚功能

名称	功能
PUL+(+5V) PUL−(PUL)	脉冲控制信号：脉冲上升沿有效；PUL：高电平时 4～5V，低电平时 0～0.5V。为了可靠响应脉冲信号，脉冲宽度应大于 1.2μs
DIR+(+5V) DIR−(DIR)	方向信号：高/低电平信号，为保证电机可靠换向，方向信号应先于脉冲信号至少 5μs 建立。电机的初始运行方向与电机的接线有关，互换三相绕组 U、V、W 的任何两根线，可以改变电机初始运行的方向
ENA+(+5V) ENA−(ENA)	使能信号：此输入信号用于使能或禁止。ENA+接+5V、ENA−接低电平(或内部光耦导通)时，驱动器将切断电机各相的电流使电机处于自由状态，此时步进脉冲不被响应。不需用此功能时，使能信号端悬空即可

(2)P2 端口强电接口的引脚功能如表 8-25 所示。

表 8-25　P2 端口强电接口的引脚功能

名称	功能
GND	直流电源地
+V	直流电源正极，+18V～+50V 区间任何值均可，但推荐值为+36VDC 左右
U	三相电机 U 相
V	三相电机 V 相
W	三相电机 W 相

(3)输入接口电路。3ND583 驱动器采用差分式接口电路，可适用差分信号、单端共阴及共阳等接口，内置高速光电耦合器，允许接收长线驱动器、集电极开路和 PNP 输出电路的信号。在环境恶劣的场合，推荐用长线驱动器电路，使抗干扰能力强。现以集电极开路和 PNP 输出为例，输入接口电路如图 8-50 所示。

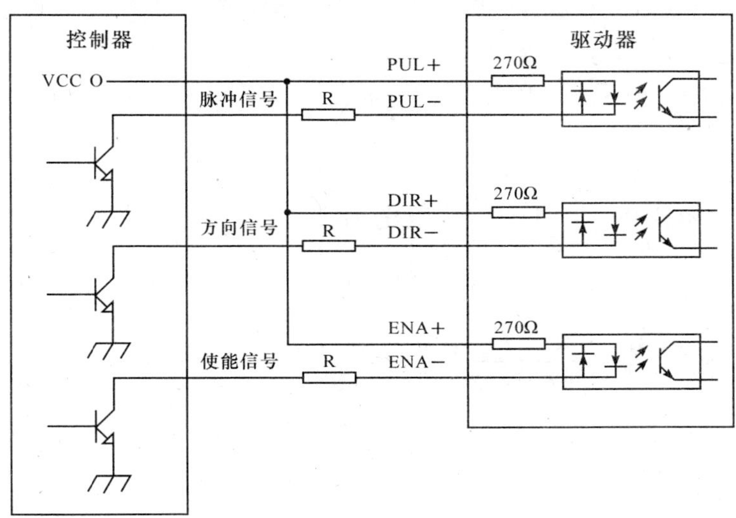

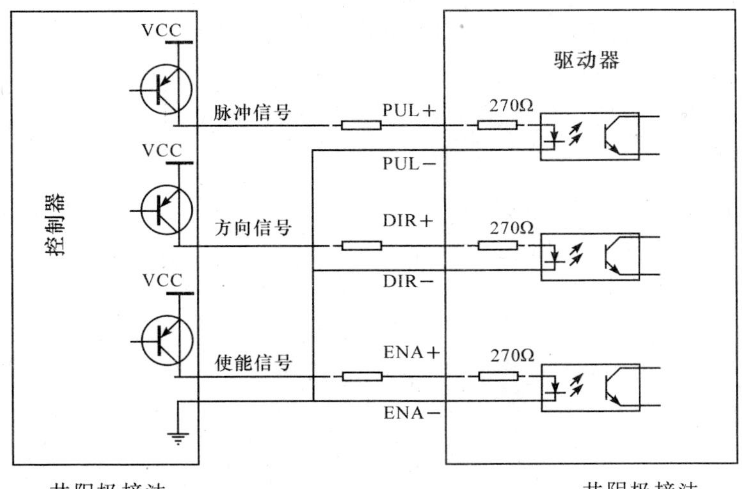

共阳极接法　　　　共阴极接法

图 8-50　输入接口电路

注：VCC 为 5V 时，R 短接；VCC 为 12V 时，R 为 1K，大于 1/8W 电阻；VCC 为 24V 时，R 为 2K，大于 1/8W 电阻；R 必须接在控制器的信号端。

(4)接线要求如下：

①为防止驱动器受干扰，建议控制信号采用屏蔽电缆线，并且屏蔽层与地短接；除特殊要求外，控制信号电缆的屏蔽线单端接地：屏蔽线的上位机一端接地，屏蔽线的驱动器一端悬空。同一机器内只允许在同一点接地，如果不是真实接地线，可能干扰严重，此时屏蔽层不接。

②脉冲和方向信号线与电机线不允许并排包扎在一起，最好分开至少 10cm 以上，否则电机噪声容易干扰脉冲方向信号，从而引起电机定位不准，系统不稳定等故障。

③如果一个电源供电多台驱动器，应在电源处采取并联连接，不允许先到一台再到另一台的链状式连接。

④严禁带电拔插驱动器强电 P2 端子，带电的电机停止时仍有大电流流过线圈，拔插 P2 端子将导致巨大的瞬间感生电动势并烧坏驱动器。

⑤严禁将导线头加锡后接入接线端子，否则因接触电阻变大而过热，可能损坏端子。

⑥接线线头不能裸露在端子外，以防意外短路而损坏驱动器。

五、电流、细分拨码开关设定

3ND583 驱动器采用八位拨码开关设定细分精度、动态电流和半流/全流。拨码开关详细功能描述如图 8-51 所示。

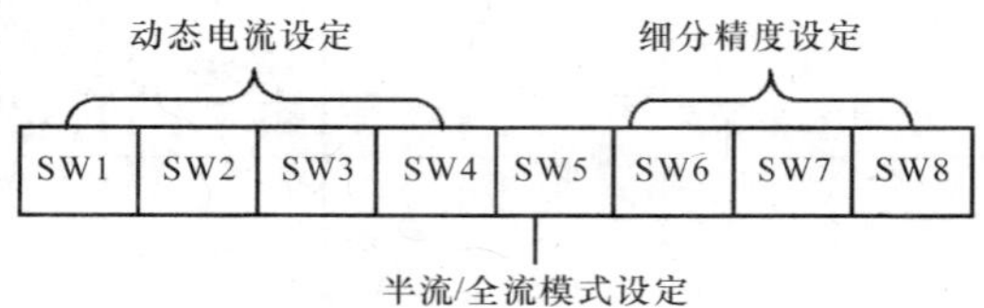

图 8-51 步进驱动器拨码开关功能描述

1. 电流设定

(1)工作(动态)电流设定

用 SW1～SW4 四位拨码开关一共可设定 16 个电流级别，如表 8-26 所示。

表 8-26 工作电流设定

输出峰值电流	输出有效值电流	SW1	SW2	SW3	SW4
2.1A	1.5A	off	off	off	off
2.5A	1.8A	on	off	off	off
2.9A	2.1A	off	on	off	off
3.2A	2.3A	on	on	off	off
3.6A	2.6A	off	off	on	off
4.0A	2.9A	on	off	on	off
4.5A	3.2A	off	on	on	off
4.9A	3.5A	on	on	on	off
5.3A	3.8A	off	off	off	on

续表

输出峰值电流	输出有效值电流	SW1	SW2	SW3	SW4
5.7A	4.1A	on	off	off	on
6.2A	4.4A	off	on	off	on
6.4A	4.6A	on	on	off	on
6.9A	4.9A	off	off	on	on
7.3A	5.2A	on	off	on	on
7.7A	5.5A	off	on	on	on
8.3A	5.9A	on	on	on	on

(2)静止(静态)电流设定

静态电流可用 SW5 拨码开关设定,off 表示静态电流设定为动态电流的一半,on 表示静态电流与动态电流相同。如果点击停止时不需要很大的保持力矩,建议把 SW5 设成 off,使得电机和驱动器的发热减少,可靠性提高。脉冲串停止后约 0.4s 左右,电流自动减至一半左右(实际值的 60%),发热量理论上减至 36%。

2. 细分设定

细分精度由 SW6～SW8 三位拨码开关设定,如表 8-27 所示。

表 8-27　细分精度

步/转	SW6	SW7	SW8
200	on	on	on
400	off	on	on
500	on	off	on
1000	off	off	on
2000	on	on	off
4000	off	on	off
5000	on	off	off
10 000	off	off	off

六、供电电源选择

电源电压在 DC 20～50V 之间都可以正常工作,3ND583 驱动器最好采用非稳压型直流电源供电,也可以采用变压器降压＋桥式整流＋电容滤波,电容可取 6800uF 或 10 000uF。但要注意使整流后电压纹波峰值不超过 50V。建议用户使用 24～45V 直流供电,避免电网波动超过驱动器电压工作范围。如果使用稳压型开关电源供电,应注意将电源的输出电流范围设成最大。

请注意:

(1)接线时要注意,电源正负极切勿反接;

(2)最好用非稳压型电源;

(3)采用非稳压型电源时,电源电流输出能力大于驱动器设定电流的 60% 即可;

(4)采用稳压开关电源时,电源的输出电流应大于或等于驱动器的工作电流;

(5)为降低成本，两三个驱动器可共用一个电源，但应保证电源功率足够大。

七、电机选配

3ND583 可以用来驱动 3.6 线的三相混合式步进电机，步距角为 1.2°和 0.6°的均可适用。选择电机时主要依据电机的扭矩和额定电流来决定。扭矩大小主要由电机尺寸决定。尺寸大的电机扭矩较大；而电流大小主要与电感有关，小电感电机高速性能好，但电流较大。

八、保护功能

1. 欠压保护

当直流电源电压+V 低于 18V 时，驱动器绿灯灭、红灯闪烁，进入欠压保护状态。若输入电压继续下降至 16V 时，红绿灯均会熄灭。当输入电压回升至 20V 时，驱动器会自动复位，进入正常工作状态。

2. 过压保护

当直流电源电压+V 超过 51V 时，保护电路动作，电源指示灯变红，保护功能启动。

3. 过电流和短路保护

电机接线线圈绕组短路或电机自身损坏时，保护电路动作，电源指示灯变红，保护功能启动。当过压、过电流、短路保护功能启动时，电机轴失去自锁力，电源指示灯变红。若要恢复正常工作，需确认以上故障消除，然后电源重新上电，电源指示灯变绿，电机轴被锁紧，驱动器恢复正常。

九、常见问题和处理方法

3ND583 步进电机常见问题和处理方法如表 8-28 所示。

表 8-28　常见问题和处理方法

现象	可能问题	解决措施
电机不转	电源灯不亮	检查供电电路，正常供电
	电机轴有锁紧力	脉冲信号弱，信号电流加大至 7～16mA
	细分太小	选对细分
	电流设定是否太小	选对电流
	驱动器已保护	重新上电
	使能信号为低	此信号拉高或不接
	对控制信号不反应	上电
电机转向错误	电机线不接	互换三相绕组 U、V、W 的任何两根线，可以改变电机初始运行方向
	电机线有断路	检查并接对
报警指示灯亮	电机线接错	检查接线
	电压过高或过低	检查电源
	电机或驱动器损坏	更换电机或驱动器

续表

现象	可能问题	解决措施
位置不准	信号受干扰	排除干扰
	屏蔽地未接或未接好	可靠接地
	电机线有断路	检查并接好
	细分错误	设对细分
	电流偏小	加大电流
电机加速时堵转	加速时间太短	设定更长的加速时间
	电机力矩太小	选更大力矩的电机
	电压偏低或电流太小	适当提高电压或电流

拓展训练

1. 如果物流仓储单元发生故障，系统该如何报警？程序该如何编写？
2. 绝对移位指令和相对移位指令的区别是什么？
3. 如何用绝对移位指令来实现编程？

任务九　行车机械手单元控制系统实训

➢任务目标

1. 熟悉行车机械手单元的动作过程，掌握行车机械手单元 SFC 的编写。

2. 熟悉变频器的使用、参数设置及操作。

3. 掌握 PLC、变频器和组态控制的联机调试。

4. 能在规定的时间内完成行车机械手单元控制程序的编写，并解决在调试过程中出现的常见问题。

子任务 1　认识行车机械手单元

一、任务描述

行车机械手单元的动作视频详见资源库：行车机械手单元动作视频. AVI。

行车机械手单元由平行气动手爪、提升气缸、交流减速电机、直流减速电机、齿轮齿条机构、安全光幕、红外传感器、镜面漫射传感器、光电对射传感器、霍尔传感器、电感传感器、定位装置、紧急按钮盒等组成，主要完成将托盘从环形生产线的结束工位搬运到起始工位的工作。行车机械手单元如图 9-1 所示。

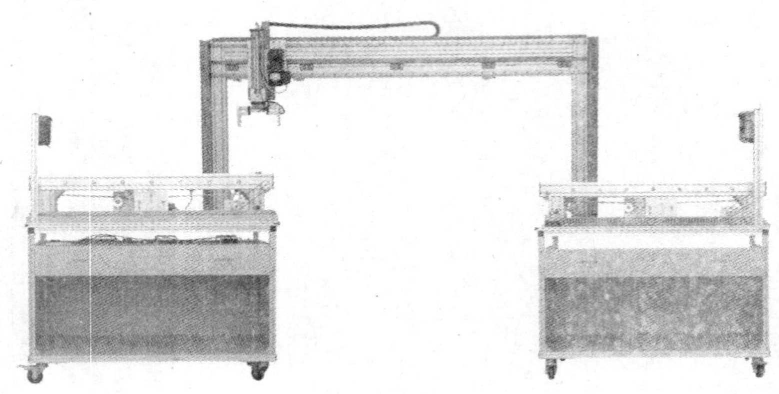

图 9-1　行车机械手单元

当系统运行时，左传送带启动，带动托盘运行到定位装置处，电感传感器检测到托盘后，传送带继续运行 2s 后停止，提升气缸下降；提升气缸下降到位后气动手爪夹紧，然后提升气缸上升，提起托盘；提升到位后，变频器驱动交流减速电机运行，机械手带动托盘向右运行，交流电机在左变速点和右变速点实现变频调速；当机械手移动到右原点后，交流减速电机停止运行，提升气缸下降，下降到位后气动手爪张开，放下托盘；手爪张开后，提升气缸再上升；提升到位后，右传输带运行 8s，托盘进入新一轮的工作循环，同时机械手向左运行，回到左原点，左传输带启动，等待下一个托盘的到来。

工作区域设有三道安全防线：安全光幕检测、镜面漫射传感器检测、光电对射传感器检测。在行车机械手工作期间，任何物体进入工作区域，则行车机械手立即停止工作，直至重新按动紧急按钮盒上的绿色启动按钮。

二、任务分析

行车机械手单元是环形生产线的最后一个工作单元，主要用于将托盘从环形生产线的结束工位搬运到起始工位。本单元用三菱 FX_{2N}-48MR PLC 作为系统控制器，用三菱 FX_{2N}-32CCL 模块作为 CC-Link 通信接口，用一个单向电磁阀控制提升气缸，用一个双向电磁阀控制气动手爪的张开与夹紧，用两个电磁阀分别控制左传输带和右传输带的运行，用三菱 FR-E740 变频器控制行车机械手的运行。

行车机械手单元的气动原理如图 9-2 所示。

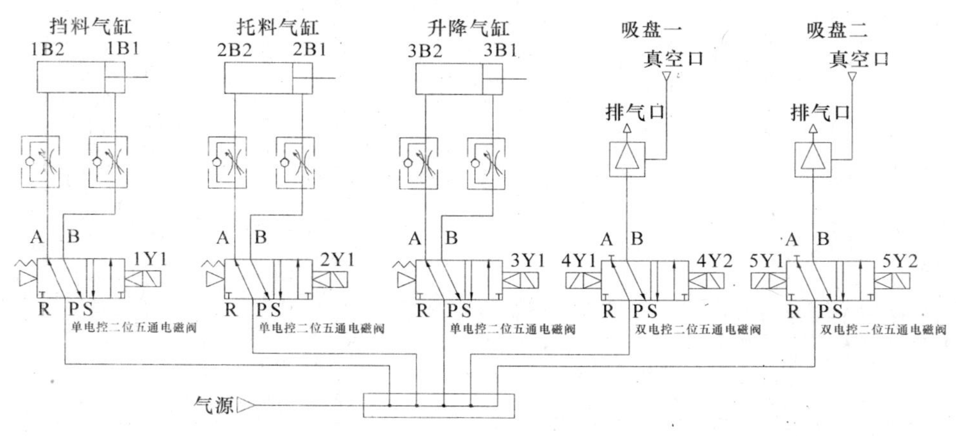

图 9-2　行车机械手单元气动原理

三、任务实施

(1)观看行车机械手单元动作视频，在表 9-1 中画出行车机械手单元的动作流程图(只要求写出运行流程图，不包括复位状态)。

表 9-1　行车机械手单元动作流程图

	动作流程图	SFC
行车机械手单元		

(2)设备端子如图 9-3 所示。熟悉行车机械手单元的设备端子功能、传感器接线、气缸和电磁阀接线,根据实际传感器的接线特性仔细填写表 9-2,根据气缸和电磁阀的接线状态仔细填写表 9-3。

端子	功能	端子	功能
1	+24V	37	手爪夹紧检测传感器输出
2	+24V	38	手爪夹紧检测传感器负
3	0V	39	对射发射传感器正
4	0V	40	对射发射传感器负
5		41	对射接收传感器正
6		42	对射接收传感器负
7	左托盘到位检测传感器正	43	对射接收传感器输出
8	左托盘到位检测传感器负	44	漫反射传感器正
9	左托盘到位检测传感器输出	45	漫反射传感器负
10	右托盘到位检测传感器正	46	漫反射传感器输出
11	右托盘到位检测传感器负	47	光幕传感器正
12	右托盘到位检测传感器输出	48	光幕传感器负
13	左极限传感器正	49	光幕传感器输出
14	左极限传感器负	50	急停盒急停按钮输出
15	左极限传感器输出	51	急停盒急停按钮负
16	左原点到位传感器正	52	急停盒启动按钮输出
17	左原点到位传感器负	53	急停盒启动按钮负
18	左原点到位传感器输出	54	
19	左变速到位传感器正	55	
20	左变速到位传感器负	56	
21	左变速到位传感器输出	57	
22	右极限传感器正	58	
23	右极限传感器负	59	
24	右极限传感器输出	60	下降电磁阀正
25	右原点到位传感器正	61	下降电磁阀控制
26	右原点到位传感器负	62	手爪张开电磁阀正
27	右原点到位传感器输出	63	手爪张开电磁阀控制
28	右变速到位传感器正	64	手爪夹紧电磁阀正
29	右变速到位传感器负	65	手爪夹紧电磁阀控制
30	右变速到位传感器输出	66	左托盘传输控制
31	提升气缸上限位传感器输出	67	右托盘传输控制
32	提升气缸上限位传感器负	68	
33	提升气缸下限位传感器输出	69	
34	提升气缸下限位传感器负	70	电机U
35	手爪张开检测传感器输出	71	电机V
36	手爪张开检测传感器负	72	电机W

备注：1. 磁性传感器引出线：蓝色线为“负”，接“0V”；棕色线为“输出”，接PLC输入端。
2. 电容、电感传感器及光电开关引出线：蓝色线为“负”，接“0V”；棕色线为“正”，接“+24V”；黑色线为“输出”，接PLC输入端。
3. 电磁阀引出线：黑色线为控制端，接PLC输出端；红色线为“正”，接“+24V”。

图 9-3　行车机械手单元设备端子

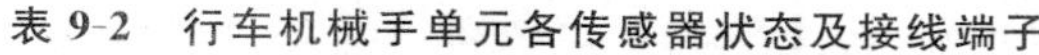

表 9-2　行车机械手单元各传感器状态及接线端子

序号	功能	何种传感器	0V		+24V		信号线	
			颜色	端子号	颜色	端子号	颜色	端子号
1	左托盘到位检测							
2	右托盘到位检测							
3	左极限检测							
4	左原点检测							
5	左变速检测							
6	右极限检测							
7	右原点检测							
8	右变速检测							
9	提升气缸上限检测							
10	提升气缸下限检测							
11	手爪张开检测							
12	手爪夹紧检测							
13	对射传感器检测							
14	镜面漫反射检测							
15	光幕检测							
16	按钮盒紧急停止							
17	按钮盒启动							

表 9-3　行车机械手单元各电机和气缸状态

序号	功能	由何种器件进行控制 （电磁阀 OR 继电器）	正		负	
			颜色	端子号	颜色	端子号
1	提升气缸					
2	手爪张开					
3	手爪夹紧					
4	左托盘传输					
5	右托盘传输					
6	机械手向右					
7	机械手向左					
8	高速运行					
9	中速运行					
10	低速运行					
11	输出停止					

填写表 9-1～9-3，然后由指导老师检查确定。检查无误后请以电子稿作业形式上交到网络教学平台。

四、任务评价

完成子任务 1，专业能力评价如表 9-4 所示。

表 9-4 专业能力评价

序号	训练内容	考核要求		评分标准		配分	学生自评	教师评分
1	准备工作	1. 有工作计划； 2. 有工作分工		1. 没有工作计划，扣 5 分； 2. 没有工作分工，扣 5 分		10		
2	流程图和 SFC	1. 正确书写流程图； 2. 正确写出 SFC		1. 流程写错，每步扣 5 分； 2. SFC 写错，每步扣 5 分		40		
3	传感器、继电器和电磁阀状态	1. 正确认识传感器的接线； 2. 正确认识继电器和电磁阀		1. 传感器端子错误，每处扣 5 分； 2. 传感器颜色错误，每处扣 5 分； 3. 气缸端子错误，每处扣 5 分； 4. 气缸颜色错误，每处扣 5 分		50		
4	职业素养与安全意识	1. 安全文明操作； 2. 6S 管理		1. 违反安全文明生产规程，损坏元器件，扣 5～30 分，并赔偿损坏的元器件； 2. 工位凌乱，不整理，扣 10 分		倒扣		
备注	各项内容最高分不得超过额定配分			合计		100		
时间	开始时间		结束时间		考评员签字		年　月　日	

子任务 2　行车机械手单元 PLC 系统设计与调试

一、任务描述

在完成子任务 1 的熟悉系统的基础上，完成行车机械手单元单站运行控制系统设计与调试，要求完成功能如下。

(1)复位：按下黄色复位按钮，左传输带和右传输带运行 3s 至无杂物；变频电机动作带动机械手以低速回到左原点；如果机械手手爪夹有托盘，则机械手在左原点下降放下托盘，机械手回到上限位停止，复位完成。

(2)运行：按下绿色启动按钮，左传输线开始运行，等待托盘到位；电感传感器检测到托盘后，传送带继续运行 2s 后停止，提升气缸下降；下降到位后气动手爪夹紧，抓住托盘，提升气缸上升，提起托盘；提升到位后，变频器驱动交流减速电机运行，机械手带动托盘向右运行，交流电机在左变速点和右变速点实现变频调速；当机械手移动到右原点后，交流减速电机停止运行，提升气缸下降，下降到位后气动手爪张开，放下托盘；手爪张开后，提升气缸再上升；提升到位后，右传输带运行 8s，托盘进入新一轮的工作循环，同时机械手向左运行，回到左原点，一个工作周期完成。

(3)停止：按下红色停止按钮，当前一个工作周期完成后，本单元停止工作。

(4)急停：当按下急停按钮后，系统马上停止；急停复位后，继续前面的工作。

(5)安全保护：工作区域设有三道安全防线，分别为安全光幕检测、镜面漫射传感器检测、光电对射传感器检测。在行车机械手工作期间，任何物体进入工作区域，则行车机械手立即停止工作，重新按急停盒上的绿色启动按钮，系统继续前面的工作。

(6)指示灯显示：当系统的传感器不在初始位置时和进行复位操作时，指示灯 Y27 以 1Hz 频率闪烁；复位完成，系统状态准备完成，Y27 常亮。按下启动按钮，系统在运行状态下，Y26 常亮；在运行过程中，按下停止按钮，Y26 以 1Hz 频率闪烁；系统停下时，Y26 灭。系统在急停状态下，Y25 以 1Hz 频率闪烁；退出急停状态，Y25 灭。

二、任务分析

本子任务主要包含 4 种动作状态：复位状态、运行状态、停止状态、急停状态。系统的运行状态是一个顺序流程图，所以在 PLC 程序设计时，可以用 SFC 进行编程。在编程中，将系统的复位、启动、停止、急停按钮放在 SFC 的第一块主控单元梯形图中，以便于程序调试；第二块单元动作流程用 SFC 块编程，简单方便；第三块梯形图是指示灯程序和急停功能。

三、任务实施

根据子任务 2 的控制要求，用 PLC 和变频器实现单元控制系统的设计与调试，主要完成 PLC 的 I/O 口地址分配、PLC 的外部接线图设计与连线、PLC 程序设计、变频器参数设置、系统调试，实施步骤如下。

1.PLC 的 I/O 口地址分配

在行车机械手单元中，需要的 PLC 输入量为 21 个，PLC 输出量为 11 个。PLC 的 I/O 口地址分配如表 9-5 所示。

表 9-5 PLC 的 I/O 口地址分配

序号	PLC 地址	设备端子	功能说明	序号	PLC 地址	设备端子	功能说明
1	X0		复位按钮	17	X20	43	对射检测传感器
2	X1		启动按钮	18	X21	46	镜面漫反射检测传感器
3	X2		停止按钮	19	X22	49	光幕检测传感器
4	X3		急停按钮	20	X23	51	按钮盒紧急停止
5	X4	9	左托盘到位检测传感器	21	X24	53	按钮盒启动
6	X5	12	右托盘到位检测传感器	22	Y0	61	提升气缸
7	X6	15	左极限检测传感器	23	Y1	63	手爪张开

续表

序号	PLC 地址	设备端子	功能说明	序号	PLC 地址	设备端子	功能说明
8	X7	18	左原点检测传感器	24	Y2	65	手爪夹紧
9	X10	21	左变速检测传感器	25	Y3	66	左托盘传输
10	X11	24	右极限检测传感器	26	Y4	67	右托盘传输
11	X12	27	右原点检测传感器	27	Y10	变频器模块	正转启动 STF
12	X13	30	右变速检测传感器	28	Y11		反转启动 STR
13	X14	31	提升气缸上限检测传感器	29	Y12		高速 RH
14	X15	33	提升气缸下限检测传感器	30	Y13		中速 RM
15	X16	35	手爪张开检测传感器	31	Y14		低速 RL
16	X17	37	手爪夹紧检测传感器	32	Y15		输出停止 MRS

2. PLC 的外部接线图设计与连线

根据 PLC 的 I/O 口地址分配表，设计 PLC 的外部接线图，并完成设备的电气接线。PLC 的外部接线如图 9-4 所示。

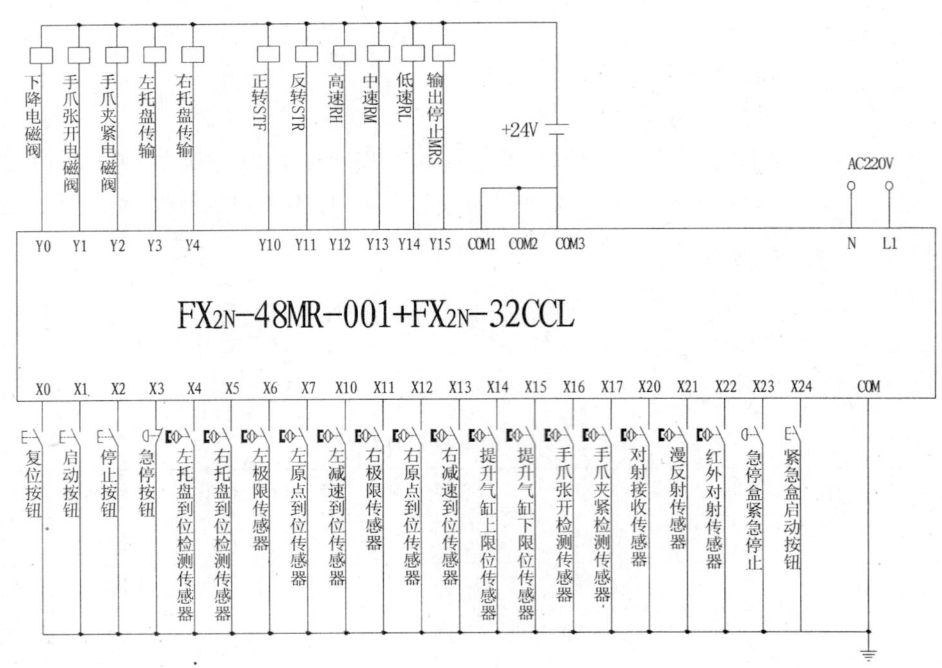

图 9-4　行车机械手单元的 PLC 外部接线

3. PLC 程序设计

本子任务的 PLC 程序在三菱 GX Developer 8 的 SFC 编程中实现，包括三个块程序：主控程序、行车机械手单元动作流程程序、其他子程序。各块程序的块类型如图 9-5 所示。

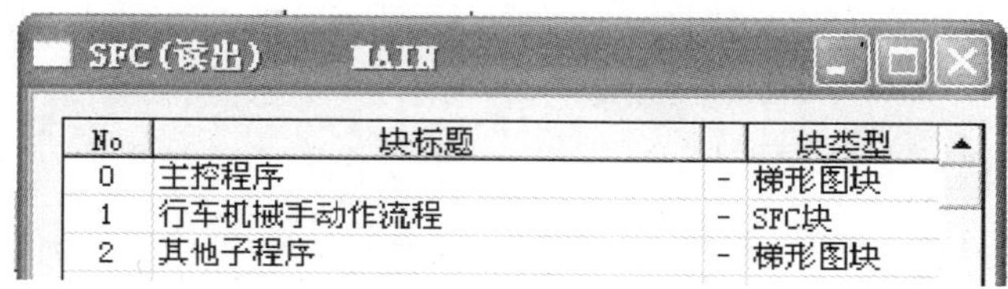

SFC(读出)　MAIN

No	块标题		块类型
0	主控程序	-	梯形图块
1	行车机械手动作流程	-	SFC块
2	其他子程序	-	梯形图块

图 9-5　行车机械手单元的三个块程序

(1)主控程序由梯形图设计，由上电复位程序、复位功能程序、设备状态检测程序、启动停止程序、访问指示灯子程序、跳转急停子程序、安全保护子程序七个部分构成。

①上电复位程序。通过 M8002 将系统复位至初始状态，按下复位按钮也能进行状态复位。程序设计如图 9-6 所示。

```
0  M8002 ─┤├─┬──────────────[ZRST  M0     M49 ]
   X000      │
   ─┤├───────┼──────────────[RST   S0         ]
   复位按钮  │                     SFC
             ├──────────────[ZRST  S10    S16 ]
             └──────────────[ZRST  Y000   Y015]
                                   下降气缸 MRS
```

图 9-6　上电复位程序

②复位功能程序。按下复位按钮，复位状态 M30 置 1。复位过程包括三个内容：传输带复位、机械手复位、气动手爪复位。三个过程都复位完成后，M30 清零，M31 置 1。

传输带复位：在复位状态下，左传输带和右传输带运行，带动传输带上的托盘到尾部，运行 3s 后停止。传输带复位程序如图 9-7 所示。

```
19  X000 ─┤├──────────────────[SET  M30    ]
    复位按钮                         复位状态
21  M30 ─┤├─┬────────────────(T0   K30    )
    复位状态 │  T0
             ├─┤/├─┬─────────[SET  Y003   ]
             │     │                左托盘
             │     └─────────[SET  Y004   ]
             │                      右托盘
             │  T0
             └─┤├──┬─────────[RST  Y003   ]
                   │                左托盘
                   └─────────[RST  Y004   ]
                                    右托盘
```

图 9-7　传输带复位程序

机械手复位：在复位状态下，变频电机反转，以低速带动机械手回到左原点。机械手复位程序如图 9-8 所示。

图 9-8　机械手复位程序

气动手爪复位：在复位状态下，如果机械手手爪夹有托盘，则机械手在左原点下降放下托盘，机械手回到上限位，复位完成。气动手爪复位程序如图 9-9 所示。

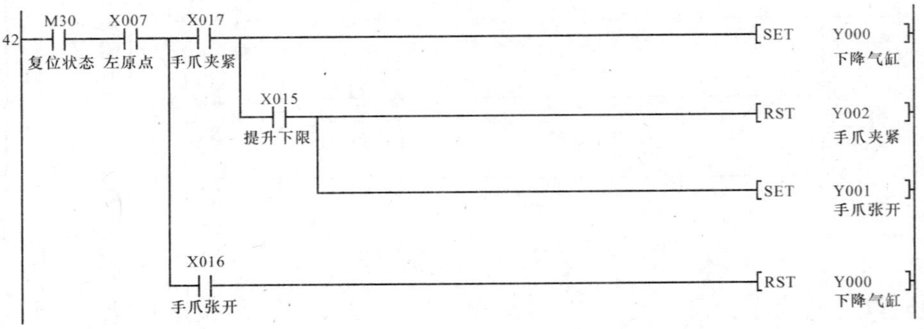

图 9-9　气动手爪复位程序

在复位状态下，三个过程都复位完成后，复位状态 M30 清零，复位完成状态 M31 置 1。复位完成程序如图 9-10 所示。

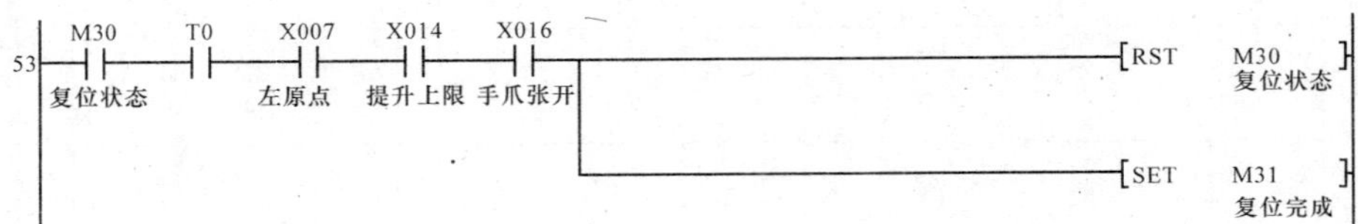

图 9-10　复位完成程序

③设备状态检测程序。当所有传感器的状态符合要求时，准备状态辅助继电器 M20 为 1，否则为 0；当系统已经复位完成（M31＝1）且准备状态完成（M20＝1）时，设备准备状态检测完成，M21 置 1。设备状态检测程序如图 9-11 所示。

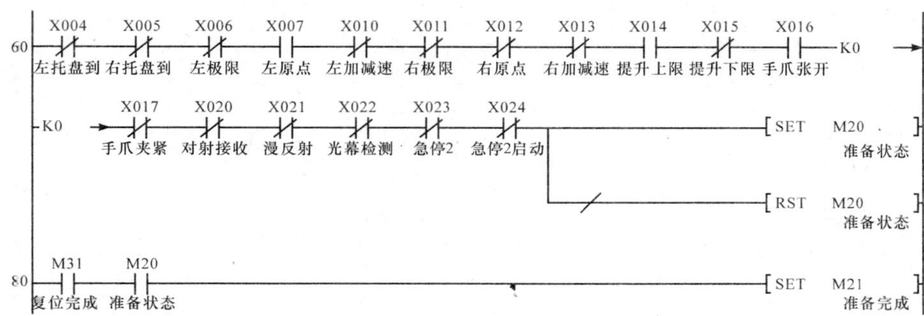

图 9-11　设备状态检测程序

④启动停止程序。在系统准备好，且系统还没运行时，按下启动按钮，使得运行状态辅助继电器 M10 为 1，并将 S0 置 1，准备开始行车机械手流程操作。在系统运行过程中按下停止按钮，使辅助继电器 M11 为 1，当机械手单元控制流程走完一个过程回到 S0 后，将 M10 复位，系统停止。程序设计如图 9-12 所示。

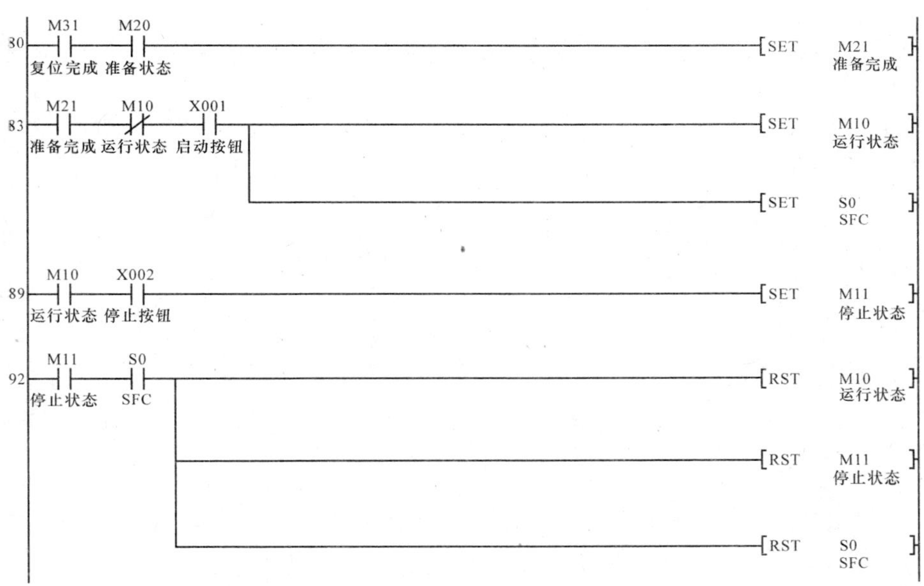

图 9-12　启动停止程序

⑤访问指示灯子程序。在 PLC 为运行状态下，永远访问指示灯子程序 P1。访问指示灯子程序如图 9-13 所示。

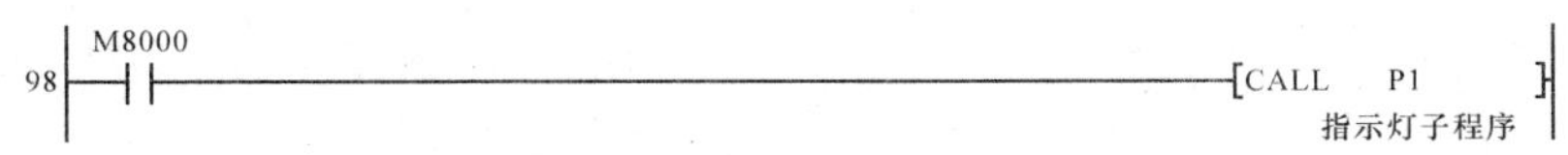

图 9-13　访问指示灯子程序

⑥跳转急停子程序。急停按钮为常闭开关。当按下急停按钮时，急停按钮 X3 常闭接通，常开断开，PLC 程序跳过行车机械手单元 SFC 流程，直接运行急停子程序 P0，同时急停状态 M40 为 1。当急停按钮旋开复位后，X3 常闭断开，常开接通，变频器的停止

输出端子(MRS)复位,机械手继续运行。跳转急停子程序如图 9-14 所示。

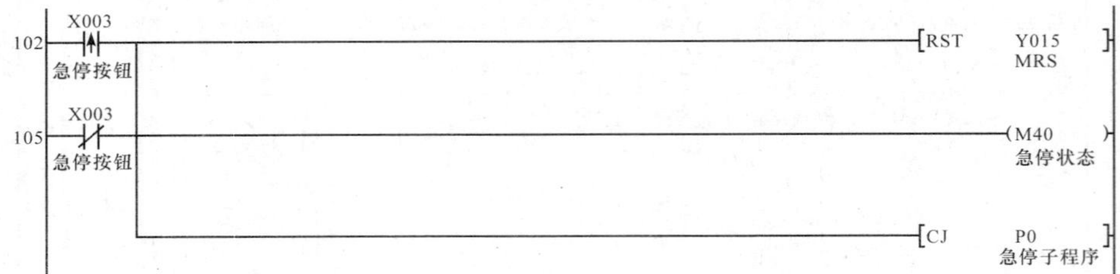

图 9-14 跳转急停子程序

⑦安全保护子程序。工作区域设有三道安全防线:光电对射传感器检测 X20、镜面漫射传感器检测 X21、安全光幕检测 X22。在行车机械手工作期间,任何物体进入工作区域,则 Y15 置 1,变频器输出停止,行车机械手立即停止工作;重新按急停盒上的启动按钮,则 Y15 清零,变频器输出停止取消,系统继续前面的工作。安全保护子程序如图 9-15 所示。

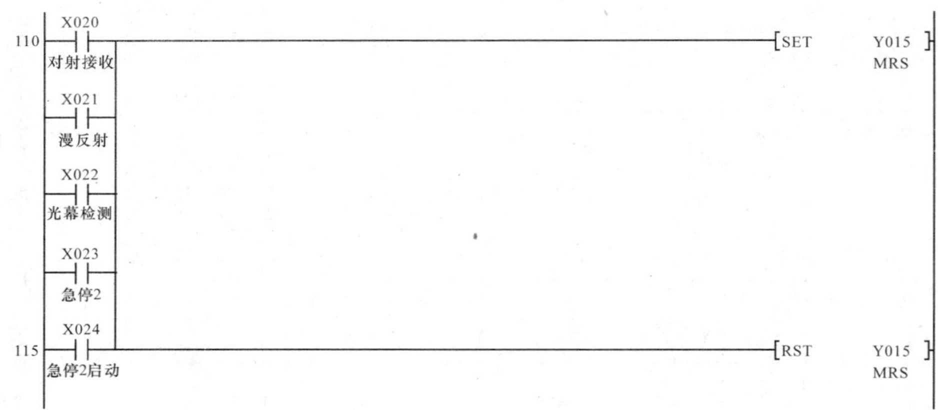

图 9-15 安全保护子程序

(2)行车机械手单元动作流程程序由顺序流程图(SFC)进行编程。已经根据子任务 1 画出动作流程图和 SFC,请根据实际情况编写程序。行车机械手单元 SFC 各步的状态说明如表 9-6 所示,参考运行顺序流程图如图 9-16～9-18 所示。

表 9-6 行车机械手单元 SFC 各步状态说明

序号	步号	状态名称	功能说明
1	S0	初始步	检测是否在运行状态
2	S10	左托盘传输步	左托盘传输,托盘到位 2s 后停止
3	S11	机械手下降步	机械手下降,手爪夹紧,抓住托盘
4	S12	机械手上升步	机械手上升
5	S13	机械手右行步	变频电机带动机械手右行,变速
6	S14	机械手下降步	机械手下降,手爪张开放下托盘
7	S15	机械手上升步	机械手上升
8	S16	机械手左行步	变频电机带动机械手左行,变速,右传输带运行

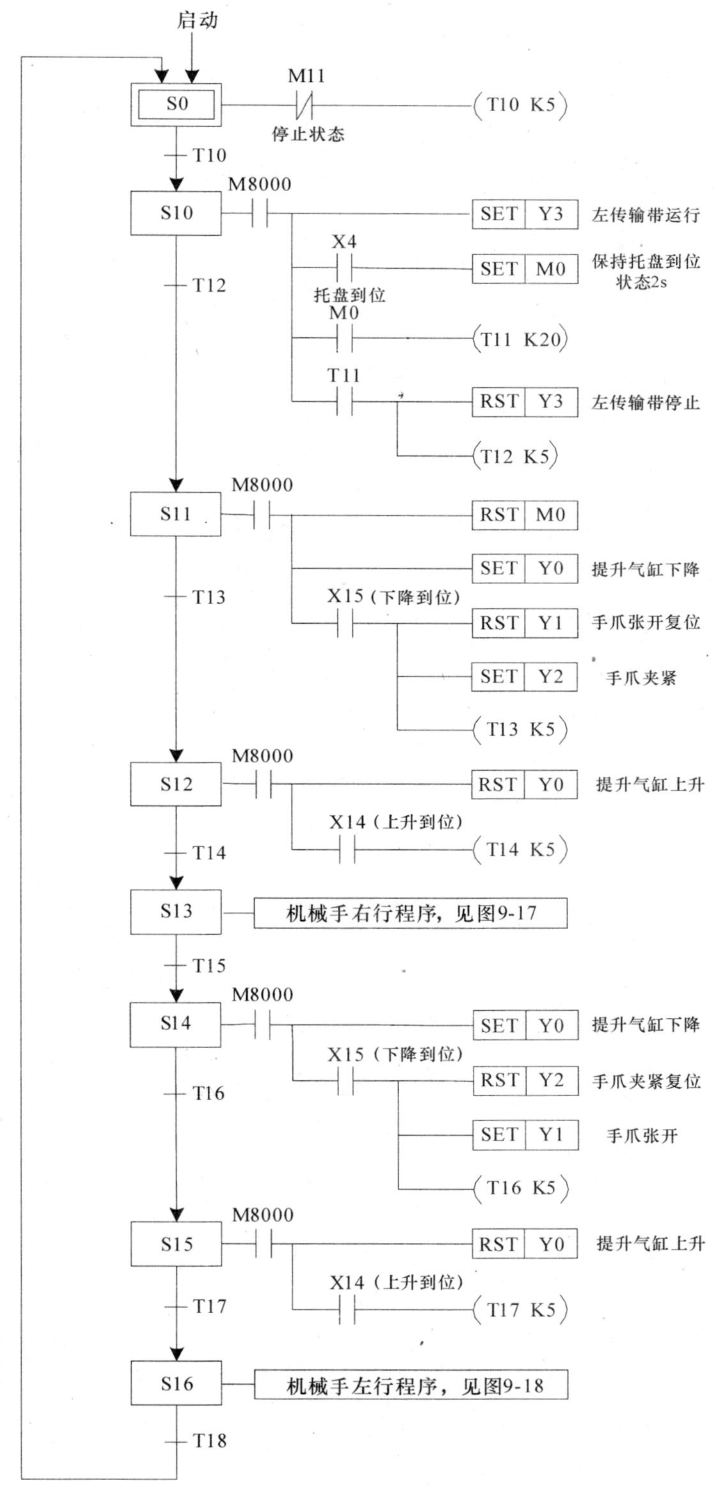

图 9-16　行车机械手单元顺序流程

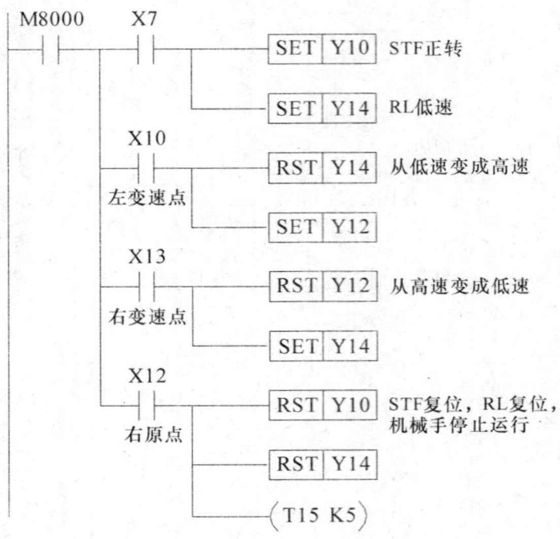

图 9-17　机械手右行步 S13 中的程序

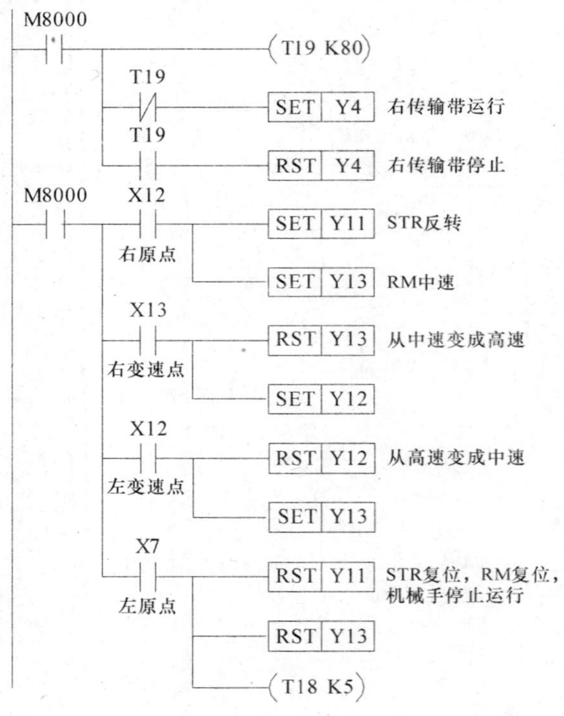

图 9-18　机械手左行步 S16 中的程序

(3)其他子程序包括主程序结束、指示灯子程序、急停子程序三个部分，各部分功能说明如下。

①主程序结束。程序设计如图 9-19 所示。

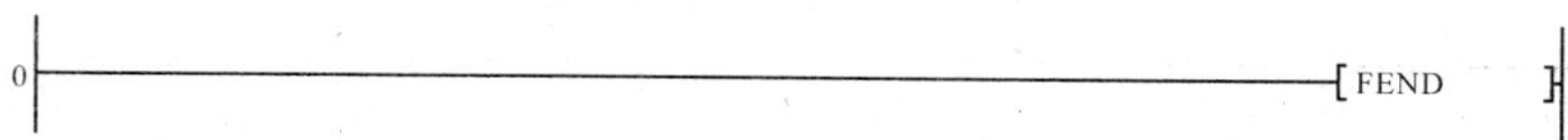

图 9-19　主程序结束

②指示灯子程序。如果复位完成后设备准备完成，Y27 常亮，否则以 1Hz 频率闪烁。如果设备正常运行，Y26 常亮；在运行过程中按下停止按钮，Y26 以 1Hz 频率闪烁；设备完全停止，Y26 灭。在急停状态下，Y25 以 1Hz 频率闪烁。指示灯子程序如图 9-20 所示。

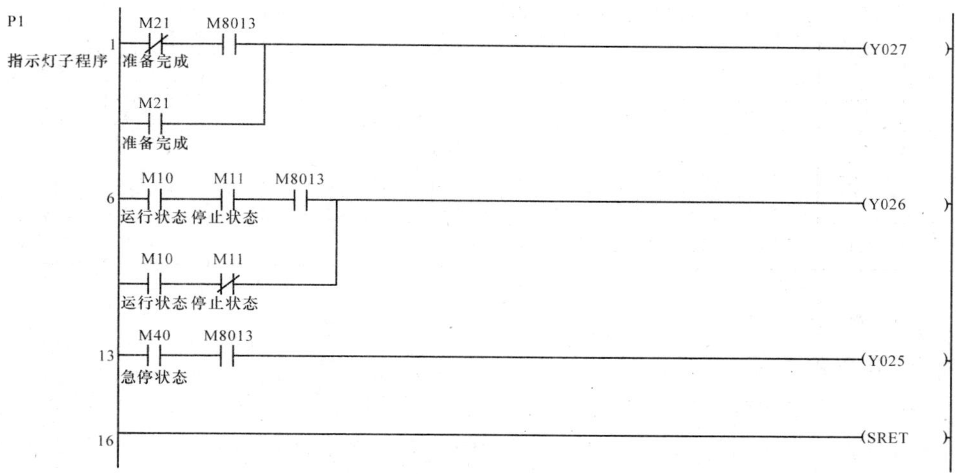

图 9-20　指示灯子程序

③急停子程序。急停时利用 M8000 使左托盘传输带和右托盘传输带停止，PLC 在 RUN 情况下 M8000 为 ON 状态(恒 1)，在 STOP 情况下为 OFF 状态；PLC 在 RUN 情况下 M8001 为 OFF 状态(恒 0)，在 STOP 情况下为 ON 状态。急停子程序如图 9-21 所示。

图 9-21　急停子程序

4. 变频器参数设置

根据要求，设置 FR-E740 变频器的参数，具体参数设置如表 9-7 所示。

表 9-7 FR-E740 变频器参数设置

序号	参数	名称	设定值	单位	备注
1	Pr. 4	RH 高速频率	45	Hz	
2	Pr. 5	RM 中速频率	25	Hz	
3	Pr. 6	RL 低速频率	15	Hz	
4	Pr. 7	加速时间	0.5	s	
5	Pr. 8	减速时间	0.5	s	
6	Pr. 9	电子过电流保护	0.23	A	
7	Pr. 17	MRS 输入选择	0		常开输入
8	Pr. 77	参数写入选择	0		仅限于停止时写入参数
9	Pr. 78	反转防止选择	0		正转和反转均可
10	Pr. 79	运行模式选择	2		外部模式
11	Pr. 160	用户参数组选择	0		显示所有参数

5. 系统调试

(1)旋开急停按钮,确保急停按钮在接通状态。

(2)按下黄色复位按钮,系统执行复位操作,Y27 指示灯以 1Hz 频率闪烁。左传输带和右传输带运行 3s 后停止,机械手以低速 15Hz 频率回到左原点。如果机械手夹有托盘,则机械手在左原点下放托盘;如果机械手没有夹托盘,则机械手停在左原点。复位完成,Y27 指示灯常亮。若不能执行复位操作,请按表 9-8 进行故障排除。

表 9-8 不能执行复位操作时故障排除办法

序号	错误现象	处理办法
1	左传输带和右传输带不能复位	检查程序图 9-7
2	机械手不能回到左原点	检查变频器的参数,检查程序图 9-8
3	机械手夹有托盘,不能下放	检查程序图 9-9
4	复位完成后不能再次复位	检查程序图 9-6 和图 9-10
5	Y27 指示灯现象不对	检查程序图 9-11、图 9-13 和图 9-20。若图 9-11 中 M20 为 0,则需要检查设备的传感器是不是在初始状态,直到 M20 为 1 时止

(3)复位按成后,Y27 指示灯常亮。按下绿色启动按钮,左托盘传输带开始运行;托盘到位后,机械手下降抓起托盘,机械手回到上限位;而后变频电机带动机械手向右以 15Hz 频率运行,在左变速点加速为 45Hz,在右变速点减速为 15Hz,到右原点停止;接着机械手下放托盘,完成后机械手回到上限位;右托盘传输带运行 8s 后停止,同时变频电机带动机械手向左以 25Hz 频率运行,在右变速点加速为 45Hz,在左变速点减速为 25Hz,到左原点停止;左托盘传输带启动运行,一个运行周期完成。在运行过程中指示灯 Y26 常亮。若不能执行启动运行操作,请按表 9-9 进行故障排除。

表 9-9　不能执行启动运行操作时故障排除办法

序号	错误现象	处理办法
1	左托盘传输带不能运行	检查程序图 9-12 和图 9-16 中 S10
2	机械手在左原点不能抓起托盘	检查程序图 9-16 中 S11、S12
3	机械手不能右行、左行	①检查变频器的参数，是否 Pr. 79＝2，外部模式。 ②检查 Y15 是否有输出。如果 Y15 有输出，可能是有人闯入，安全保护程序起作用，则按下急停盒中的绿色启动按钮，机械手即可运行。 ③检查右行程序图 9-17 和左行程序图 9-18。 ④运行速度不对，检查变频器的参数 Pr. 4～Pr. 6。 ⑤机械手不能在左原点、右原点精确停止，检查变频器参数 Pr. 7、Pr. 8。 ⑥变频器运行方向不对，交换变频器电源 U、V、W 中的两个
4	机械手在右原点不能下放托盘	检查程序图 9-16 中 S14、S15
5	右托盘传输带不能运行	检查程序图 9-18
6	指示灯 Y26 没有常亮	检查程序图 9-13 和图 9-20

(4)在运行过程中按下停止按钮，Y26 以 1Hz 的频率闪烁，系统执行完当前工作周期后停止工作，即机械手回到左原点后停止，停止后 Y26 指示灯灭。若不能执行停止操作，请按表 9-10 进行故障排除。

表 9-10　不能执行停止操作时故障排除办法

序号	错误现象	处理办法
1	机械手回到原点后不能停止	检查程序图 9-12、图 9-16 中 S10
2	Y26 指示灯现象不对	检查程序图 9-13 和图 9-20

(5)在运行过程中按下急停按钮，设备马上停止工作，Y25 以 1Hz 的频率闪烁；急停复位后，系统继续运行。若不能执行急停操作，请按表 9-11 进行故障排除。

表 9-11　不能执行急停操作时故障排除办法

序号	错误现象	处理办法
1	急停按钮不能急停	检查程序图 9-14、图 9-21
2	Y26 指示灯现象不对	检查程序图 9-13 和图 9-20

(6)在机械手运行过程中，有人闯入，则变频器输出停止，机械手马上停止运行，其他状态不变；当按下急停盒上的绿色启动按钮后，机械手继续运行。若不能执行停止和运行操作，请按表 9-12 进行故障排除。

表 9-12 不能执行停止和运行操作时故障排除办法

序号	错误现象	处理办法
1	机械手不能紧急停止	检查变频器参数,检查程序图 9-15
2	按下急停盒上的绿色启动按钮,机械手不能继续运行	检查程序图 9-15

(7)指示灯 Y25～Y27 显示错误,请检查程序图 9-20。

四、任务评价

完成子任务 2,专业能力评价如表 9-13 所示。

表 9-13 专业能力评价

序号	训练内容	考核要求	评分标准	配分	学生自评	教师评分
1	准备工作	1. 有工作计划; 2. 有工作分工	1. 没有工作计划,扣 5 分; 2. 没有工作分工,扣 5 分	10		
2	电气线路工艺	1. 电气线路连接规范; 2. 电路布局规范	1. 连线颜色错误,扣 5 分; 2. 端子连接不牢靠,每个扣 2 分; 3. 电路连接凌乱,电路没有绑扎,每处扣 2 分; 4. 主电路裸露,扣 5 分	20		
3	程序设计与功能	1. PLC 设计符合功能要求; 2. 调试方法合理正确; 3. 正确处理调试过程中出现的故障情况	1. PLC 输入输出口搞错,每处扣 3 分; 2. 缺少功能,每处扣 3 分; 3. 不会熟练输入程序,扣 10～20 分; 4. 不能熟练调试,扣 10～20 分; 5. PLC 系统报错,扣 5 分	40		
4	通电试车	系统成功运行	1. 一次试车不成功,扣 10 分; 2. 二次试车不成功,扣 20 分; 3. 三次试车不成功,扣 30 分	30		
5	职业素养与安全意识	1. 安全文明操作; 2. 6S 管理	1. 违反安全文明生产规程,损坏元器件,扣 5～30 分,并赔偿损坏的元器件; 2. 工位凌乱,不整理,扣 10 分	倒扣		
备注	各项内容最高分不得超过额定配分		合计	100		
时间	开始时间		结束时间		考评员签字	年 月 日

子任务 3　用 MCGS 控制行车机械手单元系统运行

一、任务描述

在完成子任务 2 的基础上，用 MCGS 组态界面完成对行车机械手单元的控制，主要包括定义 MCGS 数据变量、设计 MCGS 组态界面、完成 MCGS 变量与 PLC 通道的连接、修改 PLC 程序、仿真调试五个部分。本子任务的设备动作要求与子任务 2 一样，MCGS 组态界面包括三个界面，分别为：主界面、控制界面、传感器气缸监控界面。

主界面、控制界面设计如图 9-22 所示。传感器气缸监控界面请自行设计，要求界面美观大方，包含系统所有传感器、气缸、电机的状态。

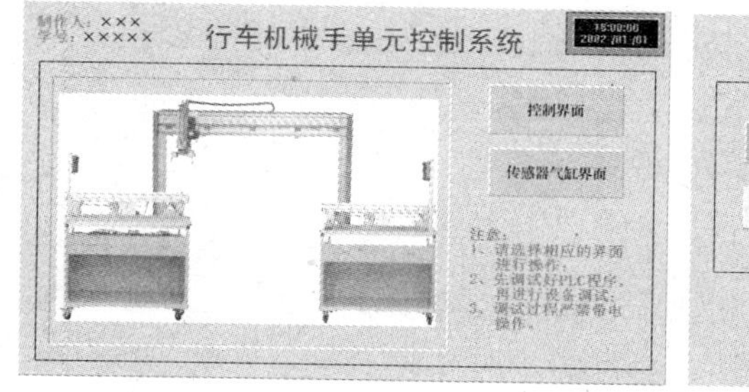

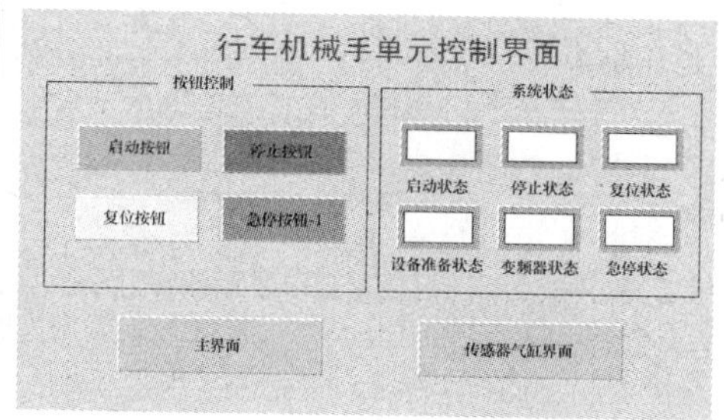

图 9-22　行车机械手单元主界面、控制界面设计

二、任务分析

参考子任务 2，先定义 MCGS 数据变量、完成 MCGS 组态设计，然后再把 MCGS 的变量与 PLC 的 I/O 口通道连接，最后完成联机调试。这里需要注意的是：组态界面不能控制 PLC 的输入端，所以 MCGS 上的控制按钮不能连接 PLC 的输入继电器 X；一般情况下，需要用辅助继电器 M 来代替输入继电器 X，具体操作可参考“任务实施—修改 PLC 程序”。

三、任务实施

根据子任务 3 的控制要求，用 MCGS 组态软件和 PLC 实现控制过程，具体实施步骤如下。

1. 定义 MCGS 数据变量

本子任务需要 38 个变量，如表 9-14 所示。

表 9-14　行车机械手单元的变量分配

序号	MCGS 变量名称	类型	初值	注释
1	复位按钮	开关量	0	按 1 松 0
2	启动按钮	开关量	0	按 1 松 0
3	停止按钮	开关量	0	按 1 松 0
4	急停按钮	开关量	0	取反
5	运行状态	开关量	0	显示运行状态
6	停止状态	开关量	0	显示停止状态
7	复位状态	开关量	0	显示复位状态
8	设备准备状态	开关量	0	显示设备准备状态
9	变频器状态	开关量	0	显示变频器状态
10	急停状态	开关量	0	显示急停状态
11	左托盘到位检测	开关量	0	左托盘到位检测传感器
12	右托盘到位检测	开关量	0	右托盘到位检测传感器
13	左极限检测	开关量	0	左极限检测传感器
14	左原点检测	开关量	0	左原点检测传感器
15	左变速检测	开关量	0	左变速检测传感器
16	右极限检测	开关量	0	右极限检测传感器
17	右原点检测	开关量	0	右原点检测传感器
18	右变速检测	开关量	0	右变速检测传感器
19	提升气缸上限检测	开关量	0	提升气缸上限检测传感器
20	提升气缸下限检测	开关量	0	提升气缸下限检测传感器
21	手爪张开检测	开关量	0	手爪张开检测传感器
22	手爪夹紧检测	开关量	0	手爪夹紧检测传感器
23	对射传感器检测	开关量	0	对射检测传感器
24	镜面漫反射检测	开关量	0	镜面漫反射检测传感器
25	光幕检测	开关量	0	光幕检测传感器
26	按钮盒紧急停止	开关量	0	按钮盒紧急停止
27	按钮盒启动	开关量	0	按钮盒启动
28	提升气缸	开关量	0	提升气缸
29	手爪张开	开关量	0	手爪张开
30	手爪夹紧	开关量	0	手爪夹紧
31	左托盘传输	开关量	0	左托盘传输带运行

续表

序号	MCGS 变量名称	类型	初值	注释
32	右托盘传输	开关量	0	右托盘传输带运行
33	正转启动 STF	开关量	0	变频器正转启动 STF
34	反转启动 STR	开关量	0	变频器反转启动 STR
35	高速 RH	开关量	0	变频器高速 RH
36	中速 RM	开关量	0	变频器中速 RM
37	低速 RL	开关量	0	变频器低速 RL
38	输出停止 MRS	开关量	0	变频器输出停止 MRS

2. 设计 MCGS 组态界面

本子任务需要设计三个界面窗口，窗口名称分别为主界面、控制界面、传感器气缸监控界面。设置主界面为启动窗口，如图 9-23 所示。

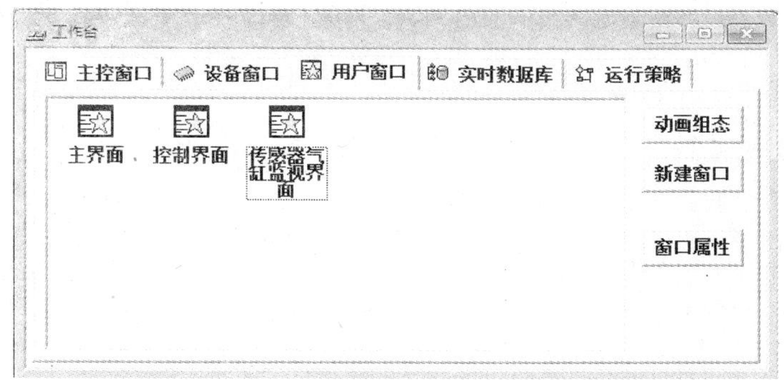

图 9-23　行车机械手单元组态界面设计

(1)主界面窗口设计如图 9-24 所示。

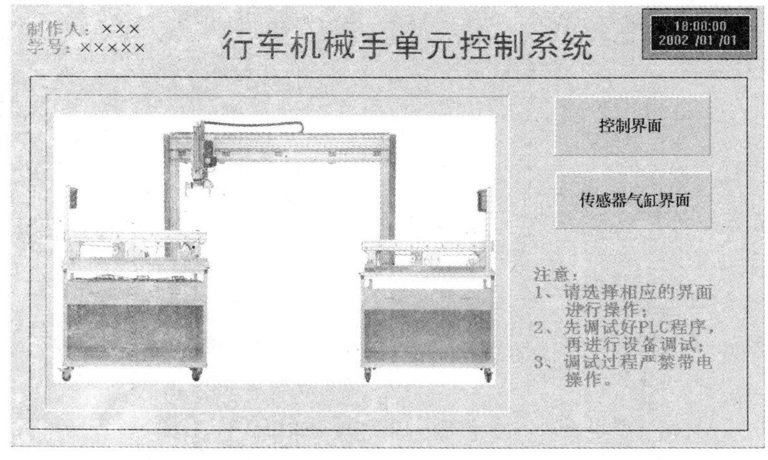

图 9-24　行车机械手单元主界面设计

(2)控制界面窗口设计如图 9-25 所示。

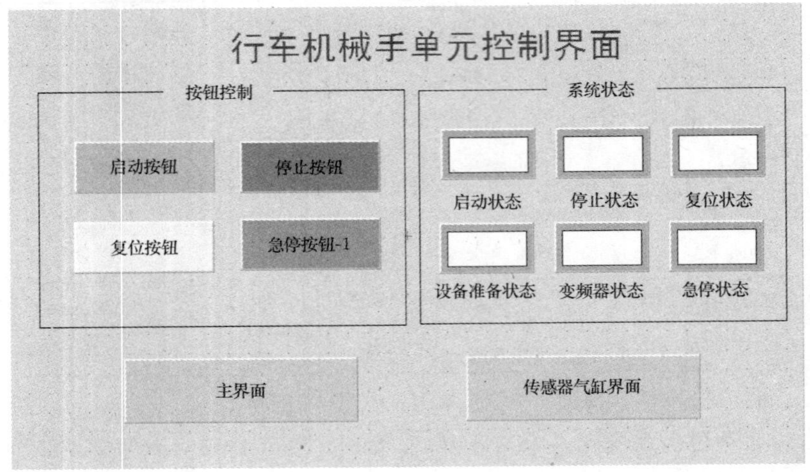

图 9-25　行车机械手单元控制界面设计

(3)传感器气缸监控界面请自行设计,要求界面美观大方,包含系统所有传感器、气缸、电机的状态。

3. 完成 MCGS 变量与 PLC 通道的连接

本子任务 MCGS 通过三菱 FX 编程线与 PLC 进行通信,需要进行设备连接,以连接 MCGS 变量和 PLC 通道,如表 9-15 所示。

表 9-15　MCGS 变量和 PLC 通道的连接

序号	MCGS 变量名称	PLC 通道名称	备注
1	复位按钮	读写 M100	按 1 松 0
2	启动按钮	读写 M101	按 1 松 0
3	停止按钮	读写 M102	按 1 松 0
4	急停按钮	读写 M103	取反
5	运行状态	读写 M10	显示运行状态
6	停止状态	读写 M11	显示停止状态
7	复位状态	读写 M30	显示复位状态
8	设备准备状态	读写 M21	显示设备准备状态
9	变频器状态	读写 M60	显示变频器状态
10	急停状态	读写 M40	显示急停状态
11	左托盘到位检测	只读 X4	左托盘到位检测传感器
12	右托盘到位检测	只读 X5	右托盘到位检测传感器
13	左极限检测	只读 X6	左极限检测传感器
14	左原点检测	只读 X7	左原点检测传感器

续表

序号	MCGS 变量名称	PLC 通道名称	备注
15	左变速检测	只读 X10	左变速检测传感器
16	右极限检测	只读 X11	右极限检测传感器
17	右原点检测	只读 X12	右原点检测传感器
18	右变速检测	只读 X13	右变速检测传感器
19	提升气缸上限检测	只读 X14	提升气缸上限检测传感器
20	提升气缸下限检测	只读 X15	提升气缸下限检测传感器
21	手爪张开检测	只读 X16	手爪张开检测传感器
22	手爪夹紧检测	只读 X17	手爪夹紧检测传感器
23	对射传感器检测	只读 X20	对射检测传感器
24	镜面漫反射检测	只读 X21	镜面漫反射检测传感器
25	光幕检测	只读 X22	光幕检测传感器
26	按钮盒紧急停止	只读 X23	按钮盒紧急停止
27	按钮盒启动	只读 X24	按钮盒启动
28	提升气缸	读写 Y0	提升气缸
29	手爪张开	读写 Y1	手爪张开
30	手爪夹紧	读写 Y2	手爪夹紧
31	左托盘传输	读写 Y3	左托盘传输带运行
32	右托盘传输	读写 Y4	右托盘传输带运行
33	正转启动 STF	读写 Y10	变频器正转启动 STF
34	反转启动 STR	读写 Y11	变频器反转启动 STR
35	高速 RH	读写 Y12	变频器高速 RH
36	中速 RM	读写 Y13	变频器中速 RM
37	低速 RL	读写 Y14	变频器低速 RL
38	输出停止 MRS	读写 Y15	变频器输出停止 MRS

注意:PLC 的输入通道 X 的信号只能作为只读信号，不能作为读写信号。

4. 修改 PLC 程序

(1)复位、启动、停止、急停按钮程序的修改

MCGS 对 PLC 的元件 X 的属性是只读，MCGS 只能显示元件 X 的状态，不能控制元件 X 的动作，所以在 MCGS 中需要用元件 M 代替元件 X 进行控制，元件 M 的属性为读写。本子任务需要用 MCGS 和外部按钮同时控制行车机械手单元的复位、启动、停止和急停功能，故需要修改 PLC 程序。根据 MCGS 组态设计，MCGS 和外部按钮控制系统的对应关系如表9-16所示。

表 9-16　MCGS 和外部按钮控制系统对应关系

序号	控制功能	外部按钮控制	MCGS 控制
1	复位按钮	X0	M100
2	启动按钮	X1	M101
3	停止按钮	X2	M102
4	急停按钮	X3	M103

复位、启动、停止信号外部接的是按钮的常开触点，故在 PLC 程序中，常开触点 X 并联上一个 MCGS 组态连接的变量的常开触点 M，常闭触点 X 串联上一个 MCGS 组态连接的变量的常闭触点 M，以实现 MCGS 和外部按钮的同时控制。复位、启动、停止按钮 PLC 程序的修改如图 9-26 所示。

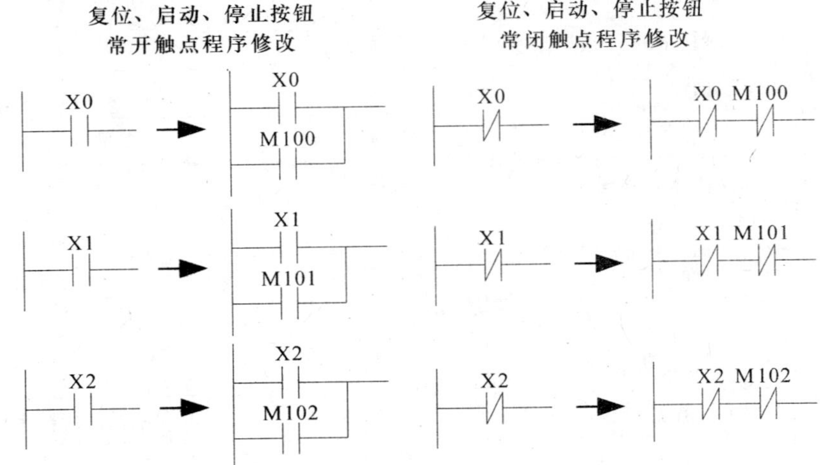

图 9-26　复位、启动、停止按钮的 PLC 程序修改

急停信号外部接的是急停开关的常闭触点，故在 PLC 程序中 X3 的常开常闭情况与其他按钮信号相反。急停按钮 PLC 程序的修改如图 9-27 所示。

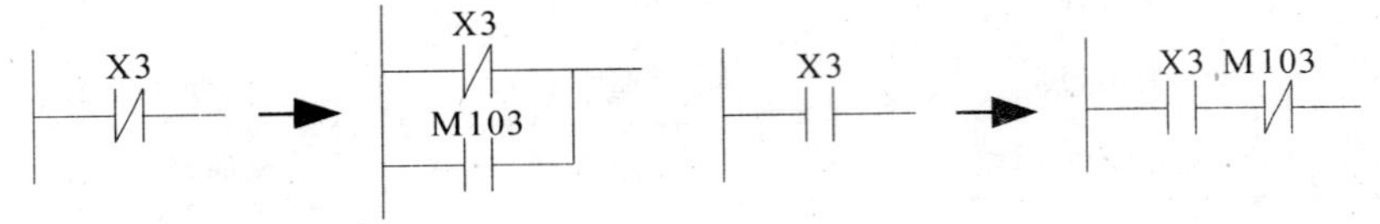

图 9-27　急停按钮的 PLC 程序修改

(2)显示变频器状态的 PLC 程序修改

在主程序的跳转急停子程序(见图 9-14)的前面增加程序，如图 9-28 所示。

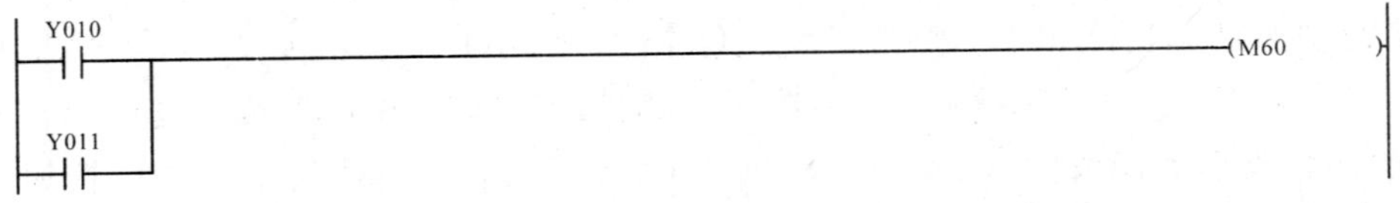

图 9-28　显示变频器状态的 PLC 程序修改

5.仿真调试

(1)按下 MCGS 组态界面上的复位按钮,系统复位。

(2)按下 MCGS 组态界面上的启动按钮,系统运行,完成机械手运动过程。

(3)按下 MCGS 组态界面上的停止按钮,系统运行完本周期后停止。

(4)按下 MCGS 组态界面上的急停按钮,系统马上停止;再按一次急停按钮,系统继续前面的工作。

(5)启动、停止、复位、急停功能也可以用外部按钮进行控制。

四、任务评价

完成子任务 3,专业能力评价如表 9-17 所示。

表 9-17 专业能力评价

序号	训练内容	考核要求	评分标准	配分	学生自评	教师评分
1	准备工作	1.有工作计划; 2.有工作分工	1.没有工作计划,扣 5 分; 2.没有工作分工,扣 5 分	10		
2	电气线路工艺	1.电气线路连接规范; 2.电路布局规范	1.连线颜色错误,扣 5 分; 2.端子连接不牢靠,每个扣 2 分; 3.电路连接凌乱,没有绑扎,每处扣 2 分; 4.主电路裸露,扣 5 分	20		
3	程序设计与功能	1.PLC 设计符合功能要求; 2.调试方法合理正确; 3.正确处理调试过程中出现的故障情况	1.PLC 输入输出口搞错,每处扣 3 分; 2.缺少功能,每处扣 3 分; 3.不会熟练输入程序,扣 10～20 分; 4.不能熟练调试,扣 10～20 分; 5.PLC 系统报错,扣 5 分	40		
4	通电试车	系统成功运行	1.一次试车不成功,扣 10 分; 2.二次试车不成功,扣 20 分; 3.三次试车不成功,扣 30 分	30		
5	职业素养与安全意识	1.安全文明操作; 2.6S 管理	1.违反安全文明生产规程,损坏元器件,扣 5～30 分,并赔偿损坏的元器件; 2.工位凌乱,不整理,扣 10 分	倒扣		
备注	各项内容最高分不得超过额定配分		合计	100		
时间	开始时间		结束时间		考评员签字	年 月 日

知识点 1　行车机械手单元的气动知识

行车机械手单元的气动控制回路的工作原理如图 9-28 所示。图中 1B1 和 1B2 为安装在升降气缸的两个极限工作位置的磁感应接近开关，2B1 为安装在夹紧气缸的工作位置的磁感应接近开关。1Y1 为控制升降气缸的电磁阀的电磁控制端；2Y1 和 2Y2 为控制夹紧气缸的电磁阀的电磁控制端，由于是双向电磁阀，操作过程中要注意不能同时得电，以避免烧坏电磁阀。在行车机械手单元的气动原理图中，升降气缸初始设定在缩回状态，夹紧气缸初始设定在松开状态。

[illegible]手单元的气动原理

知识点 2　三菱 FR-E740 变频器的应用

一、概述

变频器是应用变频技术制造的一种静止的频率变换器，其功能是利用半导体器件的通断作用，将频率固定（通常为 50Hz）的交流电（三相或单相）变换成频率连续可调（一般为 0～400Hz）的交流电源。三菱 FR-E740 变频器控制面板外观如图 9-29 所示。

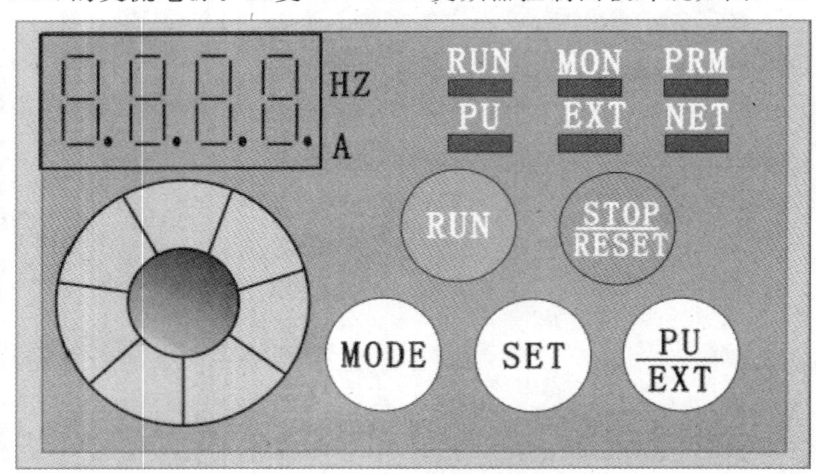

图 9-29　FR-E740 变频器控制面板外观

1. 按键表示

RUN 键：启动指令。

MODE 键:模式切换。可用于各设定模式,和 PU/EXT 键同时按下也可以用来切换运行模式。按两次 MODE 键可返回频率监视界面。

SET 键:各设定的确定。运行中按动此键,则监视器循环显示:运行频率→输出电流→输出电压。按两次 SET 键可显示下一参数。

PU/EXT 键:运行模式的切换。用于切换 PU/外部运行模式。

STOP/RESET 键:停止运转指令。用于停止运行,以及出现严重故障时可以进行报警复位。

M 旋钮:在设定模式中旋转,可连续设定参数。用于连续增加和减少相关参数值。

2.单位表示和运行状态表示

HZ:表示显示频率时,灯亮。A:表示显示电流时,灯亮。表示显示电压时,两个灯都不亮。

RUN:变频器动作时灯亮/闪烁。MON:监视显示模式时灯亮。PRM:参数设定模式时灯亮。

PU:PU 操作模式时灯亮。EXT:外部操作模式时灯亮。NET:网络运行模式时灯亮。

二、三菱 FR-E740 变频器周边设备

三菱 FR-E740 变频器周边设备如图 9-30 所示。

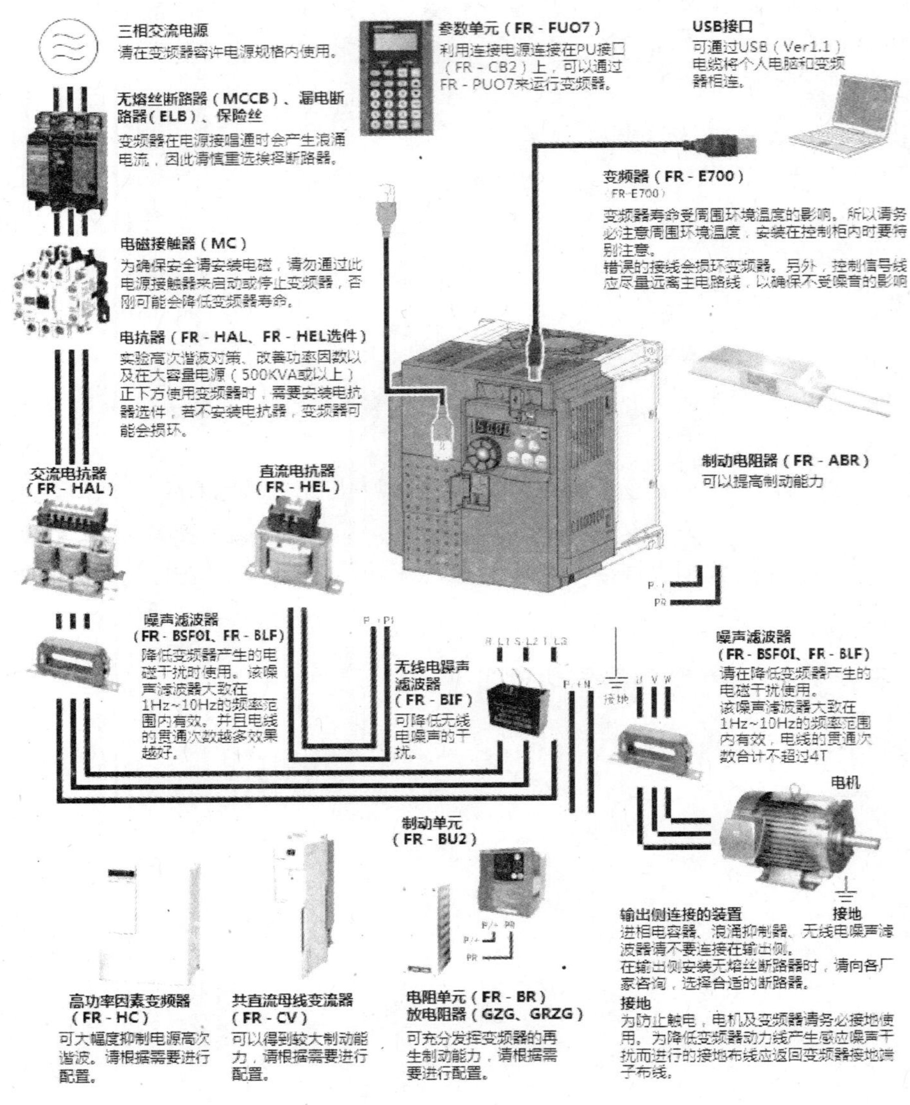

图 9-30　变频器及周边设备

三、FR-E740 的基本电路

1. 主电路接线端

三菱 FR-E740 变频器主电路的接线端如图 9-31 所示。

(1)输入端。即交流电源输入，其标志为 R/L1、S/L2、T/L3，接工频电源。

(2)输出端。即变频器输出，其标志为 U、V、W，接三相鼠笼异步电动机。

(3)直流电抗器接线端。将直流电抗器接至 P/＋与 P1 之间，可以改善功率因数。需接电抗器时，应将短路片拆除。对于 55kW 以下的产品，请拆下端子 P/＋与 P1 间的短路片，连接上 DC 电抗器。

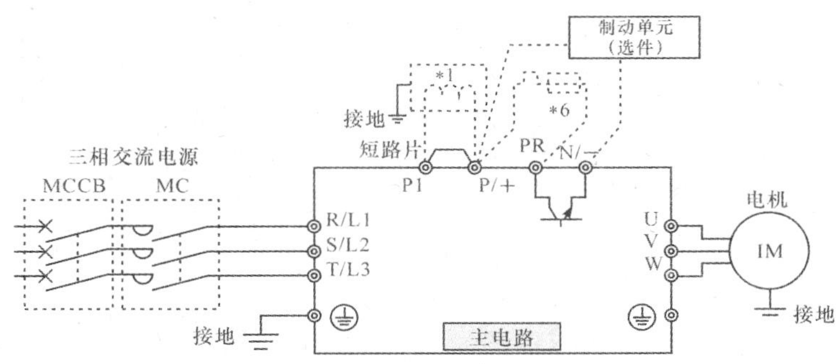

图 9-31　主电路接线端

(4)制动电阻和制动单元接线端。出厂时 P/＋与 P1 之间有一短路片相连,内置的制动器回路为有效。制动电阻器接至 P/＋与 PR 之间,而 P/＋与 N/－间连接制动单元或高功率因数整流器。22kW 以下的产品通过连接制动电阻,可以得到更大的再生制动力。

(5)接地端。变频器外壳接地用,必须接大地。

2. 主电路接线注意事项

(1)电源一定不能接到变频器的输出端上(U、V、W),否则将损坏变频器。

(2)接线后,零碎线头必须清除干净,因为零碎线头可能造成设备运行时异常、失灵和故障;且要始终保持变频器清洁。在控制台上打孔时,请注意不要使碎片、粉末等进入变频器中。

(3)为使电压下降在 2%以内,请用适当型号的电线接线。

(4)布线距离最长为 500m。尤其是长距离布线,布线寄生电容所产生的冲击电流可能会引起过电流保护误动作,输出侧连接的设备可能运行异常或发生故障。因此,最大布线距离必须在规定范围内(当变频器连接两台以上电动机,总布线距离必须在要求范围以内)。

(5)在 P/＋和 PR 端子间建议连接厂家提供的制动电阻选件,端子间原来的短路片必须拆下。

(6)电磁干扰,变频器输入/输出(主回路)包含谐波成分,可能会干扰变频器附近的通信设备。因此,应安装选件无线电噪声滤波器 FR-BIF(仅用于输入侧)、FR-BSF01 或 FR-BOF 线路噪声滤波器,使干扰降至最小。

(7)不要安装电力电容器、浪涌抑制器和无线电噪声滤波器(FR-BIF 选件)在变频器输出侧。否则将导致变频器故障或电容和浪涌抑制器的损坏。如上述任何一种设备已安装,请立即拆掉。

(8)运行后改变接线的操作,必须在电源切断 10min 以上,用万用表检查电压后进行,因为断电一段时间内,电容上仍然有危险的高压电。

3. 控制电路接线端

三菱 FR-E740 变频器控制电路接线如图 9-32 所示。

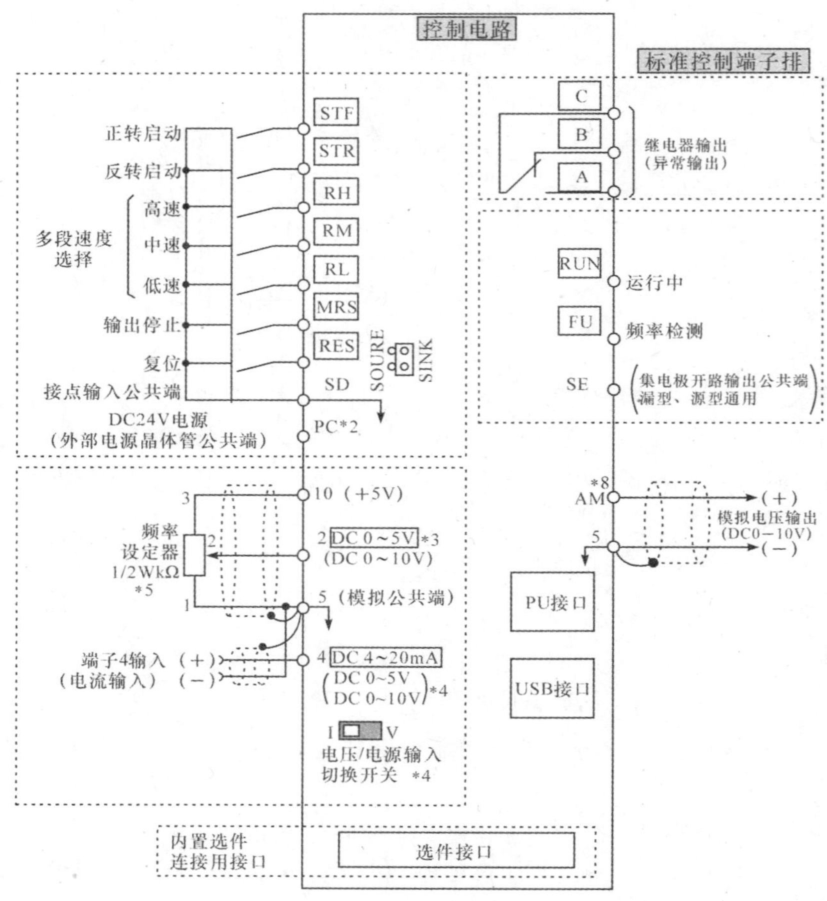

图 9-32　变频器控制电路接线

(1)模拟量信号控制端

变频器为外接频率给定提供模拟量控制信号。其中端子 10 和端子 5 提供+5V 电源,端子 2 为电压模拟量输入端子,端子 4 为电流模拟量输入端子,输入分别为 DC 0～5V 或 0～10V,4～20mA 时;在 5V、10V,20mA 时为最大输出频率,输入输出成比例变化。端子 1 为辅助频率端,输入为 DC 0～±5V 或 DC 0～±10V 时,端子 2 或 4 的频率设定信号与这个信号相加。

(2)开关量信号控制端

STF:正转控制端。STF 信号处于 ON 为正转,处于 OFF 为停止。

STR:反转控制端。STR 信号处于 ON 为逆转,处于 OFF 为停止。

注意:STF、STR 信号同时为 ON 时,变成停止指令。STF 和 STR 可以点动运行,也可作为脉冲列输入端子使用。

RH、RM、RL:多段速度选择端。通过三端状态的组合,能实现多挡转速控制。

MRS:输出停止端。MRS 信号为 ON(20ms 以上)时,变频器输出停止。用电磁制动停止电机时,MRS 用于断开变频器的输出。

RES:复位控制端,用于解除保护同路动作的保持状态。使端子 RES 信号处于 ON 在 0.1s 以上,然后断开。

(3)故障信号输出端

由端子 A、B、C 组成,为继电器输出,可接至 AC 220V 电路中,是指示变频器保护功能动作时输出停止的转换接点。故障时,B～C 间不导通,A～C 间导通;正常时,B～C 间导通,A～C 间不导通。

(4)运行状态信号输出端

FR-E740 系列变频器配置了一些可表示运行状态的信号输出端,为晶体管输出,只能接至 30V 以下的直流电路中。运行状态信号如下。

RUN:运行信号,变频器输出频率为启动频率以上时是低电平,正在停止或正在直流制动时是高电平。

FU:频率检测信号,当变频器的输出频率为任意设定的检测频率以上时是低电平,未达到时是高电平。

(5)测量输出端

可以从多种监视项中选一种作为输出。输出信号与监视项目的大小成比例。

AM:模拟电压输出,接至 0～10V 电压表。

(6)通信 PU 接口。PU 接口用于操作面板 E700 与 RS-485 的通信。

4.控制回路端子接线注意事项

(1)端子 SD、SE 和 5 为 I/O 信号的公共端子,相互隔离,不要将这些公共端子互相连接或接地。在布线时,应避免端子 SD-5、端子 SE-5 互相连接的布线方式。

(2)控制回路端子的接线应使用屏蔽线或双绞线,而且必须与主回路、强电回路(含 200V 继电器控制回路)分开布线。

(3)由于控制回路的频率输入信号是微小电流,所以在接点输入的场合,为了防止接触不良,微小信号接点应使用两个并联的接点或使用双生接点。

(4)控制回路的输入端子不要接触强电。

(5)故障输出端子(A、B、C)上务必接上继电线圈或指示灯。

(6)连接控制电路端子的电线建议使用 0.75mm^2 尺寸的电线。若使用 1.25mm^2 以上尺寸的电线,在配线数量多时或配线方法不当,会发生表面护盖松动、操作面板接触不良的情况。

(7)接线长度不要超过 30m。

5.参数设置功能

参数设置流程如图 9-33 所示。

(1)运行模式切换

将外部运行模式切换到 PU 模式,并进行 PU 点动运行模式设置。显示屏显示为 JOG 时,表示是 PU 点动运行模式。当运行模式为外部运行模式时,不能进行点动设置。

(2)监视输出电流和输出电压

① 接通电源,显示监视界面;

② 按 PU/EXT 键切换到 PU 操作模式;

③ 按 SET 键,显示输出电流监视器;

④ 再按 SET 键,显示输出电压监视器;

⑤ 再次按 SET 键,显示输出频率监视器。

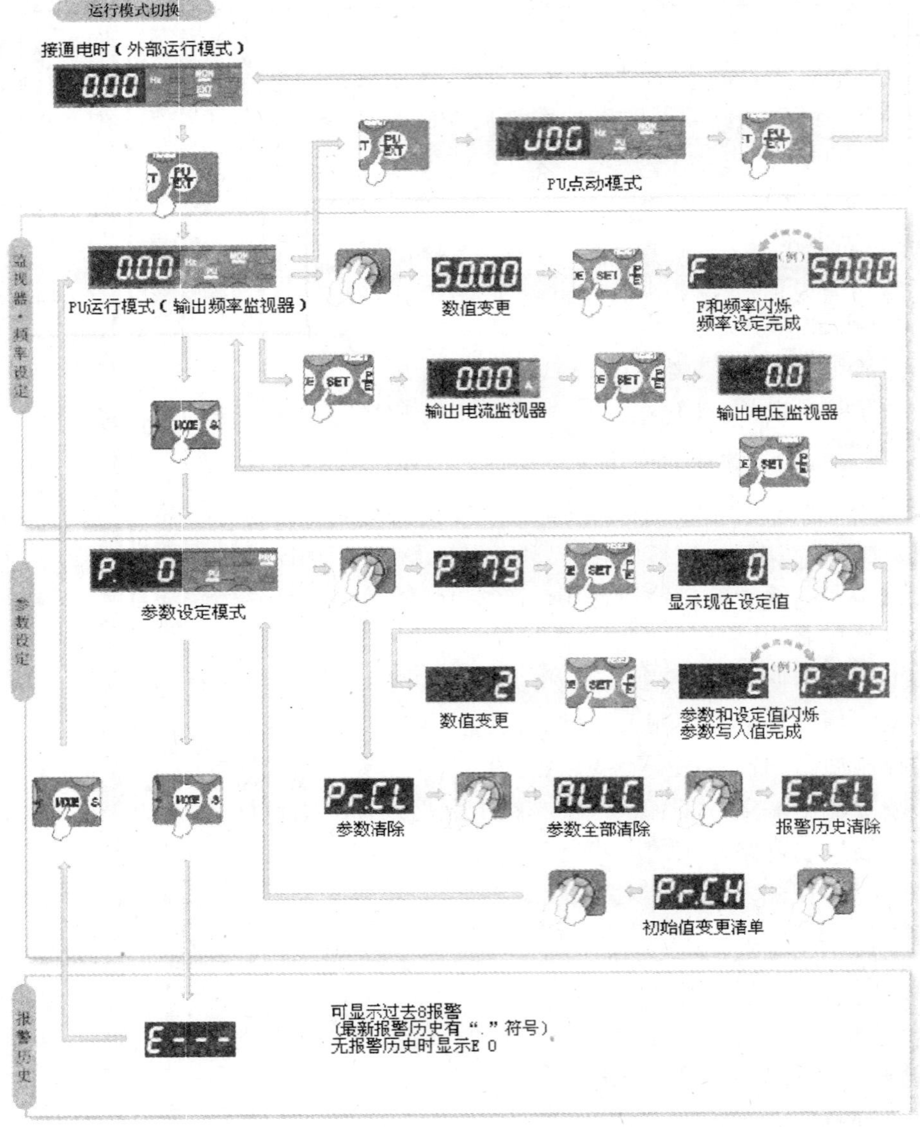

图 9-33　变频器参数设置流程

(3)参数更改

① 电源接通时显示监视模式;

② 按 PU/EXT 键，进入 PU 模式；
③ 按 MODE 键，进入参数设置模式；
④ 旋转 M 旋钮，找到要改变的参数；
⑤ 按 SET 键，读取当前设定值；
⑥ 旋转 M 旋钮，改变设定值；
⑦ 按 SET 键设定。

(4)参数清除、全部清除的设定

① 接通电源，显示监视界面；
② 按 PU/EXT 键，切换到 PU 操作模式；
③ 按 MODE 键，进入参数设定模式；
④ 旋转旋钮，将参数编号设定为 Pr. CL(ALLC)；
⑤ 按 SET 键，读取当前的设定值，显示“0”；
⑥ 旋转 M 旋钮，将值设定为 1；
⑦ 按 SET 键确定。闪烁“————”，参数设定完成。

注意：参数清除、全部清除仅在 PU 运行模式下进行。

(5)错误代码说明

Er1：禁止写入错误。
Er2：运行中写入错误。
Er3：校正错误。
Er4：模式指定错误。

拓展训练

1. 如何用 PLC 控制变频器的模拟量进行调速？
2. 行车机械手在行进的过程中，若有人闯入，系统该如何处理？

任务十　环形生产线综合控制实训

➢任务目标

1. 了解系统通信网络的设置及编程。
2. 深入了解系统任务的工作要求。
3. 复习整个课程各单元的工作过程，整机调试。

➢任务内容

一、任务描述

根据环形生产线各个单元的控制要求，组建 CC-Link 网络，通过主机采集并处理各站的相应信息，完成各站间的联动控制。如图 10-1 所示，组建环形生产线的 CC-Link 网络。

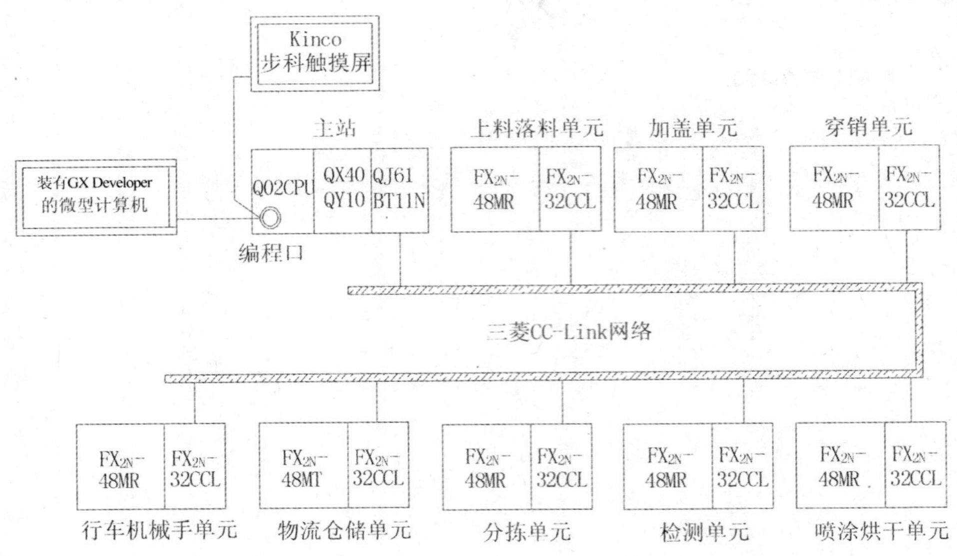

图 10-1　环形生产线 CC-Link 网络的构成

其中，主站由三菱 Q 系列 PLC 作为主控制器，QJ61BT11N 作为 CC-Link 网络扩展模块。主站上 QX40、QY10 作为主站的输入输出点。主站的信息状态可以在装有 GX Developer 软件的微型计算机中实现监控，也可以在 Kinco 步科触摸屏上显示监控。各

个工作单元由三菱 FX_{2N} 系列 PLC 作为主控制器，FX_{2N}-32CCL 作为网络扩展模块。

组建好 CC-Link 网络后，控制要求如下：

(1)按下主站的复位按钮，各个工作单元执行复位操作；复位过程与各个单元的单独工作状态一样。

(2)按下主站的启动按钮，各个工作单元执行运行操作。环形生产线执行过程：上料落料单元→加盖单元→穿销单元→喷涂烘干单元→检测单元→分拣单元→物流仓储单元→行车机械手单元。其中红色工件放入 1 号仓库，黄色工件放入 2 号仓库，蓝色工件放入三号仓库。

(3)按下停止按钮，各个工作单元执行完当前工作周期后停止。

(4)按下急停按钮，各个工作单元马上停止当前工作；急停恢复后，再继续前面的工作。

二、任务分析

本任务是综合性的任务，是前九个任务的综合，所以需要调试好前九个任务才能进行任务十的操作。本任务首先要根据要求完成 CC-Link 网络的组建，然后根据要求修改每个工作单元相应的程序，最后完成调试。

三、任务实施

首先设定各站的 FX_{2N}-32CCL 模块地址，用一字螺丝刀调节模块上的站地址开关，出厂设定为 1、3、5、7、9、11、13、15；设定每个站占用站点数为 2；设定通信波特率为 625kbps。

将 CC-Link 通信电缆连接到 QPLC 的 CC-Link 接口与其他各站的 CC-Link 接口上，在 CC-Link 网络末端的网络模块加上终端电阻。

运行 GX Developer 软件，创建一个项目，步骤如下：

(1)在[工程]菜单下选择[创建新工程]，或单击工具栏上的按钮，可以直接创建一个新项目；在[PLC 系列]下拉菜单中选择[QCPU(Qmode)]，在[PLC 类型]下拉菜单中选择[Q02(H)]，单击[确定]完成。

(2)PLC 参数设置

在 GX Developer 软件的[工程数据列表]窗口中选择[参数]下的[PLC 参数]，打开[Q 参数设置]窗口。设置[I/O 分配]，如图 10-2 所示。

在[I/O 分配]中根据 PLC 导轨上实际的 PLC 模块布局，设置各插槽的模块；在[标准设置]中根据 PLC 导轨及安装的电源模块进行设置；点击[结束设置]，参数设置完成。

(3)网络参数设置

在 GX Developer 软件窗口的[工程数据列表]窗口中选择[参数]树下的[网络参数]，打开[网络参数]选择窗口；选择[CC-Link]项，进入网络参数的 CC-Link 列表设置窗口，如图 10-3 和图 10-4 所示。

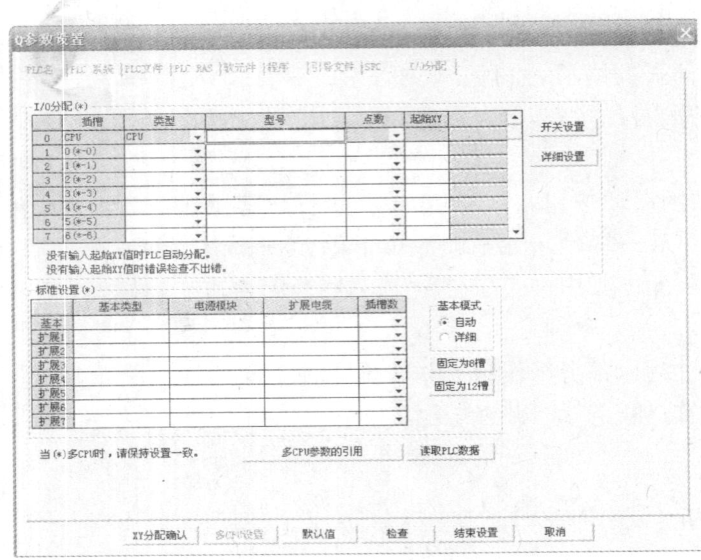

图 10-2　PLC 的参数设置

图 10-3　[网络参数]窗口

模块数　1　块　空白:未设置

	1	2	3	4
起始I/O号	0000			
动作设置	操作设置			
类型	主站			
数据链接类型	主站CPU参数自动启动			
模式设置	远程网络Ver.1模式			
总连接个数	13			
远程输入(RX)刷新软元件	X100			
远程输出(RY)刷新软元件	Y100			
远程寄存器(RWr)刷新软元件	D1000			
远程寄存器(RWw)刷新软元件	D2000			
Ver.2远程输入(RX)刷新软元件				
Ver.2远程输出(RY)刷新软元件				
Ver.2远程寄存器(RWr)刷新软元件				
Ver.2远程寄存器(RWw)刷新软元件				
特殊继电器(SB)刷新软元件	SB0			
特殊寄存器(SW)刷新软元件	SW0			
重试次数	3			
自动恢复个数	1			
待机主站号				
CPU宕机指定	停止			
扫描模式指定	异步			
延迟时间设置	0			
站信息设置	站信息			
远程设备站初始设置	初始设置			
中断设置	中断设置			

必要设置(　未设　/　已设置完毕　)　必要时进行设置(　未设　/　已设置完毕　)

设置项目细节：

XY分配确认　清除　检查　结束设置　取消

图 10-4　CC-Link 参数设置

从站设置：在上图的[站信息设置]后的[站信息]中进行从站设备的设置，如图 10-5 所示。

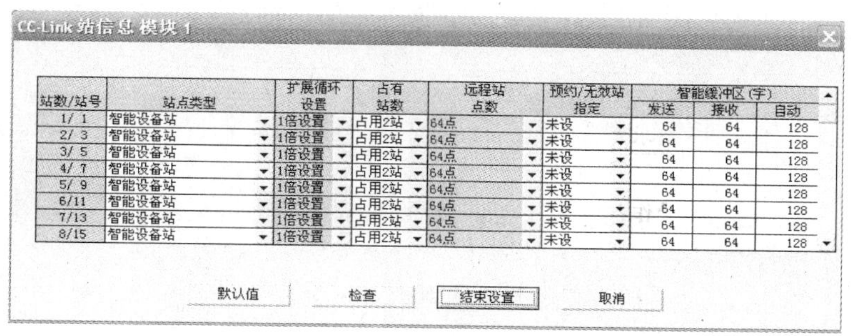

图 10-5　设置从站信息

通过以上设置，确定了每一站的 FX_{2N}-32CCL 所对应的输入输出数。以 1 号站为例说明，程序分配了 X100～X13F、Y100～Y13F 作为 1 号站的输入输出映像。FX_{2N} PLC 主机向 QPLC 主机传送的数据作为输入型数据，QPLC 主机向 FX_{2N} PLC 主机传送的数据作为输出型数据。从站设备通过 FROM 指令接收 QPLC 主机传送的数据，通过 TO 指令将从站数据上传到 QPLC 的输入映像区。

(4)下载并运行程序

地址分配好后，就可以编写各个单元站及主站的数据交换程序了。

程序下载完成后，将 PLC 模式选择开关拨到 RUN 位置，通信模块上的指示灯指示为绿色，表示正常；如果有任何一只红色报警指示灯点亮，则重新检查硬件组态和程序是否有错。直至所有绿色指示灯亮，则整个网络组建完成。

四、任务评价

表 10-1　专业能力评价

序号	训练内容	考核要求	评分标准	配分	学生自评	教师评分
1	准备工作	1. 有工作计划； 2. 有工作分工	1. 没有工作计划，扣 5 分； 2. 没有工作分工，扣 5 分	10		
2	电气线路工艺	1. 电气线路连接规范； 2. 电路布局规范	1. 连线颜色错误，扣 5 分； 2. 端子连接不牢靠，每个扣 2 分； 3. 电路连接凌乱，没有绑扎，每处扣 2 分； 4. 主电路裸露，扣 5 分	20		
3	程序设计与功能	1. PLC 设计符合功能要求； 2. 调试方法合理正确； 3. 正确处理调试过程中出现的故障情况	1. PLC 输入输出口搞错，每处扣 3 分； 2. 缺少功能，每处扣 3 分； 3. 不会熟练输入程序，扣 10～20 分； 4. 不能熟练调试，扣 10～20 分； 5. PLC 系统报错，扣 5 分	40		
4	通电试车	系统成功运行	1. 一次试车不成功，扣 10 分； 2. 二次试车不成功，扣 20 分； 3. 三次试车不成功，扣 30 分	30		

续表

序号	训练内容	考核要求		评分标准		配分	学生自评	教师评分
5	职业素养与安全意识	1. 安全文明操作； 2. 6S 管理		1. 违反安全文明生产规程，损坏元器件，扣 5～30 分，并赔偿损坏的元器件； 2. 工位凌乱，不整理，扣 10 分		倒扣		
备注	各项内容最高分不得超过额定配分			合计		100		
时间	开始时间		结束时间		考评员签字		年　　月　　日	

知识点 1　三菱 PLC 通信介绍

PLC 通信就是将地理位置不同的 PLC、计算机、各种现场设备等，通过通信介质连接起来，按照规定的通信协议，以某种特定的通信方式高效率地完成数据的传送、交换和处理。

一、通信系统的组成

当任意两台设备之间有信息交换时，它们之间就产生了通信。PLC 通信是指 PLC 与 PLC、PLC 与计算机、PLC 与现场设备或远程 I/O 之间的信息交换。当然，并不是所有的 PLC 都有上述全部功能，有些小型 PLC 只有上述的部分功能。

(1)传送设备

主设备：起控制、发送和处理信息的主导作用。

从设备：被动地接收、监视和执行主设备的信息。

主从设备在实际通信时由数据传送的结构来确定。

(2)传送控制设备。传送控制设备主要用于控制发送与接收之间的同步协调。

(3)通信介质。通信介质是信息传送的基本通道，是发送与接收设备之间的桥梁。

(4)通信协议。通信协议是通信过程中必须严格遵守的各种数据传送规则。

(5)通信软件。通信软件用于对通信的软件和硬件进行统一调度、控制与管理。

二、通信方式

在数据信息通信时，按同时传送的位数可以分为并行通信和串行通信。

1. 并行通信

并行通信是指所传送的数据以字节或字为单位同时发送或接收。并行通信除了有 8 根或 16 根数据线、1 根公共线外，还需要有通信双方联络用的控制线。并行通信传送数据速度快，但是传输线的根数多，抗干扰能力较差，一般用于近距离数据传输，如 PLC 的基本单元、扩展单元和特殊模块之间的数据传送。

2. 串行通信

串行通信是以二进制的位为单位一位一位地顺序发送或接收。串行通信的特点是仅需一根或两根传送线，传送速度较慢，但适合于多数位、长距离通信。计算机和 PLC 都有通用的串行通信接口，如 RS-232 或 RS-485 接口。在工业控制中计算机之间一般采用串行通信方式。

串行通信可以分为同步通信和异步通信两类。

(1)同步通信。同步通信是一种以字节为单位(一个字节由 8 位二进制数组成)传送数据的通信方式，一次通信只传送一帧信息。这里的信息帧与异步通信中的字符帧不同，通常含有 1～2 个数据字符。信息帧均由同步字符、数据字符和校验字符(CRC)组成。其中，同步字符位于帧开头，用于确认数据字符的开始；数据字符在同步字符之后，个数没有限制，由所需传输的数据块长度来决定；校验字符有 1 或 2 个，用于接收端对接收到的字符序列进行正确性的校验。同步通信的缺点是要求发送时钟和接收时钟保持严格的同步。

(2)异步通信。在异步通信中，数据通常以字符或字节为单位组成字符帧传送。字符帧由发送端逐帧发送，通过传输线被接收设备逐帧接收。发送端和接收端可以由各自的时钟来控制数据的发送和接收，这两个时钟源彼此独立，互不同步。

三、数据传送方向

在通信线路上按照数据传送方向可以划分为单工、半双工、全双工通信方式。

(1)单工通信方式：信息的传送始终保持同一个方向，而不能进行反向传送。

(2)半双工通信方式：信息流可以在两个方向上传送，但同一时刻只限于向一个方向传送。

(3)全双工通信方式：能在两个方向上同时发送和接收。PLC 使用半双工或全双工异步通信方式。

四、PLC 常用通信接口标准

PLC 通信主要采用串行异步通信，其常用的串行通信接口标准有 RS-232、RS-422 和 RS-485 等。RS-232C 接口标准是目前计算机和 PLC 中最常用的一种串行通信接口，它规定使用 25 针连接器或 9 针连接器，采用单端驱动非差分接收电路，因而存在着传输距离不太远(最大传输距离 15km)和传输速率不太高(最高传输速率为 20kbit/s)的问题。针对 RS-232C 总线标准存在的问题，EIA 制定了新的串行通信标准 RS-422A，它采用平衡驱动差分接收电路，抗干扰能力强，在传输速率为 100kbit/s 时，最大通信距离为 1200m。RS-485 是 RS-422A 的变形。RS-422A 采用全双工通信方式，RS-485 采用半双工通信方式。RS-485 的干扰抑制性极好，又因为它的阻抗低、无接地问题，所以传输距离可达 1200m，传输速率可达 10Mbit/s。

RS-422/RS-485 接口一般采用 9 针的 D 形连接器。普通计算机一般不配备 RS-422 和 RS-485 接口，但工业控制计算机和小型 PLC 上都设有 RS-422 或 RS-485 通信接口。

五、通信介质

通信介质就是在通信系统中位于发送端与接收端之间的物理通路。目前采用的通信介质有双绞线、同轴电缆和光纤等。

知识点 2　三菱 N : N 网络通信

一、N : N 型小型网络功能特点

FX_{2N}系列 PLC 可组成 N : N 型小型网络，是众多网络结构中最基本的一种结构形式。N : N 型小型网络主要应用于工业现场的多任务复杂控制系统，网络内的 PLC 有各自不同的任务分配。它们进行各自的控制，同时它们之间又相互联系、相互通信，以达到共同控制的目的。N : N 型小型网络如图 10-6 所示。

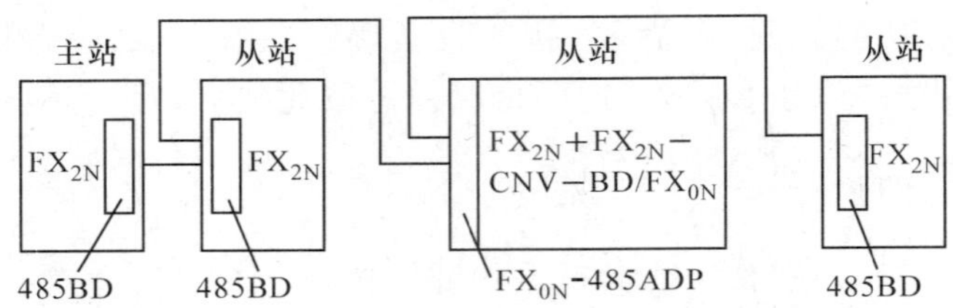

图 10-6　N : N 型小型网络结构

网络特点如下：

(1)传输标准符合 RS-485 通信方式，最大距离为 50m。

(2)PLC 连接数目最大为 8 个，即 1 个主站和 7 个从站的主从式结构。

(3)通信方式为半双工通信方式，固定波特率为 38 400bps。

(4)数据交换占用内部辅助继电器和数据寄存器的规定区域。

(5)具有模式 0、模式 1 和模式 2 三种通信模式，通过特殊辅助继电器设定。

二、N : N 通信有关的特殊辅助继电器

PLC 内部共有 10 个与 N : N 型小型网络通信有关的特殊辅助继电器，主要用于控制网络参数的设置和工作状态标志，均为只读类型。各继电器作用如表 10-2 所示。

表 10-2　N : N 网络特殊功能辅助继电器

辅助继电器	名称	描述	响应类型
M8038	N : N 型小型网络参数设置	用来设置 N : N 型小型网络参数	主站、从站均可用
M8183	主站通信错误标志	＃0 主站点通信错误时为“ON”	从站可用

续表

辅助继电器	名称	描述	响应类型
M8184	从站通信错误标志	#1 从站点通信错误时为“ON”	主站、从站均可用
M8185		#2 从站点通信错误时为“ON”	
M8186		#3 从站点通信错误时为“ON”	
M8187		#4 从站点通信错误时为“ON”	
M8188		#5 从站点通信错误时为“ON”	
M8189		#6 从站点通信错误时为“ON”	
M8190		#7 从站点通信错误时为“ON”	
M8191	数据通信	当与其他站点通信时为“ON”	

三、N：N 通信有关的特殊数据寄存器

PLC 内部共有 26 个与 N：N 型小型网络通信有关的特殊数据寄存器，主要用于数据字参数的设置和状态标志。各寄存器作用如表 10-3 所示。

表 10-3　N：N 网络特殊功能数据寄存器

特性	数据寄存器	名称	描述	响应类型
只读	D8173	站点号	存储它自己的站点号	主站、从站均可用
	D8174	从站点总数	存储从站点的总数	
	D8175	刷新范围	存储刷新范围	
只写	D8176	站点号设置	设置其自身站点号	
	D8177	总从站点数设置	设置从站点的总数	仅主站
	D8178	刷新范围设置	设置刷新范围	
读写	D8179	重试次数设置	设置重试次数	
	D8180	通信超时设置	设置通信超时	
只读	D8201	当前网络扫描时间	存储当前网络扫描时间	主站、从站均可用
	D8202	最大网络扫描时间	存储最大网络扫描时间	
	D8203	主站点的通信错误数目	主站点的通信错误数目	仅从站
	D8204	从站点的通信错误数目	#1 从站点的通信错误数目	主站、从站均可用
	D8205		#2 从站点的通信错误数目	
	D8206		#3 从站点的通信错误数目	
	D8207		#4 从站点的通信错误数目	
	D8208		#5 从站点的通信错误数目	
	D8209		#6 从站点的通信错误数目	
	D8210		#7 从站点的通信错误数目	
	D8211	主站点的通信错误代码	从站点的通信错误代码	仅从站
	D8212	从站点的通信错误代码	#1 从站点的通信错误代码	主站、从站均可用
	D8213		#2 从站点的通信错误代码	
	D8214		#3 从站点的通信错误代码	
	D8215		#4 从站点的通信错误代码	
	D8216		#5 从站点的通信错误代码	
	D8217		#6 从站点的通信错误代码	
	D8218		#7 从站点的通信错误代码	

网络通信的建立需要对相应数据寄存器进行参数设置，#0 主站与其他从站的参数设置不同，下面分别进行介绍。

1. #0 主站的参数设置

主站通信设置程序必须放在程序的开始位置，即从 0 逻辑行开始。与主站点设置有关的寄存器及参数功能如下：

(1)主站站号设定寄存器 D8176。将 PLC 设为主站时，D8176 的值为 K0。

(2)从站点的总数设定寄存器 D8177。D8177 的取值范围是 1～7，表示与主站连接的有几个从站点，FX_{2N} 在此通信方式下最大从站数为 7 个。

(3)工作模式设置寄存器 D8178。设置范围是 0、1、2，分别表示 N：N 通信方式的三种工作模式，每种通信模式规定了数据共享的区域，PLC 之间只能在这一共享区域内进行数据交换。

D8178＝0 时为工作模式 0，各站通过 32 个数据寄存器进行数据交换，每个站只能对分配给各自的 4 个数据寄存器进行读写操作，对分配给其他站点的数据寄存器只能进行读操作。各站寄存器分配如表 10-4 所示。

表 10-4　N：N 网络各站寄存器的分配

站点	模式 0	模式 1		模式 2	
	字软件(D)	位软元件(M)	字软件(D)	位软元件(M)	字软件(D)
#0 主站	D0～D3	M1000～M1031	D0～D3	M1000～M1063	D0～D7
#1 从站	D10～D13	M1064～M1095	D10～D13	M1064～M1127	D10～D17
#2 从站	D20～D23	M1128～M1159	D20～D23	M1128～M1191	D20～D27
#3 从站	D30～D33	M1192～M1223	D30～D33	M1192～M1255	D30～D37
#4 从站	D40～D43	M1256～M1287	D40～D43	M1256～M1319	D40～D47
#5 从站	D50～D53	M1320～M1351	D50～D53	M1320～M1383	D50～D57
#6 从站	D60～D63	M1384～M1415	D60～D63	M1384～M1447	D60～D67
#7 从站	D70～D73	M1448～M1479	D70～D73	M1448～M1511	D70～D77

D8178＝1 时为工作模式 1，各站通过 256 个内部继电器和 32 个数据寄存器进行数据交换。各站分配 32 点内部继电器位和 4 个数据寄存器，具体分配情况如表 10-3 所示。

D8178＝2 时为工作模式 2，各站通过 512 个内部继电器和 64 个数据寄存器进行数据交换。各站分配 64 点内部继电器位和 8 个数据寄存器，具体分配情况如表 10-3 所示。

(4)重试次数设定寄存器 D8179。设定值范围为 0～10，默认为 3，如果主站点与从站点重试通信操作超过设定值，则从站点通信错误标志为 ON 状态。

(5)通信超时设置 D8180。通信超时是主站点与从站点间的通信驻留时间，设定值为 5～255，时间单位为 10ms，系统默认值为 5。

【例】3 台 PLC 构成 N∶N 型网络，刷新范围为 64 点内部继电器位和 8 个数据寄存器（模式 2），重试次数为 3（3 次），通信超时为 5（50ms），则主站的设置程序如图 10-7 所示。

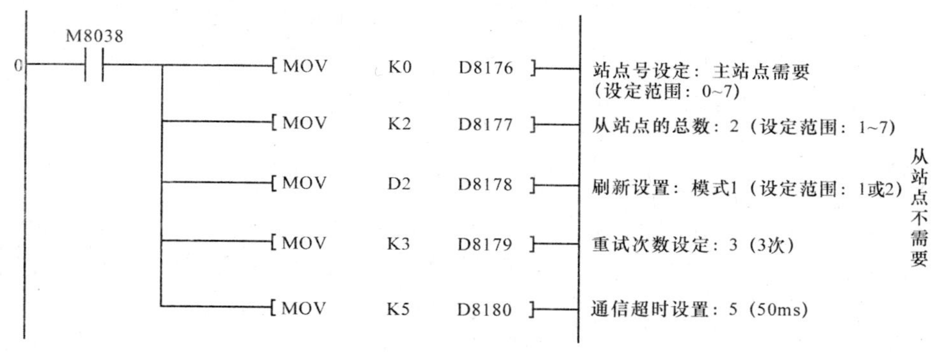

图 10-7　主站程序的设计

2. 从站的参数设置

从站通信设置程序也必须放在程序的开始位置，即从 0 逻辑行开始。与从站点设置有关的寄存器只有从站站号设置寄存器 D8176，设置范围为 K1～K7，分别表示＃1 从站到＃7 从站。

【例】根据要求，则＃1 从站的设置程序为图 10-8(a)所示，＃2 从站的设置程序如图 10-8(b)所示。

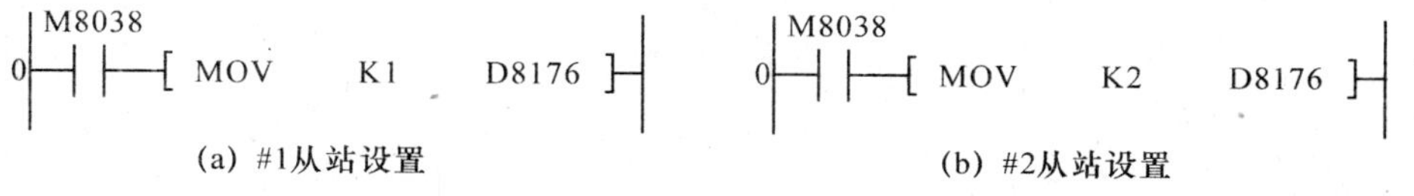

图 10-8　从站程序的设计

四、FX_{2N}-485-BD 通信模块

FX_{2N}-485-BD 通信模块适用于现场控制的小型数据链接网络（N∶N 链接、并行链接、计算机链接、I/O 链接）应用。该模块使用 PLC 内部电源，在 PLC 内部有相应的安装位置和接口。有 5 个外部接线端子和两个指示灯，功能分别如下：

(1) RDA、RDB 的 RS-485 通信接收端接线端子。

(2) SDA、SDB 的 RS-485 通信发送端接线端子。

(3) SG 接地端子。

(4) SD LED 信号发送指示灯，信号发送时高速闪烁。

(5) RD LED 信号接收指示灯，信号接收时高速闪烁。

知识点3　三菱 CC-Link 网络介绍

一、概述

三菱 CC-Link 主要用于三菱 PLC 的通信，采用 FX_{2N}-32CCL 通信模块。FX_{2N}-32CCL 可以看作是主机 PLC 的一个特殊模块，主机 PLC 通过 FROM 指令把数据从 FX_{2N}-32CCL 的缓冲存储器(BFM)读出，通过 TO 指令把数据写入 FX_{2N}-32CCL 的缓冲存储器(BFM)中，以实现数据交换，达到整体控制。

二、CC-Link 网络中主、从站间数据传递

由 FX_{2N}-32CCL 和 PLC 主单元组成的远程设备站与 CC-Link 网络的主站间依靠链接扫描来实现数据交换。简单地说，就是把 FX_{2N}-32CCL 单元 BFM 中的数据与主站模块对应的 BFM 中数据进行交换，主站模块、从站模块再与各自对应的 PLC 通过 FROM/TO 指令进行数据交换，如图 10-9 所示。

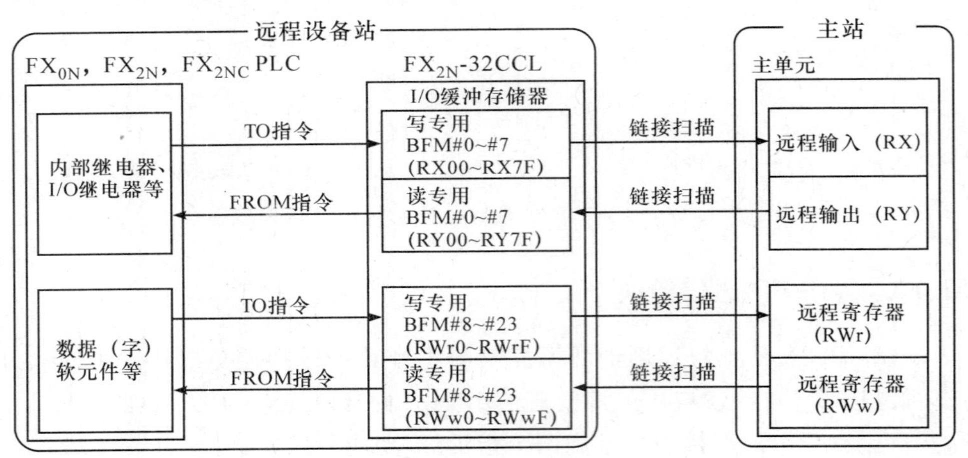

图 10-9　FX_{2N}-32CCL 与 PLC 的数据交换

在 FX_{2N}-32CCL 中，远程点数由所选的站数决定。

(1)每站有输入 RX 与输出 RY 各 32 点，但最终站的高 16 点被系统占有。系统区的分配情况如表 10-5 所示。

表 10-5　CC-Link 系统的分配情况

主站→FX　读专用缓冲寄存器

软元件号	描述
RY(2n-1)0	不能用
RY(2n-1)1	不能用
RY(2n-1)2	不能用
RY(2n-1)3	不能用
RY(2n-1)4	不能用
RY(2n-1)5	不能用
RY(2n-1)6	不能用
RY(2n-1)7	不能用
RY(2n-1)8	初始化数据处理完成标志
RY(2n-1)9	初始化数据处理请求标志
RY(2n-1)A	错误复位请求标志
RY(2n-1)B	未定义
RY(2n-1)C	保留(不能用)
RY(2n-1)D	保留(不能用)
RY(2n-1)E	保留(不能用)
RY(2n-1)F	保留(不能用)

FX→主站　写专用缓冲寄存器

软元件号	描述
RX(2n-1)0	不能用
RX(2n-1)1	不能用
RX(2n-1)2	不能用
RX(2n-1)3	不能用
RX(2n-1)4	不能用
RX(2n-1)5	不能用
RX(2n-1)6	不能用
RX(2n-1)7	不能用
RX(2n-1)8	初始化数据处理请求标志
RX(2n-1)9	初始化数据处理完成标志
RX(2n-1)A	错误状态标志
RX(2n-1)B	远程准备就绪
RX(2n-1)C	保留(不能用)
RX(2n-1)D	保留(不能用)
RX(2n-1)E	保留(不能用)
RX(2n-1)F	保留(不能用)

注：n 表示占用站数。例如，占用站数为 3 个，则软元件号为 RY50～RY5F 和 RX50～RX5F。

(2)每站的远程寄存器：RWr、RWw。

FX_{2N}-32CCL 模块使用 BFM＃0～＃31，分别分配给每一种缓冲存储器。由图 10-9 可以看出：

主站→FX　　BFM＃0～＃7 对应 RY00～RY7F；
BFM＃8～＃23 对应 RWw0～RWwF；
BFM＃24，波特率设定值；BFM＃25，通信状态；
BFM＃26，CC-Link 模块代码；BFM＃27，本站编号；
BFM＃28，占用站数；BFM＃29，出错代码；
BFM＃30，FX 系列模块代码；BFM＃31，保留。

FX→主站　　BFM＃0～＃7 对应 RX00～RX7F；
BFM＃8～＃23 对应 RWr0～RWrF；
BFM＃24～＃30，未定义；BFM＃31，保留。

举例说明：系统由主站、1 个远程输入模块和 1 个远程设备站组成(占用 3 个站)，如图 10-10 所示。

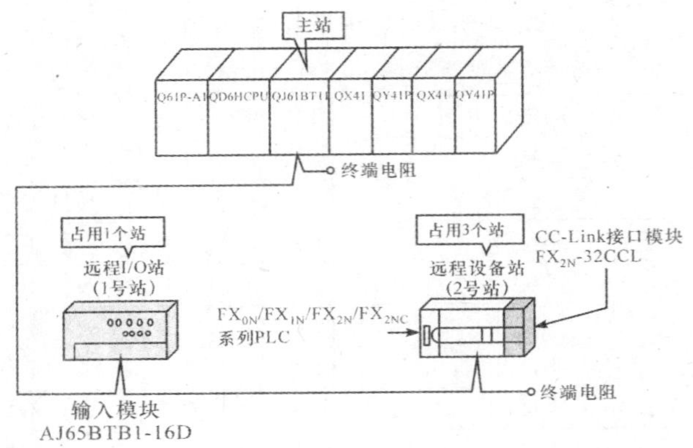

图 10-10　举例说明

由于主站选用了 Q 系列 PLC 并运行在 Q 模式下，可以直接通过编程软件 GX Developer设置网络参数和自动刷新参数。当接通电源或重新启动时，网络参数自动传送到主站，数据链接自动启动。参数设置如图 10-11 所示。CC-Link 站信息设置如图 10-12所示。

CC-Link模块数(块)　1　块　　空白: 未设置

	1	2	3
起始I/O号	0000		
操作设置	操作设置		
类型	主站		
数据链接类型	PLC 参数自动起动		
模式设置	在线(远程网络模式)		
总链接数	2		
远程输入(RX)刷新软元件	X1000		
远程输出(RY)刷新软元件	Y1000		
远程寄存器(RWr)刷新软元件	D1000		
远程寄存器(RWw)刷新软元件	D2000		
特殊继电器(SB)刷新软元件	SB0		
特殊寄存器(SW)刷新软元件	SW0		
再送次数	3		
自动链接台数	1		
待机主站号			
CPU DOWN指定	停止		
扫描模式指定	异步		
延迟时间设置	0		
站信息指定	站信息		
远程设备站初始化指定	初始设置		
中断设置	中断设置		

图 10-11　参数设置

CC-Link 站信息 模块 1

站数/站号	站点类型	占有站点数	预约/无效站指定	智能缓冲区(字) 发送	接收	自动
1/ 1	远程 I/O 站	占用1站	无设定			
2/ 2	远程设备站	占用3站	无设定			

图 10-12　CC-Link 站信息设置

当主站模块为 FX_{2N}-16CCL-M 时，则必须用 TO 指令设置好参数，参数包括连接模块数、重试次数、已连接站信息等内容，刷新指令并启动数据链接。链接正常启动后，主站与从站间依靠 FROM/TO 指令构成的通信程序进行数据交换，并达成整个系统的协同工作。主站 PLC 程序如图 10-13 所示。

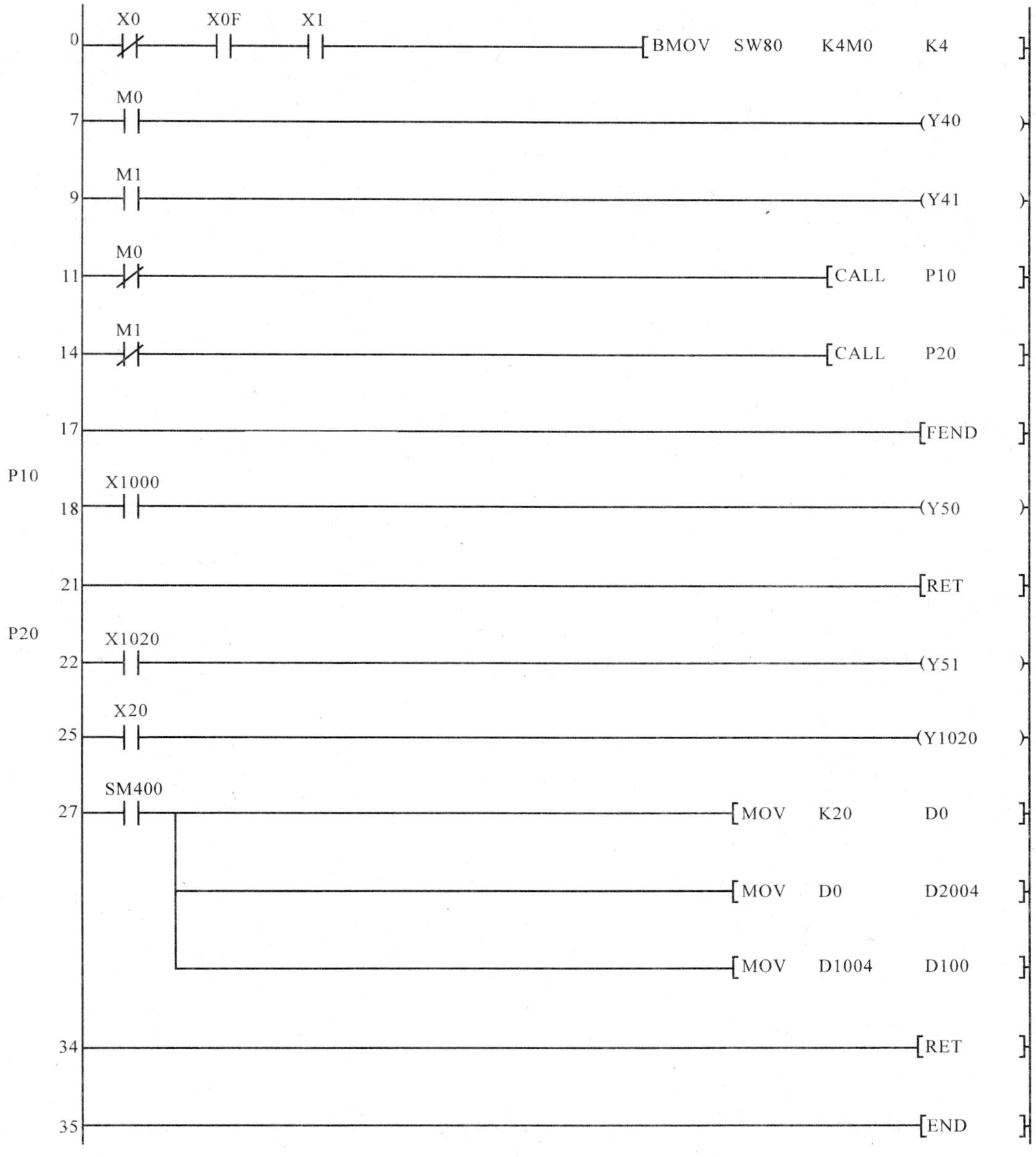

```
     X0    X0F    X1
0  ──┤/├───┤ ├───┤ ├──────────────[BMOV  SW80  K4M0  K4 ]
     M0
7  ──┤ ├──────────────────────────(Y40 )
     M1
9  ──┤ ├──────────────────────────(Y41 )
     M0
11 ──┤/├──────────────────────────[CALL  P10 ]
     M1
14 ──┤/├──────────────────────────[CALL  P20 ]

17 ───────────────────────────────[FEND ]
P10  X1000
18 ──┤ ├──────────────────────────(Y50 )

21 ───────────────────────────────[RET ]
P20  X1020
22 ──┤ ├──────────────────────────(Y51 )
     X20
25 ──┤ ├──────────────────────────(Y1020 )
     SM400
27 ──┤ ├──┬───────────────────────[MOV  K20    D0 ]
          ├───────────────────────[MOV  D0     D2004 ]
          └───────────────────────[MOV  D1004  D100 ]

34 ───────────────────────────────[RET ]

35 ───────────────────────────────[END ]
```

图 10-13　主站 PLC 程序

＃2 设备站(占用 3 个站)FX-PLC 中的程序如图 10-14 所示。这里仅是一个样例程序,要根据系统的实际情况自行编写。

该程序实现了如下功能:把主站 D0 的数据 K20 写到＃2 从站的 D1 中;主站读取＃2远程站 D0 的值 K30,并写到 D100 中。其中 P10 对应＃1 站的通信,P20 对应＃2 站的通信。

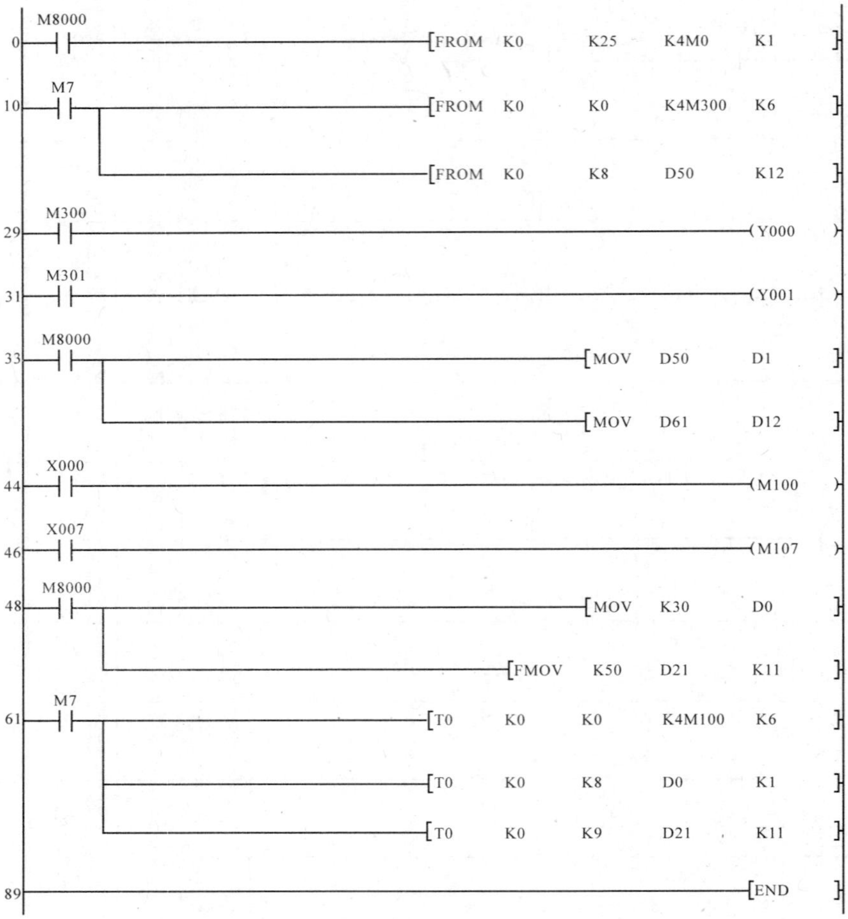

```
     M8000
0  ──┤ ├──────────────────[FROM  K0   K25  K4M0    K1  ]
     M7
10 ──┤ ├──┬───────────────[FROM  K0   K0   K4M300  K6  ]
          └───────────────[FROM  K0   K8   D50     K12 ]
     M300
29 ──┤ ├──────────────────────────────────(Y000        )
     M301
31 ──┤ ├──────────────────────────────────(Y001        )
     M8000
33 ──┤ ├──┬───────────────────[MOV   D50   D1          ]
          └───────────────────[MOV   D61   D12         ]
     X000
44 ──┤ ├──────────────────────────────────(M100        )
     X007
46 ──┤ ├──────────────────────────────────(M107        )
     M8000
48 ──┤ ├──┬───────────────────[MOV   K30   D0          ]
          └───────────────[FMOV  K50   D21   K11       ]
     M7
61 ──┤ ├──┬───────────────[T0    K0   K0   K4M100  K6  ]
          ├───────────────[T0    K0   K8   D0      K1  ]
          └───────────────[T0    K0   K9   D21     K11 ]
89 ───────────────────────────────────────[END         ]
```

图 10-14　#2 站 PLC 程序

拓展训练

1. 讨论并掌握示例程序所用指令的应用。

2. 了解并掌握整个 CC-Link 网络的组建过程。

3. 整个网络的硬件组态、地址分配及总站的控制程序已经由示例程序提供，请尝试自己完成这些工作。

参考文献

[1] 吕景泉. 自动化生产线安装与调试[M]. 北京:中国铁道出版社，2009.

[2] 张同苏,徐月华. 自动化生产线安装与调试(三菱 FX 系列)[M]. 北京:中国铁道出版社，2010.

[3] 韩承江. PLC 应用技术[M]. 北京:中国铁道出版社，2011.

[4] 陈怀忠,高志宏. PLC 控制技术(综合篇)[M]. 北京:清华大学出版社，2009.

[5] 袁秀英. 计算机监控系统的设计与调试:组态控制技术[M]. 第 2 版. 北京:电子工业出版社，2009.

[6] 三菱电机. 三菱微型可编程控制器 FX_{1S}，FX_{1N}，FX_{2N}，FX_{2NC} 系列编程手册[M]. 2005.

[7] 三菱电机. 三菱 FR-E700 使用手册:应用篇[M]. 2005.

[8] 北京昆仑通态自动化软件科技有限公司. MCGS 初级教程[M]. 2009.

[9] 邱公伟. 可编程控制器网络通信及应用[M]. 北京:清华大学出版社，2010.

[10] SMC(中国)有限公司. 现代实用气动技术[M]. 北京:机械工业出版社，2000.

[11] 周云水. 跟我学 PLC 编程[M]. 北京:中国电力出版社，2009.

[12] 阮友德. PLC、变频器、触摸屏综合应用实训[M]. 北京:中国电力出版社，2010.

[13] 陈浩. 案例解说 PLC、触摸屏及变频器综合应用[M]. 北京:机械工业出版社，2007.